Die Verbrennungskraftmaschine

Herausgegeben von
Hans List und Anton Pischinger

Neue Folge
Band 7

Schadstoffreduzierung und Kraftstoffverbrauch von Pkw-Verbrennungsmotoren

F. Schäfer und
R. van Basshuysen

Springer-Verlag
Wien New York

Dr.-Ing. Fred Schäfer
Märkische Fachhochschule Iserlohn
Iserlohn, Bundesrepublik Deutschland

Dipl.-Ing. Richard van Basshuysen
Bad Wimpfen, Bundesrepublik Deutschland

Softcover reprint of the hardcover 1st edition 1993

Gedruckt auf säurefreiem Papier

Mit 275 Abbildungen

ISBN-13:978-3-7091-9306-8 e-ISBN-13:978-3-7091-9305-1
DOI: 10.1007/978-3-7091-9305-1

Vorwort

Die starke Zunahme der Umweltbelastung durch Verbrennungsvorgänge erzwingt Maßnahmen zu ihrer Verringerung. Ein wesentliches Segment in diesem Zusammenhang sind die Emissionen aus Verbrennungsmotoren.

Anfang der 60er Jahre wurden in den USA erste gesetzliche Rahmenbedingungen geschaffen, diesem Problem zu begegnen. Für den europäischen Raum und insbesondere für die Bundesrepublik Deutschland, war die Einführung des λ-geregelten Dreiwege-Katalysators ein wesentliches Element zur Verringerung der Schadstoffemissionen.

Die in den letzten Jahren geführte Diskussion über die Problematik der CO_2-Emission im Zusammenhang mit dem Treibhauseffekt verstärkte den Druck zur Entwicklung und Produktion verbrauchsarmer Motoren und Fahrzeuge.

Diese Thematik ist deshalb auch das zentrale Thema dieses Buches. Es behandelt die Entstehung von Schadstoffemissionen und die Möglichkeiten zu deren Verringerung sowie den Kraftstoffverbrauch bei Otto- und Dieselmotoren einschließlich Dieselmotoren mit Direkteinspritzung. Neben den motorischen Aspekten der Schadstoffbildung und Schadstoffminimierung werden Systeme und Verfahren zur Abgasnachbehandlung dargestellt. Die wichtigsten Einflüsse der Kraft- und Schmierstoffe (sowohl konventionelle als auch alternative Kraftstoffe) auf das Schadstoffverhalten werden beschrieben. Neben konventionellen Otto- und Dieselmotoren werden auch Magermotoren und Ottomotoren mit Direkteinspritzung sowie Zweitakt-Otto- und Dieselmotoren behandelt. Auch das Potential der Möglichkeiten im Hinblick auf Verbrauchsabsenkung und Minimierung der Schadstoffemissionen wird dargestellt, ebenso die damit verbundene Verringerung der CO_2-Emission. Zum Schluß sind die wichtigsten Gesetze und Verordnungen über Emissions- und Verbrauchsgrenzwerte in einer ausführlichen Übersicht zusammengestellt.

Neben dem in Wissenschaft und Praxis tätigen Ingenieur gibt das vorliegende Buch auch einen Einblick für interessierte Studierende der entsprechenden Fachrichtung.

Die Autoren danken für zahlreiche Hinweise und Anregungen vor allem den Herren

Dr. Cartellieri, Fa. AVL; Dr. Fraidl, Fa. AVL; Dr. Laurenz, Fa. Audi; Prof. Dr. Jordan, Fachhochschule Köln; Prof. Dr. Schröder, Fachhochschule Hamburg.

Den Firmen Audi, AVL, Bosch, FEV, Ford, Mercedes-Benz, Opel, Pierburg, Porsche, Shell, TÜV-Rheinland und VW gilt der Dank für die zur Verfügung gestellten Abbildungen.

Iserlohn, im Juli 1993 | Bad Wimpfen, im Juli 1993

Prof. Dr. Fred Schäfer | Dipl.-Ing. Richard van Basshuysen

Inhaltsverzeichnis

Verzeichnis der Formelzeichen und Abkürzungen

A	vorexponentieller Faktor
A_i	Elementarreaktion mit der Komponente i
ASU	Abgassonderuntersuchung
AGR	Abgasrückführung
ATL	Abgasturbolader
b_e	spezifischer Verbrauch [g/kWh]
CAFE	Kraftstoffverbrauchsvorschrift in den USA
CARB	kalifornische Umweltschutzbehörde
CO	Kohlenmonoxid
CO_2	Kohlendioxid
CVS	Constant Volume Sampling
c_u,c_a	Umfangsgeschwindigkeit, Axialgeschwindigkeit [m/s]
CN	Cetan-Zahl
CNG	Druckgas
DI	Direct Injection (Motor mit Direkteinspritzung)
D	Drallzahl
E	Aktivierungsenergie
ECE	Economic Commission for Europe
EB	Einlaßbeginn
EG	Europäische Gemeinschaft
EDR	elektronische Dieselregelung
EPA	US-amerikanische Umweltschutzbehörde
EUDC	neuer europäischer Fahrzyklus, außerstädtischer
FE	Fuel Economy
FTP	Federal-Test-Procedure
FID	Flammenionisationsdetektor
HC	Hydro-Carbon (unverbrannte Kohlenwasserstoffe)
H/C	Verhältnis Wasserstoff-/Kohlenstoff-Atome im Kraftstoff
h	Ventilhub [mm]
hwy	Highway
$h \cdot \nu$	Strahlungsenergie
i	Stoffkomponente
IDI	Indirect Injection (Kammermotor)
lbs	Pfund (0,4536 kg)
j	Elementarreaktion
J_j	Reaktionsgeschwindigkeit
k_j	Reaktionsgeschwindigkeitskonstante
LA-4-Cycle	Abgastestzyklus
LPG	Flüssiggas
M90	Benzin-Methanol-Gemisch (90 % Methanol)
MJ	Modelljahr
M_d	Drehmoment [Nm]
mpg	Meilen pro Gallone
m_{H2}	Wasserstoffmasse [kg]
m_{Kr}	Kraftstoffmasse [kg]

$\dot{m}_{Kr}$	Kraftstoffdurchsatz [kg/s]
m_L	Luftmasse [kg]
$m_{Lstöch}$	stöchiometrische Luftmasse
NMHC	methanfreier Kohlenwasserstoff
n	Drehzahl [min^{-1}]
NO_x	Stickoxide
OBD	On Board Diagnose
OBVR	On Board Vapour Recovery
OT	Oberer Totpunkt
p	Druck [bar]
p_{me}	effektiver Mitteldruck [bar]
ppm	Parts per Million
PM	Partikel
r_i	Konzentration der Komponente i [ppm][Vol.-%]
ROZ	Research-Oktanzahl
RME	Rapsölmethylester
RZ	Rauchzahl
R_m	molare Gaskonstante
S/D	Hub-Bohrung-Verhältnis
SD	Spritzdauer
SB	Spritzbeginn
SHED	Test zur Ermittlung der Verdampfungsverluste
SO_2	Schwefeldioxid
V	Volumen
w_e	effektive spezifische Arbeit [kJ/dm^3]
w_i	innere spezifische Arbeit [kJ/dm^3]
WK	Wirbelkammer
ZV	Zündverzug
ZZ	Zündzeitpunkt
Zyl	Zylinder
°KW	Grad Kurbelwinkel
2V/4V	Zweiventil-, Vierventil-Motor (pro Zylinder)
η	Wirkungsgrad
λ	Luft-Kraftstoff-Verhältnis
ε	Verdichtungsverhältnis
σ_j	spezifische Molzahl
$\nu''_{i,j}$	stöchiometrische Koeffizienten der Komponente i in der Reaktion j

1 Einleitung

Der in der Nachkriegszeit nach 1945 vor allem in den Industrienationen stark gestiegene Verbrauch an fossilen Energieträgern führte zu einer zunehmenden Belastung der Luft auch durch Automobilabgase. Das hat Ende der 50iger Jahre zu ersten Gesetzgebungsmaßnahmen in den USA geführt, die den Ausstoß der wichtigen toxischen Abgaskomponenten begrenzten. Die Notwendigkeit dieser Maßnahmen, die heute in fast allen Industriestaaten relevant sind, wird am Beispiel der prognostizierten Entwicklung der jährlichen Fahrleistung in Deutschland deutlich, **Abb. 1.1** [1.1].

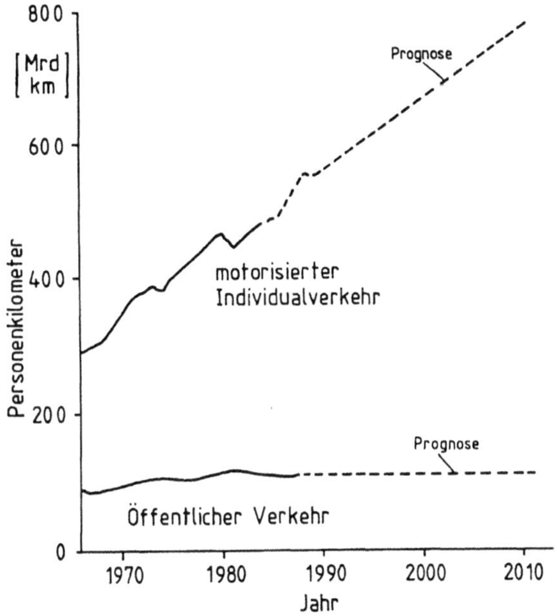

Abb. 1.1 *Entwicklung der jährlichen Fahrleistung [1.2]*

Die Entwicklung in Deutschland, aufgeteilt nach PKW mit Diesel- und Ottomotoren, geht aus **Abb. 1.2** hervor. Die jährliche Fahrleistung ist aus demographischen Daten hochgerechnet [1.2].

Der Anteil der Diesel-PKW wird zunächst leicht ansteigen, der Anteil der PKW ohne Katalysator stark abnehmen. Man erkennt jedoch, daß bis weit über das Jahr 2000 hinaus noch nennenswerte Anteile an PKW mit Ottomotoren ohne Katalysator vorhanden sind. Der Grund liegt in dem langen Lebenszyklus eines Fahrzeuges nach Serienanlauf von ca. 20 Jahren (Produktionszeit ca. 7 Jahre, Lebensdauer ca. 13 Jahre).
Das Maximum der PKW-Fahrleistung wird voraussichtlich um die Jahrtausendwende erreicht werden.

Der Grund hierfür liegt in einer Sättigung des Marktes und der Entwicklung der Bevölkerungsstruktur. Der Hauptanteil wird durch PKW-Motoren zwischen 1,4 und 2,0 Liter Hubraum gebildet. **Abb. 1.3** zeigt neben dem Anteil an PKW mit Dieselmotoren die Aufteilung aller PKW mit Katalysator nach Hubräumen [1.2].

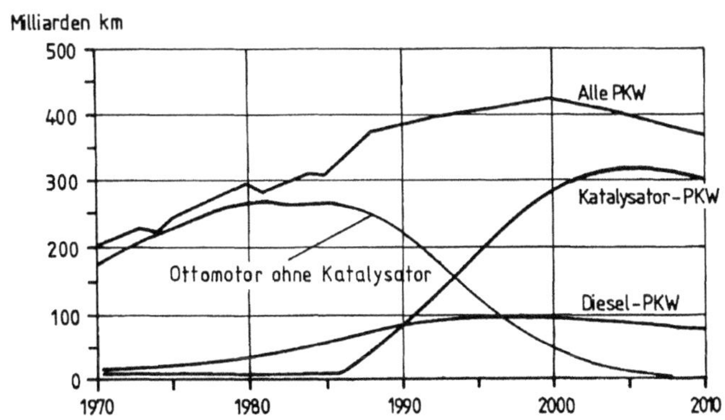

Abb. 1.2 *Aufteilung der jährlichen PKW-Fahrleistung [1.2]*

Der Rückgang der Schadstoffemissionen wird sich nur relativ langsam vollziehen. Die weiterhin zunehmende Fahrleistung sowie der sich reletiv langsam vollziehende Abbau von Fahrzeugen ohne Katalysator sind als Ursachen dafür anzusehen.
Gegen diese Fakten wirkt eine Verschärfung der Abgasgesetzgebung und global gesehen ein Einbeziehen weiterer Staaten in die Abgasgesetzgebung. Beim Kraftstoffbedarf zeichnen sich

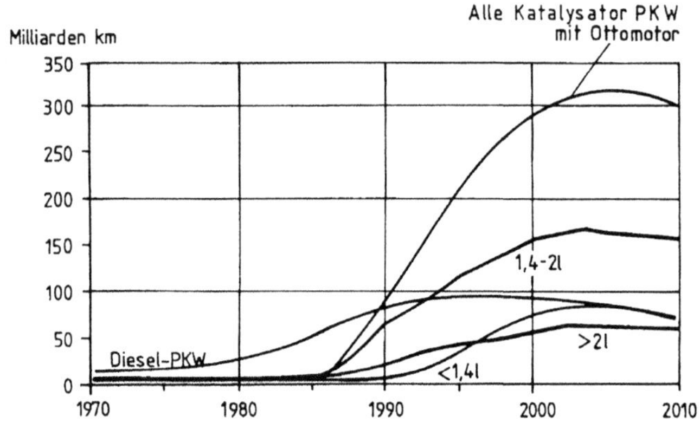

Abb. 1.3 *Entwicklung der jährlichen Fahrleistung in Abhängigkeit vom Hubraum [1.2]*

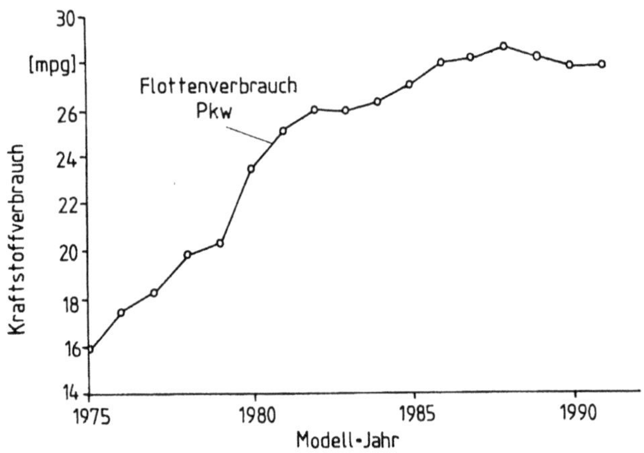

Abb. 1.4 *Entwicklung des Kraftstoffverbrauchs [1.6]*

im nächsten Jahrhundert Versorgungskrisen ab. Unabhängig von einem solchen Szenario ist wegen des CO_2-Problems im Zusammenhang mit dem Treibhauseffekt eine zusätzliche drastische Verringerung des Kraftstoffverbrauchs notwendig [1.5].

Abb. 1.4 zeigt die Entwicklung des Kraftstoffverbrauchs in den USA zwischen 1975 und 1991. In den letzten Jahren hat sich die Verringerung des Kraftstoffverbrauchs deutlich verlangsamt und liegt für die Flotte neu zugelassener Fahrzeuge bei knapp 28 mpg.

	Leistung [KW]	Kraftstoff-verbrauch [mpg]	Motor
General Motors	28	61 city 74 hwy	Otto
British Leyland	53	41 city 52 hwy	Otto
Volkswagen	39	63 city 71 hwy	Diesel
Volkswagen	38	74 city 99 hwy	Diesel
Volvo	38,65	63 city 81 hwy	Diesel
Renault	37	63 city 81 hwy	Diesel
Renault	20	78 city 107 hwy	Otto
Peugeot	37	55 city 87 hwy	Diesel
Peugeot	21	70 city 77 hwy	Otto
Ford	29	57 city 92 hwy	Diesel
Toyota	41	89 city 110 hwy	Diesel

Abb. 1.5 *Kraftstoffverbrauch von Fahrzeug-Prototypen [1.6]*

Das große Potential zur Reduktion des Kraftstoffverbrauchs ist nur nutzbar, wenn Maßnahmen am Fahrzeug und am Motor vorgenommen werden. Nach [1.6] werden Gewichtsreduktion, neue Getriebekonzepte und Verbesserung der Aerodynamik in bezug auf fahrzeugseitige Maßnahmen als signifikant angesehen.

Für den Otto-Motor sind Verbrauchsreduktionen z.B. durch variable Ventiltriebe, Mehrventiltechnologien, Verbesserung der Einspritzung, Direkteinspritzung, Zylinderabschaltung, Reduktion der Reibung und Erhöhung des Verdichtungsverhältnisses erreichbar. Zukünftig werden darüber hinaus der Einsatz von Mager- bzw. Mager-Mix-Motoren, Zweitakt-Motoren und der Magerkatalysator (NO_X) weitere deutliche Impulse zur Verbrauchsreduktion geben. Alle diese Maßnahmen bewirken ebenso eine Senkung des klimarelevanten Treibhausgases CO_2.

Beim Dieselmotor steht insbesondere die Weiterentwicklung des direkteinspritzenden Motors im Vordergrund.

Die Prognosen für den zu erwartenden Kraftstoffverbrauch streuen sehr stark. Beispielsweise wird der Flottenverbrauch in den USA für das Modelljahr (MJ) 95/96 mit 28-34 mpg, für MJ 2000/2001 mit 28,7-45 mpg und für MJ 2010 mit 45-74 mpg erwartet [1.6]. Daß dies realistisch sein könnte zeigt **Abb. 1.5**, in der einige besonders verbrauchsarme Fahrzeug-Prototypen dargestellt sind [1.7].

Das Fahrzeug mit einem Verbrauch von drei Litern pro 100 km wird Wirklichkeit werden [1.3][1.4].

2 Entstehung der Schadstoffe und deren Toxizität

2.1 Verbrennungsvorgänge

Jeder Verbrennungsvorgang auch im Motor ist eine Oxidation mit Sauerstoff. In der Regel werden bei Motoren Kraftstoffe eingesetzt, die aus Kohlenwasserstoffen bestehen. Benzin und Dieselkraftstoff bestehen aus Gemischen vieler unterschiedlicher Kohlenwasserstoffe.

2.1.1 Chemische Reaktionen

Wird ein Kohlenwasserstoffmolekül "vollständig" verbrannt, so entstehen theoretisch nur Kohlendioxid und Wasser.

Für die Methanoxidation z.B. gilt:

$$CH_4 + 2\ O_2 \Leftrightarrow CO_2 + 2\ H_2O.$$

Methan ist ein Gas und im Kraftstoff für Ottomotoren in geringen Mengen gelöst. Einigen Kohlenwasserstoffen ist zusätzlich Sauerstoff in Form von OH-Gruppen z.B. Methanol CH_3OH, angelagert. Die Zusammensetzung des Kraftstoffes hat dabei einen erheblichen Einfluß auf die Zusammensetzung des Abgases.

Der Vorgang der Oxidation läuft über eine Reihe von Zwischenprodukten bzw. Zwischenreaktionen ab, die eine mehr oder weniger lange Lebenszeit besitzen.

Will man den zeitlichen Verlauf der Zustandsänderung unter dem Einfluß chemischer Reaktionen beschreiben, so ist dies z.B. mit Hilfe der Kinetik homogener Gasreaktionen möglich. Kinetische Betrachtungen ermöglichen eine Beurteilung des zeitlichen Verhaltens von Reaktionen und der beteiligten Komponenten. Der Beitrag jeder einzelnen Elementarreaktion wird bei der Bildung bzw. dem Abbau einer Komponente berücksichtigt. Die Gesamtheit der ablaufenden Elementarreaktionen (siehe **Abb. 2.1**) charakterisiert das Reaktionsschema des betrachteten Prozesses [2.35]. Dieses Reaktionschema wird durch j Elementarreaktionen der Form

$$\sum_{i=1}^{n} \nu'_{i,j} \cdot A_i \Leftrightarrow \sum_{i=1}^{n} \nu''_{i,j} \cdot A_i$$

beschrieben. Dabei stellen die Größen $\nu'_{i,j}$ und $\nu''_{i,j}$ die stöchiometrischen Koeffizienten der Komponente i in der Reaktion j dar.

Ausgehend von der Definition der Reaktionsgeschwindigkeit

$$J_j = \frac{dn_i}{V(\nu''_{i,j} - \nu'_{i,j}) \cdot dt},$$

die die pro Zeit und Volumeneinheit umgesetzte Stoffmenge der Komponente i in der Reaktion j beschreibt, läßt sich die zeitliche Änderung einer intensiven Zustandsvariablen z.B. die spezifische Molzahl σ_i der Komponente i beschreiben.

$$\frac{d\sigma_i}{dt} = \frac{1}{\rho} \cdot \sum_{j=1}^{r} (\nu''_{i,j} - \nu''_{i,j}) \cdot J_j$$

Die Reaktionsgeschwindigkeit J_j läßt sich berechnen mit Hilfe der Reaktionsgeschwindigkeitskonstanten k_j

$$J_j = k_j \cdot \Pi(\sigma \cdot \rho)^{\nu''_{i,j}}$$

Diese wiederum sind exponentiell abhängig von verschiedenen Faktoren entsprechend der Gleichung

$$k_j = A \cdot T^n \cdot \exp(-E / R_m \cdot T).$$

Nr.	Reaktion		$A[m^{3k}/k\ mol^k \cdot s]$	E/R_m	n
01	$CH_3OH + M$	$-CH_3+OH+M$	$1{,}0 \cdot 10^{15}$	34200	0
02	$CH_3OH + CH_3$	$-CH_2OH+CH_4$	$1{,}8 \cdot 10^{8}$	4940	0
03	$CH_3OH + O$	$-CH_2OH+OH$	$1{,}7 \cdot 10^{9}$	1150	0
04	$CH_3OH + H$	$-CH_3+H_2O$	$1{,}3 \cdot 10^{10}$	2670	0
05	$CH_3OH + OH$	$-CH_2OH+H_2O$	$3{,}0 \cdot 10^{11}$	3000	0
06	$CH_2OH + O_2$	$-CH_2O+HO_2$	$5{,}0 \cdot 10^{7}$	0	0
07	$CH_2OH + M$	$-CH_2O+H+M$	$2{,}5 \cdot 10^{11}$	14600	0
08	$CH_4 + O_2$	$-CH_3+HO_2$	$8{,}0 \cdot 10^{11}$	28300	
09	$CH_3 + O_2$	$-OH+CH_2O$	$2{,}0 \cdot 10^{7}$		
10	$CH_4 + OH$	$-CH_3+H_2O$	$6{,}0 \cdot 10^{11}$	6290	0
11	$HCO + O_2$	$-CO+HO_2$	$1{,}0 \cdot 10^{11}$	3434	
12	$CH_4 + HO_2$	$-CH_3+H_2O_2$	$2{,}0 \cdot 10^{10}$	9091	
13	$CH_4 + H$	$-CH_3+H_2$	$2{,}2 \cdot 10^{1}$	4400	3
14	$CH_4 + O$	$-CH_3+OH$	$2{,}1 \cdot 10^{10}$	4560	0
15	$CO + HO_2$	$-CO_2+OH$	$1{,}0 \cdot 10^{14}$	11616	0
16	$CH_2O + O_2$	$-HCO+HO_2$	$1{,}0 \cdot 10^{11}$	16162	
17	$HCO + M$	$-CO+H+M$	$5{,}0 \cdot 10^{11}$	9570	
18	$CO + OH$	$-CO_2+H$	$4{,}0 \cdot 10^{9}$	4030	
19	$CH_2O + OH$	$-H_2O+HCO$	$5{,}4 \cdot 10^{11}$	3170	0
20	$CH_3 + O$	$-CH_2O+H$	$1{,}0 \cdot 10^{11}$		
21	$CH_2O + H$	$-HCO+H_2$	$1{,}35 \cdot 10^{10}$	1890	
22	$CH_2O + O$	$-HCO+OH$	$5{,}0 \cdot 10^{10}$	2300	
23	$HCO + OH$	$-CO+H_2O$	$1{,}0 \cdot 10^{11}$	0	0
24	$CH_3 + O_2$	$-H_2+CO+OH$	$4{,}0 \cdot 10^{9}$	9091	0
25	$CO + O + M$	$-CO_2+M$	$6{,}0 \cdot 10^{7}$	0	0
26	$CH_2O + M$	$-CHO+H+M$	$1{,}0 \cdot 10^{11}$	18500	
27	$CHO + H$	$-CO+H_2$	$2{,}0 \cdot 10^{11}$	0	0
28	$CHO + O$	$-CO+OH$	$1{,}0 \cdot 10^{11}$	0	0
29	$H + H + M$	$-H_2+M$	$1{,}0 \cdot 10^{12}$	0	-1
30	$O + O + M$	$-O_2+M$	$1{,}0 \cdot 10^{8}$	0	0
31	$O + H + M$	$-OH+M$	$3{,}0 \cdot 10^{8}$	0	0
32	$H + O_2$	$-OH+O$	$2{,}2 \cdot 10^{11}$	8462	0
33	$O + H_2$	$-OH+H$	$1{,}8 \cdot 10^{7}$	4482	1
34	$OH + H_2$	$-H_2O+H$	$2{,}2 \cdot 10^{8}$	2593	0
35	$H + OH + M$	$-H_2O+M$	$1{,}5 \cdot 10^{11}$	0	-0,5
36	$2OH$	$-H_2O+O$	$6{,}3 \cdot 10^{9}$	553	0
37	$H_2 + O_2$	$-2OH$	$1{,}36 \cdot 10^{10}$	24318	0
38	$H + HO_2$	$-2OH$	$7{,}3 \cdot 10^{11}$	0	0
39	$N_2 + M$	$-2N+M$	$2{,}0 \cdot 10^{18}$	113316	-1,5
40	$NO + M$	$-N+O+M$	$5{,}5 \cdot 10^{17}$	75544	-1,5
41	$NO + O$	$-N+O_2$	$1{,}55 \cdot 10^{6}$	19439	1
42	$O + N_2$	$-NO+N$	$1{,}36 \cdot 10^{11}$	37974	0
43	$N_2O + M$	$-N_2+O+M$	$1{,}0 \cdot 10^{12}$	30722	0
44	$2NO$	$-N_2O+O$	$2{,}6 \cdot 10^{9}$	32130	0
45	$NO + O_2$	$-NO_2+O$	$7{,}8 \cdot 10^{8}$	22930	0
46	$N_2 + O_2$	$-NO+NO$	$9{,}1 \cdot 10^{20}$	64970	-2,5
47	$NO_2 + M$	$-O+NO+M$	$6{,}0 \cdot 10^{18}$	36060	-1,5
48	$NO + O_3$	$-NO_2+O_2$	$8{,}9 \cdot 10^{8}$	1330	0
49	$HNO + H$	$-NO+O_2$	$4{,}5 \cdot 10^{9}$	0	0
50	$N_2O + H$	$-N_2+OH$	$3{,}0 \cdot 10^{11}$	8080	0
51	$HNO + OH$	$-NO+H_2O$	$3{,}0 \cdot 10^{9}$	1200	0,5
52	$H + NO + M$	$-HNO+M$	$5{,}4 \cdot 10^{9}$	-300	0
53	$HNO + NO$	$-N_2O+OH$	$6{,}14 \cdot 10^{9}$	17222	0
54	$NH_3 + NO$	$-NH_2\ HNO$	$1{,}0 \cdot 10^{7}$	0	0
55	$NH_2 + H + M$	$-NH_3+M$	$4{,}8 \cdot 10^{8}$	-8300	0
56	$NH_3 + H$	$-NH_2+H_2$	$5{,}0 \cdot 10^{8}$	1000	0,5
57	$N + OH$	$-H+NO$	$1{,}2 \cdot 10^{10}$	0	0
58	$NH_3 + N$	$-NH_2+NH$	$5{,}0 \cdot 10^{8}$	1010	0,5
59	$NH_3 + OH$	$-NH_2+H_2O$	$5{,}4 \cdot 10^{12}$		0
60	$NH_3 + O$	$-NH_2+OH$	$1{,}0 \cdot 10^{9}$	2475	0
61	$NH + HNO$	$-NH_2+NO$	$2{,}0 \cdot 10^{8}$	1010	0,5
62	$HNO_3 + M$	$-OH+NO_2+M$	$1{,}6 \cdot 10^{12}$	15450	0
63	$NH_2 + OH$	$-NH+H_2O$	$3{,}0 \cdot 10^{7}$	656	0,679
64	$NH_2 + NO$	$-N_2+H_2O$	$1{,}0 \cdot 10^{10}$	0	0

k = 1 für bimolekulare Reaktionen

k = 2 für trimolekulare Reaktionen

Abb. 2.1 *Reaktionsmechanismus der Methanol-Luft Reaktion [2.1]*

Die Größen A, E/R_m und n sind in **Abb. 2.1** dargestellt. A stellt einen Faktor dar, der die Anzahl der in einem Gas nach der Wahrscheinlichkeitstheorie ablaufenden Stöße charakterisiert. E ist die für die Reaktion notwendige Aktivierungsenergie und n ist ein empirischer Temperaturfaktor.

Als Beispiel für die Reaktion von Methanol mit Luft ist in **Abb. 2.1** ein möglicher Reaktionsmechanismus mit den reaktionskinetischen Daten angegeben [2.1].

Man erkennt, daß neben den Komponenten CH_3OH, O_2, CO_2 und H_2O sehr viele Zwischenkomponenten auftreten. Die Größe M in **Abb. 2.1** stellt dabei einen Stoßpartner dar, der den Energieaustausch mitträgt. Die Zahlenangaben repräsentieren die Reaktionsgeschwindigkeit und die Aktivierungsenergie der Reaktion. Durch den Verbrennungsvorgang mit Luft entstehen zusätzlich Stickstoffverbindungen. Dabei werden auch die für die Umwelt schädlichen Stickoxidverbindungen produziert. Bei der motorischen Verbrennung sind in erster Linie die Verbindungen NO und NO_2 von Bedeutung.

Für die NO-Bildung beim motorischen Verbrennungsprozeß sind die sogenannten Zeldovic-Reaktionen wichtig. Diese sind

$$N_2 + O \Leftrightarrow NO + N,$$

$$O_2 + N \Leftrightarrow NO + O.$$

Im Bereich $\lambda > 1{,}2$ ist zusätzlich die Reaktion

$$OH + N \Leftrightarrow NO + H$$

als Erweiterung des Zeldovic-Mechanismus von Bedeutung [2.34][2.2]. Neben den beiden beschriebenen Reaktionen treten weitere auf, die zu NO_2 führen.

In der Motorentechnologie ist es üblich, die Stickoxide NO und NO_2 zusammen zu fassen und als NO_x zu bezeichnen. Diese Größe ist in den gesetzlichen Regelungen auch als Bezugswert aufgeführt.

2.1.2 Verbrennungsprodukte

Auf Grund der Reaktionsvorgänge entstehen bei der motorischen Verbrennung neben vielen anderen Substanzen wie z.B. CO_2, H_2O, H_2 die derzeit in der EG und damit in Deutschland gesetzlich limitierten Stoffe

- Kohlenmonoxid (CO),
- unverbrannte Kohlenwasserstoffe (HC),
- Stickoxide (NO_x).

Weitere wichtige Schadstoffkomponenten, die emittiert werden, sind

- Aldehyde (H-C-O-Verbindungen),

- Bleiverbindungen bei Verwendung bleihaltiger Kraftstoffe,
- Schwefeldioxid (SO_2) beim Dieselmotor (durch schwefelhaltigen Kraftstoff),
- Partikel einschließlich Ruß, vorwiegend beim Dieselmotor.

Wie bereits erwähnt, wird auch die für den Treibhauseffekt in der Atmosphäre wesentliche Verbindung CO_2 erzeugt [2.3][2.4][2.5].

2.2 Toxizität und Wirkung der Schadstoffe auf den Menschen

Die Emissionen stellen die vom Motor abgegebenen Schadstoffe z.B in g/h oder g/kWh dar. Dem gegenüber stehen die Immissionen, resultierend aus den Emissionen, die eine Aussage über die Verteilung der abgegebenen Stoffe in der Umwelt ermöglichen. Ein weiterer verwendeter Begriff ist die Konzentration, die angibt, welcher Mengenanteil z.B. in Vol.-% oder ppm eines bestimmten Stoffes im Abgas enthalten ist. Die maximale Arbeitsplatzkonzentration (MAK-Wert) eines Stoffes wird z.B. in ppm oder in mg/m^3 angegeben.

- **Kohlenmonoxid:** Ist ein farb- und geruchloses Gas. Es bindet sich sehr viel stärker (Faktor 240) an Hämoglobin - den O_2-Träger des Blutes - als Sauerstoff. Deshalb besteht die Gefahr des Erstickens schon bei niedrigen CO-Konzentrationen. Der MAK-Wert beträgt 33 mg/m^3 [2.36].

- **Unverbrannte Kohlenwasserstoffe:** Sie haben je nach Zusammensetzung mehr oder weniger narkotische Wirkung und üben eine Reizwirkung auf die Schleimhäute aus. Bestimmte Komponenten haben eine kanzerogene Wirkung (Aromaten, z.B. 3,4 Benz(a)pyren, Benzol). Anoxidierte Kohlenwasserstoffe (Aldehyde) wirken ähnlich wie Aromaten bzw. wie unverbrannte Kohlenwasserstoffe.

- **Stickstoffdioxid:** Ist ein Gas mit stechendem Geruch und rot-brauner Farbe. Es wirkt bereits bei geringen Konzentrationen als Lungenreizgas, ist gewebeschädigend und schleimhautreizend. Ebenso wie bei Stickstoffmonoxid besteht die Gefahr von Säurebildung. Der MAK-Wert beträgt 9 mg/m^3 [2.36].

- **Stickstoffmonoxid:** Ist ein farbloses Gas und bewirkt eine Veränderung der Lungenfunktion. Es ist schleimhautreizend und oxidiert mit O_2 zu NO_2. Es besteht die Gefahr der Bildung von Salpetersäure. Da Stickstoffmonoxid unter Umgebungsbedingungen nicht stabil ist und sich zu Stickstoffdioxid umwandelt, beträgt der MAK-Wert ebenfalls 9 mg/m^3 [2.45].

- **Aldehyde:** Komponenten mit stechendem Geruch und narkotischer Wirkung, bei einigen dieser Verbindungen besteht der Verdacht auf krebserregendes Potential. Der MAK-Wert beträgt z. B. für Formaldehyd 0,6 mg/m^3 [2.36].

- **Blei:** Ist ein Zellgift, das die O_2-Aufnahme des Blutes vermindert. Der MAK-Wert beträgt 0,1 mg/m^3 [2.45].

- **Schwefeldioxid:** Ist ein farbloses Gas mit stechendem Geruch, schleimhautreizend und wird in Verbindung mit Wasser zu schwefliger Säure (Gefahr der Verätzung). Der MAK-Wert beträgt 2 ml/m^3 [2.45].

- **Partikel:** Verstärkt wird die Kritik am Dieselmotor durch die Partikelemission (kanzerogenes Potential) und die Schwefeldioxid-Emission, die beim "Baumsterben" eine Rolle spielt. Partikel sind teilweise lungengängig und bilden eine Gefahr durch Anlagerung gesundheitsgefährdender Substanzen. Partikel enthalten auch Ruß, der als reiner Kohlenstoff oder mit angelagerten Kohlenwasserstoffen auftreten kann. Neuere Erkenntnisse zeigen, daß auch der Rußkern kanzerogene Wirkung haben kann.

  Andere Untersuchungen [2.37][2.38][2.39] stützen demgegenüber die These, daß nicht Dieselrußkerne, sondern generell Partikel in der Atemluft, die nicht dieselspezifisch sein müssen, ein kanzerogenes Potential haben könnten. Durch epidemiologische Studien ist die kanzerogene Wirkung von Dieselabgas bei Menschen bisher nicht nachweisbar [2.37].

Risikoart	Todesfälle *	Todesrisiko * pro Mio Einw.
Kfz-Verkehr	45901	194,37
Sturz	12001	50,82
Feuer	4938	20,91
Ertrinken	4407	18,66
Drogen, Medikamente	3612	15,29
Verschlucken	1663	7,04
Schusswaffen	1649	6,98
Luftverkehr	1428	6,05
Geräte	1288	5,45
Fallende Objekte	903	3,82
Strom	802	3,40
Alkoholvergiftung	305	1,29
Blitzschlag	85	0,34
Giftbiss/Stich	49	0,21
Hundebiss	15	0,06
Feuerwerk	11	0,05
Raucher, geschätzt **		800
Nichtraucher "		70
Dieselabgas, geschätzt ***		
Stadtbewohner allgem.		0,5
neben Stadtautobahn		6
Straßenarbeiter		35

* Time 27.03.1989
** Einwohner 236 Mio, Britannica BY 1985 Risiko = Tote durch Einwohnerzahl
*** Cuddihy el al 1984 nach Meclellan 1985 Risiko auf betroffene Gruppe bezogen

Abb. 2.2 *Allgemeine Lebensrisiken in den USA [2.12]*

Das Risiko, durch Dieselmotorenabgas tödlich zu erkranken, scheint sehr gering, wie eine Studie in den USA zeigt. Es ist etwa so niedrig, wie durch einen Blitzschlag ums Leben zu kommem (**Abb. 2.2**) [2.12]. Trotzdem sind weitere Maßnahmen notwendig, um den Ausstoß der Partikelemissionen zu verringern.

- **Kohlendioxid:** Kohlendioxid hat in der bei motorischem Betrieb vorliegenden Konzentration keine direkten Auswirkungen auf den Menschen, trägt jedoch indirekt durch Veränderung der Atmosphäre (Treibhauseffekt) zur langfristigen Umweltschäden bei. Bei zu hohen Konzentrationen besteht die Gefahr des Erstickens. Der MAK-Wert für Kohlendioxid beträgt 9000 mg/m^3 [2.36].

Weitere Informationen über die Toxizität, die maximalen- und minimalen Arbeitsplatzkonzentrationen (MAK- und MIK-Werte) sind der weiterführenden Literatur zu entnehmen, wie z. B. [2.40].

2.3 Schadstoffbildung im Motor

2.3.1 Schadstoffbildung im Ottomotor

Die unterschiedlichen Schadstoffkomponenten, mit Ausnahme der Stickoxide, werden primär durch den Kraftstoff und dessen Additive und die im Brennraum verbrannten Motorenöle bestimmt. Die Höhe der Emissionen wird in erster Linie durch das motorische Verhalten beeinflußt.

Im folgenden werden die Rohemissionen betrachtet, d.h. die Emissionen ohne Abgasnachbehandlung.

Eine typische Zusammensetzung des Abgases wird aus **Abb. 2.3** deutlich. Hierbei wurde das Abgas analysiert, welches sich beim Durchfahren des Europa-Testzyklus (siehe Kap. 8) mit dem dafür vorgesehenen Referenzkraftstoff [2.6] ergibt.

Im Europa-Testzyklus ist, wenn man von CO_2 als Schadstoff absieht, ca. 1 % der gesamten emittierten Abgasmasse als Schadstoff anzusehen (nach dem Katalysator eine Größenordnung weniger).

Im weiteren wird dargestellt, wie die wichtigsten Motorparameter auf die Schadstoffemissionen wirken. Der wichtigste Parameter ist dabei das Luft-Kraftstoff-Verhältnis λ. Diese Größe ist definiert als

$$\lambda = m_L/(m_{Kr} \cdot m_{Lstöch}).$$

Die Bezeichnung $m_{Lstöch}$ stellt dabei die stöchiometrische Luftmasse dar. Diese Größe ist abhängig von der Kraftstoffart bzw. der Zusammensetzung und beträgt für Benzin und Dieselkraftstoff ca. 14,6 kg Luft pro kg Kraftstoff.

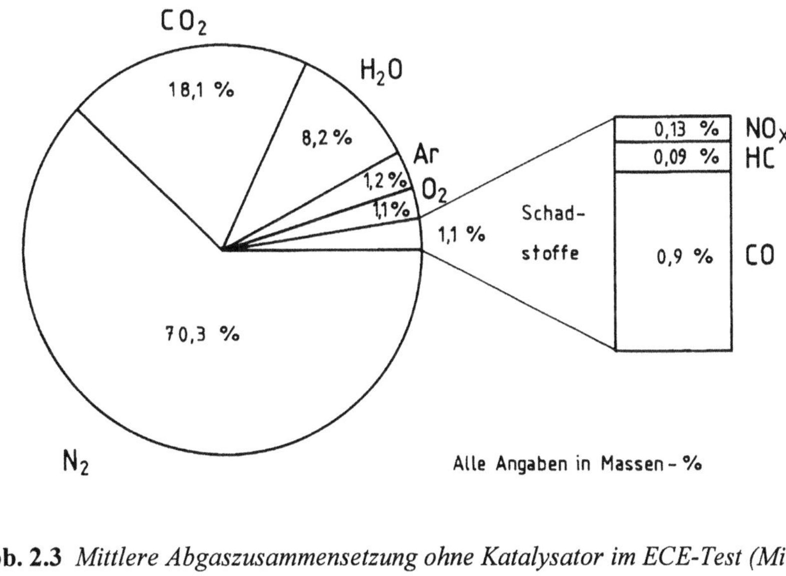

Abb. 2.3 *Mittlere Abgaszusammensetzung ohne Katalysator im ECE-Test (Mittelklassefahrzeug) [2.33]*

Neben dem spezifischen Kraftstoffverbrauch ist für die wesentlichen Schadstoffkomponenten, die in einem Ottomotor entstehen, die prinzipielle Abhängigkeit der Schadstoffkonzentrationen vom Luft-Kraftstoff-Verhältnis in **Abb. 2.4** dargestellt.

Der konventionell betriebene Ottomotor arbeitet bekanntlich mit Quantitätsregelung, d.h., das Luft-Kraftstoff-Verhältnis ist nur in sehr engen Grenzen variabel. Der Grund dafür liegt in den relativ engen Zündgrenzen des Luft-Kraftstoff-Gemisches.

Im motorischen Betrieb liegt das Luft-Kraftstoff-Verhältnis, wenn keine λ-Regelung vorliegt, etwa zwischen λ = 0,85 und λ = 1,2. Die Lastregelung erfolgt über die zugeführte Gemischmasse mit Hilfe der Drosselklappe.

Weitere Ursachen, die den Verlauf der Konzentrationen der wichtigsten Schadstoffkomponenten in Abhängigkeit vom Luft-Kraftstoff-Verhältnis bestimmen, werden im folgenden behandelt.

2.3.1.1 Schadstoffkomponenten

- **Kohlenmonoxid:**
  Diese Komponente ist in erster Linie über das Luft-Kraftstoff-Verhältnis λ beeinflußbar. Im Luftmangelgebiet (λ < 1) ergeben sich hohe CO-Konzentrationen, da nicht genügend Sau-erstoff vorliegt, um alle C-Moleküle vollständig zu CO_2 zu oxidieren. Mit zunehmendem Luftüberschuß nimmt die CO-Konzentration ab.

  Kohlenmonoxid ist durch motorische Parameter, wie z.B. Zündzeitpunkt, Verdichtungsverhältnis, Drehzahl und Einspritzzeitpunkt, nur unwesentlich beeinflußbar. Der Grund liegt darin, daß die CO-Rekombinationsreaktionen während der Expansionsphase in erster Linie vom Druck abhängig sind [2.2]. Der Druck während der Expansionsphase ist jedoch mehr oder weniger unabhängig von den oben genannten Parametern. Somit ergibt sich auch keine signifikante Abhängigkeit der CO-Emission von diesen Betriebsgrößen [2.2]. Eine für die CO-Entstehung wichtige Reaktion wird durch die "Wassergasgleichung" beschrieben:

$$CO + H_2O \Leftrightarrow CO_2 + H_2.$$

Diese Bruttoreaktion beschreibt in guter Näherung die gesamte CO-Produktion im Luftmangelgebiet. Im Luftüberschußgebiet ist die CO-Konzentration relativ niedrig und fällt mit zunehmendem Luft-Kraftstoff-Verhältnis. Das in diesem Bereich vorhandene CO kann auf örtliche Inhomogenitäten im Luft-Kraftstoff-Gemisch und auf Reaktionsvorgänge in der Nähe der Wand bzw. auf ein Einfrieren der Reaktionen mit steigendem Luftüberschuß zurückgeführt werden. Wesentlich für die CO-Bildung im Luftüber-

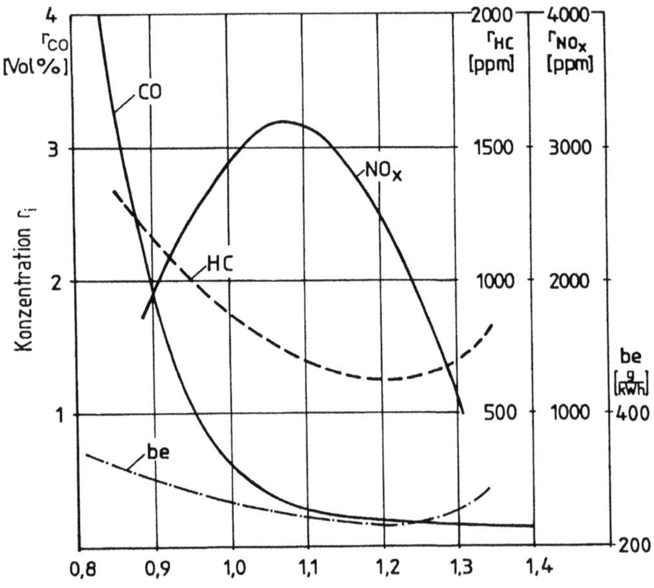

Abb. 2.4 *Schadstoffkonzentrationen und spezifischer Kraftstoffverbrauch über dem Luft-Kraftstoff-Verhältnis*

schußgebiet ist die Bruttoumsatzgleichung:

$$CO + 1/2\ O_2 \Leftrightarrow CO_2.$$

- **Unverbrannte Kohlenwasserstoffe:**
  Wird ein Kohlenwasserstoffmolekül unter "idealen" Bedingungen verbrannt, ergeben sich nur relativ geringe Mengen an unverbrannten Kohlenwasserstoffen, im weiteren mit HC bezeichnet. Lediglich in den Bereichen, in die die Flamme nicht gelangt, bleiben unverbrannte Kohlenwasserstoffe übrig. Im Brennraum eines Ottomotors gibt es eine Reihe von Zonen, in denen das möglich ist. Das sind z.B. Spalte im Brennraum im Bereich der Zylinderkopfdichtung, des Kolben-Feuersteges, der Kolbenringe, im Bereich der Zündkerze und an schlecht gestalteten Quetschflächen etc. Darüber hinaus kommt es zu HC-Emissionen, wenn die Wärmeabfuhr aus dem Gas in Wandnähe so groß ist, daß die Flamme verlöscht (Quench-Effekt) [2.42]. Eine weitere Möglichkeit, daß Kohlenwasserstoffe nicht verbrennen, ist durch Annäherung an die Zündgrenzen auf der mageren oder fetten Seite des Gemisches gegeben. Wird das Gemisch z.B. auf Grund von Luft- oder Kraftstoffmassenschwankungen so mager, daß keine Zündung mehr erfolgen kann, so kommt es zu erheblichen Kohlenwasserstoffemissionen.

  Da dieser Bereich auf Grund moderner Regelelektronik im Motorbetrieb mit λ-Regelung normalerweise nicht auftritt, ist als Hauptursache für die HC-Emissionen das Verlöschen der Flamme in Brennraumspalten und an der kalten Zylinderwand zu sehen.

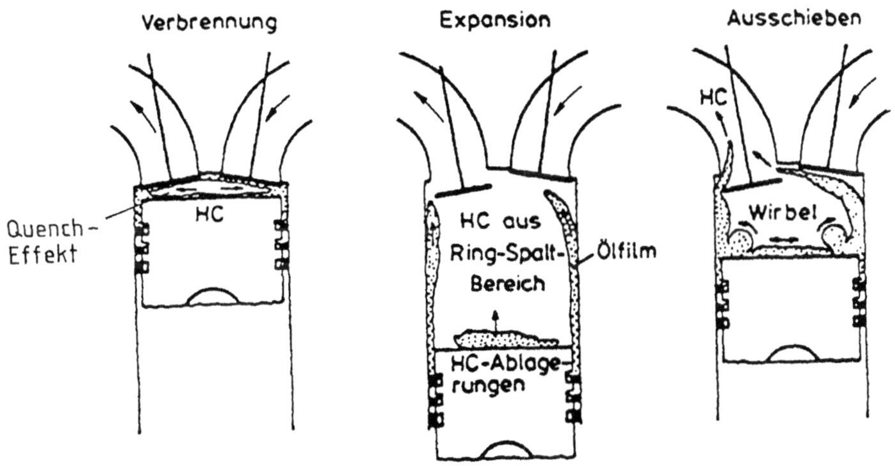

Abb. 2.5 *Entstehung der HC-Emissionen [2.19]*

Eine weitere Quelle für unverbrannte Kohlenwasserstoffe im Abgas ist in der Ablösung des Schmierfilms zu sehen. Der Wandfilm aus unverbrannten Kohlenwasserstoffen des Kraftstoffs und des Schmieröls wird abgelöst und beim Ladungswechsel in den Auspuff befördert [2.19]. Ein Teil dieser so freigesetzten Kohlenwasserstoffe verbrennt während der Nachoxidationsphase im Auslaßtrakt. Zu dieser Nachverbrennung sind ein bestimmtes Temperaturniveau und ein entsprechender Sauerstoffgehalt notwendig. Die Vorgänge zur Bildung der HC-Emission sind schematisch in **Abb. 2.5** dargestellt.

Die Zusammensetzung der unverbrannten Kohlenwasserstoffe ist vielseitig. Wesentliche Komponenten sind z.B. Aromate (Benzol, Toluol, Äthylbenzol), sowie Olefine (z.B. Propen, Äthen) und Paraffine (z.B. Methan).

- **Stickoxide:**
  Aus der Darstellung der Konzentrationen über dem Luft-Kraftstoff-Verhältnis, **Abb. 2.3**, ist ersichtlich, daß die Stickoxide ihr Maximum bei leichtem Luftüberschuß haben. Die Bildung dieser Komponenten wird gefördert durch hohe, örtlich auftretende Spitzentemperaturen und entsprechenden Luftüberschuß. Diese Bedingungen sind bei λ = 1,05 bis 1,1 gegeben. Die hohen Temperaturen dienen der Aufspaltung von N_2 und O_2 in ihre atomaren Bestandteile. Der Luftüberschuß sorgt dafür, daß genügend Sauerstoff vorhanden ist.

  Alle motorischen Parameter, die diese Randbedingungen beeinflussen, beeinflussen auch die NO_x Emissionen (z.B. Last, λ, Zündwinkel, Verdichtungsverhältnis). Beim motorischen Betrieb ist NO an dem gesamten NO_x-Ausstoß mit etwa 90 bis 98 % beteiligt. Der Reaktionsmechanismus für die NO_x-Bildung ist im wesentlichen durch den Zeldovic-Mechanismus bestimmt. Darüber hinaus sind die Reaktionen [2.7]

$$O_2 \Leftrightarrow 2\,O$$
$$OH + N \Leftrightarrow NO + H$$

  von Bedeutung. Die Stickoxid bildenden Reaktionen laufen relativ langsam ab. NO bildet sich erst hinter der Flammenfront im Verbrannten in nennenswerter Größenordnung [2.2].

- **Aldehyde:**
  Aldehyde sind Kohlenwasserstoffe, die zusätzlich noch Sauerstoffatome angelagert haben. Diese sog. O-H-C-Verbindungen treten insbesondere bei der Verbrennung von Kraftstoffen auf, die einen hohen Sauerstoffgehalt haben, z.B. bei Alkoholen. Die Aldehyde sind teilweise sehr geruchsintensiv. Wichtiger Vertreter dieser Schadstoffgruppe ist das Formaldehyd (HCHO), welches in Kalifornien bereits gesetzlich limitiert ist.

- **Bleiverbindungen:**
  Die Bleiemission beim Ottomotor wird ausschließlich durch die im Kraftstoff enthaltenen Blei-Additive hervorgerufen. In der Regel sind das Antiklopfmittel auf der Basis von Chlor- oder Bromverbindungen. Sie dienen der Herabsetzung der hohen Siedetemperatur des Bleis. Die Verwendung von Bleiadditiven ist stark rückläufig, da sie die heute eingesetzten Katalysatoren "vergiften" (siehe Kapitel 5).

2.3.2 Schadstoffbildung im Dieselmotor

Mit der Einführung des geregelten Dreiwege-Katalysators beim Ottomotor wurden die toxischen Abgasemissionen gegenüber dem Zustand ohne Katalysator um eine Größenordnung abgesenkt, weshalb das Emissionsverhalten des Dieselmotors immer mehr in den Blickpunkt der Kritik rückte. Hauptgrund dafür war, daß beim Dieselmotor keine gleichwertige Maßnahme zur Verfügung stand, auch die Stickoxidemissionen zu verringern.

Neue motorische Maßnahmen und Abgasnachbehandlungssysteme sowie Kraftstoffmodifikationen eröffnen dem Dieselmotor zunehmend neue Perspektiven zur drastischen Senkung der Schadstoffemissionen (siehe Kapitel 3, 4 und 5).

2.3.2.1 Schadstoffkomponenten

Die Lastregelung erfolgt beim Dieselmotor über die zugeführte Kraftstoffmenge, während die Luftmenge pro Arbeitsspiel ungedrosselt angesaugt wird. Zur Lastregelung wird demnach das

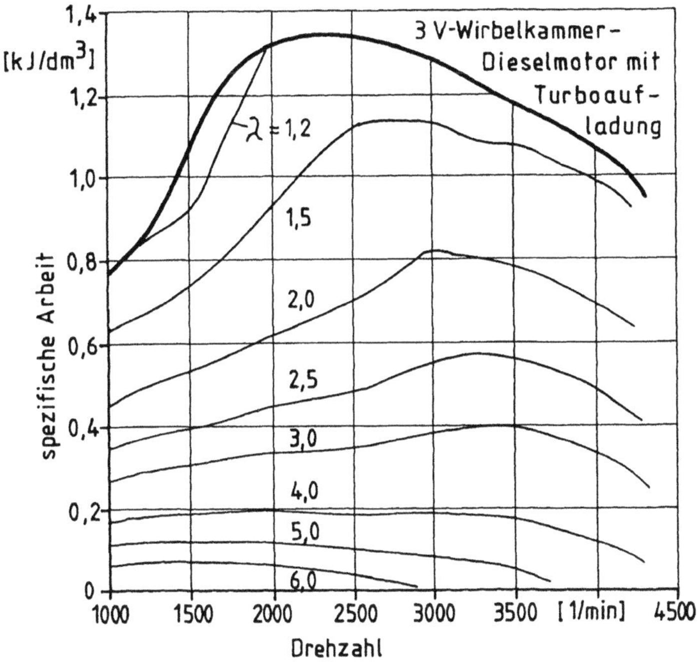

Abb. 2.6 *λ-Kennfeld eines Dieselmotors*

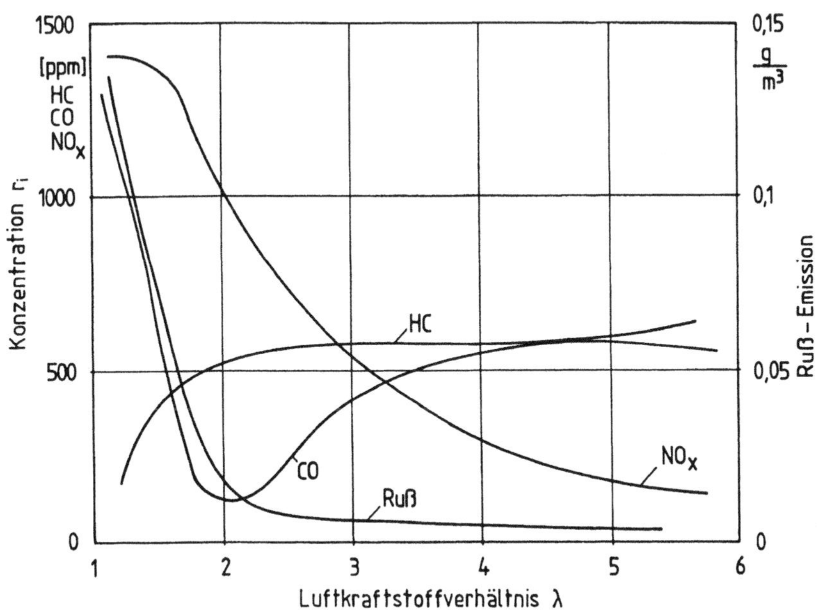

Abb. 2.7 *Abgaskonzentrationen über dem Luft-Kraftstoff-Verhältnis [2.19]*

Mischungsverhältnis Luft zu Kraftstoff geändert. Das Gemisch wird abgemagert oder angereichert. Die Abmagerung erfolgt je nach Reibleistung und Verbrennungsverfahren des Motors bis zu Werten von λ = 10 (siehe auch **Abb. 2.6**). Man spricht beim Dieselmotor daher von Qualitätsregelung.

Wie beim Ottomotor ist auch beim Dieselmotor das Luft-Kraftstoff-Verhältnis ein wesentlicher Einflußparameter auf die Höhe der Schadstoffkonzentrationen, jedoch als frei verfügbarer Parameter zur Schadstoffminimierung nicht vorhanden. **Abb. 2.7** zeigt als Beispiel die Abhängigkeit der wichtigsten Schadstoffkomponenten vom Luft-Kraftstoff-Verhältnis für einen Dieselmotor mit Direkteinspritzung.

- **Kohlenmonoxid:**
  Das mittlere Luft-Kraftstoff-Verhältnis im Brennraum je Arbeitszyklus ist beim Dieselmotor deutlich größer als beim Ottomotor. Auf Grund der Inhomogenität des Gemisches durch Ladungsschichtung sind örtlich jedoch sehr "fette" Zonen vorhanden. Dadurch entstehen hohe CO-Konzentrationen, die durch Nachoxidation mehr oder weniger stark abgebaut werden.

  Mit steigendem λ, d.h. steigendem Luftüberschuß, wird auf Grund der fallenden Temperaturen der Nachoxidationsgrad geringer (**Abb. 2.7**). Die Reaktionen "frieren" ein. Der Dieselmotor liefert deutlich niedrigere CO-Konzentration als der Ottomotor. Die Bildungsmechanismen bei der Entstehung sind jedoch die gleichen.

- **Unverbrannte Kohlenwasserstoffe:**
  Wegen der Inhomogenität des Gemisches ergeben sich bei der dieselmotorischen Verbrennung Zonen, in denen ein sehr hoher Luftüberschuß vorliegt. Je höher das Luft-Kraftstoff-Verhältnis dabei ist, um so niedriger ist die örtliche Temperatur. Daraus folgt, daß die chemischen Reaktionen sehr langsam ablaufen bzw. "einfrieren", so daß ein Anstieg der HC-Emissionen gegeben ist. Insgesamt ist die Konzentration beim Dieselmotor niedriger als beim Ottomotor (vergleiche **Abb. 2.3** und 2.7).

- **Stickoxide:**
  Die NO_X-Konzentration ist niedriger als beim Ottomotor; der NO_2-Anteil am NO_X ist etwas höher. Bei einem Vergleich von Ottomotor mit geregeltem Dreiwege-Katalysator und Dieselmotor mit Oxidationskatalysator ergeben sich geringere NO_X-Konzentrationen für den Ottomotor.

  Einen sehr großen Einfluß auf die Stickoxidbildung hat dabei die Art des Brennverfahrens.

  Dieselmotor mit unterteiltem Brennraum:
  Beim Motor mit unterteiltem Brennraum erfolgt die Verbrennung zunächst in der Vor- oder Wirbelkammer bei extremem Luftmangel. Es entstehen zwar hohe Temperaturen, jedoch ergeben sich auf Grund des Luft- und damit Sauerstoffmangels niedrige NO_X-Werte. In der Hauptbrennkammer kehrt sich der Vorgang um. Extreme Luftüberschüsse und damit niedrige Temperaturen ergeben ebenfalls eine geringe NO_X-Bildung.

  Dieselmotor mit Direkteinspritzung:
  Beim Dieselmotor mit Direkteinspritzung liegen diese NO_X reduzierenden Faktoren nicht vor, so daß gegenüber dem Motor mit unterteiltem Brennraum eine etwa doppelt so hohe

NO_X-Bildung gegeben ist. Bei Einsatz der Abgasrückführung (AGR) wird bei der NO_X-Bildung annähernd Gleichstand zwischen beiden Verfahren erreicht, da der Dieselmotor mit Direkteinspritzung eine wesentlich höhere Verträglichkeit für große rückgeführte Abgasmengen aufweist (über 50 % vom Frischgas).

- **Schwefelverbindungen:**
Schwefelverbindungen sind ausschließlich bedingt durch den Schwefelgehalt im Kraftstoff. Dieser darf in Deutschland bis zu 0,2 Masse-% betragen, liegt z. Z. unter 0,2 Masse-% und muß bis Oktober 1996 europaweit auf einen Wert von unter 0,05 Masse-% reduziert werden. SO_2 ergibt zusammen mit dem bei der Verbrennung entstehenden Wasser schweflige Säure. Problematisch sind Schwefelverbindungen im Hinblick auf den sauren Regen und die Partikelbildung über Sulfate.

- **Partikel:**
Die Definition der Partikel durch die kalifornische Umweltschutzbehörde CARB lautet [2.9]:

  Partikel sind alle Bestandteile (mit Ausnahme des kondensierten Wassers) des Abgases, die nach Verdünnung mit Luft auf eineTemperatur unterhalb von 51,7 °C auf einem definierten Filter abgeschieden werden.

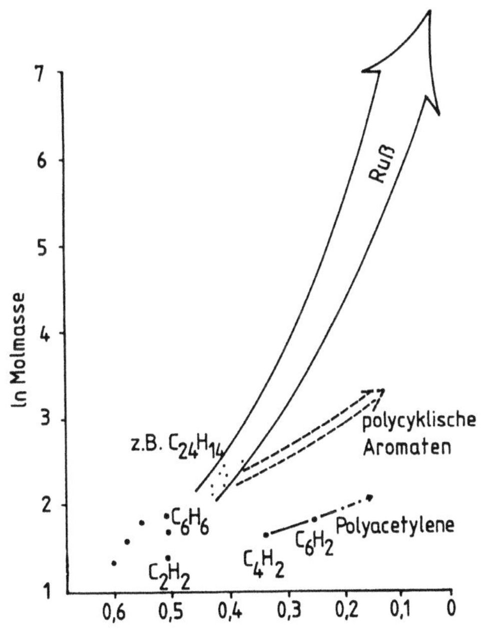

Abb. 2.8 *Möglicher Rußbildungsmechanismus [2.8]*

Prinzipiell zählt auch die Rußemission zu den Partikelemissionen. Die Bildung von Ruß [2.43] erfolgt unter extremem Luftmangel. Dieser Luft- bzw. Sauerstoffmangel ist beim Dieselmotor örtlich vorhanden. Er steigt mit Annäherung an das Luft-Kraftstoff-Verhältnis $\lambda = 0$. Ruß entsteht durch thermisches Cracken der langkettigen Moleküle unter Sauerstoffmangel. Eine Abspaltung von Wasserstoff führt dann zu immer wasserstoffärmeren C-Strukturen. Über Acetylen und weitere Polymerisation werden kohlenstoffreiche Moleküle gebildet, die zu Rußteilchen zusammenwachsen [2.11] [2.12][2.44]. Einmal gebildet, ist Ruß nur bedingt zu oxidieren. Die hier beschriebenen Vorgänge sind schematisch in **Abb. 2.8** dargestellt. Aufgetragen ist der Logarithmus der Molmasse über dem Wasserstoffgehalt der Kohlenwasserstoffkomponenten. Die Rußbildung läuft in Richtung wasserstoffärmerer und schwererer Moleküle, die letztendlich zu Rußteilchen agglomerieren.

Die Partikel bestehen aus Anteilen fester organisch unlöslicher und flüssiger organisch löslicher Phasen.

Die feste Phase besteht aus

- Ruß als amorphem Kohlenstoff, Asche, Öladditiven, Korrosionsprodukten und Abrieb,
- Sulfaten und deren molekular gebundenem Wasser.

Die flüssige Phase besteht aus

- Anteilen von Kraft- und Schmierstoffen, hauptsächlich an Ruß angelagert. Die Kohlenwasserstoffe sind im heißen Abgas noch weitgehend gasförmig und gehen erst nach Abkühlung durch turbulente Mischung mit der Luft in eine flüssige, organisch lösliche Phase (Partikel) über.

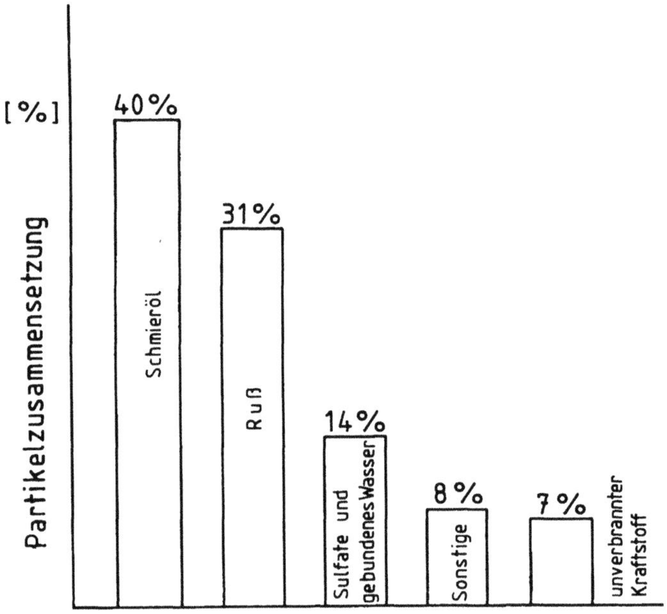

Abb. 2.9 *Partikelzusammensetzung bei Dieselmotorenabgas*

Die Größe solcher Partikel liegt im Bereich von etwa 0,01 bis 1 µm und darüber. Sie sind vorwiegend im Größenbereich unterhalb 0,3 µm angesiedelt und damit teilweise lungengängig. Die Partikelzusammensetzung ist stark vom Betriebspunkt und vom Brennverfahren abhängig. Eine typische Partikelzusammensetzung von Dieselmotorenabgas ist aus **Abb. 2.9** zu ersehen.

2.4 Bildung und Wirkung der Schadstoffe in der Atmosphäre

Das Klima ist die Gesamtheit aller meteorologischen Zustände über einen längeren Zeitraum gesehen, das durch Wechselwirkungen innerhalb des Gesamtsystems entsteht. Kompliziert wird der Klimamechanismus dadurch, daß die Vernetzungen der einzelnen Teilsysteme Hydrosphäre, Lithosphäre, Biosphäre und Atmosphäre nicht in linearem Zusammenhang stehen, sondern sich hochgradig nichtlinear verhalten, **Abb. 2.10** [2.20][2.21] [2.22] [2.23].

Dabei können sich die Prozesse durch Rückkopplung verstärken bzw. abschwächen. Auch die unterschiedlich langen Reaktionszeiten innerhalb der Vernetzungen erschweren Beobachtungen und Vorhersagen. Den internen Wirkungen der Teilsysteme sind externe Einflüsse überlagert. Dazu zählen z.B. neben Änderungen der Sonneneinstrahlung und Vulkanausbrüchen, auch Einflüsse durch menschliche Aktivitäten, die die Beschaffenheit der Erdoberfläche, Wasserkreisläufe und Kreisläufe der atmosphärischen Spurengase betreffen.

Bei einer groben Gliederung der Wirkungen der Schadstoffe in der Biosphäre gilt es folgende Phänomene zu unterscheiden:

- Smog,
- Saurer Regen,
- Ozonverdünnung ("Ozonloch"),
- Ozonbelastung,
- "Treibhauseffekt".

Einige haben globalen Charakter, wie der "Treibhauseffekt" oder die Ozonverdünnung. Die Ozonbelastung im bodennahen Bereich, der Smog und der "saure Regen" treten vorzugsweise, wenn auch weiträumig, in der Nähe von Emittenten bzw. in Ballungsgebieten auf.

Allen Wirkungen ist gemeinsam, daß sie überwiegend durch anthropogene Emissionen (Industrieanlagen, Hausbrand, Verkehr) verursacht werden. Diese anthropogenen Emissionen von Spurengasen und Aerosolen haben praktisch seit Beginn dieses Jahrhunderts mit der Industrialisierung zugenommen [2.32]. Die emittierten Schadstoffe gelangen in die Atmosphäre und werden dort durch physikalische und chemische Umwandlungsprozesse verändert. Bei der Diskussion über die Wirkungen von Schadstoffen - nicht nur aus Verbrennungsmotoren

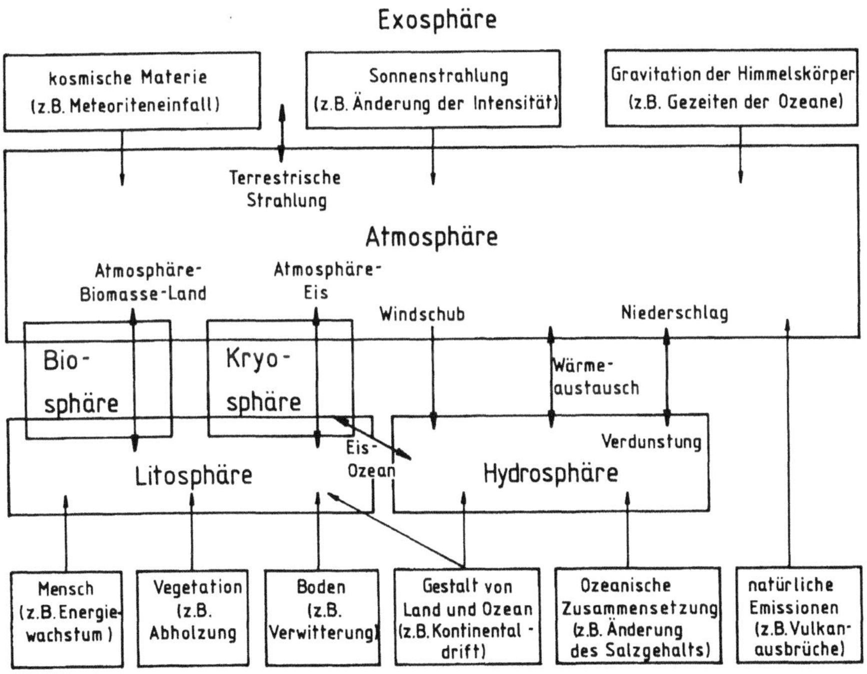

Abb. 2.10 *Vernetzungen von Teilsystemen des Klimamechanismus [2.20]*

resultierend - in bezug auf eine Veränderung der Luftqualität und deren Folgen sind mehrere Ebenen angesprochen. In erster Linie sind dies Auswirkungen auf den Ozonabbau in der Stratosphäre ("Ozonloch") [2.32], Bildung von Photooxidantien in der Troposphäre, "Treibhauseffekt" und "saurer Regen". **Abb. 2.11** zeigt die einzelnen Schichten der Erdatmosphäre, abhängig von der Höhe und den dort vorhandenen Temperaturen.

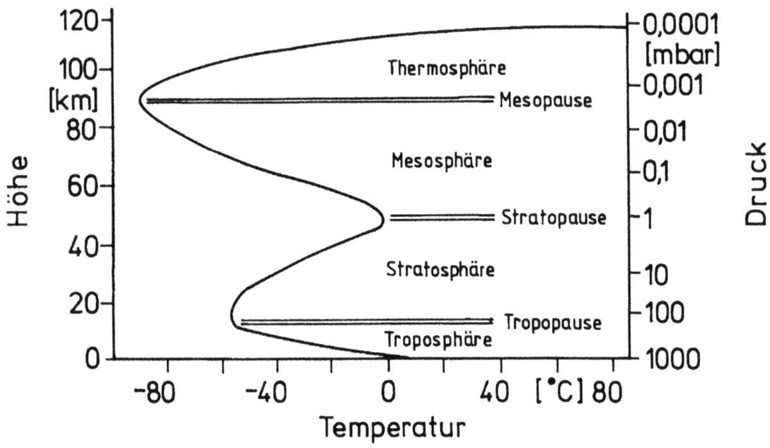

Abb. 2.11 *Aufbau der Erdatmosphäre [2.22]*

Alle diese Prozesse sind nicht singulär zu betrachten. Vielmehr wirken hierbei eine Fülle von chemischen und physikalischen Prozessen, die sich gegenseitig beeinflussen und teilweise sehr komplex sind.

Weltweit große Bedeutung haben dabei die Umwandlungsprozesse, die auf photochemischen Reaktionen beruhen und den sog. photochemischen Smog verursachen und die Prozesse, die unter dem Begriff des Treibhauseffektes angesprochen sind (siehe Kapitel 7). Neben den Automobilabgasen sind eine Reihe weiterer Emittenten, wie z.B. Industrie, Hausbrand und Energieerzeugung verantwortlich u.a. für den stratosphärischen Ozonabbau (Fluor-Chlor-Kohlenwasserstoffe = FCKW), sowie für den sauren Regen (SO_2) und den Treibhauseffekt (CO_2).

Während Prozesse, die den sauren Regen verursachen, vorwiegend auf Reaktionen des Schwefeldioxids und der Stickoxide basieren, sind am photochemischen Smog u.a. die Komponenten NO_x, CO und HC beteiligt. Dabei werden durch Sonneneinstrahlung Substanzen gebildet, die als Photooxidantien bekannt sind. Besondere Aufmerksamkeit verdient in diesem Zusammenhang das Ozon (O_3). Dafür sind im wesentlichen drei Gründe verantwortlich:

- Ozon ist von seinem prozentualen Anteil her die bedeutendste Komponente.
- Die Bildung von Radikalen, welche die Reaktionen weitertragen, werden über die Photolyse von Ozon eingeleitet.
- Ozon ist äußerst klimawirksam und trägt u.a. merklich zum Treibhauseffekt in der Atmosphäre bei.

Die vorhandenen Radikale, insbesondere das Hydroxyl-Radikal, sind in der Lage, weitere Komponenten zu oxidieren.

Die Produktionsprozesse von Ozon sind in der Troposphäre und in der Stratosphäre verschieden. Das atmosphärische Ozon hat im Gegensatz zu den anderen klimarelevanten Spurengasen eine sehr kurze Verweilzeit in der Atmosphäre. Weiterhin ist bedeutsam, daß seine Konzentration in der Troposphäre insbesondere der Nordhemisphäre ansteigt, in der Stratosphäre jedoch weltweit abnimmt (Ozonloch), **Abb. 2.12** [2.15]. In dieser Abbildung wird die prozentuale Ozonveränderung in der Stratosphäre und in der Troposphäre bis zum Jahr 2050 gezeigt. Die Daten resultieren aus Modellrechnungen, die eine Zunahme der FCKW-Emission von 4 % p.a. voraussetzen.

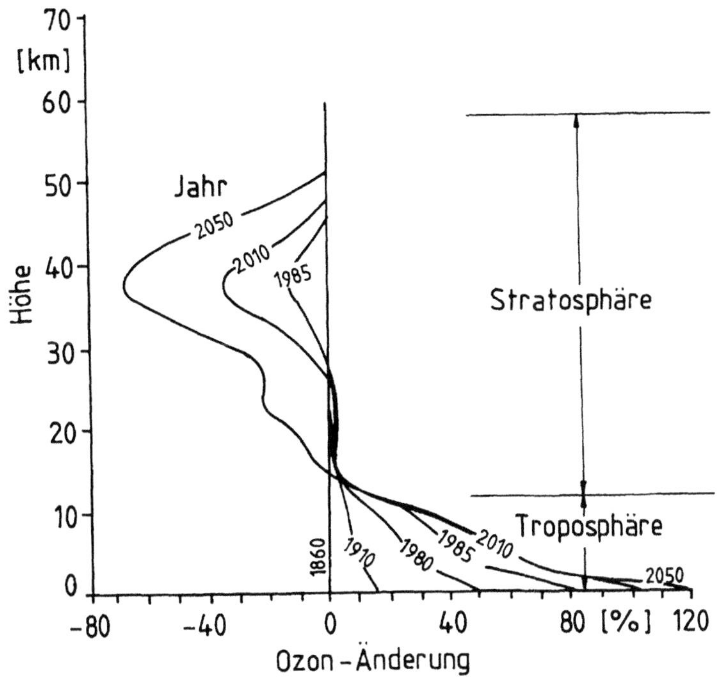

Abb. 2.12 *Ergebnisse einer Modellrechnung der Veränderung des Ozon-Höhenprofils bei einer FCKW-Emissionszunahme von 4 % p.a. [2.15]*

Nicht berücksichtigt sind dabei Emissionen, die durch fossile Energieträger verursacht werden, z.B. Emissionen aus dem PKW-Bereich. Man kann deshalb davon ausgehen, daß in der unteren Troposphäre örtlich höhere Ozonzunahmen zu erwarten sind, als diese Modellrechnung ausweist.

Ozon wirkt in der Biosphäre toxisch, wobei angenommen wird, daß zusammen mit anderen Photooxidantien neuartige Waldschäden verursacht werden [2.13].

Beim Menschen verursacht Ozon in entsprechenden Konzentrationen Augen- und Schleimhautreizungen sowie Atemnot vor allem bei körperlicher Anstrengung. Nach Angaben des Bundesministeriums für Gesundheit beträgt die maximale Ozonkonzentration, bis zu der nachteilige gesundheitliche Wirkungen sicher ausgeschlossen werden können, 120 $\mu g/m^3$ [2.14]. Spitzenwerte von 130 bis 150 $\mu g/m^3$ und darüber hinaus treten in den Sommermonaten in unseren Breiten relativ häufig auf [2.14].

In anderen Zonen, insbesondere in Los Angeles, liegen deutlich höhere Werte vor. **Abb. 2.13** zeigt Stundenmittelwerte zwischen 600 und 700 $\mu g/m^3$ [2.17].

Der Anteil des Ozons in der Troposphäre ist bedingt durch den Transport aus der Stratosphäre und die Bildung in der Troposphäre. Bei dieser Bildung spielen die Stickoxide NO und NO_2 ebenso eine Rolle wie die Komponenten CO, CH_4 und höhere Kohlenwasserstoffe. Von besonderer Bedeutung ist dabei das Verhältnis von NO_x zu O_3.
Ozon entsteht bei der Reaktion von molekularem mit atomarem Sauerstoff. Der atomare Sauerstoff wird dabei z.B. erzeugt durch die NO_2-Photolyse

$$NO_2 + h \cdot \nu \Leftrightarrow NO + O.$$

Der effizienteste Abbau erfolgt über die Reaktion

$$NO + O_3 \Leftrightarrow NO_2 + O_2.$$

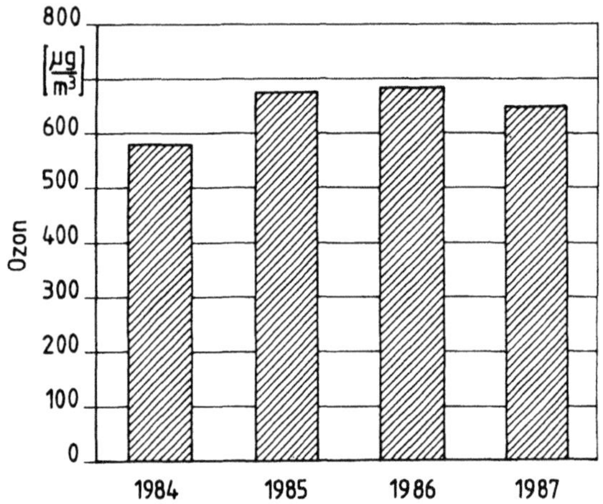

Abb. 2.13 *Ozon-Stundenmittelwerte in Los Angeles [2.17]*

Diese Reaktionen allein sind es jedoch nicht, die einen ausschließlichen Einfluß auf die Ozonbildung haben. Wesentlich wirkt hier des Hydroxyl-Radikal (OH), das beispielsweise aus der Reaktion von Wasserdampf mit atomarem Sauerstoff entsteht. Der gesamte Ablauf photochemischer Prozesse ist nach [2.17] schematisch in **Abb. 2.14** dargestellt.

Einige Komponenten (z.B. SO_2 und NO_x) führen bei der troposphärischen Umwandlung im Niederschlag zu einer Änderung des pH-Wertes. Dieses als "saurer" Regen bekannte Phänomen wird als Teil des Schädigungssystems für die Vegetation angesehen. Saure Inhaltsstoffe der niedrigeren Atmosphärenschichten tragen auch als wichtiges Glied zur der Entstehung des sogenannten "London"-Smogs bei, der jedoch seit der Umstellung von Kohle- auf Erdgasheizung nicht mehr auftritt.

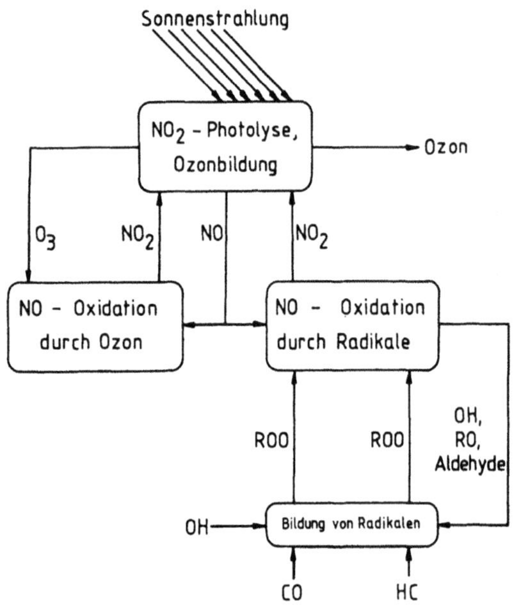

Abb. 2.14 *Photochemischer Prozeß der Ozonbildung [2.17]*

Dieser Smog kennzeichnete eine bei Inversionswetterlagen auftretende starke Luftverschmutzung (Staub, Rauch, Partikel, chemisch aktive Komponenten).

Die in die Atmosphäre freigesetzten Gase werden unterteilt in direkt und indirekt klimawirksame Substanzen und werden beide bei der motorischen Verbrennung produziert. Zu den direkt klimawirksamen Gasen, die nicht alle während der motorischen Verbrennung entstehen und von unterschiedlicher Bedeutung sind, zählen CO_2, CH_4, N_2O, halogenierte Kohlenwasserstoffe und Ozon. Der Kraftfahrzeugverkehr ist an der Produktion von CO_2 mit ca. 20 % beteiligt. An den indirekt klimawirksamen Produkten ist der Verbrennungsmotor im wesentlichen mit den Komponenten CO, NO, NO_2 und flüchtigen organischen Verbindungen beteiligt.

Der wichtigste Abbauprozeß für Kohlenmonoxid in der Troposphäre verläuft über die Reaktion mit Hydroxyl (OH). In geringem Umfang wird CO auch in die Stratosphäre

Gas	Verweilzeit in Tagen	
	Tropen	global
Äthan	20,00	61,0
Methanol	6,50	15,0
Acethylen	5,50	13,0
Benzol	4,50	14,0
Propan	3,60	11,0
n-Butan	2,10	7,5
i-Butan	2,20	8,0
Dimethylether	1,90	7,0
Äthylalkohol	1,80	5,9
n-Pentan	1,50	4,8
Toluol	0,90	2,8
Äthylbenzol	0,75	2,5
Äthen	0,70	1,9
Formaldehyd	0,50	0,9
o-Xylol	0,35	0,7
Acetaldehyd	0,30	0,6
Propen	0,20	0,4

Abb. 2.15 *Troposphärische Verweilzeiten organischer Verbindungen [2.13]*

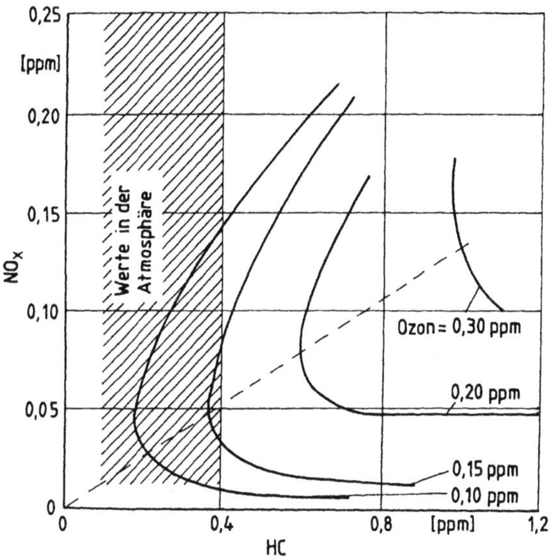

Abb. 2.16 *Einfluß von HC und NO_X auf die Ozonbildung [2.18]*

transportiert, wo es durch photochemische Reaktionen oxidiert wird. Die anthropogenen flüchtigen Kohlenwasserstoffverbindungen, deren Hauptvertreter und Verweilzeiten in **Abb. 2.15** dargestellt sind [2.13], entstehen vorwiegend durch die Verbrennung fossiler Kraftstoffe, bei deren Transport bzw. bei der Verbrennung von Biomasse.

Untersuchungen [2.18] zeigen, daß für die Ozonbildung in erdnahen Schichten die Anwesenheit beider Komponenten, nicht methanhaltiger Kohlenwasserstoffe und NO_X, wichtig ist. Eine einseitige Verringerung der NO_X-Emissionen würde unter Umständen zu einem Anstieg der Ozonbildung führen, **Abb. 2.16**. Deshalb ist es notwendig, in Ballungsgebieten beide Komponenten, HC und NO_X, abzusenken.

Es wird im Sinne einer weiteren Minderung der klimarelevanten Gase zum einen eine drastische Absenkung des Kraftstoffverbrauchs nötig sein, zum anderen der globale Einsatz wirksamer Abgasreinigungstechniken, wie z.B. der verbesserte Dreiwege-Katalysator für Ottomotoren und der Dieselkatalysator (Oxidations- bzw. Magerkatalysator und u.U. das Rußfilter) für den Dieselmotor.

2.4.1 CO_2 und das Klima

Ein Effekt, der durch CO_2 besondere Bedeutung erlangt hat, ist der sog. Treibhauseffekt. Durch menschliche Aktivitäten wird die Gaszusammensetzung der Atmosphäre verändert. Der dadurch gestörte natürliche Strahlungsaustausch führt zu einer Beeinflussung des Klimas [2.24][2.25][2.26][2.27][2.28][2.41].

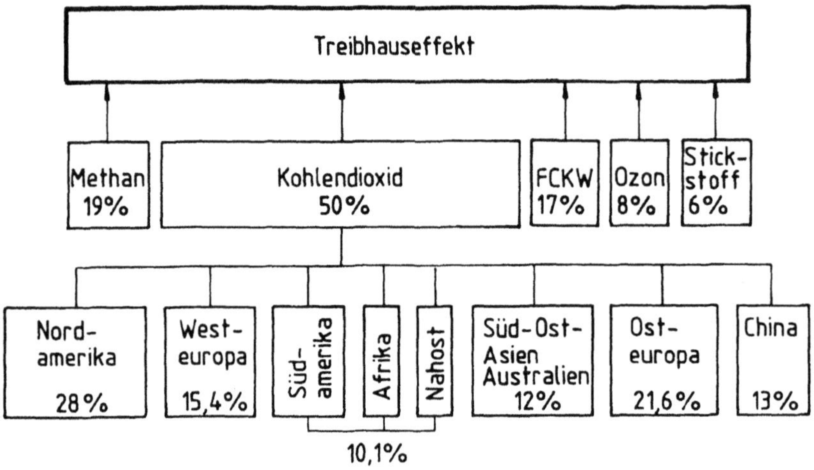

Abb. 2.17 *Anteile am Treibhauseffekt [2.21]*

Die der Erde von außen zugeführte Energie besteht im wesentlichen aus kurzwelliger Strahlung. Die in der Atmosphäre vorhandenen Schadstoffe, insbesondere CO_2, aber auch Wasserdampf, O_3, NO_2, Aerosole und Spurengase lassen diese Strahlung weitgehend ungehindert passieren. Beim Auftreffen der kurzwelligen Strahlung auf die Erdoberfläche wird diese in Wärme umgesetzt und von dort als langwellige Wärmestrahlung abgegeben. Diese Infrarotstrahlung wird von den Schadstoffen absorbiert bzw. reflektiert. Ein Temperaturanstieg in der Atmosphäre bzw. in der Troposphäre ist die Folge.

Alle Verbrennungsprozesse sowie die relevanten landwirtschaftlichen Aktivitäten verändern den Spurenstoffgehalt der Atmosphäre. An der daraus folgenden Aufheizung der Troposphäre sind die Verbrennungsprozesse zu einem sehr hohen Anteil beteiligt. Die zunehmenden Emissionen von Kohlendioxid, Fluorchlorkohlenwasserstoffen, Methan, Ozon und Distickstoffoxid verstärken den natürlichen Treibhauseffekt und tragen somit zur Erwärmung der bodennahen Luftschicht bei. **Abb. 2.17** zeigt den prozentualen Anteil der einzelnen Emissionen am Treibhauseffekt und den prozentualen Anteil der Kohlendioxidemission, aufgeteilt nach geographischen Regionen [2.21].

Aus **Abb. 2.17** geht hervor, daß CO_2 den größten Anteil an der Verstärkung des Treibhauseffektes hat. Deshalb kommt der Reduktion dieser Komponente eine entscheidende Bedeutung zu. In welcher Größenordnung sich der Kohlendioxidanteil in der Atmosphäre ändert, zeigt **Abb. 2.18**.

Basierend auf Messungen der CO_2-Konzentration auf dem Mauna Loa, Hawaii, konnte man einen Anstieg von 315 ppm im Jahr 1958 auf 350 ppm im Jahr 1988 beobachten [2.29]. Über die letzten Jahrzehnte gemittelt, ergibt sich eine Erhöhung der CO_2-Konzentration von ca. 0,5 % pro Jahr. Verschiedene Szenarien geben unterschiedliche Prognosen über den zukünftigen Anstieg und die damit verbundene Temperaturerhöhung.

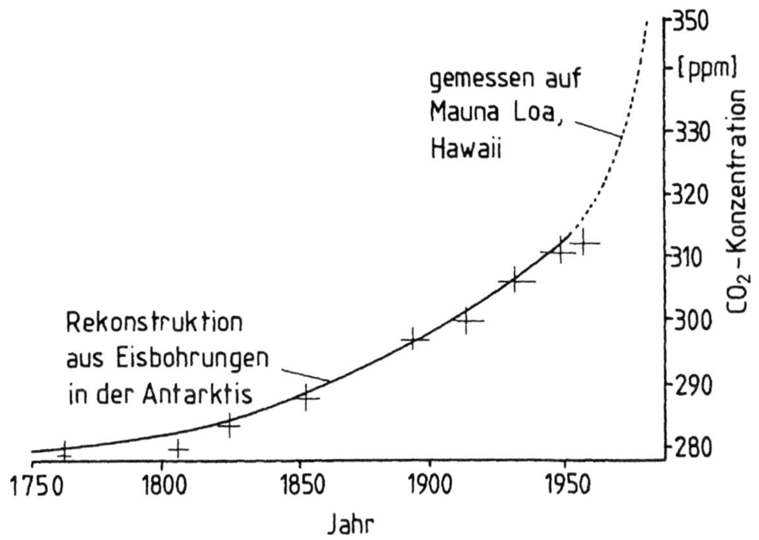

Abb. 2.18 *Anstieg der CO_2-Konzentrationen in der Atmosphäre [2.29]*

Betrachtet man die bodennahe globale Durchschnittstemperatur im Verlauf des letzten Jahrhunderts, so ist eine Tendenz zu höheren Temperaturen feststellbar. In **Abb. 2.19** ist die Temperaturabweichung vom Mittelwert der bodennahen globalen Durchschnittstemperatur (15 °C) zwischen den Jahren 1880 und 1985 aufgezeichnet. Daraus läßt sich ein weltweiter Temperaturanstieg in den vergangenen hundert Jahren von 0,7 °C ermitteln [2.30].

Durch den immer größer werdenden Weltenergiebedarf wird der jährliche Anstieg von Kohlendioxid in der Atmosphäre entsprechend dem Energieaufkommen zunehmen. Unter Mitwirkung der weiteren treibhausrelevanten Gase wird somit eine Temperaturerhöhung von ca. 1,5 °C bis 4 °C in den nächsten 50 Jahren befürchtet (**Abb. 2.20**) [2.31].

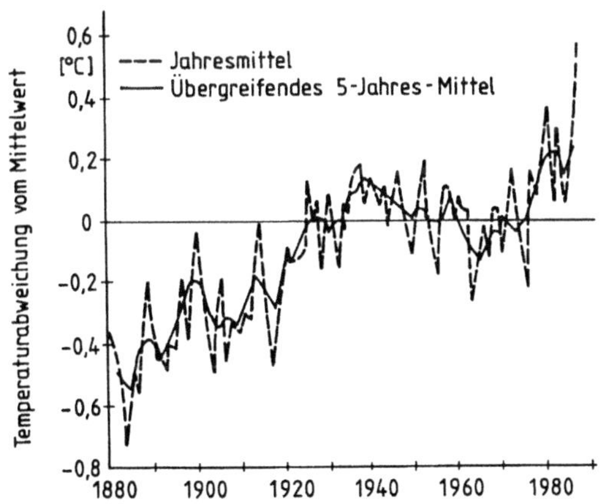

Abb. 2.19 *Abweichung von der Durchschnittstemperatur[2.30]*

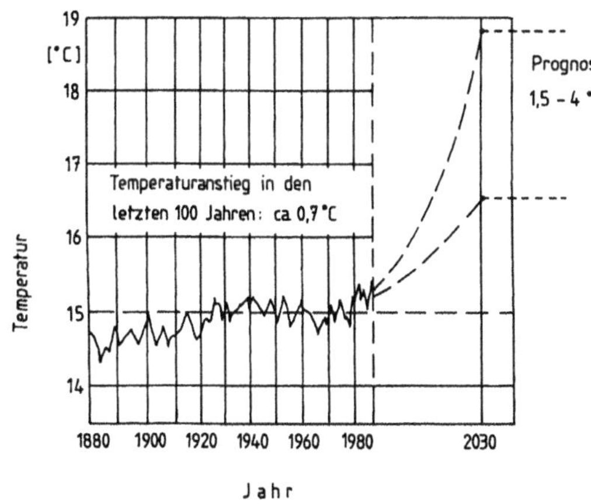

Abb. 2.20 *Prognostizierte Temperaturerhöhung [2.30]*

3 Möglichkeiten der Verringerung von Schadstoffemissionen und Kraftstoffverbrauch bei Viertakt-Motoren durch motorische Maßnahmen

Der Wirkungsgrad eines Verbrennungsmotors und damit der spezifische Kraftstoffverbrauch ist wesentlich vom Prozeßverlauf während eines Arbeitsspiels abhängig. Da der Prozeßverlauf im Motor einer exakten rechnerischen Beschreibung nicht zugänglich ist, ist man auf Vergleichsprozesse und Beschreibungen von Teilsystemen angewiesen. Diese Vergleichsprozesse ermöglichen prinzipielle Aussagen z.B. über den Einfluß des Luft-Kraftstoff-Verhältnisses oder des Verdichtungsverhältnisses auf den Wirkungsgrad. Trotz Berücksichtigung der chemischen Umwandlung des Arbeitsmediums durch den Verbrennungsvorgang sind mit dieser Art von Prozeßführung (z.B. Prozeß des vollkommenen Motors) nur tendenzielle Aussagen über das Schadstoffverhalten bzw. den Kraftstoffverbrauch möglich. Die Gründe liegen in der notwendigen Vereinfachung der Randbedingungen für solche Prozeßführungen wie z. B. isentrope Kompression und Expansion, Verbrennungsprodukte im chemischen Gleichgewicht und wärmedichte Wände, die teilweise weit vom realen Verhalten in einem Motor entfernt sind. Aus diesem Grund soll hier nicht näher auf Vergleichsprozesse eingegangen werden.

Sowohl für Otto- als auch für Dieselmotoren gibt es eine Vielzahl von Möglichkeiten, die Schadstoffbildung und den Kraftstoffverbrauch zu beeinflussen [3.9][3.60]. Diese lassen sich prinzipiell in drei Kategorien einteilen:

- Konstruktive Größen, z.B. Zylinderkopf- und Brennraumgestaltung einschließlich Lage der Zündkerze bzw. des Glühstiftes, Ausbildung des Einspritzsystems, Anordnung der Einspritzdüse, Anzahl der Ventile, Hubvolumen, Hub-Bohrung-Verhältnis, Verdichtungsverhältnis, Ein- und Auslaßkanalgestaltung etc.

- Operative Größen. Diese sind z.B. Motor-Management, Gemischbildung und Gemischregelung, Zündzeitpunkt, Einspritzdauer und Einspritzzeitpunkt, Steuerzeiten, interne Abgasrückführung durch Steuerzeitenänderung, externe Abgasrückführung, Einsatz eines Latentwärmespeichers zur Nutzung der "Abfallwärme" des Motors [3.39], Abschaltung der Kraftstoffzufuhr während des Schubes etc.

- Abgasnachbehandlung durch Katalysatorsysteme (auch beheizte Katalysatoren), Sekundärlufteinblasung, Isolierung von Auslaßkrümmer und Abgassystem, thermische Reaktoren, Filter- bzw. Partikel-Rückhaltesysteme etc.

Wesentlichen Einfluß auf das Schadstoffverhalten haben darüber hinaus der transiente Betrieb und der nicht betriebswarme Motor. In bezug auf die gesetzlich vorgeschriebenen Testzyklen (siehe Kapitel 8.) sind die ersten ca. 60-80 s für das Unterschreiten der Abgasgrenzwerte entscheidend. Kalte Saugrohre und Brennraumwände, die höhere zu überwindende Reibleistung und der nicht betriebswarme Katalysator sind nur einige Faktoren, die insbesondere die HC- und CO-Emissionen extrem ansteigen lassen. Hier werden besondere Anforderungen an das Gemischbildungssystem und die Abgasnachbehandlung gestellt. Dem überlagert sind die Anforderungen an die Gemischbildung im instationären Betrieb. Hohe Änderungsgeschwindigkeiten von Betriebsgrößen, ausgelöst durch das Verhalten des Fahrers, erfordern eine zeitlich präzise Zuordnung von Größen wie z.B. Kraftstoffmenge und Zündzeitpunkt.

3.1 Maßnahmen beim Ottomotor

3.1.1 Äußere Gemischbildung

Die äußere Gemischbildung ist das heute übliche Verfahren bei Ottomotoren. Im Hinblick auf den Kraftstoffverbrauch ist jedoch die innere Gemischbildung erstrebenswert (siehe Kapitel 3.1.2), da hier ein beachtliches Verbrauchspotential über ca. 20 % bei Teillastvorhanden ist [3.75].

3.1.1.1 Brennraumform, Brennraumgestaltung und Verdichtung

Aus Gründen der HC-Minimierung müssen möglichst kompakte Brennräume mit geringen Spalten zwischen Brennraumoberfläche und Kolben angestrebt werden, weil damit das Flame-Quenching (Erlöschen der Flamme) verringert wird, obwohl die NO_X-Emissionen dadurch ansteigen. Das ergibt ein geringes Oberflächen-Volumen-Verhältnis. Je kleiner die spezifische Oberfläche, um so geringer die Fläche der kalten Brennraumwände, an denen die Flamme verlöschen kann. Ein günstiges Oberfläche-/Volumenverhältnis, d.h. eine kleine relative Brennraumoberfläche, führt zu einem verringerten Ausstoß an unverbrannten Kohlenwasserstoffen (**Abb. 3.1**).

Zusätzlich ist es jedoch wichtig, daß optimierte Quetschflächen im Brennraum vorhanden sind. Dies hat zur Folge, daß bei der Aufwärtsbewegung des Kolbens Flächen so aufeinander zu bewegt werden, daß durch die Verdrängung des Gemisches eine optimierte Gemischbewegung erreicht wird. Dadurch ergibt sich eine turbulente Strömung mit intensiver Durchmischung, wobei auch die von der Wandoberfläche abgelösten HC-Partikel einer weiteren Oxidation zugeführt werden. Der Brennraum sollte so gestaltet sein, daß eine möglichst optimale Ladungsbewegung erzeugt wird.

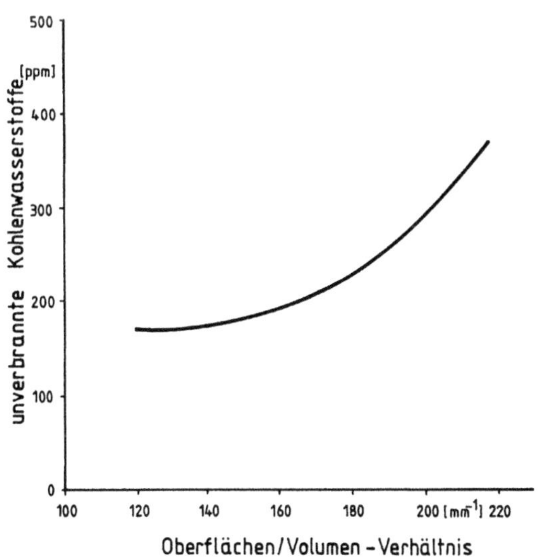

Abb. 3.1 *Abhängigkeit der HC-Konzentration vom Oberflächen-Volumen-Verhältnis*

Über die Brennraumgestaltung ist auch das Verdichtungsverhältnis beeinflußbar. Aus Verbrauchsgründen sollte das Verdichtungsverhältnis so hoch wie möglich sein (hoher thermischer Wirkungsgrad), (siehe **Abb.** 3.22).

Mit steigendem Verdichtungsverhältnis erhöhen sich aber auch die NO_X- und HC-Emissionen. Die Stickoxide werden durch die erhöhten Spitzentemperaturen im Brennraum, die unverbrannten Kohlenwasserstoffe durch die stärkere Zerklüftung des Brennraums (relativ größerer Anteil an Spalten) ungünstig beeinflußt. Außerdem sinkt mit steigender Verdichtung wegen des besseren Wirkungsgrades die Abgastemperatur, so daß auch die Nachreaktion von unverbrannten Kohlenwasserstoffen und von CO behindert wird.

Die größere Abmagerungsfähigkeit auf Grund der besseren Entflammungs- und Brennbedingungen wirken dem Anstieg der HC-Emissionen jedoch entgegen, was beim Magermotor von Bedeutung ist. Extrem hohe Verdichtungsverhältnisse sind im Vollastbereich nicht zu realisieren, weil die Klopfgrenze eine wirkungsgradoptimale Zündwinkeleinstellung verhindert.

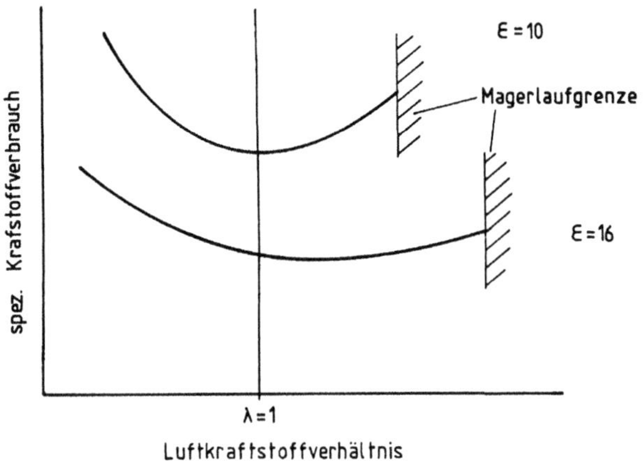

Abb. 3.2 *Einfluß des Verdichtungsverhältnisses auf die Magerlaufgrenze*

Aus **Abb. 3.2** werden die prinzipiellen Auswirkungen einer Verdichtungserhöhung deutlich. Neben der Ausweitung des Betriebsbereiches in bezug auf das Luft-Kraftstoff-Verhältnis ist durch den mageren Betrieb auch eine deutliche Verbrauchsabsenkung erreichbar, die sich in einer Verringerung der CO_2-Emissionen auswirkt.

Die mit steigender Verdichtung sinkende Abgastemperatur kann sich jedoch z.B. in der Warmlaufphase ungünstig auf das Anspringverhalten des Katalysators auswirken. Dem kann durch spätere Zündwinkel entgegengewirkt werden.

Wie bereits gesagt, werden die Stickoxide durch die erhöhten Spitzentemperaturen bei höherer Verdichtung und die unverbrannten Kohlenwasserstoffe durch die stärkere Zerklüftung des Brennraums (relativ größerer Anteil an Spalten) ungünstig beeinflußt. Dem gegenüber steht die bessere Abmagerungsfähigkeit, deren positives Verhalten auf die Abgasemissionen bei $\lambda = 1$ geregelten Konzepten jedoch vordergründig nicht genutzt werden kann.

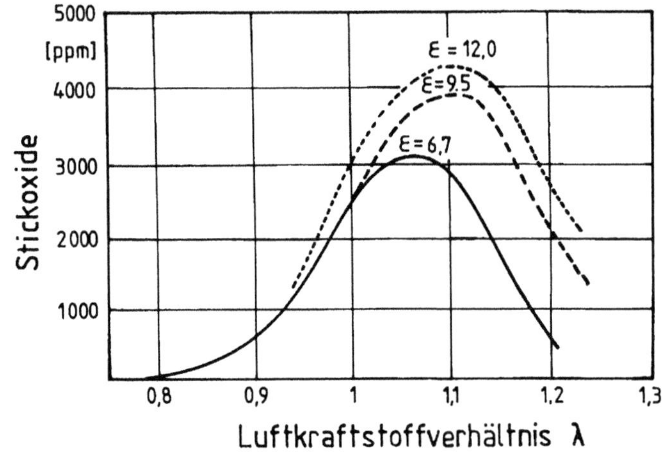

Abb. 3.3 *Einfluß der Verdichtung auf die Stickoxidkonzentration*

Bei $\lambda=1$ geregelten Konzepten kann dadurch allerdings die AGR-Rate mit steigendem Verdichtungsverhältnis angehoben werden, da sich die Aussetzergrenze nach "mager" verschiebt. Dadurch wird die NO_X-Emission wieder abgesenkt. Zusätzlich führt dies zu einem besseren spezifischen Kraftstoffverbrauch.

Die NO_X -Konzentration über dem Luft-Kraftstoff-Verhältnis für verschiedene Verdichtungsverhältnisse zeigt **Abb. 3.3**

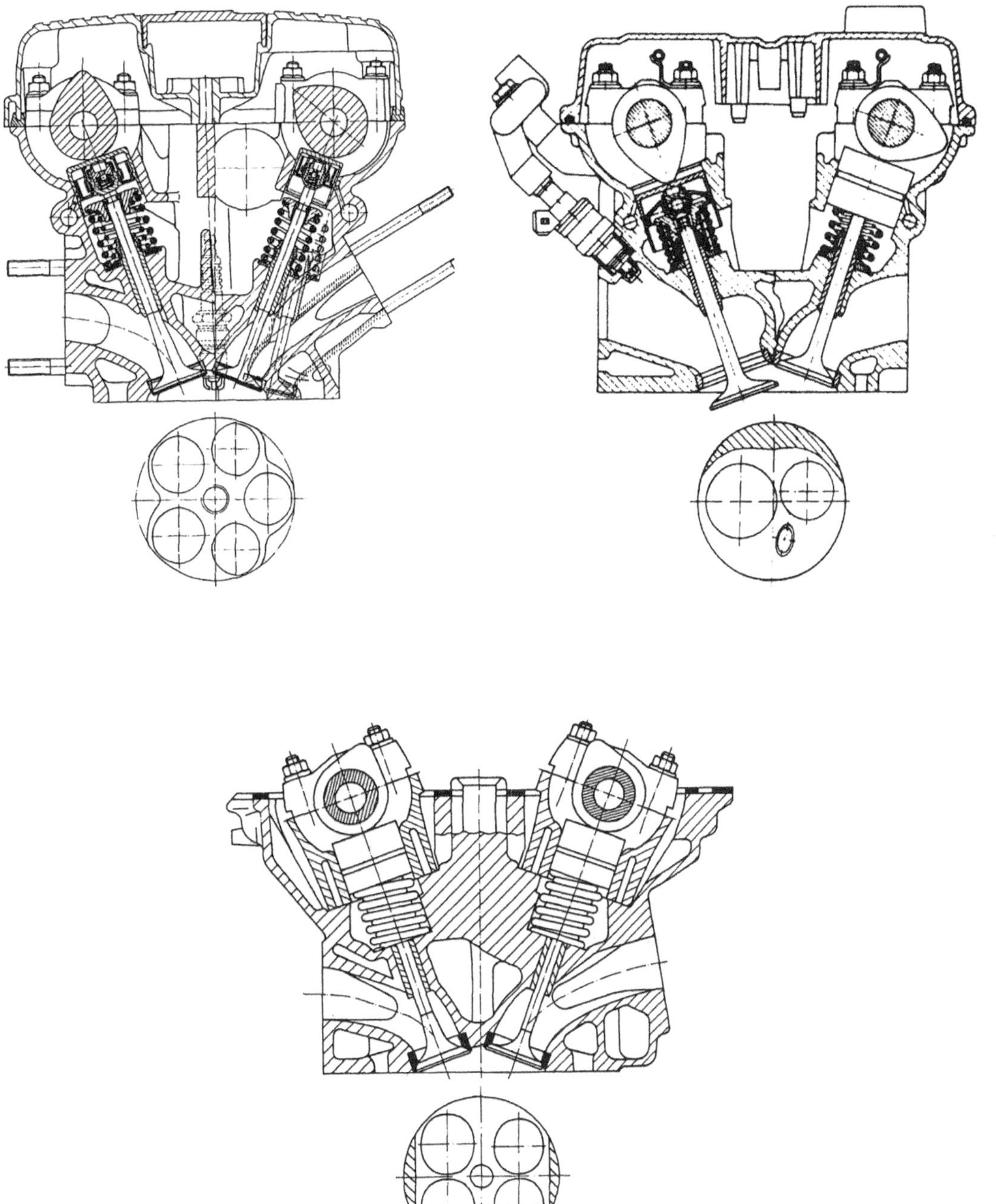

Abb. 3.4 *Brennraumformen und Ventilanordnungen bei Ottomotoren*

Das Maximum der NO_X-Konzentration steigt mit zunehmender Verdichtung und verschiebt sich mit höheren Verdichtungsverhältnissen in Richtung größerer Luftüberschüsse. Die Ursache dafür ist in dem höheren Temperaturniveau zu sehen.

Einen Einfluß auf das Abgasverhalten hat auch die Lage der Zündkerze, die Anzahl der Ventile und die Konzeption des Ventiltriebes, z.B. variabler Ventiltrieb. Vier- oder Fünf-

Ventilmotoren lassen eine zentrale Lage der Zündkerze zu. Ein kompakter Brennraum mit zentraler Zündkerzenlage, mit dem die Brenndauer wegen kurzer Brennwege und erhöhter Ladungsbewegung möglichst gering gehalten wird, wirkt sich günstig auf die HC-Emissionen aus. Dem schnellen Durchbrennen des Gemisches sind jedoch aus akustischen Gründen Grenzen gesetzt. Durch optimale Größe und Anordnung von Quetschflächen (z.B. 10 bis 15 % der Kolbenfläche), die diese Ladungsbewegung erhöhen, kann das schnelle Durchbrennen unterstützt werden. Bei Motoren mit zwei Ventilen kann ein schnelles Durchbrennen mit zwei Zündkerzen pro Brennraum erreicht werden (**Abb. 3.5**). **Abb. 3.4** zeigt übliche Brennraumformen und Ventilanordnungen.

Die Brennräume liegen bei Ottomotoren heute überwiegend im Zylinderkopf im Gegensatz zu Dieselmotoren mit Direkteinspritzung, bei denen der Kolben zur Aufnahme des Brennraums dient.

Die Kolben von Ottomotoren besitzen entweder eine leichte Mulde oder sind flach. Bei Mehrventilmotoren haben sich dachförmige Brennräume als günstig erwiesen. Nachteilig auf die HC-Emissionen wirken sich Ventiltaschen im Kolben aus, da sie zur Zerklüftung des Brennraums beitragen.

Mögliche Anordnungen bezüglich Zündkerzenlage, Quetschflächen und Ventile zeigt **Abb. 3.5** am Beispiel von Zwei-Ventil- und Vier-Ventil-Ausführungen.

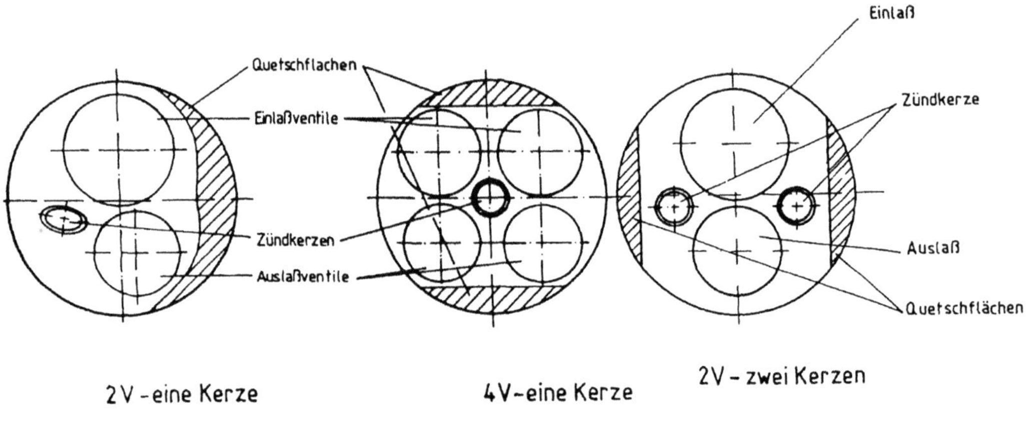

Abb. 3.5 *Lage von Quetschflächen und Zündkerzen*

Zur Verbesserung der Gemischaufbereitung im unteren Teillastgebiet - also bei geringem Massendurchsatz - kann bei Mehrventilmotoren ein Einlaßkanal als Drallkanal ausgebildet werden. Der zweite Kanal, der bei höherer Last und Drehzahl zugeschaltet wird, dient dann als Füllungskanal.

3.1.1.2 Gemischbildung, Gemischregelung und Einspritzsysteme

Eine gleichzeitige Minimierung aller Abgaskomponenten ist ohne weiteres sowohl bei der otto- als auch bei der dieselmotorischen Verbrennung nicht möglich. Wie bereits dargestellt, läßt sich nur Kohlenmonoxid fast ausschließlich über λ beeinflussen, wenn man von weniger bedeutsamen Einflußgrößen wie Ladungsschichtung, Hub-Bohrung-Verhältnis etc. absieht. Die NO_X- und HC-Emission weisen jedoch eine Reihe weiterer Einflußparameter auf. Im Zusammenhang mit den Schadstoffemissionen kommt der Gemischbildung eine überragende Bedeutung zu.

Beim Ottomotor ist auf Grund der engen Zündgrenzen des Gemisches nur eine begrenzte Variation des Luft-Kraftstoff-Verhältnisses möglich. Günstig für niedrige HC- und CO-Emissionen und niedrigen Kraftstoffverbrauch ist ein λ-Bereich im leichten Luftüberschuß. Die Stickoxide sind hier jedoch am höchsten. Im Bereich $\lambda < 1$ tritt wegen des Sauerstoffmangels ein deutlicher CO-Anstieg auf; bei λ-Werten > 1,2 wird häufig schon die Aussetzergrenze erreicht, was insbesondere zu hohen HC-Werten führt.

Die zunehmend schärferen Gesetze bezüglich der Abgasgrenzwerte erfordern immer bessere Systeme zur Gemischbildung und Gemischaufbereitung [3.64][3.75]. Parameter wie z.B. Einspritzbeginn und damit Vorlagerungswinkel (bevor Einlaßventil öffnet) und Maßnahmen wie Luftumfassung des Einspritzstrahls, Mehrstrahleinspritzung etc. sind nur einige Maßnahmen, die zur Verbesserung des Betriebsverhaltens genutzt werden. Beispielhaft für die Auswirkungen solcher Maßnahmen ist in **Abb. 3.6** die Variation des Vorlagerungswinkels des Kraftstoffs auf die HC-Emission dargestellt [3.48]. In der Teillast ergeben sich in dem hier vorliegenden Fall niedrige HC-Emissionen bei großen Vorlagerungswinkeln. In der Vollast führen andere Winkel zur minimalen HC-Emission. Mit Hilfe von Motor-Managementsystemen läßt sich der für jeden Last-Drehzahl-Bereich optimale Einspritzbeginn realisieren.

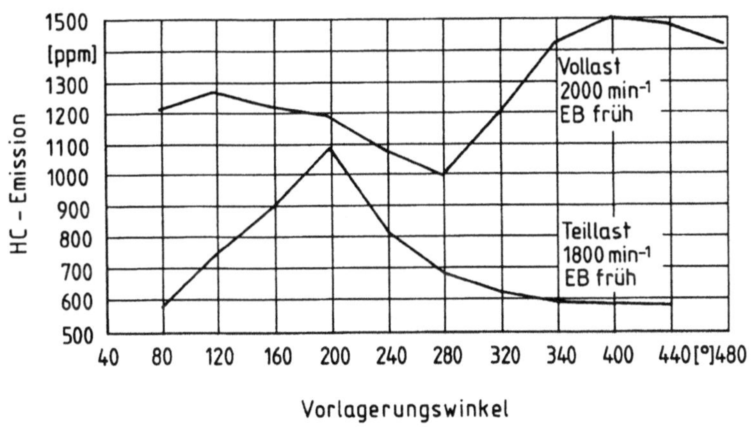

Abb. 3.6 *HC-Verringerung durch Veränderung des Vorlagerungswinkels[3.48]*

Ein weiteres Beispiel zeigt die Auswirkungen einer luftumfaßten Einspritzdüse bei instationärem Verhalten, **Abb. 3.7** [3.49]. Die Abbildung zeigt die Auswirkungen auf die HC-Emission in der Anfangsphase des FTP-Zyklus.

Geringere HC-Emissionen durch eine bessere Gemischaufbereitung führen zu verbesserten Bedingungen für das Anspringen des Katalysators und damit zu höheren Konvertierungsraten in der Anfangsphase des Tests.

Zylinderselektive Einspritzsysteme, die kennfeldgesteuert sind (Last und Drehzahl), ermöglichen in vielen Fällen erst eine die Abgasgrenzwerte unterschreitende und stabile Gemischeinstellung. Unter zylinderselektiv ist dabei die individuelle Gemischeinstellung für jeden einzelnen Zylinder eines Motors zu verstehen, abhängig von verschiedenen Betriebs- und Umgebungsbedingungen.

Untersuchungen mit simultaner und sequentieller Einspritzung (**Abb. 3.8**) zeigen, daß mit einer geeigneten Zuordnung von Einspritzzeitpunkt relativ zur Öffnungszeit des Einlaßventiles die Magerlauffähigkeit und damit der Ausstoß an HC und NO_X positiv beeinflußt werden kann [3.2]. Bei der simultanen Einspritzung erfolgt die Einbringung des Kraftstoffes zum gleichen Zeitpunkt für alle Zylinder. Damit ergeben sich für die einzelnen Zylinder unterschiedliche Verweilzeiten für die Gemischaufbereitung im Ansaugkanal. Weitere wichtige Betriebszustände sind z.B. Beschleunigung, Schiebebetrieb und Warmlauf, die mit der simultanen Einspritzung ungünstig beeinflußt werden.

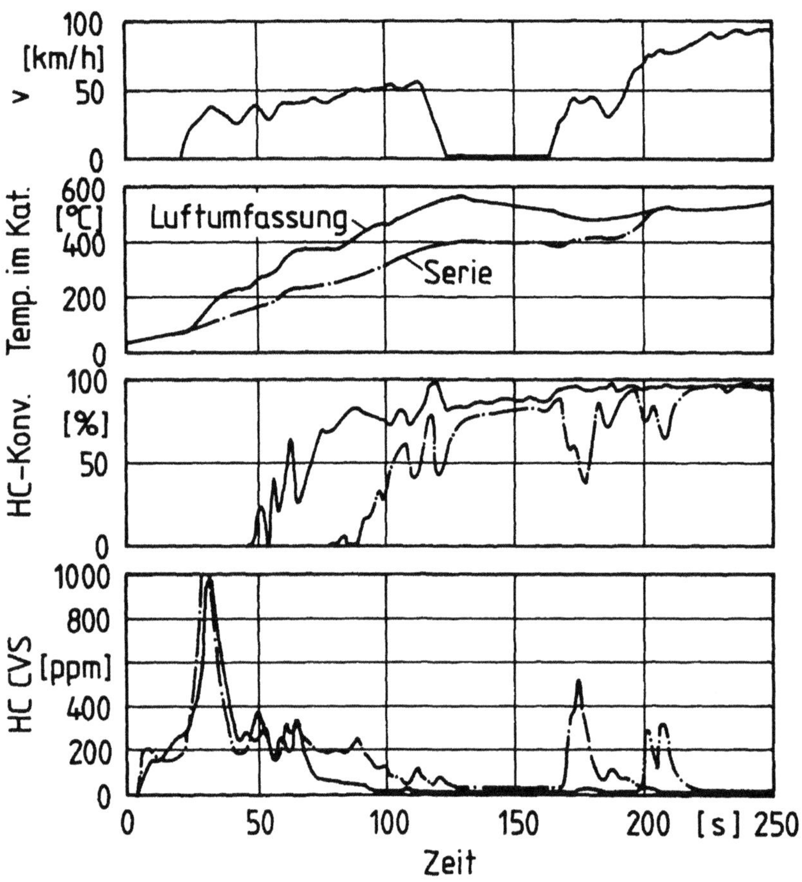

Abb. 3.7 *Einfluß der Luftumfassung von Einspritzdüsen auf die Anfangsphase des FTP- Kalttests [3.49]*

Insbesondere im Instationärverhalten ist die optimale Gemischbildung von Bedeutung [3.77]. Gutes dynamisches Verhalten wird erreicht durch minimale Wandfilmbildung und eine saugsynchrone Einspritzung während der Öffnung der Einlaßventile. Das erfordert jedoch gleichzeitig Maßnahmen wie luftumfaßte Einspritzventile und entsprechende Ladungsbewegung, um die dabei auftretenden Inhomogenitäten zu kompensieren.

Weitergehende Verbesserungen der Gemischstabilität und damit auch im Abgasverhalten bietet die λ-Regelung mit Dreiwege-Katalysator. Eine vor dem Katalysator angebrachte λ-Sonde erfaßt das Luft-Kraftstoff-Verhältnis und korrigiert über entsprechende Stellglieder die Kraftstoffmenge. Das System arbeitet in einem sehr engen Bereich um $\lambda = 1$ (siehe Kap. 5).

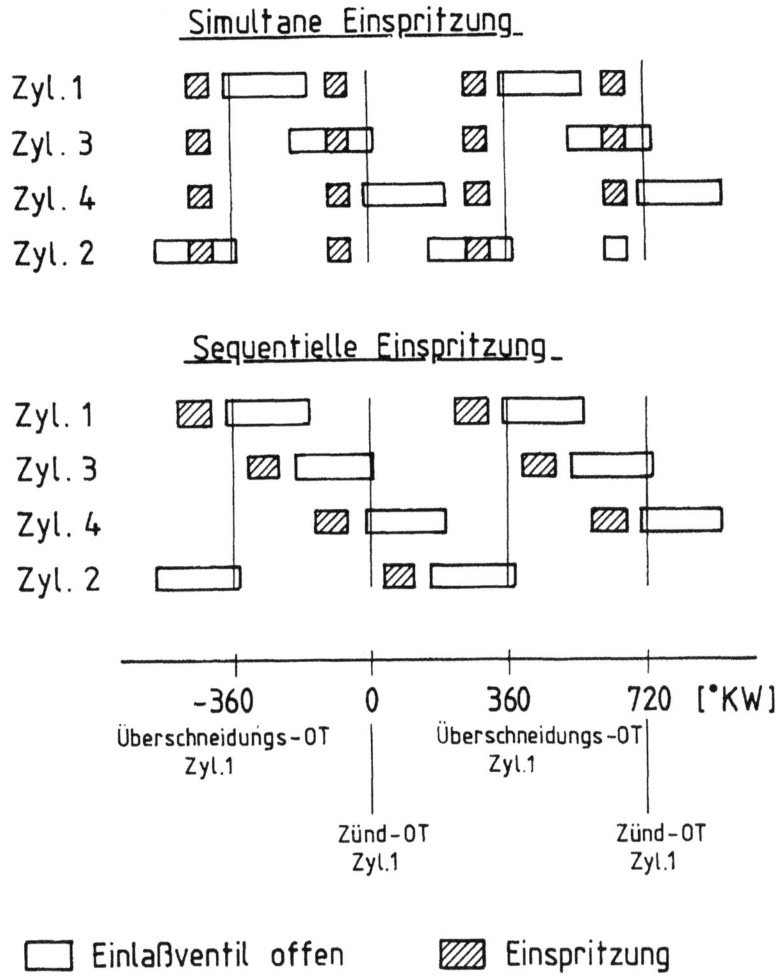

Abb. 3.8 *Simultane und sequentielle Einspritzung [3.2]*

Moderne Motormanagementsysteme erfüllen von der Kraftstoffseite her die angesprochenen Forderungen. Neben der optimalen Gemischanpassung an die verschiedenen Betriebsbedingungen ist die Gleichverteilung des Gemisches (λ und Füllung) auf die einzelnen Zylinder wichtig.

Bezüglich der Luftseite ist darauf zu achten, daß die Ansaugwiderstände für alle Zylinder gleich sind und das Schwingungsverhalten der Gemischsäule im Ansaugtrakt symmetrisch ist, damit jeder Zylinder die gleiche Füllung erhält. Ähnliches gilt auch für das Auslaßsystem. Will man trotz unterschiedlicher Füllungen der einzelnen Zylinder $\lambda=1$ für jeden Zylinder sicherstellen, ist bei der zylinderselektiven Einspritzung für jeden Zylinder eine λ-Sonde erforderlich.

3.1.1.3 Zündzeitpunkt und Zündkerze

Mit dem Zündzeitpunkt und der zugeführten Zündenergie sowie mit Form und Lage der Zündkerze lassen sich die Abgasemissionen deutlich beeinflussen. Späte Zündzeitpunkte ergeben steigende Abgastemperaturen, was für die Verbrennung im Auspuffstrang bzw. für

Nachreaktionen von HC und CO günstige Randbedingungen schafft. Da gleichzeitig auch die Prozeß-Spitzentemperatur fällt, ist der NO_X-Ausstoß geringer. Späte Zündzeitpunkte bedeuten aber auch Verbrauchsnachteile, was sich wiederum negativ auf die CO_2-Emissionen auswirkt. Sie sind aber ein wirksames Mittel, um die Warmlaufphase eines Motors und das Anspringverhalten des Katalysators zu verkürzen. Die Steigerung der Zündenergie hat keinen wesentlichen Einfluß auf das Abgasverhalten, jedoch ist dadurch eine Verschiebung der Laufgrenze zu mageren Gemischen hin möglich mit dem bekannt günstigen Einfluß auf die NO_X-Emission. Bei λ=1 geregelten Motoren läßt sich dadurch die Abgasrückführrate erhöhen.

Um das Gemisch optimal zu verbrennen ist ein großes Volumen zwischen Zündkerze und Kolbenboden notwendig. Dazu ist ein großer Abstand zwischen Kerzenelektrode und Kolbenboden vorteilhaft. Eine zentrale bzw. mittige Lage der Zündkerze mit kurzen Flammenwegen, wie bei Motoren mit vier und fünf Ventilen pro Zylinder, führt zu kompakten Brennräumen und hohen Umsatzgeschwindigkeiten mit der Folge niedriger HC-Emissionen und geringem Verbrauch, **Abb. 3.9** [3.3]. Gegenläufig in bezug auf HC ist die bei Mehrventilmotoren mögliche höhere Verdichtung. Außerdem steigt das Verbrennungsgeräusch mit zunehmender Umsatzgeschwindigkeit.

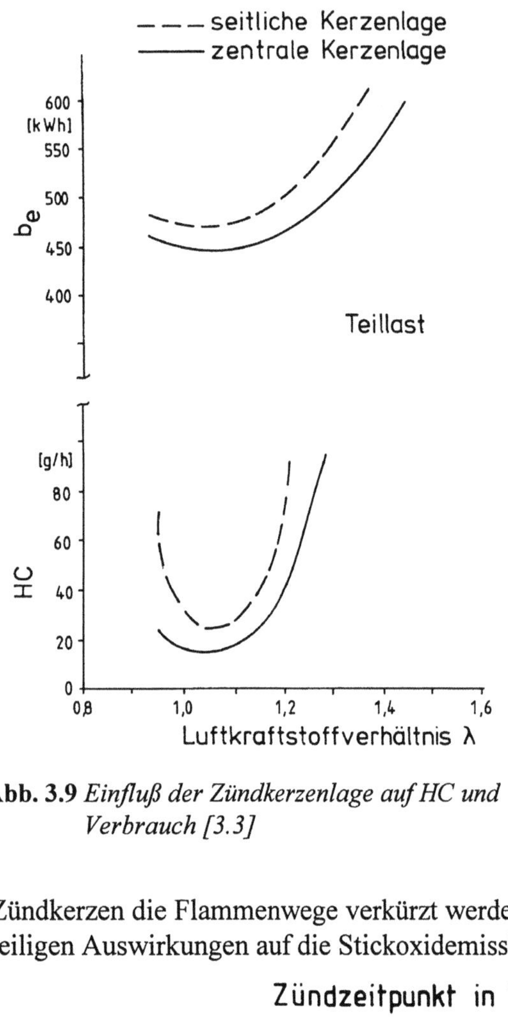

Abb. 3.9 *Einfluß der Zündkerzenlage auf HC und Verbrauch [3.3]*

Bei Zweiventil-Motoren können mit zwei Zündkerzen die Flammenwege verkürzt werden (wie beim Mehrventilmotor) jedoch mit nachteiligen Auswirkungen auf die Stickoxidemissionen.

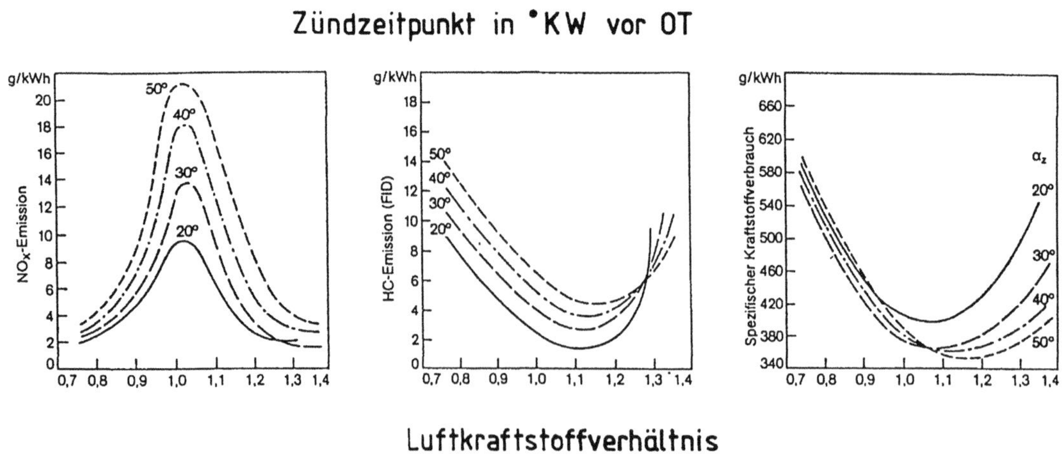

Abb. 3.10 *Einfluß des Luft-Kraftstoff-Verhältnisses und des Zündzeitpunktes auf die Schadstoffemissionen [3.3]*

Der Einfluß des Zündzeitpunktes auf die NO_X- und HC-Emission und den Kraftstoffverbrauch zeigen die Darstellungen in **Abb. 3.10**. Frühe Zündzeitpunkte führen über dem gesamten λ-Bereich zu höheren Stickoxid-Emissionen. Insbesondere im stöchiometrischen Bereich führt ein Vorverlegen des Zündzeitpunktes zu einem extremen NO_X-Anstieg. Die HC-Emissionen verhalten sich tendenziell ähnlich. Auf Grund der sinkenden Abgastemperaturen mit früheren Zündwinkeln werden die Nachreaktionen im Auspuff verringert, die HC-Emissionen steigen an. Da die angesprochene Maßnahme jedoch die Abmagerungsfähigkeit verbessert und man sich gleichzeitig dem wirkungsgradoptimalen Gleichraumprozeß annähert, ist insbesondere im mageren Bereich eine deutliche Absenkung des Kraftstoffverbrauchs möglich. Die Einstellung des optimalen Zündzeitpunktes in bezug auf den effektiven Wirkungsgrad wird insbesondere in der Vollast und bei hoher Verdichtung durch das Klopfverhalten beeinträchtigt. Hier sind als Kompromiß oft späte Zündwinkel erforderlich.

3.1.1.4 Abgasrückführung (AGR)

Unter der Abgasrückführung versteht man die Zufuhr von Abgas zum Frischgemisch bzw. zur angesaugten Luft. Man unterscheidet zwei Arten:

- Äußere Abgasrückführung: Sie wird erreicht über eine externe Zuführung von Abgas aus dem Abgas- in das Ansaugsystem

- Innere Abgasrückführung: Sie erfolgt mittels Ventilüberschneidung und damit schlechter Ausspülung des Zylinders. Dadurch wird der Restgasanteil, d.h. den Anteil des verbrannten Gases im Zylinder erhöht.

Der Einsatz der Abgasrückführung zielt primär auf eine Minderung der NO_X-Emission. Diese wird im wesentlichen durch folgende Einflüsse hervorgerufen:

- Die Wärmekapazität des rückgeführten Abgases ist höher als diejenige von Luft. Das führt zu einer geringeren Temperatursteigerung bei gleicher freigesetzter Wärmemenge durch die Verbrennung

- Senkung des O_2-Partialdruckes und damit geringere Sauerstoffmasse im Zylinder, da ein Teil der Verbrennungsluft durch Abgas mit niedrigerem Sauerstoffgehalt ersetzt wird

- Verringerung der Verbrennungsgeschwindigkeit und damit zusätzliche Temperaturabsenkung

Zur weiteren Verringerung der NO_X-Emission kann man das Abgas noch kühlen. Bei entsprechend ausgelegten Kühlern ist eine Reduktion von etwa 50 % möglich.

Die innere Abgasrückführung erfolgt über den Gaswechsel mit Hilfe der Ventilüberschneidung (siehe Kap. 3.1.1.5). Eine quantitative Erfassung bzw. Regelung des Anteils über die Ventilüberschneidung ist nur bedingt möglich. Eine Eingriffsmöglichkeit besteht im Einsatz von Phasenwandlern, die z.B. die Einlaßnockenwelle gegen die Auslaßnockenwelle verdrehen und damit die Ventilüberschneidung verändern. Noch wirkungsvoller sind voll variable Ventiltriebe.

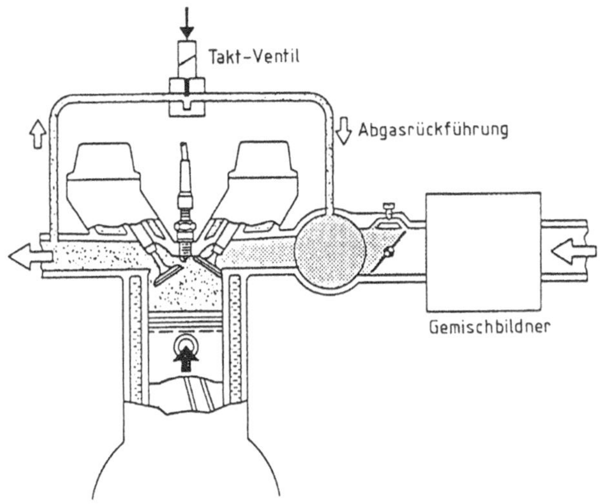

Abb. 3.11 *Schema einer Abgasrückführung [3.3]*

Zu hohe Restgasanteile, insbesondere im leerlaufnahen Bereich, führen zu Zündaussetzern und unrundem Motorlauf mit entsprechend hohen Emissionen von unverbrannten Kohlenwasserstoffen.

Äußere Abgasrückführung arbeitet mit der Zufuhr von Abgas in den Ansaugtrakt. Das Luftkraftstoffgemisch und zugeführtes Abgas werden angesaugt. Sinnvoll ist die AGR nur im Teillastbereich, da die Vollast aus Leistungsgründen mit $\lambda < 1$ betrieben wird und dadurch NO_X in geringerer Konzentration auftritt. Außerdem würde die Abgasrückführung bei Vollast die Leistung beschneiden.

Der schematische Aufbau einer Abgasrückführung bei Einsatz eines Vergasers bzw. einer Singlepoint-Injection ist in **Abb. 3.11** zu erkennen.

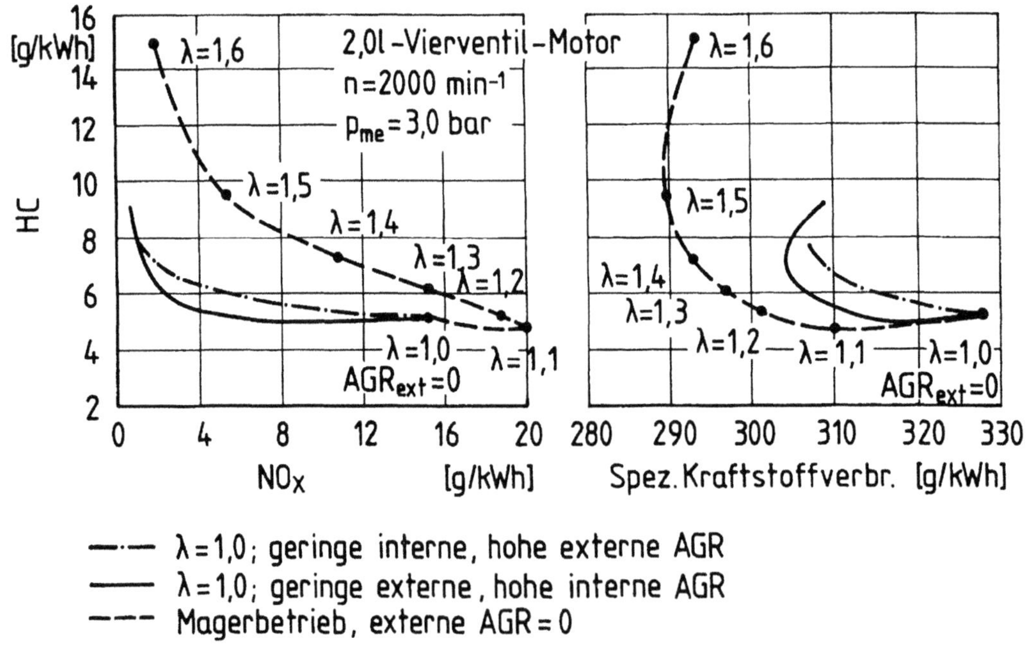

Abb. 3.12 *Einfluß von Abgasrückführung und Magerbetrieb auf Schadstoffemissionen und Verbrauch [3.81]*

Das AGR-Takt-Ventil ist in der Regel ein Membranventil, das elektrisch getaktet einen gewünschten Zeitquerschnitt freigibt bzw. verschließt und damit eine gewollte Menge an Abgas in das Ansaugsystem leitet. Das Ventil kann kennfeldabhängig gesteuert werden. Üblich ist eine Abgasrückführung von 5 bis 10 %, (5 bis 10 Vol.-% des gesamten angesaugten Gemisches sind Abgas). Je nach Ladungsverdünnung ist eine drastische Reduktion der NO_X-Emissionen möglich (**Abb. 3.12**); jedoch verbunden mit einem Anstieg der HC-Emission. Diese können bei Betrieb mit stöchiometrischem Gemisch im Teillastgebiet über einen weiten Bereich nahezu konstant gehalten werden. Ebenso ist eine Verringerung des spezifischen Kraftstoffverbrauchs gegeben.

Motoren mit verbesserter Gemischbildung (fette Wolke im Bereich der Zündkerze) lassen auch erheblich höhere Abgasrückführraten zu, teilweise über 20 %, wodurch eine Verbrauchsverringerung bis zu 7 % und eine Absenkung der Schadstoffemissionen HC+NO_X um ca. 35 % möglich werden. Die Abgasrückführung ist heute Bestandteil vieler Motorkonzepte zur Erfüllung der Abgasvorschriften.

3.1.1.5 Ventilsteuerzeiten

Die Auslegung der Ventilsteuerzeiten ist durch Zielkonflikte gekennzeichnet. Insbesondere die Forderungen hohen Drehmomentes bei niedrigen Drehzahlen und hoher maximaler Leistung sowie niedriger Kraftstoffverbräuche, guten Leerlaufverhaltens und geringer Rohemissionen sind mit konstanten Ventilsteuerzeiten nicht realisierbar. Deshalb wurden in letzter Zeit vermehrt Systeme eingesetzt, mit denen eine variable Steuerzeit, insbesondere der Einlaßsteuerzeit ermöglicht werden kann. Die Verschiebung der Einlaßsteuerzeit hat dabei einen vergleichsweise größeren Einfluß auf die o.g. Motorgrößen als Veränderungen der Auslaßsteuerzeit.

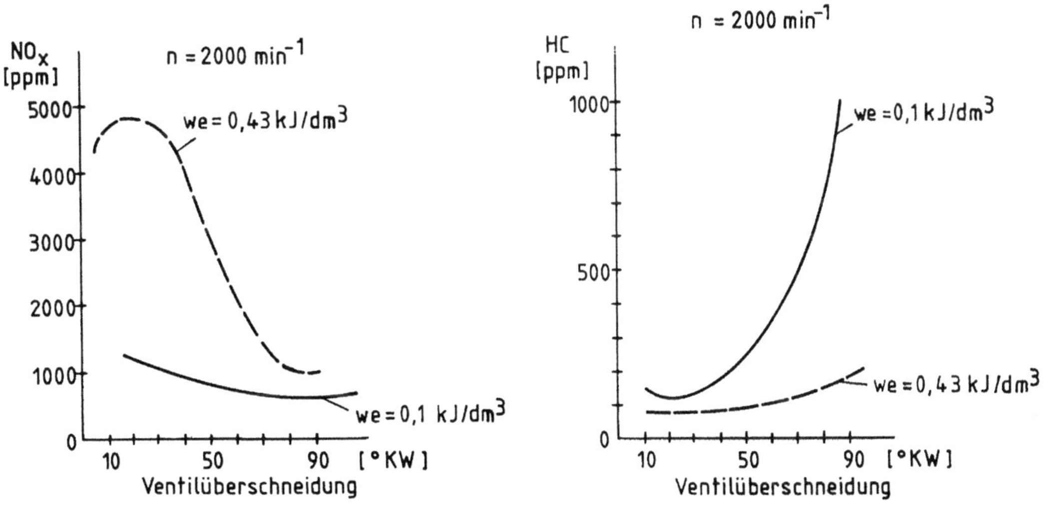

Abb. 3.13 *Einfluß der Ventilüberschneidung auf die Schadstoffemissionen*

Bei modernen Motoren werden zunehmend Systeme verwendet (z.B. Phasenwandler), mit denen eine Variation z.B. des Öffnungsbeginns der Ventile abhängig vom Motorbetriebspunkt möglich ist [3.4][3.7][3.40].

Abb. 3.13 zeigt beispielhaft die Zusammenhänge bei Veränderung der Ventilüberschneidung für zwei Laststellungen für NO_X und HC. Es gibt andere Untersuchungen, bei denen eine deutliche HC-Absenkung bei vergrößerter Ventilüberschneidung, insbesondere bei kaltem Motor auftrat [3.41].

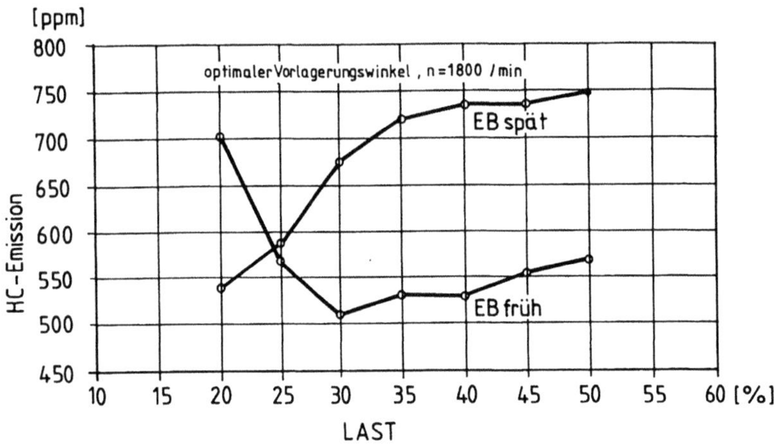

Abb. 3.14 *HC-Verringerung durch Nockenwellenverstellung [3.48]*

Abb. 3.14 zeigt den Einfluß von frühem und spätem Einlaßbeginn auf die HC-Emission. Früher Einlaßbeginn führt in diesem Fall bei hohen Lasten zu niedrigen HC-Emissionen. Bei niedrigen Lasten ist eher ein später Einlaßbeginn im Hinblick auf die HC-Minimierung zielführend.

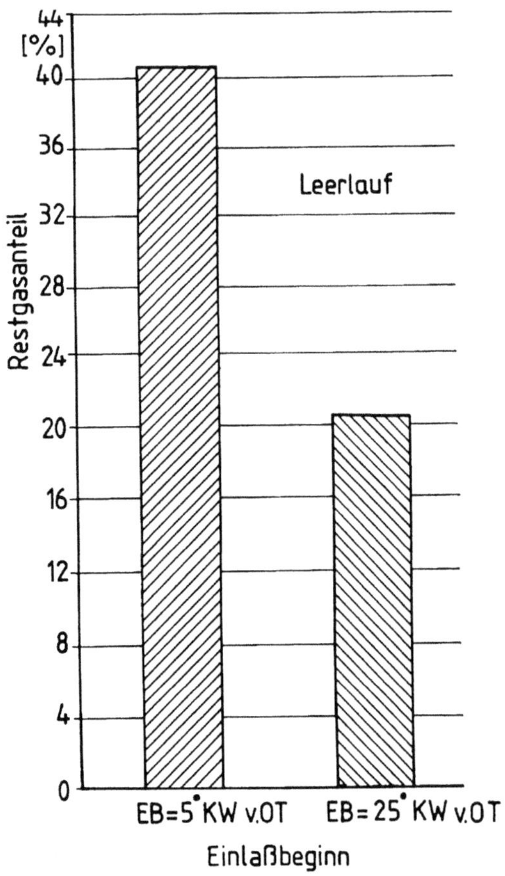

Abb. 3.15 *Restgasanteil bei Früh- und Spätverstellung [3.4]*

Eine solche variable Ventilsteuerung kann auch einen Beitrag zur Stabilisierung der Verbrennung leisten [3.23]. Eine Nockenwellenverstellung bringt Vorteile in mehreren Punkten:

- Rohemissionen werden reduziert,
- Drehmomentanstieg im unteren und mittleren Drehzahlbereich, ohne Leistungseinbußen im oberen Drehzahlbereich,
- Leerlaufstabilität.

Steht die Nennleistung des Motors im Vordergrund, sind lange Öffnungsdauer und große Ventilüberschneidung notwendig (bessere Füllung durch Nachladeeffekt).

Im Leerlauf bzw. im leerlaufnahen Bereich ist eine geringe Ventilüberschneidung wegen der Leerlaufstabilität gefordert, was gleichzeitig durch den geringeren Restgasanteil zu einer Verringerung der HC-Emissionen beiträgt [3.24].

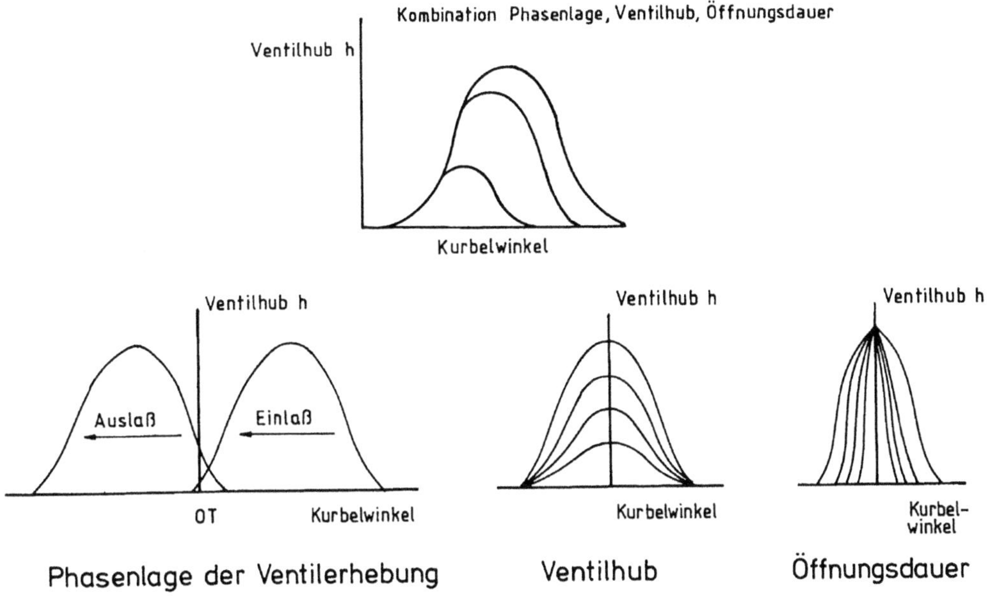

Abb. 3.16 *Möglichkeiten variabler Ventilsteuerung*

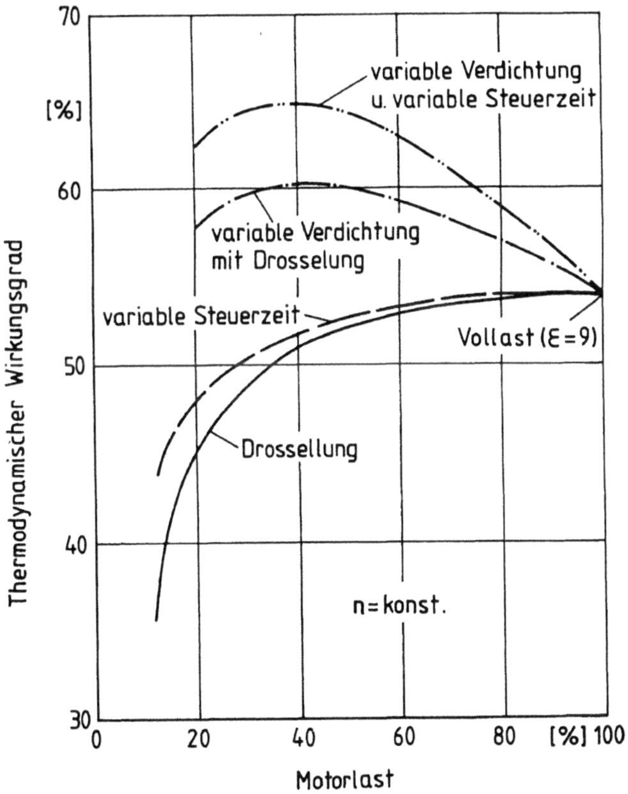

Abb. 3.17 *Prinzipieller Einfluß von variabler Steuerzeit und variabler Verdichtung auf den thermodynamischen Wirkungsgrad [3.56]*

In Bereichen, in denen die Stabilität der Verbrennung gewährleistet ist, kann durch eine geeignete Wahl der Ventilüberschneidung eine größere innere Abgasrückführung erreicht werden, was sich im Sinne einer Verringerung der NO_X-Emissionen auswirkt.

Abb. 3.15 zeigt die unterschiedlichen Restgasanteile bei Früh- und Spätverstellung im Leerlauf.

Abb. 3.16 zeigt prinzipielle Möglichkeiten, eine variable Ventilsteuerung zu nutzen. Neben der Variation der Phasenlage ist mit der Veränderung des Ventilhubes und der Öffnungsdauer bzw. einer Kombination aus diesen Möglichkeiten sowohl das Abgasverhalten als auch der Wirkungsgrad und damit der Kraftstoffverbrauch deutlich beeinflußbar [3.25]. Darüber hinaus sind mittels solcher Systeme alternative Laststeuerverfahren, Turbulenzsteuerung und Zylinderabschaltung darstellbar [3.45][3.50][3.51][3.52][3.54]

Mit Einsatz der variablen Ventilsteuerung ist es ebenfalls möglich, den Kraftstoffverbrauch zu senken. **Abb.** 3.17 zeigt den prinzipiellen Einfluß von variabler Steuerzeit und variabler Verdichtung auf den thermodynamischen Wirkungsgrad [3.56]. Besonders im unteren Teillastgebiet ergeben sich durch die Verringerung der Drosselverluste hohe Wirkungsgrade.

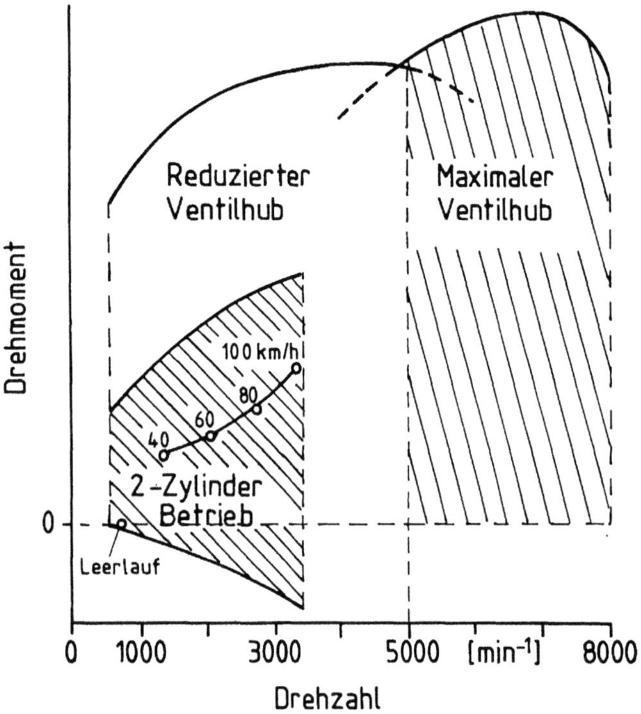

Abb. 3.18 *Laststeuerung durch Variation des Ventilhubes und Zylinderabschaltung [3.54]*

Abb. 3.18 zeigt die Möglichkeiten der Laststeuerung, die u.a. über eine Veränderung des Ventilhubes erreicht wird. Bis zu einer Drehzahl von 5000 min^{-1} wird der Motor mit reduziertem Ventilhub betrieben; oberhalb dieser Drehzahl mit großem Ventilhub. Ebenso sind die Steuerzeiten entsprechend angepaßt. Im unteren Last-Drehzahlbereich und teilweise im Schiebebetrieb werden zwei Zylinder über die Einlaßventile deaktiviert. Die durch verringerte Ladungswechselverluste und Zylinderabschaltung erreichte Verbrauchsreduktion beträgt im Japan-10-15-Mode-Testzyklus ca. 10% [3.54]. Untersuchungen an Motoren, bei denen die Lastregelung mit Hilfe des Ventilhubes vorgenommen wurde, zeigen ähnliche Verbrauchsverbesserungen [3.53]. Darüber hinaus sind insbesondere im unteren Lastbereich auf Grund des frühen Einlaßschlusses und der damit verbundenen niedrigen Gastemperaturen NO_X-Reduktionen möglich. Die HC-Emissionen liegen ebenfalls niedriger.

3.1.1.6 Einlaßkanalkonfiguration und Drall

Die Anordnung und die Form der Einlaßkanäle haben einen großen Einfluß auf den Verbrennungsablauf und damit auf das Abgasverhalten [3.66]. Ebenso bedeutungsvoll ist die Gestaltung des Saugrohres, weil damit eine weitere Einflußnahme auf die oben genannten Parameter möglich ist. Beeinflußt wird im wesentlichen das Einströmverhalten und damit die Gemischaufbereitung. Dabei sind als Haupteinflußparameter vorhanden:

- Saugrohrlänge und Saugrohrdurchmesser,
- Anzahl der Saugrohre (Kanäle) pro Zylinder,
- Lage und Anzahl der Einspritzventile,
- Form und Länge der Einlaßkanäle,

- Kanalabschaltung zur Erhöhung der Einströmgeschwindigkeit und Drallerzeugung bei Mehrventilmotoren,
- Spritzwinkel des Einspritzstrahls.

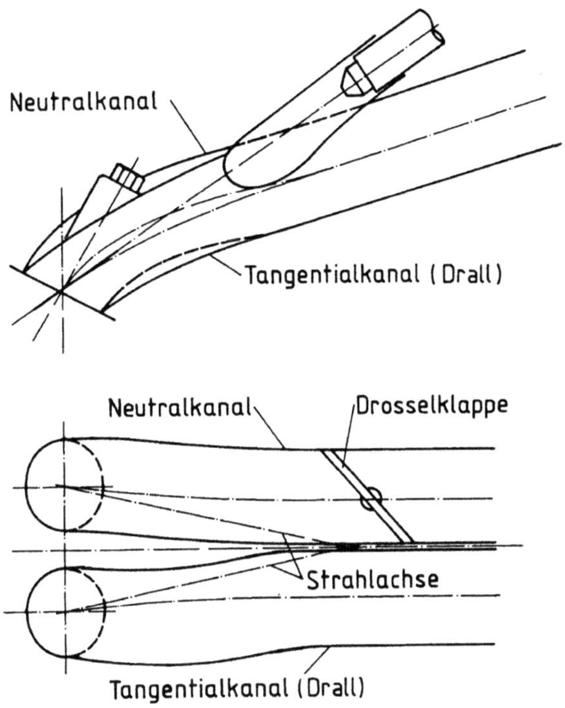

Abb. 3.19 *Einlaßkanalkonfiguration (schematisch) [3.2]*

Mit Hilfe speziell gestalteter Kanäle ist eine Erhöhung des Einlaßdralls möglich. Dies bedeutet jedoch in der Regel einen Füllungsverlust und führt insbesondere bei nicht optimaler Gemischbildung gleichzeitig zu einer Absenkung der HC-Emissionen. Umgangen werden kann diese Problematik des Füllungsverlustes durch Mehrventilanordnung, indem man einen Kanal als Drallkanal und den oder die anderen als Füllungskanal auslegt.

In **Abb. 3.19** ist eine mögliche Konfiguration schematisch dargestellt. Hierbei wird der Füllungskanal durch eine Drosselklappe im unteren Last- und Drehzahlbereich abgeschaltet. Eine noch wirkungsvollere Lösung ist das Zu- und Abschalten eines der Einlaßventile, **Abb. 3.20** [3.26].

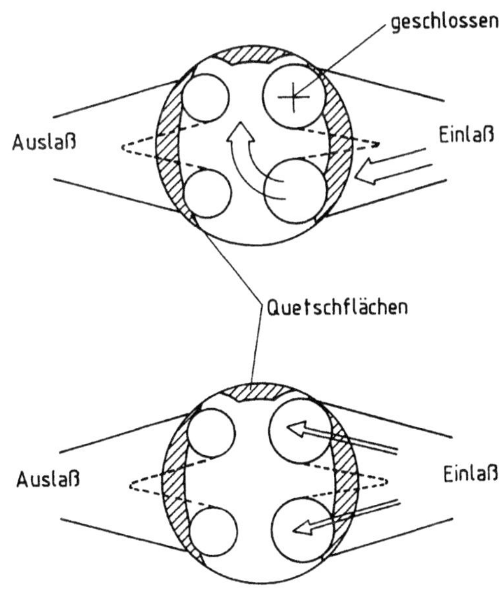

Abb. 3.20 *Kanalabschaltung über das Einlaßventil*

Durch mindestens zwei Einlaßventile läßt sich statt eines Dralls auch ein walzenförmiger Wirbel (Tumble) quer zur Mittelachse des Zylinders erzeugen. Die Drehachse des Tumble ist dabei senkrecht oder Schräg zur Zylinderachse gerichtet. Wie der Drall erhöht auch der Tumble die Turbulenz und somit die Brenngeschwindigkeit. Diese deutliche Beschleunigung der Verbrennung führt zu einer Stabilisierung und einer verbesserten Toleranz gegenüber Ladungsverdünnung. Bei Systemen mit geringer Ladungsbewegung bewirkt dagegen eine Ladungsverdünnung einen deutlichen Anstieg der zyklischen Schwankungen.

Zusätzlich läßt sich eine Gemischschichtung im Bereich der Zündkerze ("fette" Wolke) erreichen, was eine weitere Steigerung der Abgasrückführrate erlaubt. Die Ladungsbewegung hat gegenüber der Gemischschichtung den größeren Einfluß.

3.1.1.7 Hub-Bohrung-Verhältnis und Zylindervolumen

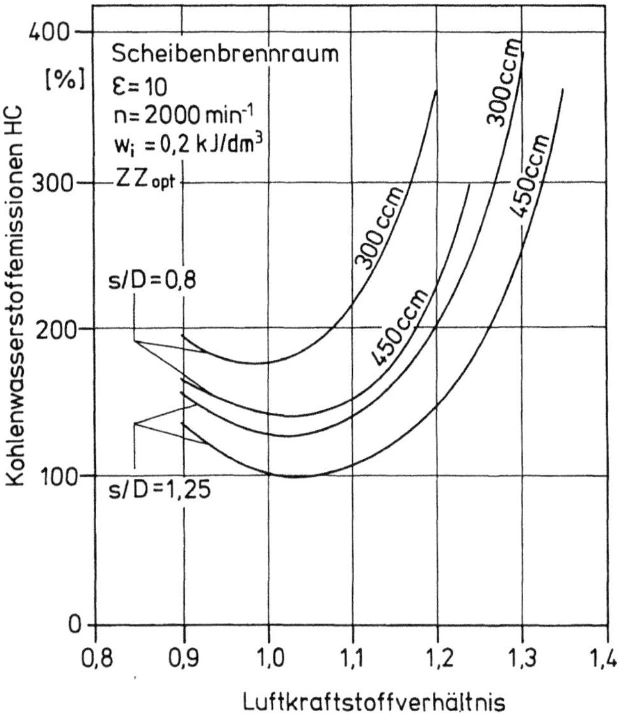

Abb. 3.21 *HC-Emissionen als Funktion des Luft-Kraftstoff-Verhältnisses [3.28][3.36]*

Einflußgrößen auf die Höhe der Abgasemissionen und den Kraftstoffverbrauch sind auch das Hub-Bohrung-Verhältnis und das Zylindervolumen. **Abb. 3.21** zeigt die Abhängigkeit der relativen HC-Emissionen von diesen Parametern. Je langhubiger ein Motor, um so geringer sind die HC-Emissionen und der Teillastkraftstoffverbrauch. Die Zusammenhänge sind jedoch nicht immer völlig frei wählbar, da Kriterien wie Massenkräfte, Brennraumgestaltung, Bauraum, vorhandene Fertigungsanlagen etc. nur eine enge Bandbreite für den Pkw-Einsatz zulassen.

Mit einer Variation des Hub-Bohrung-Verhältnisses ist im wesentlichen die Größe Oberflächen-Volumen-Verhältnis beeinflußbar. Dieses Verhältnis bzw. die Brennraumoberfläche ist bei einem kurzhubigen Motor größer als bei einem langhubigen Motor, also ungünstiger. Darüber hinaus spielen das Verdichtungsverhältnis, die veränderten Gastemperaturen gegen Ende der Verbrennung und damit die Nachreaktion von Kohlenwasserstoffen eine wichtige Rolle [3.27][3.28].

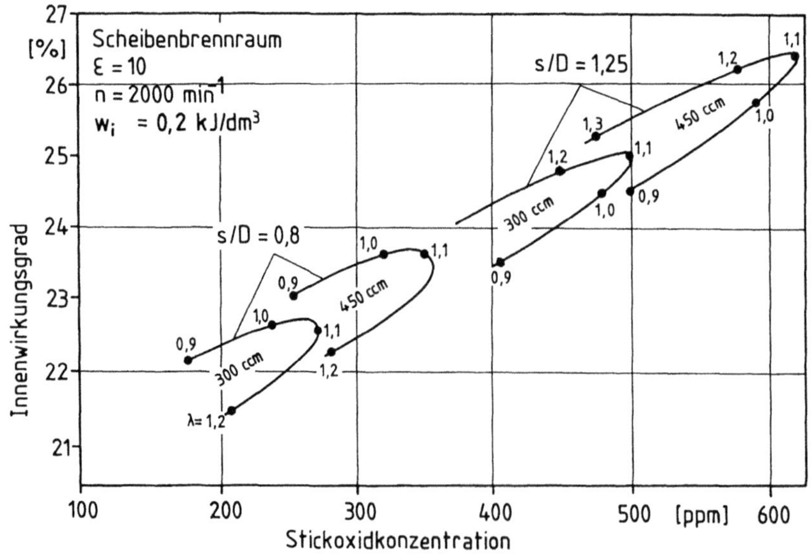

Abb. 3.22 *Wirkungsgrad und Stickoxidemissionen [3.28][3.36]*

In **Abb. 3.22** wird die Abhängigkeit der Stickoxidkonzentration von verschiedenen Parametern gezeigt. Der langhubige Motor bietet insgesamt ein großes Potential zur Verbesserung des Wirkungsgrades, insbesondere im Zusammenhang mit der 4-Ventiltechnik [3.35]. Der Grund liegt in der Zunahme des Wirkungsgrades bei Verdichtungserhöhung, die beim Motor mit längerem Hub größer sein kann als bei Motoren mit kurzem Hub. Dies erklärt sich aus der ungünstigeren Form des Brennraums, die der kurze Hub mit sich bringt.

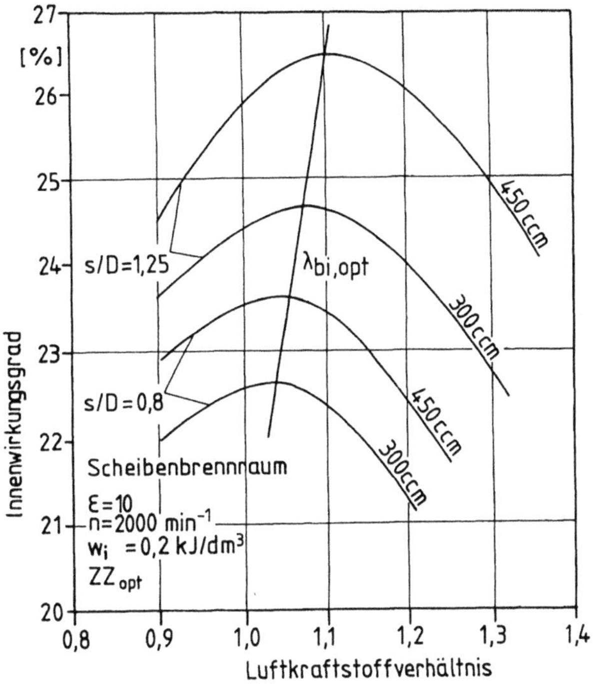

Abb. 3.23 *Einfluß von s/D und Hubvolumen auf den Innenwirkungsgrad [3.28][3.36]*

Der langhubige Motor schneidet bei der Betrachtung der NO_X-Konzentrationen erwartungsgemäß schlechter ab, da auf Grund des kompakten Brennraums die Verbrennungstemperatur höher ist. Insbesondere ist mit größerem Hubvolumen eine Erhöhung der Stickoxidkonzentrationen im Abgas verbunden [3.36]. Im Gegensatz dazu steht das Verhalten der unverbrannten Kohlenwasserstoffe.

Aus vielen Untersuchungen ist bekannt, daß, bezogen auf den Kraftstoffverbrauch, ein Hubvolumen von 450 bis 500 cm^3 das Optimum darstellt.

Abb. 3.23 schließlich zeigt die Abhängigkeit der oben genannten Größen von Innenwirkungsgrad und Luftkraftstoffverhältnis [3.36]. Der langhubige Motor hat Vorteile auch in der Abmagerungsfähigkeit. Der höhere erzielbare Innenwirkungsgrad führt zu einem höheren Drehmoment bei niedrigen Drehzahlen. Mit einer dadurch möglichen längeren Getriebeübersetzung ist zusätzlich ein verringerter Kraftstoffverbrauch verbunden.

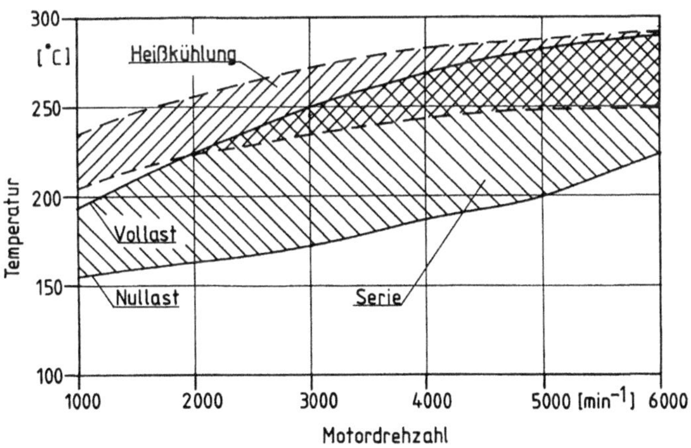

Abb. 3.24 *Bauteiltemperatur an der oberen Ringumkehr der Zylinderwand [3.78][3.80]*

3.1.1.8 Kühlung

Eine Möglichkeit, die HC- und NO_X-Emissionen zu senken und gleichzeitig das Magerlaufverhalten bei nicht λ=1 geregelten Motoren zwecks Verbrauchsminimierung zu verbessern, besteht in der Erhöhung der Bauteiltemperaturen bei Teillastbetrieb.

Dadurch werden bessere Gemischaufbereitungs- und Zündbedingungen geschaffen, was z.B. bei $\lambda=1$ geregelten Konzepten höhere Abgasrückführraten gestattet. Höhere Bauteiltemperaturen können erreicht werden z.B. durch eine getrennte Kühlung von Zylinderkopf und Block, oder durch Einsatz von Heiß- bzw. Verdampfungskühlung, die besonders wirksam ist. Nachteilig dabei ist allerdings die erhöhte Klopfneigung des Motors sowie eventuell Leistungseinbußen. **Abb. 3.24** zeigt den Einfluß der geänderten Kühlung auf die Bauteiltemperatur.

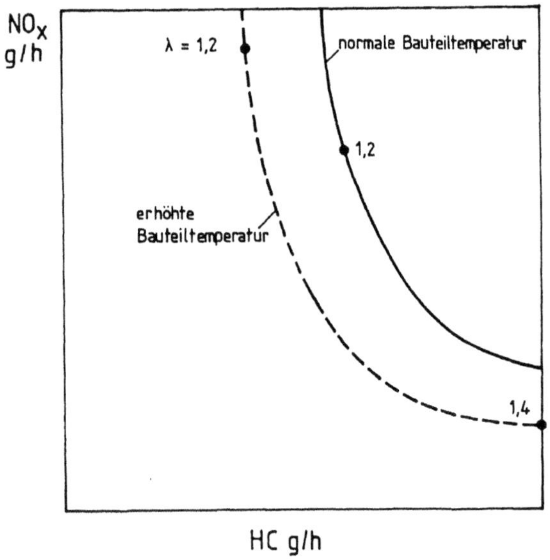

Abb. 3.25 *Einfluß der Bauteiltemperatur auf NO_x und HC [3.80]*

Die dadurch erreichte Abmagerungsfähigkeit bringt gleichzeitig eine deutliche Reduktion der Schadstoffemissionen. Die **Abb. 3.25** und **3.26** verdeutlichen dies, wobei in **Abb. 3.26** die Ergebnisse mit Heißkühlung und Turbulenzerzeugung dargestellt sind.

Der Verbrauchsvorteil durch Heiß- bzw. Verdampfungskühlung beträgt für $\lambda=1$ geregelte Konzepte 5 bis 7 %.

Die Kühlmitteltemperatur und davon abhängig die Temperatur der Brennraumwände beeinflußt wesentlich die HC-Anteile, die aus dem Verlöschen der Flamme an der kalten Brennraumwand resultieren.

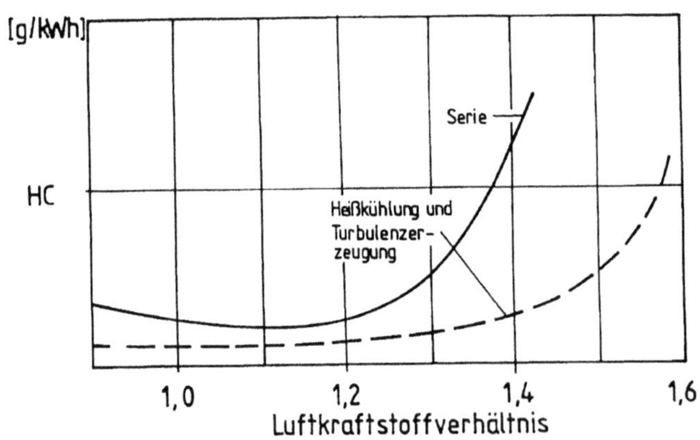

Abb. 3.26 *Einfluß von Heißkühlung und Turbulenzerzeugung auf die HC-Emission [Quelle VW]*

Niedrige Temperaturen der Brennraumwände ergeben eine deutliche Zunahme der HC-Emissionen, die auch durch Spätzündung nicht kompensiert werden kann. Deshalb sind Maßnahmen zur schnellen Aufheizung des Kühlwassers notwendig. Erreicht werden kann dies z. B. durch den Einsatz eines Latentwärmespeichers, Fremdwärmeeinsatz oder die Verringerung von Wärmekapazitäten.

3.1.2 Magerkonzept

Der geregelte Dreiwege-Katalysator stellt zur Zeit die wirkungsvollste Maßnahme zur Reduzierung der Schadstoffemissionen von Ottomotoren dar. Die Nachteile, die ein solches System hat, insbesondere bezüglich des Kraftstoffverbrauchs, des Bauaufwandes und der Kosten begründen den Wunsch nach alternativen Lösungen. Dabei sind zwei Felder sichtbar, auf denen sich die Entwicklung fortbewegt:

- Magerkonzepte,
- alternative Kraftstoffe.

Bei diesen Entwicklungsrichtungen sind Oxidations- und Reduktionskatalysatoren einsetzbar, wodurch eine weitere Absenkung der Emissionen ermöglicht wird.

Betrachtet man den Verlauf der Konzentrationen der wichtigsten Komponenten im Abgas, so wird deutlich, daß bei einem Betrieb mit $\lambda >> 1$ die Komponenten NO_X und CO stark reduziert im Abgas auftreten. Lediglich die unverbrannten Kohlenwasserstoffe steigen mit zunehmendem Luft-Kraftstoff-Verhältnis an auf Grund der Tatsache, daß man sich immer mehr der Zündgrenze des Gemisches nähert. **Abb. 3.27** zeigt den prinzipiellen Verlauf der Konzentrationen der wichtigsten Komponenten über den Arbeitsbereich des herkömmlichen Motors hinaus.

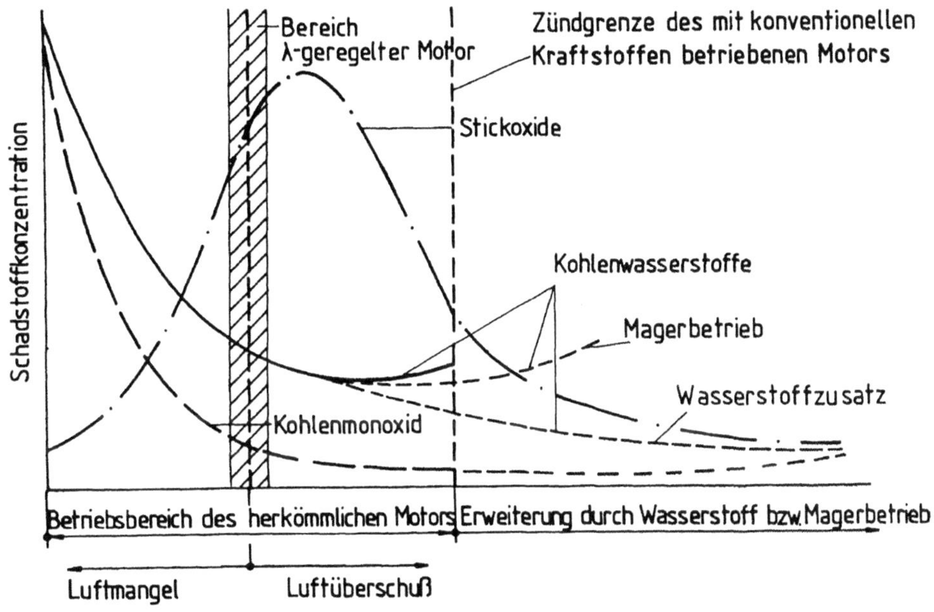

Abb. 3.27 *Schadstoffkonzentrationen bei Erweiterung des Arbeitsbereiches z.B. durch Magerbetrieb*

Das Magerkonzept zielt darauf ab, die Rohemissionen durch Verlagerung des Betriebspunktes so abzusenken, daß die gesetzlichen Auflagen bezüglich der Emissionen eingehalten werden können. Das ist für die Komponenten NO_X und CO bei Verlagerung des Betriebsbereiches in magerere Zonen möglich. Nachteilig wirkt sich jedoch der damit verbundene Anstieg der HC-Konzentrationen aus. Neben dem Vorteil, den spezifischen Kraftstoffverbrauch zu senken, können als Nachteil unzulässige Drehmomentschwankungen auftreten.

Gelingt es, die Laufgrenze des Ottomotors bei noch akzeptablem Laufverhalten in Richtung wesentlich höherer Luft-Kraftstoff-Verhältnisse zu verschieben, so lassen sich zusammenfassend folgende Vorteile nutzen:

- niedriger Kraftstoffverbrauch und damit geringere CO_2-Emission,
- niedrige Emissionen von CO und NO_x.

Abb. 3.28 zeigt Ergebnisse zweier konventionell mit geregeltem Katalysator betriebener Motoren unterschiedlicher Verdichtung verglichen mit einem Magermotor ohne Katalysator.

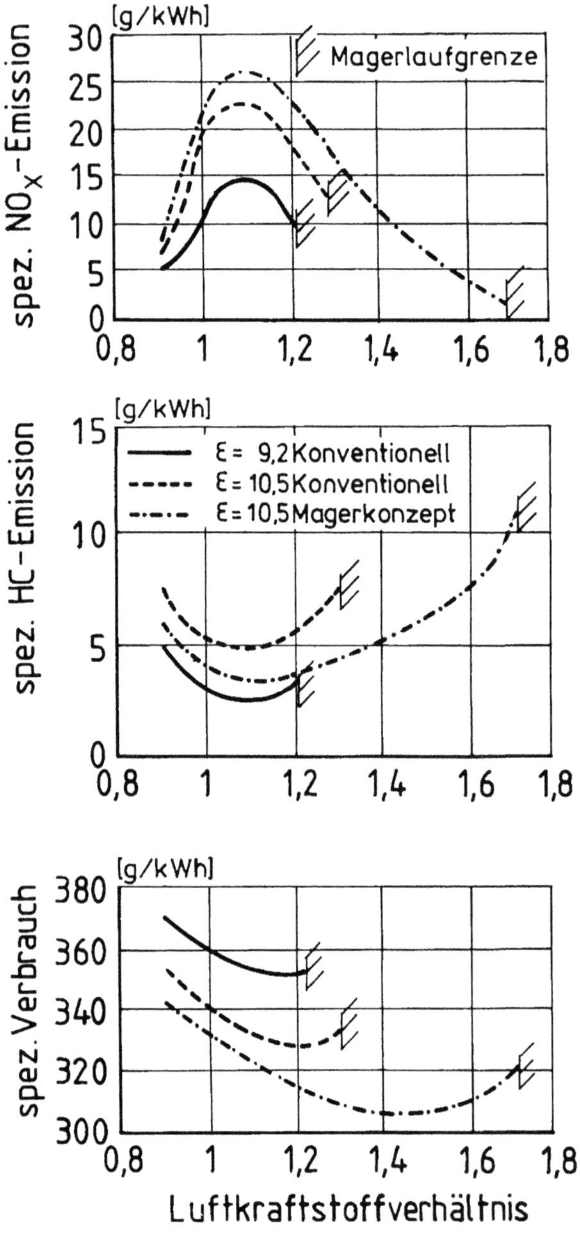

Abb. 3.28 *Vergleich von konventionell betriebenem Ottomotor (mit geregeltem Katalysator) mit Magermotor [3.23]*

Das Emissionsverhalten muß so beeinflußt werden, daß die gesetzlich vorgeschriebenen Grenzwerte unterschritten werden. Das bedeutet für den Magermotor:

- **CO:** Auf Grund des mageren Betriebes ist die CO-Emission relativ niedrig.

- **HC, NO_x:** Diese Komponenten müssen minimiert werden.

- **Verbrauch:** Durch die magere Fahrweise wird der Verbrauch um 10 bis 15 % geringer.

- **CO_2:** Durch die Verbrauchsvorteile wird die CO_2-Emission ebenfalls um 10 bis 15% geringer.

Die Schadstoffemissionen bei einem Mittelklassefahrzeug ohne Katalysator für die zwei grundsätzlichen Versionen Magermotor einerseits und $\lambda = 1$ Konzept andererseits sind in **Abb. 3.29** dem US-Grenzwert gegenübergestellt.

Trägt man die Emissionen an Stickoxiden über denjenigen der unverbrannten Kohlenwasserstoffe auf, so ergibt sich z.B. für einen gegebenen Fall der in **Abb. 3.30** gezeigte Verlauf. Darin wird der Einfluß des Luft-Kraftstoff-Verhältnisses deutlich. Man erkennt, daß durch den Magerbetrieb zwar die NO_x-Emissionen drastisch verringert werden können, die HC-Emissionen jedoch dabei deutlich ansteigen. Ein Minimum für beide Werte besitzt diese Kurve nicht. Der Punkt $\lambda = 1$ bedeutet hohe NO_x-Emissionen, die jedoch mit Hilfe des Dreiwege-Katalysators abgebaut

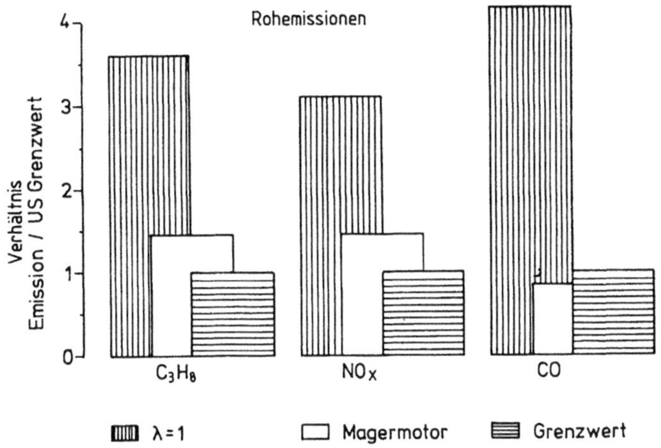

Abb. 3.29 *Vergleich der Rohemissionen im FTP-75 [Quelle VW]*

werden können. Bewegt man sich in dem Bereich der niedrigen NO_X-Emissionen, so ist ein Oxidationskatalysator notwendig, um die HC-Spitzen abzubauen.

Geht man von einem in weiten Bereichen des Kennfeldes darstellbaren Magerbetrieb von $\lambda = 1{,}2$ bis 1,4 aus, so zeigt die Grenzkurve in **Abb. 3.30**, daß das Zielgebiet weit entfernt ist, welches erreicht werden muß, um die gesetzlichen Auflagen ohne Einsatz eines Katalysators zu erfüllen.

Die realisierten Luft-Kraftstoff-Verhältnisse an ausgeführten Magermotoren zeigt **Abb. 3.31.** Bei diesen Motoren liegen in der Teillast λ-Werte bis zu 1,5 vor. In der Vollast werden zum Erreichen hoher Leistungen Werte von $\lambda < 1$, im leerlaufnahen Bereich Werte etwa im stöchiometrischen Verhältnis eingestellt.

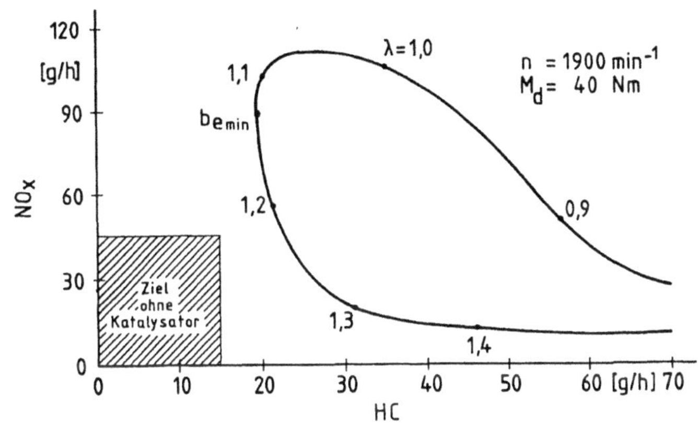

Abb. 3.30 *HC- NO_X-Schere beim Magermotor ohne Katalysator [3.80]*

Entscheidend wird bei solchen Konzepten sein, wie die Magerlauffähigkeit eines Motors verbessert werden kann. Teilt man den Betriebsbereich des Magermotors in mehrere Bereiche, so ist folgendes festzuhalten:

- **bis $\lambda = 1{,}3$**

Ein stabiler Motorbetrieb ist mit einfachen Maßnahmen möglich. Dabei steht die Stabilisierung der Verbrennung im Vordergrund. Zyklische Schwankungen von Arbeitsspiel zu Arbeitsspiel bzw. zwischen den einzelnen Zylindern müssen durch eine verbesserte Gemischverteilung reduziert werden.

Erforderlich sind ein höheres Verdichtungsverhältnis mit Klopfregelung und Quetschströmungen zur Erzeugung eines hohen Turbulenzgrades. Dieser kann durch eine einlaßgenerierte Ladungsbewegung erreicht werden.

Weiterhin ist ein möglichst geringer Restgasanteil durch entsprechende Ventilüberschneidung notwendig. Im Bereich dieser Luft-Kraftstoff-Verhältnisse sind die NO_X-Emissionen noch relativ hoch. Deshalb ist es wünschenswert, eine weitere Verschiebung des Betriebsbereiches zur mageren Seite hin vorzunehmen.

- **bis λ = 1,8**

Zur Stabilisierung der Verbrennung in diesem λ-Bereich sind weitere aufwendige Maßnahmen (z.B. definierte Ladungsbewegung) notwendig, weil die HC-Emissionen ohne zusätzliche Maßnahmen stark ansteigen, da das Gemisch u.U. nicht mehr zündfähig ist, oder eine extrem lange Brenndauer vorliegt, **Abb. 3.32**.

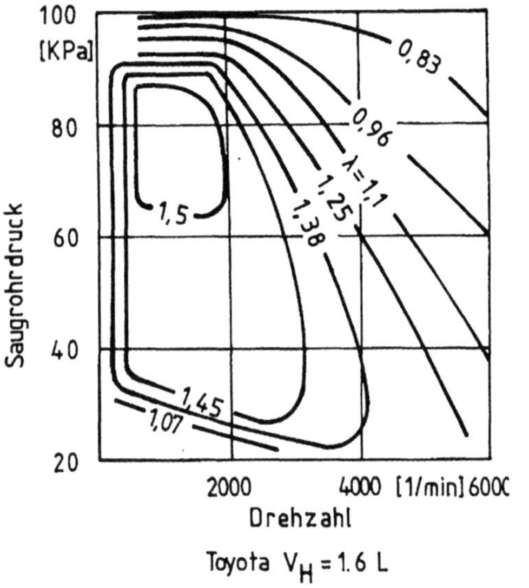

Die lange Brenndauer durch die niedrige Flammengeschwindigkeit hat zur Folge, daß beim Öffnen des Auslaßventils der Kraftstoff noch nicht vollständig verbrannt ist. Dadurch gelangt ein Teil des noch unverbrannten Kraftstoffs in den Auslaßtrakt und führt zu entsprechend hohen HC-Konzentrationen. Eine zu lange Brenndauer hat darüber hinaus negative Auswirkungen auf den Kraftstoffverbrauch, da man sich immer mehr von der wirkungsgradoptimalen Gleichraumverbrennung entfernt. **Abb. 3.33** zeigt den Verlauf der Brenngeschwindigkeit über dem Luftkraftstoffverhältnis.

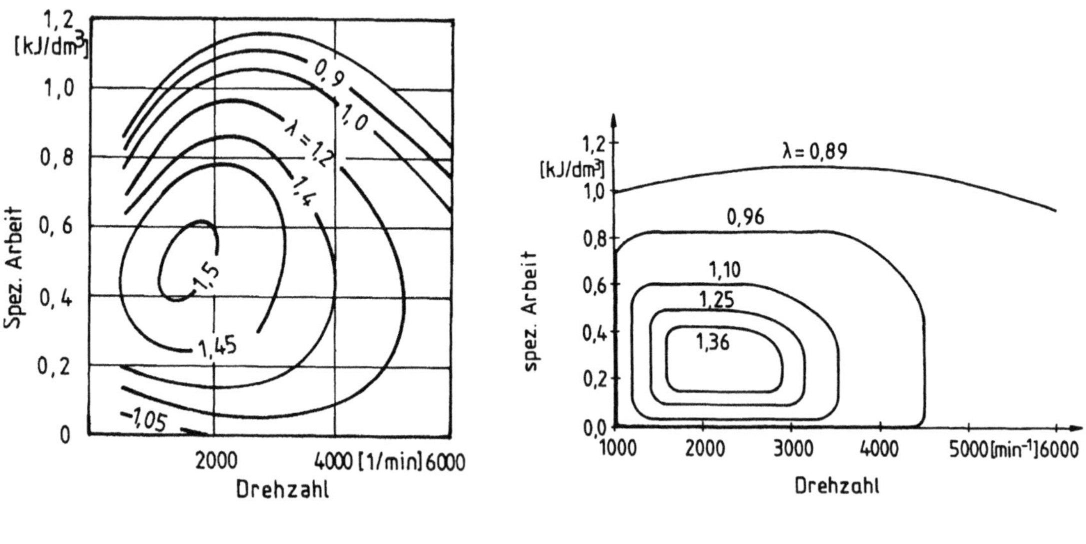

Abb. 3.31 *Luft-Kraftstoff-Verhältnisse von ausgeführten Mager- bzw. Mager-Mix-Motoren [3.38][3.67]*

Bereits heute werden in Serienmotoren λ-Werte von 1,8 erreicht [3.26]. Dabei entsprechen die NO_X-Werte denen, die mit einem geregelten Dreiwege-Katalysator möglich sind [3.23]. Kraftstoffverbrauch und damit die CO_2-Emissionen sind um 10-15 % geringer als bei Betrieb mit λ = 1.

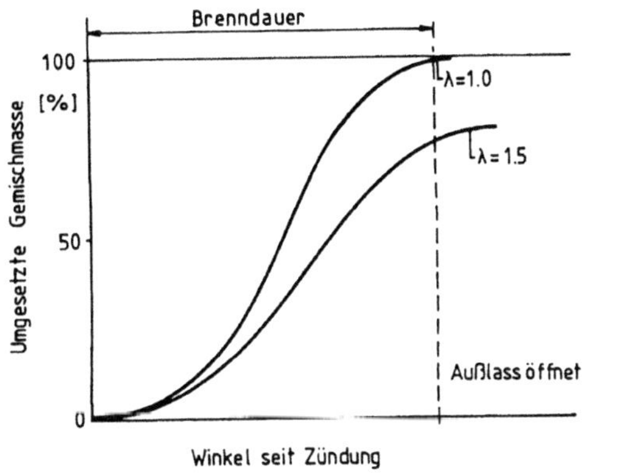

Abb. 3.32 *Schematische Darstellung von Brenndauer und maximaler Umsatzrate von Magergemischen*

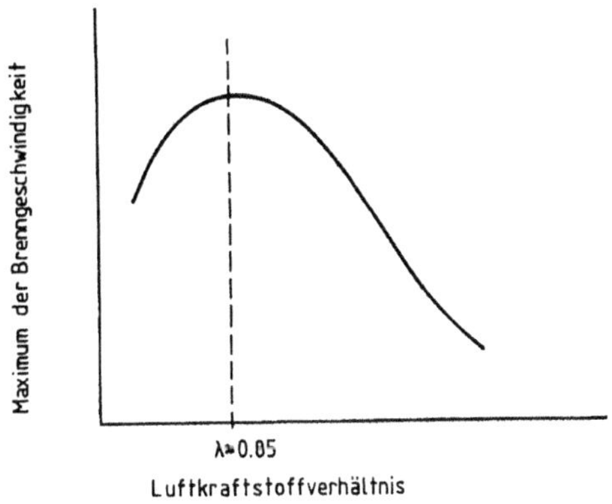

Abb. 3.33 *Brenngeschwindigkeit als Funktion des Luft-Kraftstoff-Verhältnisses*

Um in diesem λ-Bereich eine stabile Verbrennung aufrecht zu erhalten, sind unter anderem Mehrstrahleinspritzung, spezielle Gestaltung des Einlaßkanals, sequentielle Einspritzung, Strategien für eine Schichtladung und den transienten Betrieb, Swirl-control und Tumble notwendig [3.45][3.46][3.47].

Mager-Mix-Motor

Ein Magerkonzept bedeutet nicht unbedingt, daß der Motor im ganzen Betriebsbereich mit Werten von $\lambda > 1$ betrieben werden muß. Es ist möglich, bestimmte Bereiche des Kennfeldes aus dem extremen Magerbetrieb auszuklammern. Man spricht dann von einem Mager-Mix-Betrieb. Die Gemischabstimmung erfolgt dabei:

- im Leerlauf auf vorzugsweise $\lambda > 1$,
- in der Teillast auf eine Magerregelung $\lambda >> 1$,
- in der Vollast zur Erzielung maximaler Leistung auf Werte von $\lambda < 1$ bzw. $\lambda = 1$.

Abstimmungen an Serienmotoren zeigen [3.47], daß der Leerlauf und die Teillast zur Verringerung des Kraftstoffverbrauchs mager abgestimmt werden. Zu beachten ist dabei, daß der Leerlauf stabil sein muß. Im Fall der Beschleunigung wird der Moter mit einem stöchiometrischen oder fetten Luftkraftstoffgemisch versorgt. Die dabei auftretende hohe NO_X-Emission wird mit einem Dreiwege-Katalysator abgebaut. Die Nichtkonvertierung der Stickoxide durch den Katalysator im mageren Bereich erfordert möglichst hohe Luftüberschüsse, bei denen die NO_X-Emission gering ist. **Abb. 3.34**.zeigt mögliche Bereiche der λ-Abstimmung [3.47].

Der Magerbetrieb mit Werten von $\lambda>1{,}4$ umfaßt dabei einen weiten Last- und Drehzahlbereich. Die mit dieser Abstimmung erreichten Verbrauchseinsparungen liegen für einen gegebenen Fall im Japan-10-15-Testzyklus bei ca. 9 % [3.55].

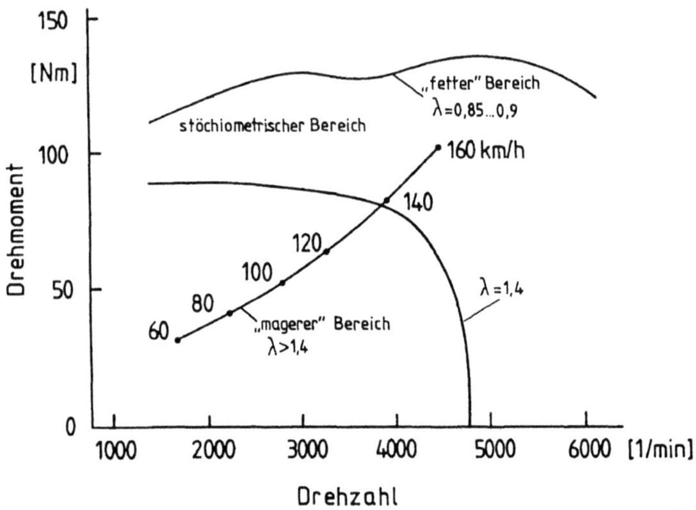

Abb. 3.34 *λ-Bereiche eines Mager-Mix-Motors [3.55]*

3.1.2.1 Magermotor-Management

Beim Magermotor-Management sind prinzipiell zwei Möglichkeiten gegeben und in Anwendung:

- ausschließlicher Magerbetrieb,
- Mager-Mix-Betrieb.

Letzterer ist, wie bereits erwähnt, ein Betrieb, bei dem je nach Notwendigkeit Bereiche mit λ >1, λ=1 und λ<1 in einem Kennfeld vorliegen. Die Auslegung des Magermotors oder des mageren Kennfeldbereichs des Mager-Mix-Motors bezüglich der Regelung muß sich im wesentlichen an zwei Kriterien orientieren:

- Einhalten eines bestimmten λ-Bereiches aus Gründen der NO_X-Emissionen auf der mageren Seite,

- Vermeiden der Überschreitung einer gewissen Laufunruhe bzw. zyklischer Schwankungen zur Gewährleistung eines befriedigenden Fahrverhaltens und um zu verhindern, daß die HC-Emissionen wieder ansteigen.

Berücksichtigt man diese Kriterien, so ergibt sich ein Δλ-Bereich, der durch eine geeignete Regelung eingehalten werden muß. **Abb. 3.35** zeigt schematisch diesen Δλ-Bereich und die damit verbundene NO_X-Minderung.

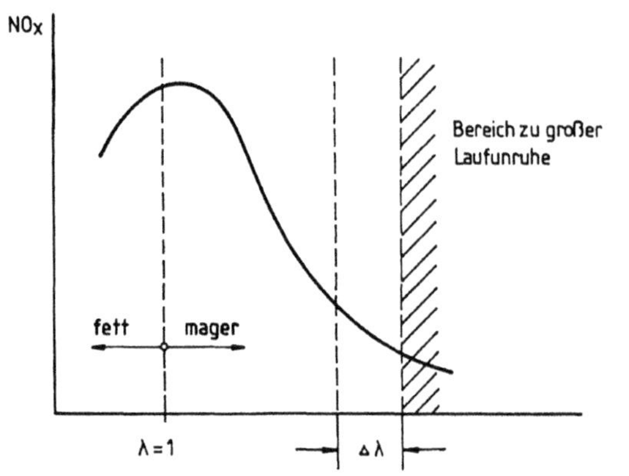

Abb. 3.35 *Δλ-Regelbereich*

Möchte man einen Motor optimal abstimmen, muß man, wie bereits gesagt wurde, für verschiedene Kennfeldbereiche unterschiedliche Strategien anwenden. Da diese Bereiche ohne Fahrfehler ineinander übergehen müssen, ist eine Kombination aus Qualitäts- und Quantitätsregelung notwendig, d.h., bestimmte Betriebsbereiche werden durch Veränderung der Gemischzusammensetzung, andere durch Drosselung des Gemisches abgedeckt. Der Grund hierfür ist darin zu sehen, daß ein mageres Gemisch bei voll geöffneter Drosselklappe u.U. eine geringere spezifische Arbeit ergibt als ein fettes Gemisch bei teilweise geschlossener Drosselklappe [3.29]. Eine mögliche λ-Bereichsbildung (λ < 1, λ = 1, λ > 1) für eine solche Regelung zeigt **Abb. 3.36**.

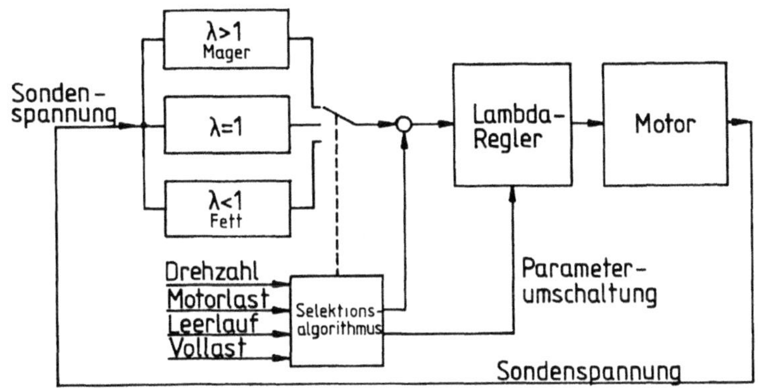

Abb. 3.36 *Blockschaltbild einer λ-Bereichsbildung [3.29]*

Um eine effiziente und den wechselnden Randbedingungen Rechnung tragende Kraftstoffzumessung zu erreichen, ist eine λ-Sonde, die auch im mageren Bereich arbeitet (Magersonde), notwendig. Wichtig ist dabei, daß das Ausgangssignal der Sonde keine wesentliche Abhängigkeit von der Abgastemperatur auf der mageren Seite aufweist. Abhängig vom Sauerstoffgehalt im Abgas liefert die Magersonde ein Spannungssignal, welches zur Regelung des Gemisches benutzt wird.

Im fetten Bereich ist zusätzlich eine Abhängigkeit von der Abgastemperatur vorhanden, die kompensiert werden muß. Mit steigender Sensortemperatur fällt der Innenwiderstand ab (logarithmisch), so daß eine exakte Zuordnung der Sondenspannung zum Luft-Kraftstoff-Verhältnis vorliegt. In **Abb. 3.37** ist die Kennlinie einer solchen Sonde dargestellt.

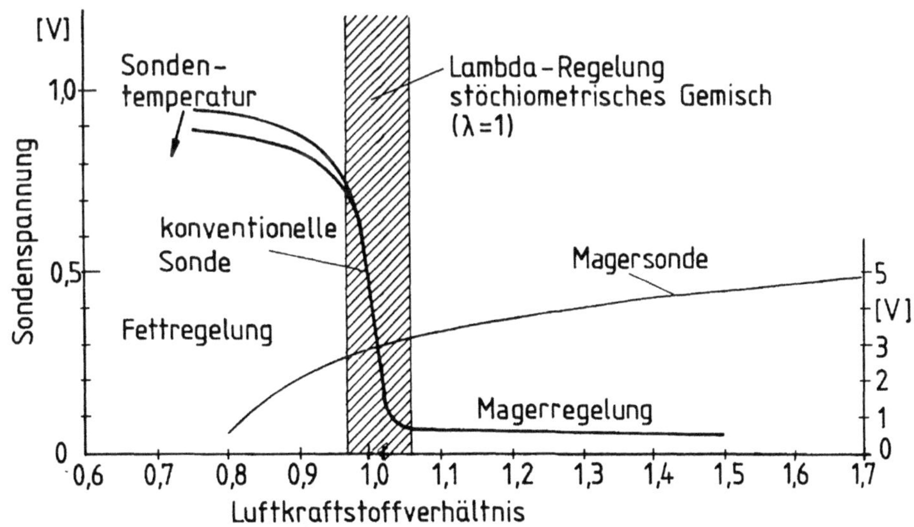

Abb. 3.37 *Kennlinie von konventioneller λ-Sonde und Magersonde*

3.1.3 Innere Gemischbildung

Die innere Gemischbildung bei Ottomotoren kann durch Direkteinspritzung (Hochdruckeinspritzung) in den Brennraum erfolgen. Ottomotoren mit innerer Gemischbildung haben ein sehr großes Potential im Hinblick auf eine Verbrauchsreduktion und deutlich verbesserte

Fahrbarkeit im Kaltbetrieb, wenn sie, wie beim Dieselmotor, mit Qualitätsregelung (ohne Drosselorgan) betrieben werden. Der verbesserte Wirkungsgrad in der Teillast ergibt sich durch die Verringerung der Gaswechselarbeit und die Verbesserung des thermodynamischen Wirkungsgrades auf Grund

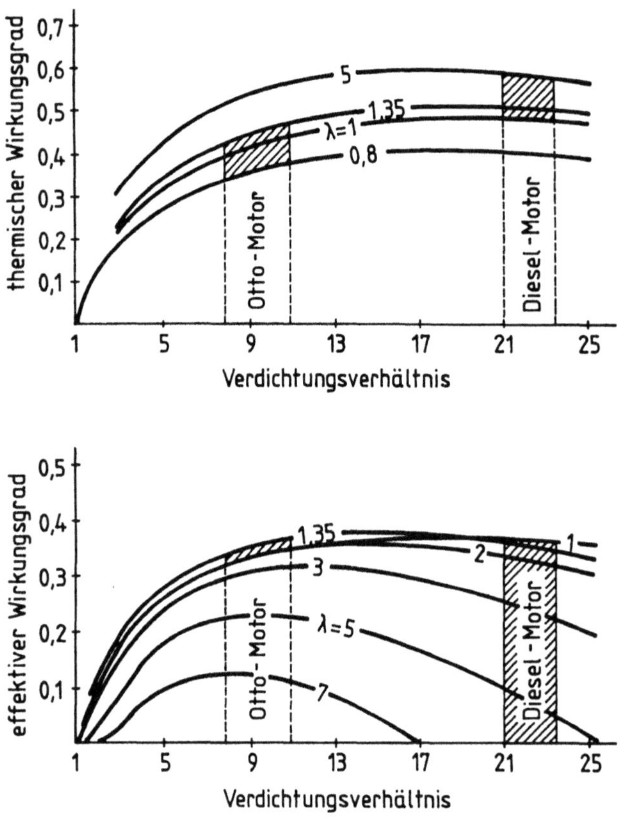

Abb. 3.38 *Thermischer und effektiver Wirkungsgrad als Funktion der Verdichtung*

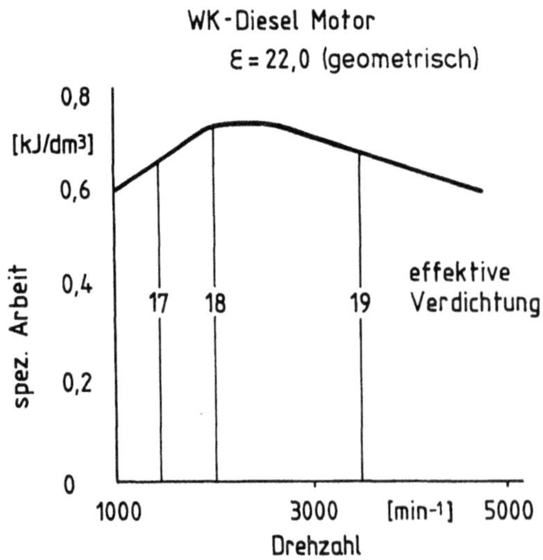

Abb. 3.39 *Effektive Verdichtung bei einem Dieselmotor*

- **höherer effektiver Verdichtung**
  Je höher die Verdichtung ist, um so höher ist der effektive Wirkungsgrad in dem für Ottomotoren interessanten Bereich, **Abb. 3.38**. In der Praxis wird die Verdichtung begrenzt durch das Klopfverhalten des Kraftstoffes.

Bei der Qualitätsregelung wird im gesamten Last- und Drehzahlbereich, abhängig von den Einströmbedingungen, die maximal mögliche Luftmenge angesaugt, so daß am Ende des Verdichtungshubes annähernd die Druck- und Temperaturwerte vorliegen, die dem geometrischen Verdichtungsverhältnis entsprechen. **Abb. 3.39** zeigt das am Beispiel eines Wirbelkammer-Dieselmotors mit einem geometrischen Verdichtungsverhältnis von ε = 22 und einer effektiven Verdichtung von ε = 17 bis 19. Der gedrosselte Motor kann im Gegensatz dazu sein geometrisches Verdichtungsverhältnis bei Teillast nicht ausnutzen, was schlechte Wirkungsgrade ergibt, **Abb. 3.40**. Wie in dieser Abbildung zu sehen ist, liegen die tatsächlichen Verdichtungsverhältnisse bei Drosselregelung in der Teillast deutlich unter den geometrischen. Jede Maßnahme zur Steigerung des effektiven Verdichtungsverhältnisses wirkt sich bei sonst gleichen Bedingungen direkt in einem niedrigeren Kraftstoffverbrauch aus.

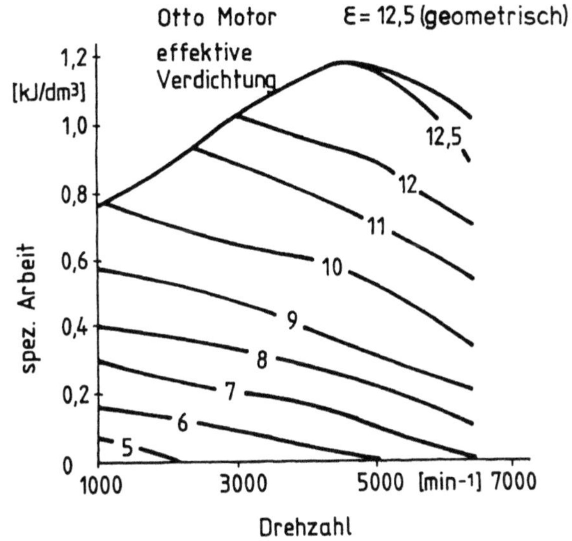

Abb. 3.40 *Effektive Verdichtung bei einem Ottomotor*

- **höherer Verdichtungsendtemperatur als Folge höherer Verdichtung**
  Bei der Qualitätsregelung ist die Verdichtungsendtemperatur bei gegebener Verdichtung in erster Näherung nur von der Drehzahl abhängig und erreicht daher immer relativ hohe Werte. Am Beispiel eines Wirbelkammer-Dieselmotors wird dies in **Abb. 3.41** gezeigt.

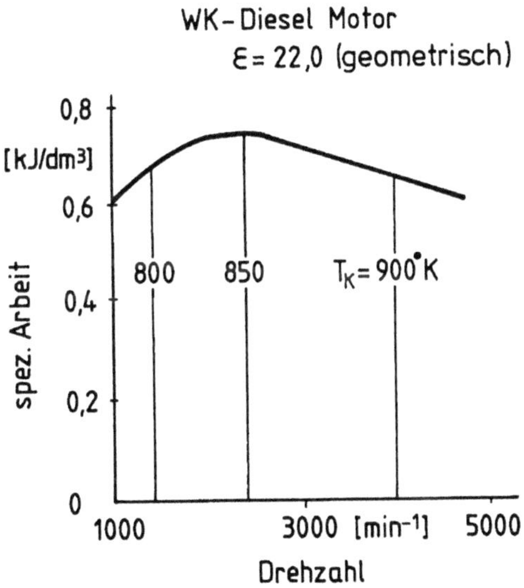

Abb. 3.41 *Verdichtungsendtemperaturen bei einem Wirbelkammer-Dieselmotor*

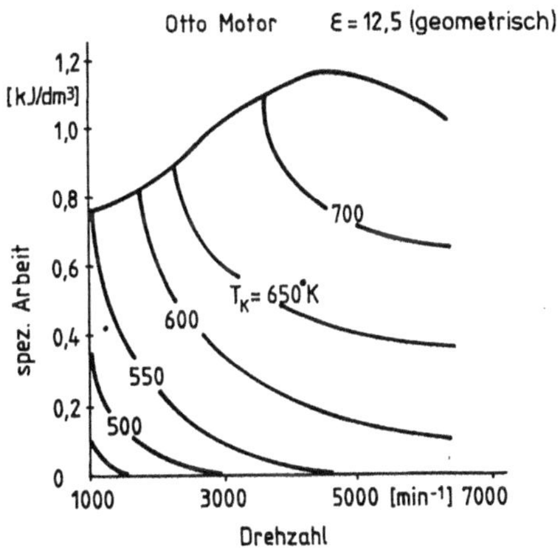

Abb. 3.42 *Verdichtungsendtemperatur bei einem Ottomotor*

Beim Motor mit Drosselregelung beginnt die Verbrennung bei Vollast auf einem hohen thermischem Niveau, während im unteren Teillastbereich zu Beginn der Zündung nur Temperaturen von ca. 450 °K vorliegen, **Abb. 3.42**. Das ist ungünstig für die Entflammung, Verbrennung und Abmagerungsfähigkeit des Gemisches.

Voraussetzung für die Qualitätsregelung bei innerer Gemischbildung ist die Ladungsschichtung bei Teillast. Hierbei wird das Gemisch im Bereich der Zündkerze so angereichert, daß eine sichere Entflammung möglich ist, die Verbrennung aber im Mittel bei stark abgemagertem Gemisch stattfindet. Dadurch werden dieselähnliche Verbräuche und niedrige NO_X- und CO- Rohemissionen erreicht. Die HC-Emission muß durch einen Oxidationskatalysator abgesenkt werden. Die Teillastverbräuche werden um 15 bis 25 % gesenkt, **Abb. 3.43** [3.12]. **Abb. 3.44**. zeigt den dazugehörenden Brennraum. Die Einspritzdüse ist eine Stufenzapfendüse.

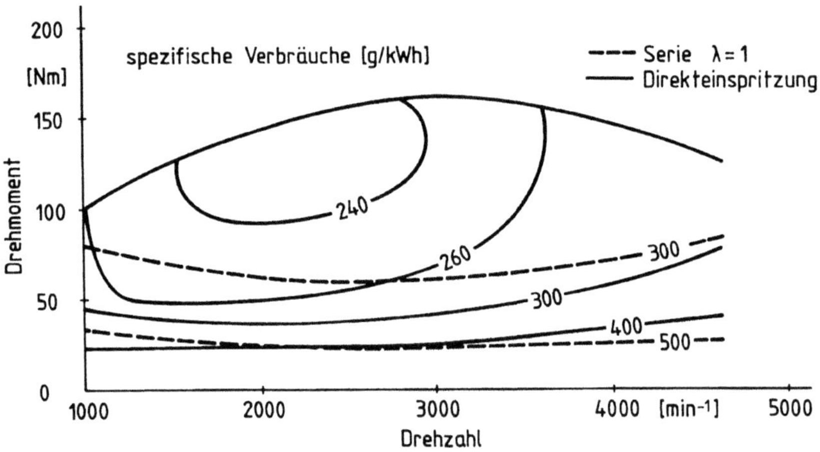

Abb. 3.43 *Spezifische Verbräuche eines Ottomotors mit Direkteinspritzung und Qualitätsregelung [3.12]*

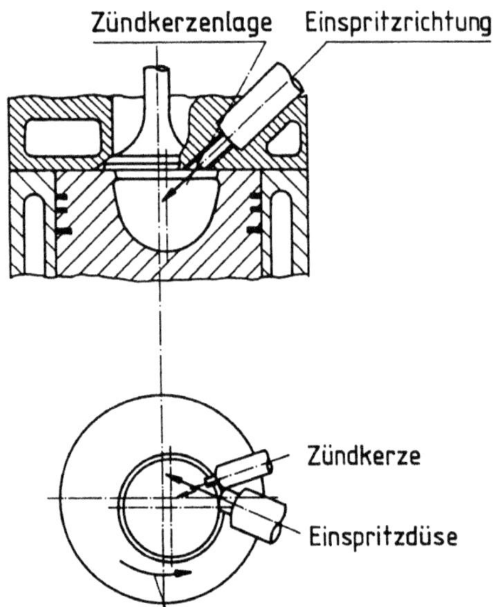

Abb. 3.44 *Brennraum und Lage der Einspritzdüse eines Ottomotors mit Direkteinspritzung [3.12]*

Bedingt durch das Arbeitsverfahren zum Erreichen guter Verbräuche mit niedrigen Schadstoffemissionen, hat dieser Motor [3.12] mit Benzin-Direkteinspritzung eine gegenüber Otto-motoren mit Saugrohreinspritzung reduzierte spezifische Arbeit. Durch Aufladung können Leistung und spezifische Arbeit wieder angehoben werden. Um die Leistungsdichte eines Ottomotors mit äußerer Gemischbildung zu erzielen, muß der Motor bei Vollast mit homogenem Gemisch betrieben werden. Mit druckzerstäubender Direkteinspritzung kann das z.B. mit luftverteilenden Mehrlochdüsen und durch Variation des Einspritzzeitpunktes erreicht werden. Bei vergleichsweise frühen Einspritzzeitpunkten kann eine anfänglich vorhandene Ladungsschichtung durch die Ladungsbewegung abgebaut werden und bis zum Zündzeitpunkt eine weitgehende Homogenisierung des Gemisches erfolgen. Durch die lange Verweildauer des Kraftstoffes im Brennraum wird auch ein relativ guter Aufbereitungszustand des Kraftstoffes erreicht.

Eine für einen ungedrosselten Motorbetrieb nötige ausgeprägte Ladungsschichtung erfordert hingegen einen sehr späten Einspritzzeitpunkt. Dadurch wird zwar ein hoher Schichtungsgrad, durch die kurze Verweildauer im Brennraum jedoch eine schlechte Aufbereitung des Kraftstoffes erreicht.

Neben Arbeiten an luftzerstäubenden ottomotorischen Direkteinspritzverfahren durch Druckluftunterstützung bei der Aufbereitung des Kraftstoffes wird daher auch verstärkt an der Entwicklung gasunterstützter Gemischbildungskonzepte gearbeitet.

Bei druckluftunterstützten Einblasesystemen erfolgt die Kraftstoffeinbringung in den Brennraum zwar mit sehr gut zerstäubtem Kraftstoff, jedoch überwiegend in flüssiger Form. Die Verdampfung und die Vorreaktion des Kraftstoffes findet vorwiegend im Brennraum statt.

Die Einblaseenergie kann nicht nur durch externe Kompressorleistung, sondern auch durch die im Zylinder selbst während der Verdichtung und Verbrennung freigesetzte Energie bezogen werden, siehe Kapitel 4.1. Dadurch kann in einem als Speicher ausgebildeten Teil des Injektors nicht nur der erforderliche Einblasedruck, sondern auch eine zur Kraftstoffverdampfung ausreichende Temperatur zur Verfügung gestellt werden. Die Verdampfung und teilweise die Vorreaktion des Kraftstoffs erfolgen bereits im Speicher, wodurch der Einblasezeitpunkt nur im Hinblick auf Schichtladungserfordernisse, nicht aber hinsichtlich Aufbereitungserfordernisse festgelegt werden muß (siehe Kap. 4.1).

Mit solchen Gemischbildungssystemen kann ein ungedrosselter Motorbetrieb bis in den Leerlaufbereich realisiert werden. Während bei vielen druckzerstäubenden ottomotorischen Direkteinspritzverfahren ein ungedrosselter Leerlaufbetrieb zwar möglich, aufgrund sehr hoher HC-Emissionen für Emissionskonzepte jedoch nicht zielführend ist, können mit einem solchen gasunterstützten Gemischbildungssystem auch im ungedrosselten Leerlaufbetrieb niedrige HC-Emissionen sowie sehr gute Verbrennungsstabilität erreicht werden, **Abb. 3.45**.

In der Teillast stellt vor allem die NO_X-Emission das bestimmende Kriterium für das Erreichen künftiger Emissionsgrenzwerte mit innerer Gemischbildung dar. Auch hier weist ein solches gasunterstütztes Verbrennungssystem Vorteile auf gegenüber der druckzerstäubenden Direkteinspritzung.

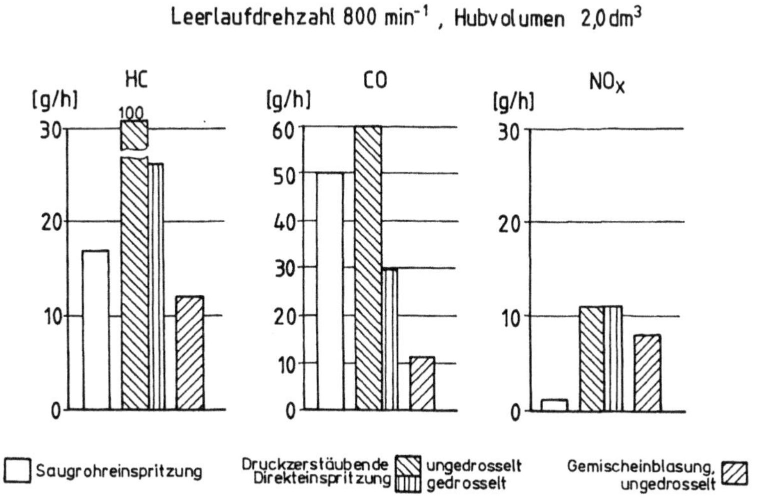

Abb. 3.45 *Emissionen verschiedener Gemischbildungssysteme [Quelle AVL]*

Durch vergleichsweise niedrige HC-Emissionen sowie eine gute AGR- Verträglichkeit kann in verstärktem Maße die Abgasrückführung zur Absenkung der Stickoxidemissionen eingesetzt werden. Dadurch ergeben sich deutlich niedrigere NO_X-Emissionen als bei der druckzerstäubenden Direkteinspritzung.

Solche Gemischbildungssysteme erfordern in einzelnen Teilbereichen einen höheren Systementwicklungsaufwand (Ablagerung, Dauerhaltbarkeit) als druckzerstäubende Direkteinspritzsysteme.

Im Gegensatz zu Magerkonzepten mit äußerer Gemischbildung und auch zur druckzerstäubenden Gemischbildung beim Motor mit Direkteinspritzung erscheint mit einem solchen gasunterstützten Verbrennungssystem ein Unterschreiten von 0,4 g NO_X/Meile im FTP-75 mit Mittelklassefahrzeugen möglich. Systeme dieser Art sind noch im Vorentwicklungsstadium.

Abb. 3.46 zeigt einen Vergleich von stationären Meßergebnissen dreier verschiedener Einspritzsysteme im repräsentativen Teillastpunkt 2000 min^{-1} und 0,3 kJ/dm^3 indizierter spezifischer Arbeit. Verglichen werden eine Multipoint-Saugrohreinspritzung mit einer Direkteinspritzung und einer Gemischeinblasung.

Insbesondere mit der Gemischeinblasung sind extrem magere Gemische möglich, mit den bekannt günstigen Auswirkungen auf Verbrauch und Schadstoffemissionen. Beachtenswert ist dabei das vorteilhafte Verhalten bezüglich der HC-Emission. In dem in **Abb. 3.46** angegebenen Teillastpunkt ist auch ein Betrieb mit direkter Flüssigkeitseinspritzung ohne Drosselung der Ansaugluft gezeigt. Demgegenüber erreichen Kraftstoffverbrauch und Abgasemissionen bei Gemischeinblasung erstaunlich niedrige Werte.

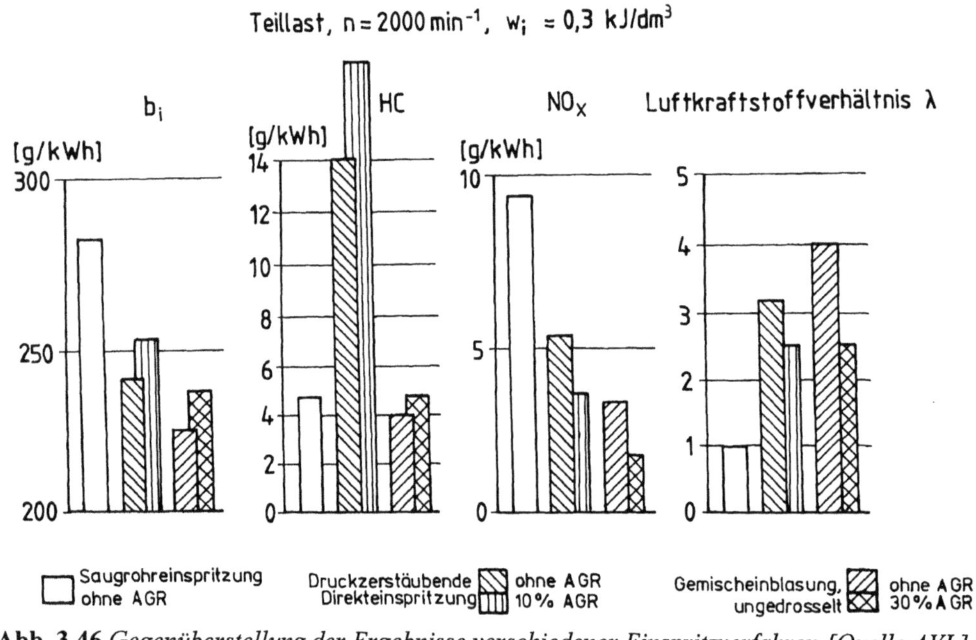

Abb. 3.46 *Gegenüberstellung der Ergebnisse verschiedener Einspritzverfahren [Quelle AVL]*

3.1.4 Potential des Ottomotors im Hinblick auf Abgasemissionen und Kraftstoffverbrauch

Das Potential des Ottomotors in bezug auf Abgas und Verbrauch ist noch lange nicht ausgeschöpft.

Auf der Abgasseite werden intensive Anstrengungen unternommen, die ULEV-Grenzwerte (Kapitel 8.4.2.1) für Kalifornien zu unterschreiten. Wesentliche Ansatzpunkte sind die Verringerung der Rohemissionen durch innermotorische Maßnahmen, alternative Kraftstoffe oder Kraftstoffkombinationen und das schnelle Anspringen des Katalysators, z. B. durch externe Beheizung.

Der Magerkatalysator wird darüber hinaus ein wichtiger Schritt sein, da mit seiner Hilfe die NO_X-Emissionen beim Magermotor entscheidend verringert werden können.

Der Einsatz alternativer Kraftstoffe, z.B. Methanol, zur Minderung bestimmter Abgaskomponenten ist ein weiterer Baustein in den Bemühungen die Abgasemissionen zu senken.

Die Verkürzung der Warmlaufphase sowie die bessere Aufbereitung und Anpassung des Kraftstoffs an die Betriebsbedingungen des Motors (instationärer Betrieb) sind Maßnahmen, die sowohl den Schadstoffausstoß mindern, als auch den Kraftstoffverbrauch senken. Weitere wichtige Elemente in diesem Zusammenhang sind die variable Ventilsteuerung, die variable Verdichtung, Zylinderabschaltung, Direkteinspritzung, Mehrventiltechnologie, Minderung der Reibung, "elektronisches" Gaspedal sowie aufgeladene Motoren, die nicht auf eine Leistungssteigerung, sondern auf eine Minimierung des Kraftstoffverbrauchs ausgelegt sind.

Die Weiterentwicklung des Mager- bzw. Mager-Mix-Motors und des Zweitakt-Motors bieten ein weiteres Potential den Kraftsoffverbrauch zu senken. Insgesamt sind Verbrauchseinsparungen von über 30 % durch bereits nachgewiesene Maßnahmen möglich.

Der Verbrennungsmotor ist jedoch nur einer von vielen Einflußgrößen im Fahrzeug. Will man Mittelklassefahrzeuge mit einem Verbrauch von 3 bis 4 l/100 km im 1/3-Mix realisieren, ist das nur durch Eingriffe in das Gesamtfahrzeug möglich.

3.2 Maßnahmen beim Dieselmotor

Da beim Dieselmotor die Veränderung des Luft-Kraftstoff-Verhältnises zur Lastregelung benutzt wird, ist im Gegensatz zum Ottomotor ein Einfluß auf die Schadstoffemissionen über diese Größe in erster Näherung nur im Bereich der Vollast möglich. Hier erfolgt eine Begrenzung der Einspritzmenge, so daß kein weiterer Kraftstoff zugeführt wird. Die Grenze stellt die Rauch- bzw. Rußzahl dar. Dennoch stehen eine Reihe von Möglichkeiten zur Verfügung, um die Abgasemissionen beim Dieselmotor durch motorische Maßnahmen zu senken.

Der Partikel- bzw. Rußbildung und deren Verringerung muß beim Dieselmotor große Aufmerksamkeit geschenkt werden.

Die Bildungsprozesse laufen insbesondere bei der Rußbildung, wie bereits dargestellt, über lokalen Sauerstoffmangel, Dehydrierung und Crackreaktionen ab. Wesentliche Einflüsse auf diese Komponenten haben u.a. Verbrennungstemperatur, Gemischbewegung, Kraftstoffzusammensetzung, Diffusionsgeschwindigkeit, Reaktionszeit und Qualität der Kraftstoffzerstäubung. Die Rußbildung bzw. Rußemission in Abhängigkeit vom Einspritzzeitpunkt (**Abb. 3.47**) zeigt, daß ein Großteil des gebildeten Rußes durch Nachoxidation verringert werden kann [3.13].

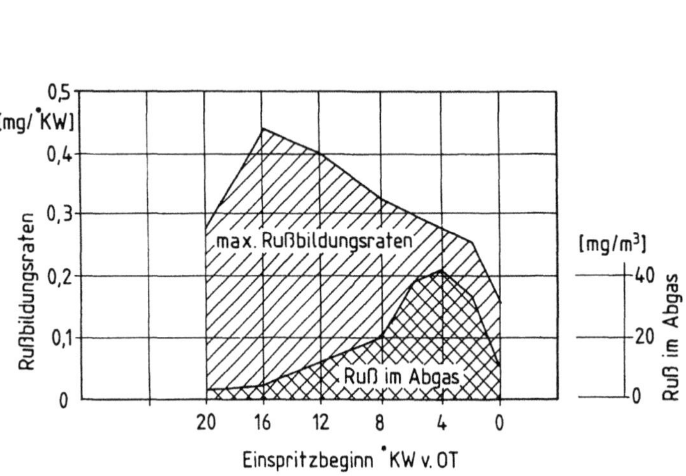

Abb. 3.47 *Rußemission über dem Einspritzzeitpunkt [3.13]*

3.2.1 Brennverfahren

Man unterscheidet beim Dieselmotor zwischen Kammermotor und Motor mit Direkteinspritzung, wobei der Kammermotor ein Wirbelkammer- oder Vorkammermotor sein kann. **Abb. 3.48** zeigt einen Vergleich der drei Brennverfahren an Hand von Querschnitten durch die Zylinderköpfe.

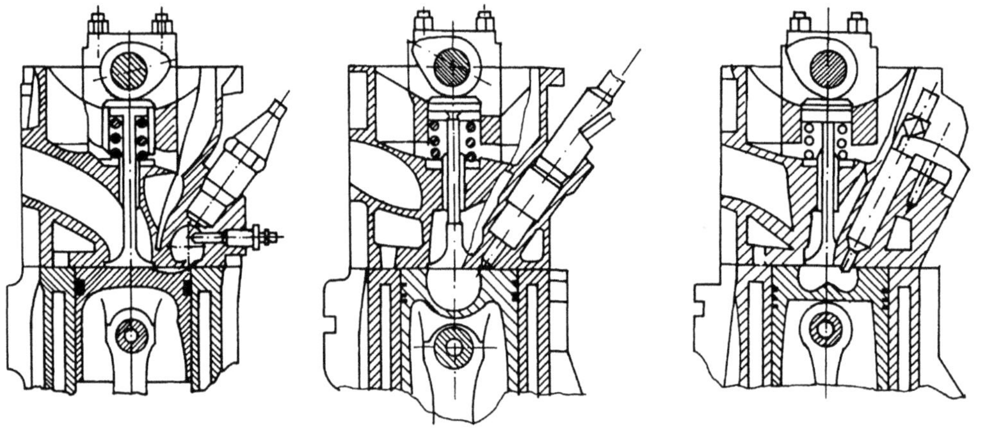

Abb. 3.48 *Brennverfahren beim Dieselmotor [3.16] [3.63]*

Beim Kammermotor wird vorzugsweise das Wirbelkammerverfahren eingesetzt. Motoren mit Vorkammer verwendet derzeit nur ein PKW-Hersteller. Beim Motor mit Direkteinspritzung dominiert das Mehrstrahlverfahren, auch luftverteilendes Verfahren genannt, im Gegensatz zum Einstrahlverfahren, auch wandanlagerndes oder wandverteilendes Verfahren genannt.

Eine wesentliche Beeinflussung des Abgas- und Verbrauchsverhaltens ist durch die Wahl des Brennverfahrens möglich. Kammermotoren erzeugen niedrigere CO-Konzentrationen bzw. Emissionen als Motoren mit Direkteinspritzung auf Grund der intensiveren Mischung von Kraftstoff und Luft während der Verbrennung.

Ebenso ist beim Kammermotor die NO_X-und HC-Konzentration im Abgas geringer. In **Abb. 3.49** werden die Verhältnisse für NO_X und CO gezeigt.
Wegen des 15 bis 20%igen Vorteils beim Kraftstoffverbrauch wird dem Dieselmotor mit Direkteinspritzung in Zukunft steigende Bedeutung beigemessen, da es Mittel gibt, die Emissionen z.B. durch Abgasnachbehandlung deutlich zu verringern.

Der Verbrauchsnachteil bei Kammermotoren resultiert vor allem aus Überström- und höheren Wandwärmeverlusten, da die Brennraumoberfläche viel größer ist (Kammer und Hauptbrennraum).

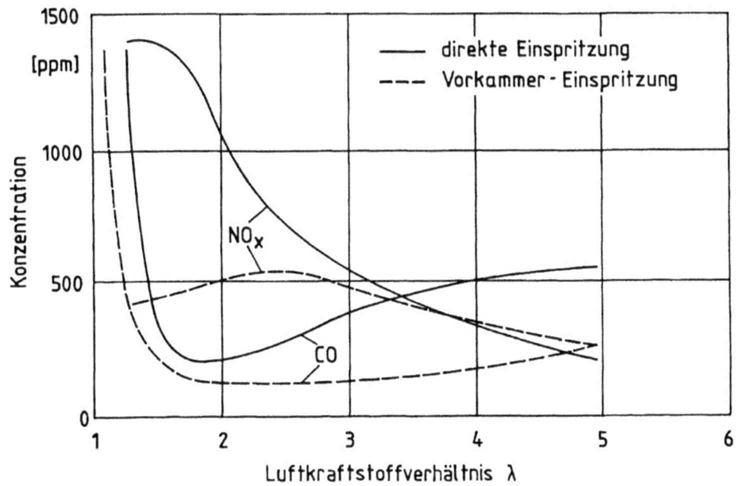

Abb. 3.49 *CO- und Stickoxidkonzentration beim Dieselmotor [3.75]*

Wesentlichen Einfluß auf den Kraftstoffverbrauch und die Schadstoffemissionen hat auch der Einspritzverlauf. Er kennzeichnet die eingespritzte Kraftstoffmenge in Abhängigkeit vom Kurbelwinkel. Kenngrößen des Einspritzverlaufs sind der Einspritzbeginn und die Einspritzdauer.

Die verschiedenen Diesel-Brennverfahren erfordern eine unterschiedliche Anpassung dieser beiden Größen. Beim Vorkammermotor ist z.B. die erforderliche Einspritzdauer länger als beim Wirbelkammermotor. Am kürzesten ist sie beim Motor mit Direkteinspritzung.

Wichtig im Hinblick auf minimalen Kraftstoffverbrauch und niedrige Schadstoffemissionen ist eine vom Motorbetriebspunkt abhängige und auf den Einspritzbeginn abgestimmte Einspritzdauer [3.3]. Neben den genannten Größen spielt der Einspritzdruck eine entscheidende Rolle. Während bei Kammermotoren Einspritzdrücke über 350 bar kaum noch Vorteile bringen, strebt man bei Motoren mit Direkteinspritzung Drücke weit über 1000 bar an, weil damit Kraftstoffverbrauch und Abgasverhalten verbessert werden können. Wünschenswert sind Drücke über 1500 bar.

3.2.1.1 Kammermotoren

Bei den Kammermotoren sind zwei Verfahren von Bedeutung:

- Wirbelkammerverfahren,
- Vorkammerverfahren,

Der Rußgehalt im Abgas ist bei Kammermotoren in der Teillast höher als bei Dieselmotoren mit Direkteinspritzung. Der Grund dafür liegt in dem örtlich sehr großen Luftmangel in der Kammer.

Durch Überführen des Kammerinhaltes in die Hauptkammer wird ein Teil des Rußes weiter oxidiert. Dazu ist jedoch ein bestimmtes Temperaturniveau erforderlich, welches in der Teillast nicht immer erreicht wird.

Ein Schwerpunkt bei der Weiterentwicklung der Kammermotoren im Hinblick auf niedrige Emissionswerte liegt in der Optimierung der "Beschickung" der Kammer mit Luft und Kraftstoff sowie der konstruktiven Gestaltung, z.B. Form, Glühstiftlage, Einspritzrichtung und Drall, Überströmkanal und Hauptbrennraumgestaltung.

Beide Varianten, Vor- und Wirbelkammer, zeichnen sich durch eine zweistufige Verbrennung aus. In der Kammer reagiert ein fettes Gemisch (Luftmangel). Im Hauptbrennraum wird ein mageres Gemisch verbrannt (Luftüberschuß). Diese Art der Verbrennung bewirkt prinzipiell gegenüber der einstufigen Verbrennung (Direkteinspritzung) eine Senkung der NO_X-Emissionen, da in der Kammer zwar hohe Temperaturen vorliegen, aber der zur NO_X-Bildung notwendige Sauerstoff fehlt; im Hauptbrennraum kehren sich die Verhältnisse um.

a) Wirbelkammermotor

Das am weitesten verbreitete Brennverfahren bei PKW-Dieselmotoren ist das Wirbelkammerverfahren. Der Brennraum ist im oberen Totpunkt in zwei etwa gleich große Kammern unterteilt, die mit einem Kanal verbunden sind. Der Kraftstoff wird in die Wirbelkammer eingespritzt, worin sich ein Teil der Verbrennungsluft befindet. Durch den exzentrisch angeordneten Schußkanal in der Wirbelkammer erzielt man eine Drallbewegung in der Wirbelkammer.

Dieses Verfahren ermöglicht eine zweistufige Verbrennung. Bei der Optimierung des Verfahrens stehen wie auch beim Vorkammermotor eine Reihe innermotorischer Einflußmöglichkeiten zur Verfügung. Im wesentlichen sind dies:

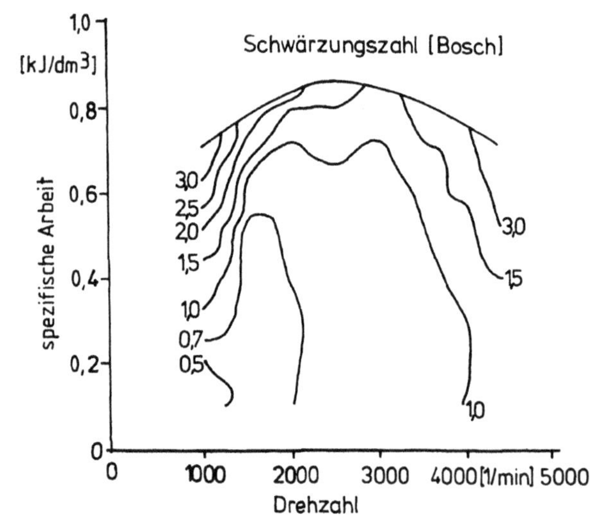

Abb. 3.50 *Schwärzungszahlenkennfeld eines Wirbelkammermotors [3.15]*

- Verdichtungsverhältnis,
- Gestaltung der Brennkammer (Form und Wärmeabgabe),
- Verhältnis der Volumina von Hauptbrennkammer zur Wirbelkammer,
- Abstimmung der Einspritzung (Druck, Zeitpunkt, Zeitdauer, Lage der Düse etc.),
- Überströmkanal (Länge, Durchmesser, Winkel) zum Hauptbrennraum,
- Glühstiftlage und Durchmesser,
- Gestaltung des Hauptbrennraums.

Weitere Einflußmöglichkeiten sind z.B. Abgasrückführung, Aufladung und katalytische Nachverbrennung. Mit einem nach den oben genannten Kriterien optimierten Motor lassen sich sehr niedrige Schwärzungszahlen im Kennfeld erzielen, was dazu führt, daß im Abgas praktisch keine sichtbaren Bestandteile vorliegen, **Abb. 3.50** [3.15]. Ebenso führt das zu akzeptablen Kraftstoffverbräuchen **Abb. 3.51** [3.15]

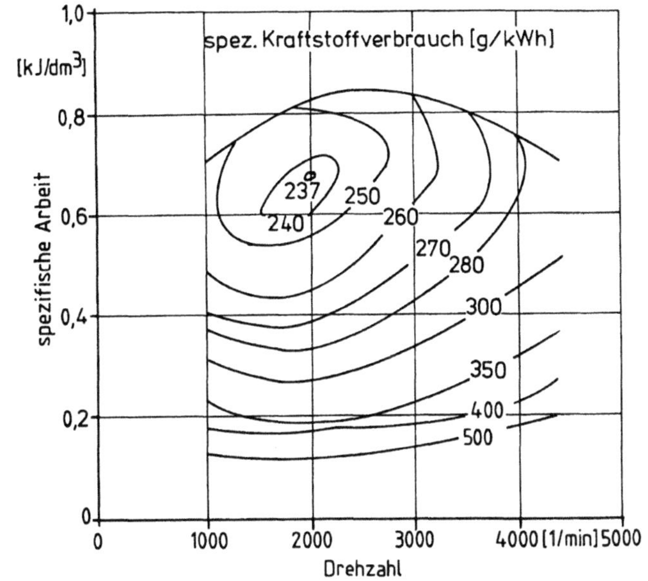

Abb. 3.51 *Kraftstoffverbrauchskennfeld eines Wirbelkammermotors [3.15]*

Einspritzzeitpunkt

Mit entscheidend für das Abgasverhalten und damit für die Höhe der wesentlichen Komponenten Partikel, NO_X und HC sind der Einspritzbeginn und die Einspritzdauer. Je weiter der Einspritzzeitpunkt in Richtung OT verschoben wird, um so niedriger wird die Verbrennungstemperatur und damit die Stickoxidemission. Ebenso ist eine Verringerung der Rauchzahl die Folge.

Erkauft werden diese Vorteile durch einen Anstieg des spezifischen Verbrauchs und der HC-Emissionen, wie **Abb. 3.52** zeigt [3.14]. Der Anstieg der HC-Emissionen ist von untergeordneter Bedeutung, da mit einem nachgeschalteten Oxidationskatalysator diese Verschlechterung überkompensiert wird [3.31].

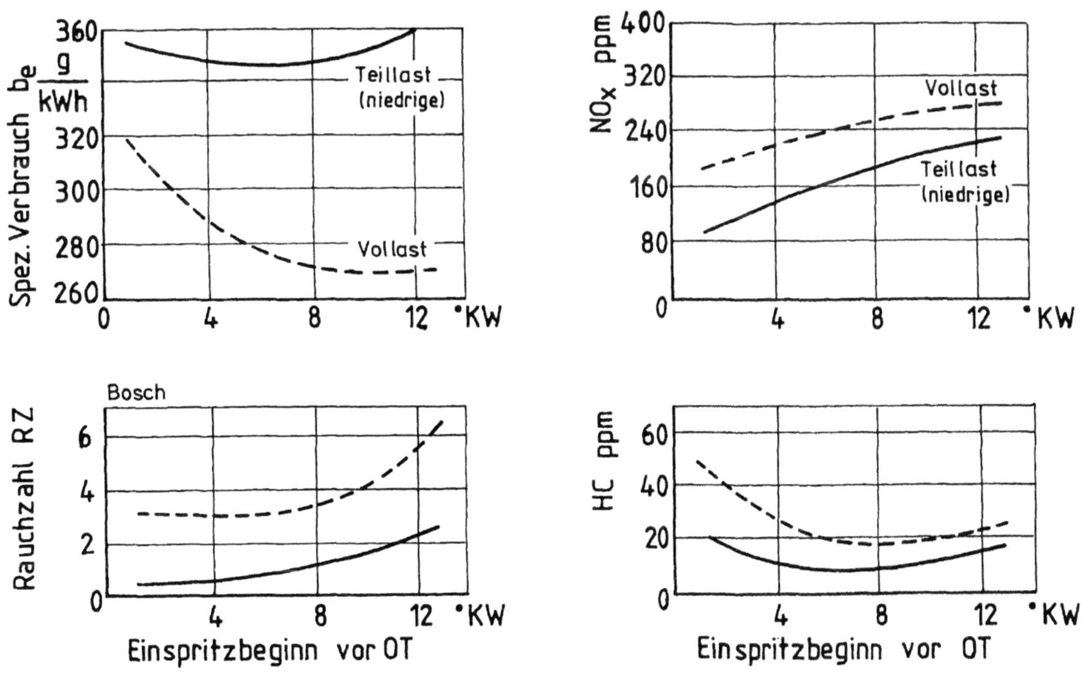

Abb. 3.52 *Einfluß des Einspritzzeitpunktes auf Verbrauch und Emissionen [3.14]*

Die besten Ergebnisse werden nur dann erzielt, wenn der Einspritzbeginn last- und drehzahlabhängig im gesamten Kennfeld optimiert wird. Das ist mit einer elektronischen Regelung möglich.

Kammervolumen und Kammergeometrie

Bei Wirbelkammermotoren ist ein Verhältnis des Volumens der Nebenkammer zum Volumen der Hauptkammer von ca. 1,0 sinnvoll. **Abb. 3.53** zeigt an einem Beispiel, wie dieses Verhältnis sich auf die Emissionen auswirkt.

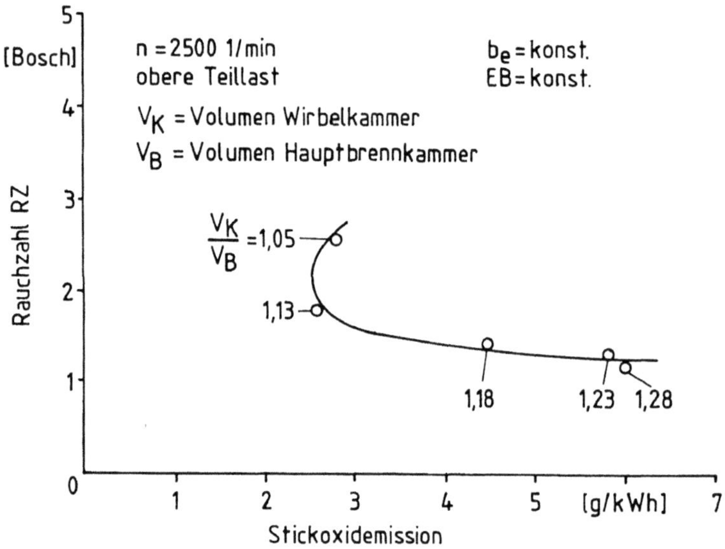

Abb. 3.53 *Einfluß des Kammervolumens auf das Emissonsverhalten [3.9]*

Man erkennt, daß in weiten Bereichen bei einem leichten Anstieg der Rauchzahl eine deutliche Verringerung der Stickoxidemissionen gegeben ist, wenn das Volumen der Wirbelkammer verkleinert wird. Nähert sich das Verhältnis der Volumina von Wirbelkammer zu Hauptbrennraum dem Wert eins, so erfolgt eine starke Zunahme der Schwärzungszahl und wieder ein Anstieg der NO_X-Emissionen. Das Verhältnis von Volumen der Wirbelkammer zum Volumen des Hauptbrennraums liegt daher bei ausgeführten Motoren auf Grund dieser Ergebnisse zwischen 1,07 und 1,15.

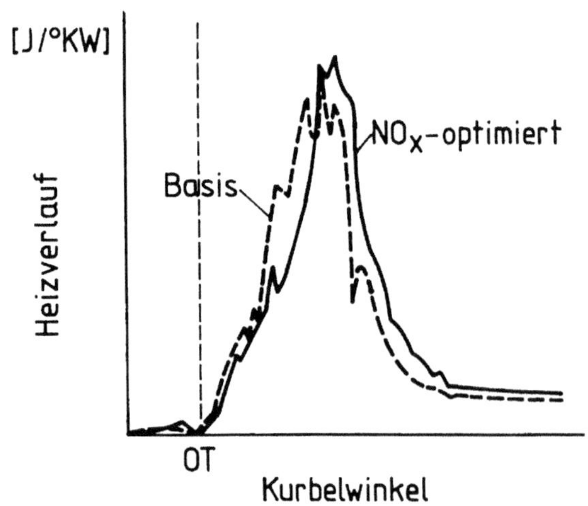

Abb. 3.54 *Heizverlauf bei NO_X-optimierter Wirbelkammer [3.31]*

Neben dem Verhältnis der Volumina hat die Wirbelkammergeometrie einen entscheidenden Einfluß auf die NO_X-Emission. Mit der Variation von Durchmesser, Höhe und Überströmquerschnitt ist eine Beeinflussung des Heizverlaufs möglich. Der Heizverlauf stellt die freigesetzte Energiemenge pro Grad Kurbelwinkel dar. Wenn die Energieumsetzung verzögert abläuft und spät ihr Maximum erreicht, führt das zur Verringerung der NO_X-Bildung , **Abb. 3.54**. Das wird jedoch mit einer Verschlechterung des Wirkungsgrades erkauft.

Form und Volumen der Wirbelkammer müssen, um eine gute Durchmischung zu erzielen, auf möglichst hohe Wirbelenergie optimiert werden [3.32]. Ein wesentliches Kriterium ist dabei ebenso wie beim Vorkammermotor die Lage und Geometrie des Glühstiftes. Hohe Wirbelenergie wird erreicht durch einen dünnen und relativ weit zurückgezogenen Glühstift, damit die Strömungsvorgänge so wenig wie möglich gestört werden. **Abb. 3.55** zeigt die Einflüsse von Eindringtiefe und Glühstiftdurchmesser auf den Kraftstoffverbrauch und die Rauchzahl [3.32].

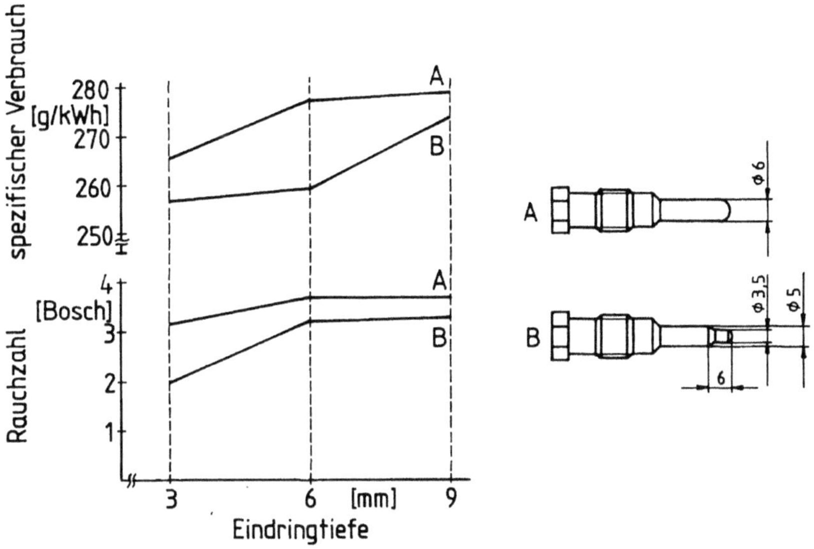

Abb. 3.55 *Einfluß der Glühstiftkonfiguration auf Verbrauch und Rauchzahl [3.32]*

b) Vorkammermotor

Bei Vorkammermotoren ist das optimale Volumen der Vorkammer im Vergleich zur Hauptkammer geringer als bei Wirbelkammermotoren (ca. 35 bis 40 %). Wird die Vorkammer zu klein, reicht der Sauerstoffanteil nicht mehr für eine raucharme Verbrennung. Dann steigen auch die HC-, CO- und Partikel-Emissionen an. Da gleichzeitig jedoch der Druckanstieg und damit die auftretende Spitzentemperatur geringer werden, sinkt die NO_X-Emission.

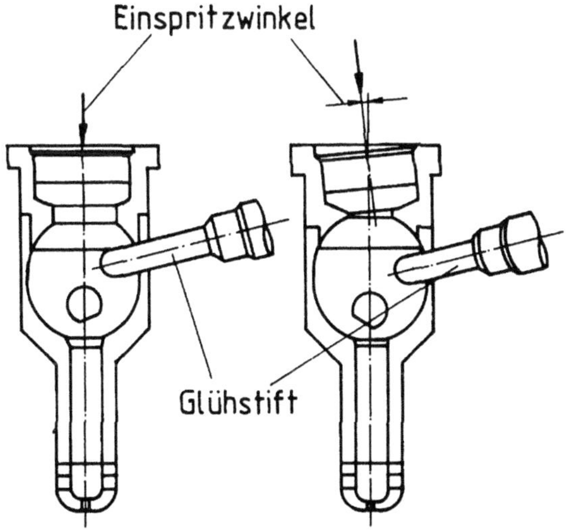

Abb. 3.56 *Beeinflussung von NO_X und Partikel durch innermotorische Maßnahmen [3.11]*

Besonders wichtig ist die geometrische Auslegung der Schußkanäle. Zu große Durchmesser führen zu geringeren Gasgeschwindigkeiten, so daß unter Umständen nicht genügend kinetische Energie zur Verfügung steht, um eine ausreichende Verteilung und Aufbereitung des Gemisches im Hauptbrennraum herbeizuführen. Zu kleine Durchmesser können sich durch Verschmutzung verengen mit der Folge, daß es zu lange dauert, bis der Inhalt der Nebenkammer in den Hauptbrennraum gelangt.

Weitere wichtige Konstruktionsmerkmale sind die Lage der Nebenkammer zur Hauptkammer sowie die Lage und Form des Glühstiftes und der Winkel des Einspritzstrahls. Eine mittige Lage der Nebenkammer zur Hauptkammer ergibt die besten Ergebnisse.

Beispiel hierfür ist eine Entwicklung, bei der man von einer zentralen Anordnung der Einspritzung in die Vorkammer zu einer Schrägeinspritzung übergegangen ist (**Abb. 3.56**) und damit deutliche Verbesserungen im Abgasverhalten erzielte [3.11]. Der Einspritzbeginn ist ähnlich wie bei Wirbelkammermotoren.

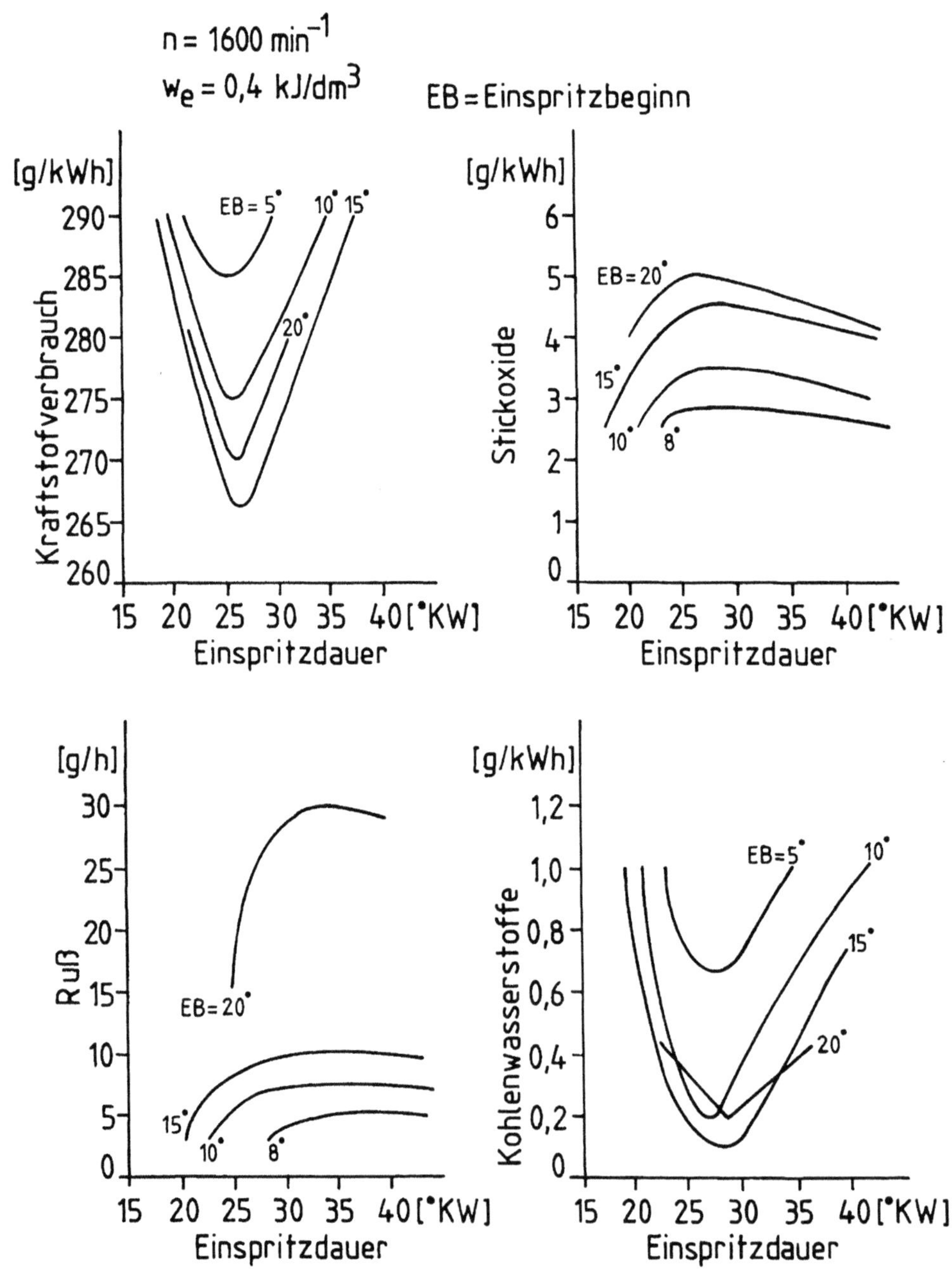

Abb. 3.57 *Einspritzdauer und Schadstoffemissionen [3.3]*

Eine weitere wichtige Größe ist die Einspritzdauer. Die Komponenten Pumpe, Leitung und Düse müssen sicherstellen, daß die Kraftstoffmenge innerhalb einer bestimmten Zeit eingespritzt wird. Für die Einspritzdauer gilt, daß es keine Einstellung gibt, bei der alle Schadstoffkomponenten und der Kraftstoffverbrauch minimiert werden können. Das zeigt **Abb. 3.57** am Beispiel eines aufgeladenen Motors.

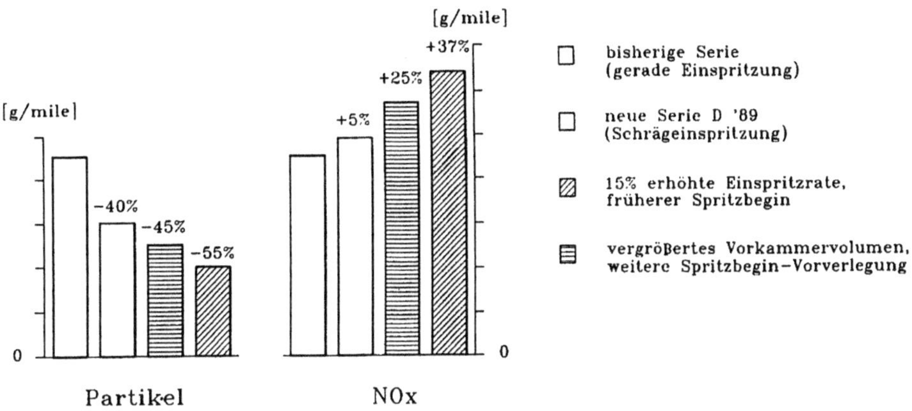

Abb. 3.58 *NO_X-und Partikel-Emissionen im CVS-Test [3.11]*

Die Beeinflussung von NO_X und Partikel durch die besprochenen Maßnahmen an einem Kammermotor zeigt **Abb. 3.58**, als Ergebnis eines CVS-Tests. Verbesserungen bezüglich der Partikelemission steht eine Verschlechterung der NO_X-Werte gegenüber.

3.2.1.2 Dieselmotor mit Direkteinspritzung

Beim Dieselmotor mit Direkteinspritzung unterscheidet man zwischen luft- und wandverteilendem Verfahren. Beim luftverteilenden Verfahren wird der Kraftstoff primär in der Luft verteilt und beim wandverteilenden Verfahren auf die Wand aufgetragen, wobei durch den Luftdrall der Kraftstoff von der Wand abgetragen wird und eine Vermischung mit der Luft erfolgt.

Die Art des Verfahrens hat einen direkten Einfluß auf das Emissionsverhalten und den Kraftstoffverbrauch. Luftverteilende Verfahren zeigen Vorteile im Verbrauch, bei der HC-Emission, bei der Schwärzungszahl und somit bei der Leistungsdichte. Beim wandanlagernden oder wandverteilendem Verfahren sind nur die NO_X-Emission und das Verbrennungsgeräusch wegen der schlechteren Ausnutzung des Kraftstoffes (langsamere Verbrennung mit geringerer Verbrennungstemperatur) niedriger. Der bessere Kompromiß wird daher beim luftverteilenden Verfahren gesehen, weshalb im folgenden vorzugsweise darauf eingegangen wird.

Den Verlauf der Komponenten NO_X und HC, der Rauchzahl (RZ) sowie der Kraftstoffverbrauch über der spezifischen Arbeit für beide Verfahren beim direkteinspritzenden Dieselmotor wird in **Abb. 3.59** gezeigt.

Luftverteilende Verfahren zeigen, wie bereits beschrieben, Vorteile in bezug auf die HC-Emission. Dies wirkt sich neben geringeren Schwärzungszahlen insbesondere im oberen Lastbereich günstig auf den Kraftstoffverbrauch aus.

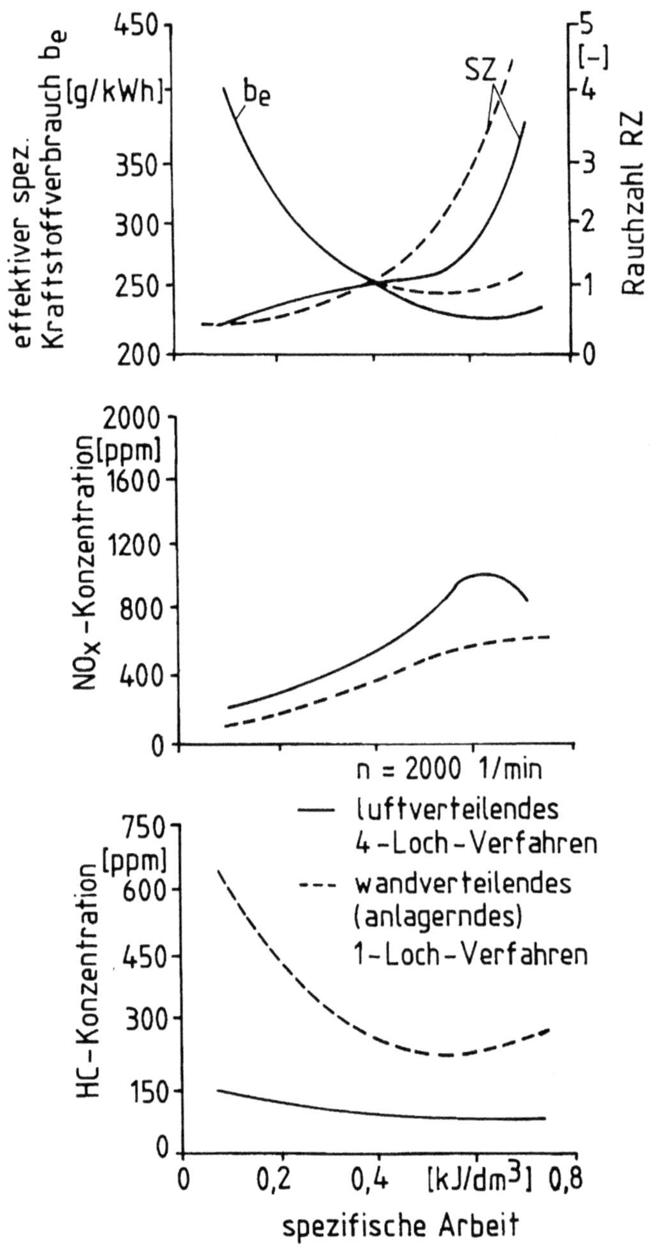

Abb. 3.59 *Emissionsverhalten von luft- und von wandverteilendem oder wandanlagernden Verfahren [3.10]*

a) Dralleinlaßkanäle

Wesentlich für den Erfolg des luftverteilenden Brennverfahrens ist die Abstimmung des Dralls, der Einspritzhydraulik und der Brennraumkonfiguration. Mit der Ausbildung des Dralls wird auch die Durchmischung von Luft und Kraftstoff bestimmt. Für jede Brennraumvariante, d.h. für jede Kolbenmuldenform, ergibt sich auch abhängig von der Drehzahl ein optimaler Drall z.B. in bezug auf die Rauchzahl [3.6]. Oberhalb und unterhalb dieser Drallausbildung ist mit einem erheblichen Anstieg der Rauchzahl zu rechnen. **Abb. 3.60** zeigt die prinzipielle Ausbildung eines Drallkanals und die dadurch erzwungene Führung der Luftströmung bis in die Kolbenmulde.

Abb. 3.61 zeigt den Einfluß des Dralls auf die Höhe der mengenmäßig wichtigsten Schadstoffkomponenten. Es handelt sich um Ergebnisse an einem Einzylindermotor mit Verstelldrallkanal [3.34].

Niedrige NO_X-Emissionen erfordern eine geringe Drallausbildung. Der Einfluß des Dralls auf den Kraftstoffverbrauch und die HC-Emissionen ist nicht sehr groß. Schließlich nimmt der Drall noch Einfluß auf die Leistung. Je höher der Drall, um so geringer ist die Leistung, da die Füllung abnimmt.

b) Muldenform und Muldenlage

Die Mulde befindet sich im Gegensatz zum modernen Ottomotor im Kolben. **Abb. 3.62** zeigt einige Konfigurationen von Brennraummulden. Besonders günstig verhält sich die Mulde, wenn sie rotationssymmetrisch zur Kolbenachse liegt, da dann keine Störung des Dralls vorliegt. Das ist aus geometrischen Gründen jedoch nur bei Mehrventilmotoren möglich, da eine

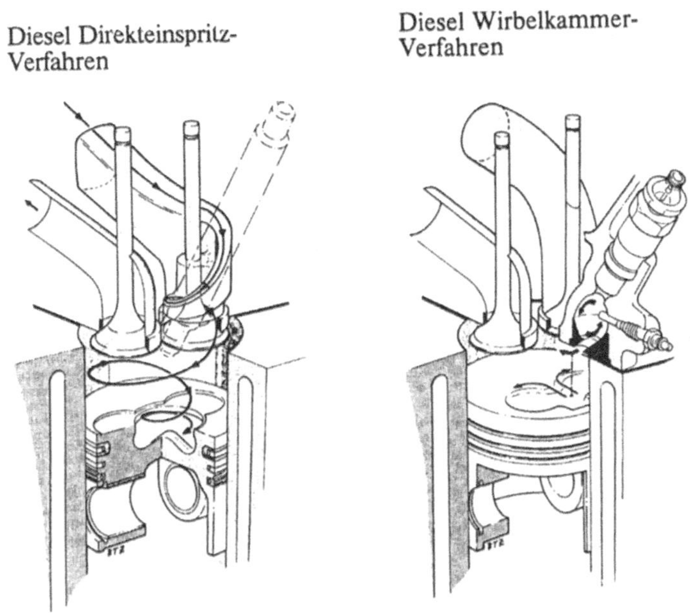

Abb. 3.60 *Drallkanal und Führung der Luftströmung bei verschiedenen Diesel-Brennverfahren [3.26]*

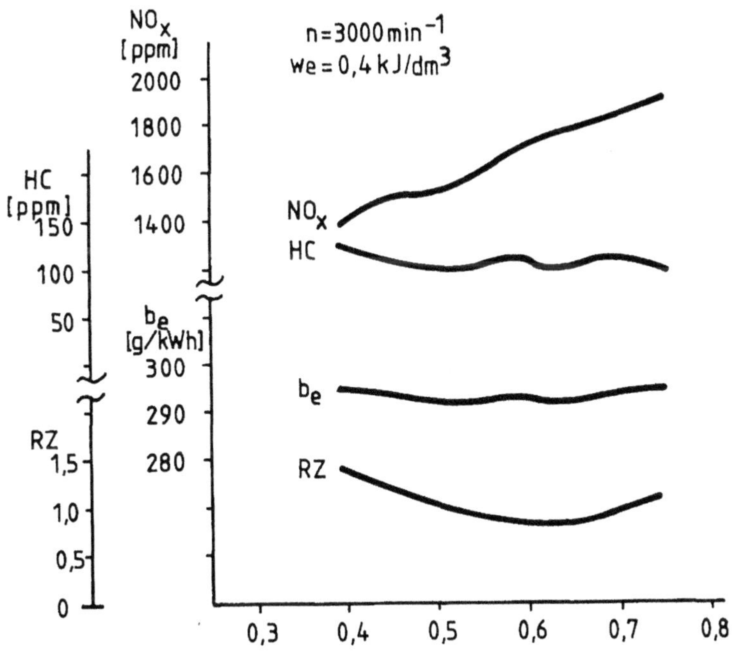

Abb. 3.61 *Einfluß des Dralls auf Abgasemissionen und Verbrauch [3.16]*

Voraussetzung hierfür die mittige Lage der Einspritzdüse ist. Das Prinzip der an den Rändern eingezogenen Mulde (**Abb. 3.62**) hat Vorteile bezüglich der NO_X-Emission. Ebenso wirkt sich die Ausbildung einer Erhebung in der Muldenmitte (Texanerhut) günstig auf das Abgasverhalten aus.

Weitere konstruktiv bedingte Einflüsse auf die NO_X- und HC-Emission ergeben sich durch die Lage des oberen Kolbenringes, d.h. durch die Höhe des Feuersteges und das dadurch verursachte Totvolumen.

c) Heutiger Entwicklungsstand und Möglichkeiten der Weiterentwicklung

1989 wurde der erste Turbo-Dieselmotor mit Direkteinspritzung für ein Fahrzeug der Schwungmassenklasse 3625 lbs, einem Hubvolumen von 2,5 l und einer Leistung von 88 kW vorgestellt, der die EG-Abgasrichtlinie 88/436-EWG (Anlage 25) erfüllte [3.16][3.17][3.18][3.19].

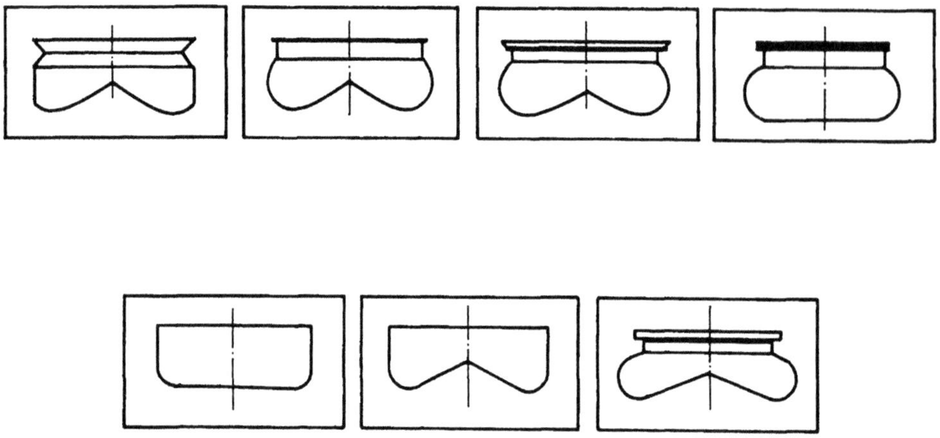

Abb. 3.62 *Muldenformen*

Dieser Motor wurde in der Zwischenzeit weiterentwickelt und erfüllt nun die strengen Abgaswerte nach Anlage 23 [3.20]. Erreicht wurden die Verbesserungen neben der schon ausgeführten Ladeluftkühlung und elektronischer Dieseleinspritzung für die Kraftstoffmenge und den Spritzbeginn zusätzlich vor allem durch eine mittels Luftmassenmessers geregelte Abgasrückführung zur Reduktion der NO_X-Emissionen.

Ein Diesel-Oxidationskatalysator wurde zur Verringerung der HC- und CO- sowie der Partikelemissionen vorgesehen.

Die Abgasrückführrate ist für jeden Kennfeldpunkt vorgegeben und wird geregelt, da bei zu großem Luftmangel die HC-, CO- und vor allem die Ruß-Emissionen stark ansteigen. **Abb. 3.63** zeigt das Schaltschema für die Abgasrückführung.

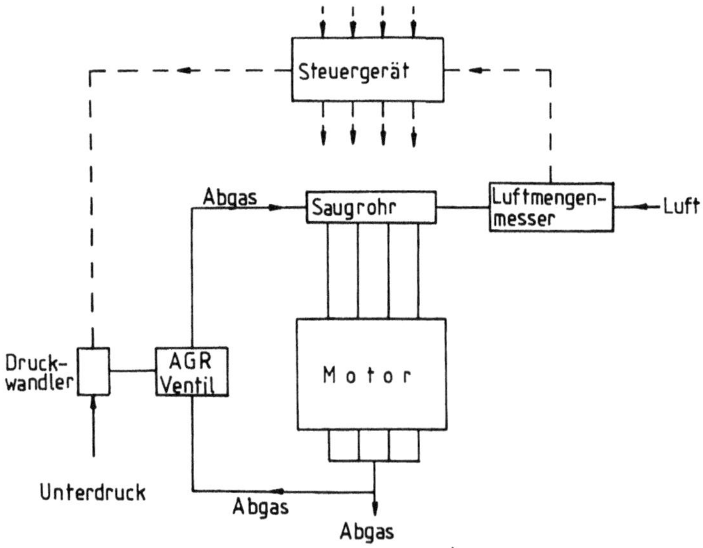

Abb. 3.63 *Schaltschema einer Abgasrückführung [3.20]*

Mit diesem System werden je nach Kennfeldpunkt Rückführraten bis über 50 % realisiert. Der Partikelausstoß ohne AGR ist beim Dieselmotor mit Direkteinspritzung so niedrig, daß auch mit AGR keine unzulässig hohen Werte entstehen. **Abb. 3.64** zeigt den Einfluß der Abgasrückführrate auf Rauchzahl, Kraftstoffverbrauch und Emissionen. Die Auslegungsstrategie wird an einem Drehzahlschnitt verdeutlicht (**Abb. 3.65**). Der nicht nutzbare Bereich in dieser Abbildung ergibt sich durch eine zu geringe Differenz zwischen Ansaug- und Abgasdruck.

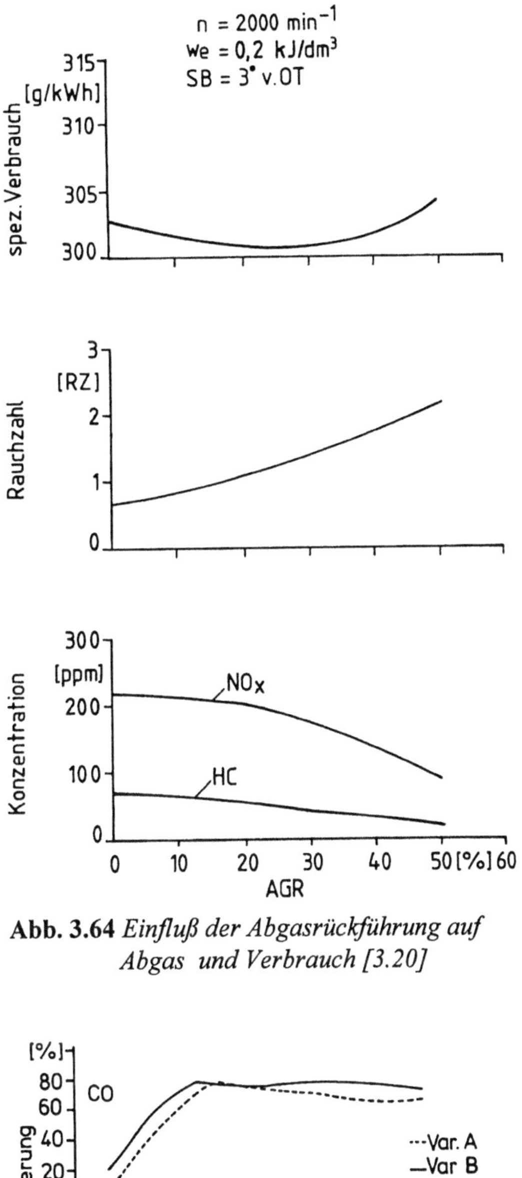

Abb. 3.64 *Einfluß der Abgasrückführung auf Abgas und Verbrauch [3.20]*

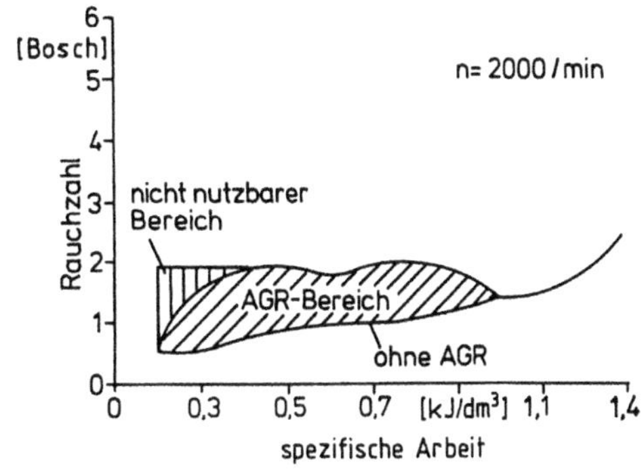

Abb. 3.65 *Auslegungsstrategie für die Abgasrückführung [3.20]*

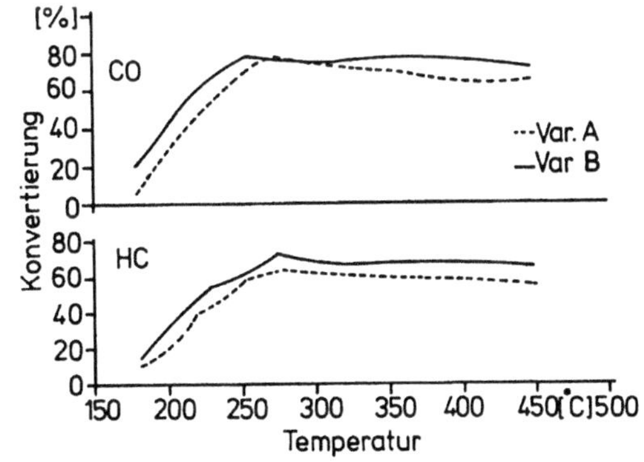

Abb. 3.66 *Konvertierungsraten eines serienmäßig eingeführten Oxidationskatalysators beim Dieselmotor [3.20]*

Der verwendete Diesel-Oxidationskatalysator zeichnet sich durch eine geringe Druckdifferenz aus, damit keine wesentliche Leistungsbeeinflussung entsteht. **Abb. 3.66** zeigt die Verringerung von HC und CO für zwei verschiedene Katalysator-Varianten mit unterschiedlicher Beschichtung. Bereits bei 200 °C Abgastemperatur ist für die Variante B eine Umsetzung von ca. 40 % für beide Schadstoffkomponenten gegeben.

Ein wichtiges Kriterium bei der Beschichtung ist die Unterdrückung der Sulfatbildung. Mittlerweile gibt es Beschichtungen, die eine nur geringe SO_3-Bildung zulassen (z.B. durch Einsatz von Palladium). Im CVS-Test ergeben sich mit diesem Konzept folgende Konvertierungsraten:

- HC bis zu 40 %,
- CO bis zu 50 %,
- Partikel bis zu 10 %.

Bei den Partikeln werden vor allem die an Ruß angelagerten polyzyklischen aromatischen Kohlenwasserstoffe (PAK) reduziert. Die geringen verbleibenden HC-Emissionen bei betriebswarmem Motor - 25 % oder weniger - führen wegen der dadurch reduzierten Aldehydbildung auch zu stark verringertem Abgasgeruch.

NO_X wird durch den Oxidationskatalysator in einer sauerstoffreichen kohlenwasserstoffarmen Atmosphäre nicht reduziert. Durch den Einsatz eines solchen Katalysators ergibt sich jedoch durch die HC-Konvertierung ein zusätzlicher Freiheitsgrad bei der Motoroptimierung, da ein sehr später Spritzbeginn nur mit sonst kritischem HC-Anstieg realisiert werden kann (**Abb. 3.69**).

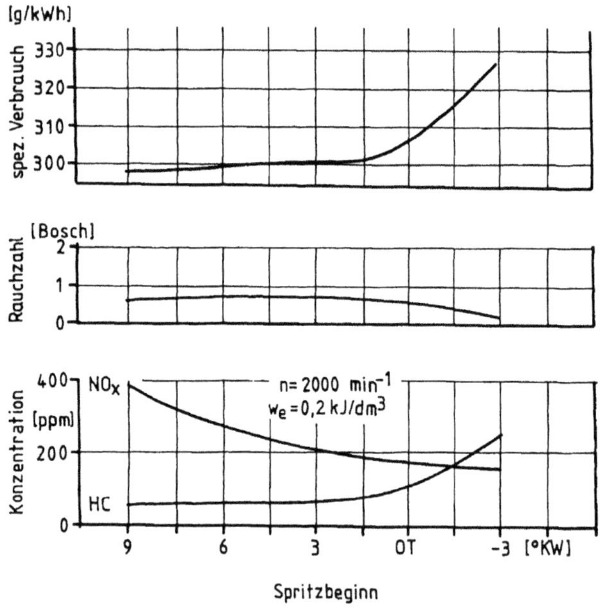

Abb. 3.67 *Einfluß des Spritzbeginns auf Schadstoffemissionen und Verbrauch [3.20]*

Der Einfluß des Spritzbeginns auf die NO_X-Werte ist eindeutig; je später desto geringer wird NO_X. In der Nähe des oberen Totpunktes wird der Gradient der NO_X-Konzentration flacher, wobei bei weiterer Verschiebung des Spritzbeginns über OT hinaus gleichzeitig ein starker HC- und Verbrauchsanstieg zu verzeichnen ist.

Die Rauchzahl steigt von Spritzbeginn früh bis kurz vor OT leicht an und fällt dann wieder ab, **Abb. 3.67**.

Das Optimum für den Spritzbeginn liegt an diesem Kennfeldpunkt unter Berücksichtigung serienmäßiger Toleranzen bei 1°KW v.OT. Diese Vorgehensweise zur Ermittlung des optimalen Spritzbeginns wurde an ausgewählten Kennfeldpunkten durchgeführt. **Abb. 3.68** zeigt das daraus entstandene Spritzbeginn-Kennfeld.

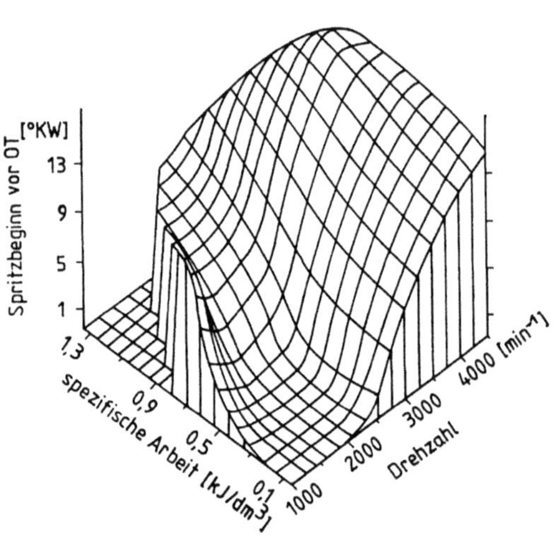

Abb. 3.68 *Spritzbeginn-Kennfeld [3.20]*

Wie gut der Entwicklungsstand bei Diesel-Oxidationskatalysatoren mittlerweile ist, zeigt **Abb. 3.69**. In einem CVS-Test, der mit einem Kaltstart bei -7 °C begonnen wurde, ist die HC-Emission nur unwesentlich schlechter im Vergleich zu 22 °C. NO_X wird erwartungsgemäß leicht besser. CO verschlechtert sich stärker, liegt jedoch noch weit unter dem zulässigen Grenzwert [3.20].

Den erreichten spezifischen Kraftstoffverbrauch zeigt das Kennfeld **Abb. 3.70**. Der Verbrauch dieses nach Anlage 23 entwickelten Motors ist geringfügig schlechter als der Motor nach Anlage 25, was zum Teil an den späten Einspritzzeitpunkten liegt, die aus NO_X-Gründen nötig waren. Trotzdem liegen hier die bei weitem besten Verbräuche vor, die bis jetzt mit einem nach Anlage 23 entwickelten Motor erreicht wurden. Durch Mehrventiltechnik mit mittiger Lage der Einspritzdüse und Kolbenmulde lassen sich die Verbräuche weiter reduzieren.

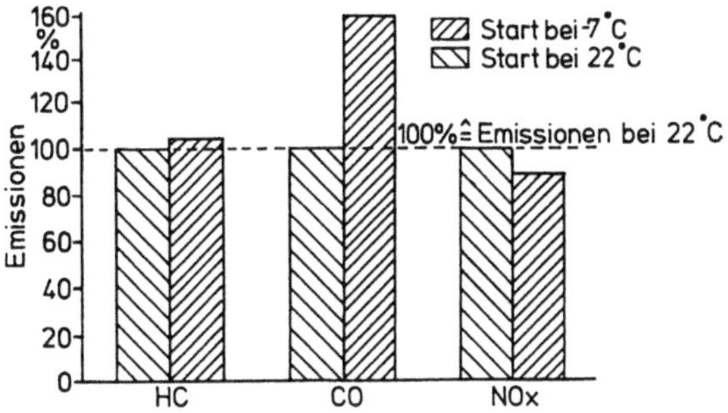

Abb. 3.69 *Vergleich der Emissionen bei Kaltstart und Umgebungstemperatur [3.20]*

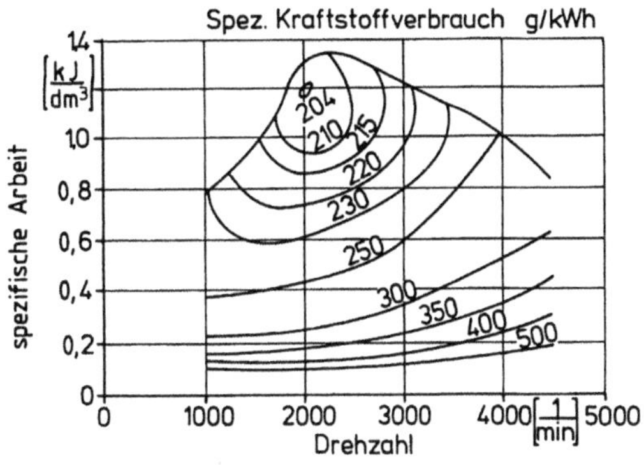

Abb. 3.70 *Verbrauchskennfeld [3.20]*

Abb. 3.71 zeigt die Emissionen der einzelnen Schadstoffkomponenten im CVS-Test, wobei die Grenzwerte mit ausreichender Sicherheit unterschritten werden. Seit Anfang 1992 wird auch die "Töpfer-Norm" für die Partikel (0,08 g/km) unterschritten.

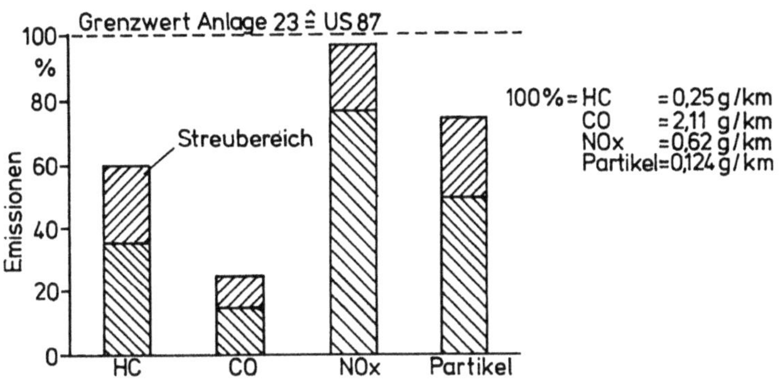

Abb. 3.71 *Schadstoffemissionen im CVS-Test [3.20]*

Zu beachten ist auch die CO_2-Emission des Dieselmotors mit Direkteinspritzung. Gegenüber einem Kammermotor ist sie um ca. 15 % und gegenüber einem modernen Ottomotor sogar um etwa 30 % niedriger, **Abb. 3.72.** Dies trägt zur Entschärfung des Treibhauseffektes bei.

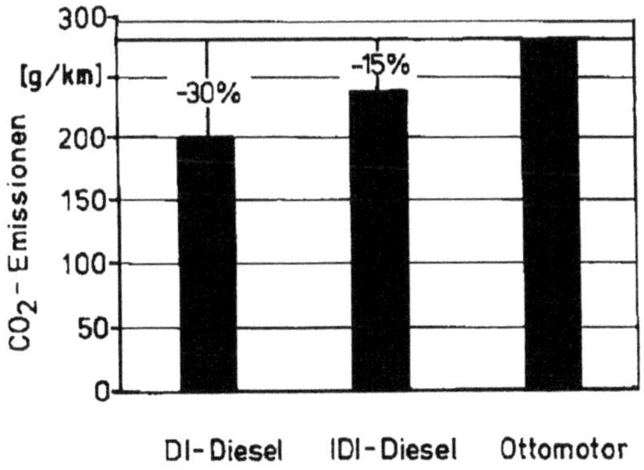

Abb. 3.72 *Vergleich der CO_2-Emissionen verschiedener Motorkonzepte [3.20]*

Abb. 3.73 zeigt das Kraftstoffverbrauchspotential des Dieselmotors auch im Vergleich zum Ottomotor im ECE-Zyklus [3.21]. Man erkennt ein beachtliches Verbrauchspotential für beide Motorvarianten.

Allerdings muß der moderne Dieselmotor aus Verbrauchsgründen ein direkteinspritzender Motor sein, der aufgeladen ist und einen Ladeluftkühler besitzt.

Auf der Abgasseite liegen dann günstige CO- und HC-Werte vor, während NO_X und die Partikel bei Verschärfung der Gesetzgebung weiter verringert werden müssen.

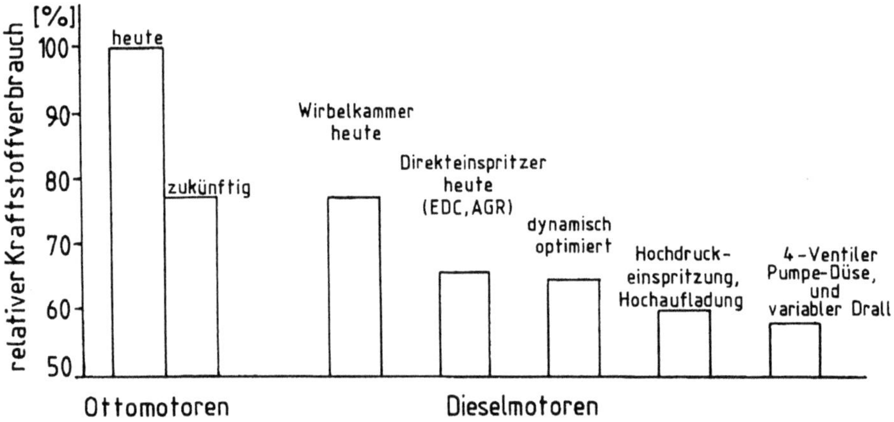

Abb. 3.73 *Verbrauchspotential verschiedener Motorenkonzepte [3.21]*

Maßnahmen zur Emissionsbeeinflussung	spez. Kraftstoffverbrauch	Schadstoffemissionen NO	HC	Ruß	Part.
Spritzbeginn (spät)	↑	↓	↑	↑	↑
Abgasrückführung, heiß	–	↓	↓	↑	↑
Abgasrückführung, gekühlt	–	↓	–	↑	↑
Aufladung	–	↑	↓	↓	↓
Ladeluftkühlung	↓	↓	–	↓	↓
Partikelfilter	↑	–	–	↓	↓
Diesel-Oxidationskatalysator	–	–	↓	–	↓

Abb. 3.74 *Einflußgrößen auf die Schadstoffemissionen [3.63]*

Die **Abb. 3.74** und **3.75** [3.21][3.63] zeigen Wege zur Emissionsminderung bei Dieselmotoren mit Direkteinspritzung, wobei die Reihenfolge der Maßnahmen variierbar ist.

Alle diese Maßnahmen bringen teilweise erhebliche Vorteile in bezug auf das Betriebsverhalten. Sie sind jedoch kostenintensiv. Der zukünftige DI-Dieselmotor wird, wie der Ottomotor, ein High-Tech-Motor sein, der teuer ist.

Abb. 3.76 zeigt eine NO_X-Partikel Reduktionsstrategie für die strengen US-Grenzwerte ab 1994 ($NO_X \leq 0{,}4$ g/Meile und Partikel $\leq 0{,}08$ g/Meile, siehe Kapitel 8.4.1.1).

Ausgehend von Fahrzeugemissionswerten, welche mit AGR jedoch ohne Abgasnachbehandlung dargestellt sind (obere Kurve **Abb. 3.76**), kann durch den Einsatz eines Oxidationskatalysators einerseits oder eines Rußfilters andererseits das Emissionsverhalten verbessert werden. Für das gezeigte Beispiel gilt, daß mit einem Oxidationskatalysator bis zu einem NO_X-Niveau von etwa 0,3 bis 0,4 g/Meile die niedrigsten Partikelwerte erreichbar sind. Für noch niedrigere NO_X-Emissionen ist es vorteilhaft, einen Rußfilter und die Abgasrückführung einzusetzen.

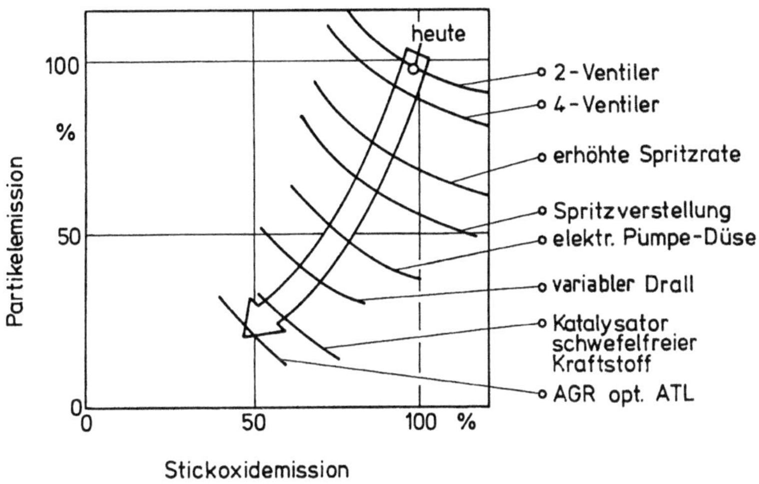

Abb. 3.75 *Möglichkeiten der Emissionsminderung beim Dieselmotor mit Direkteinspritzung [3.21]*

Es zeigt sich jedoch, daß unabhängig von der angewandten Abgasnachbehandlungsstrategie die gesetzlichen Emissionsgrenzwerte (Zielwert) nicht erreicht werden. Um das Entwicklungsziel von 0,32 g NO_X/Meile und 0,07 g Partikel/ Meile zu erreichen, können grundsätzlich zwei Entwicklungsstrategien angewendet werden:

- Verwendung eines Rußfilters sowie zusätzliche Maßnahmen zur weiteren Absenkung der Ruß- und HC-Emissionen,
- Gebrauch eines Oxidationskatalysators sowie zusätzliche Maßnahmen zur weiteren NO_X-Absenkung.

Berücksichtigt man, daß Rußfilter einen großen Bauraum beanspruchen, teuer, leistungsreduzierend und heute noch problematisch in der Regeneration sind, erscheint der zweite Weg mit Oxidationskatalysator lohnenswerter.

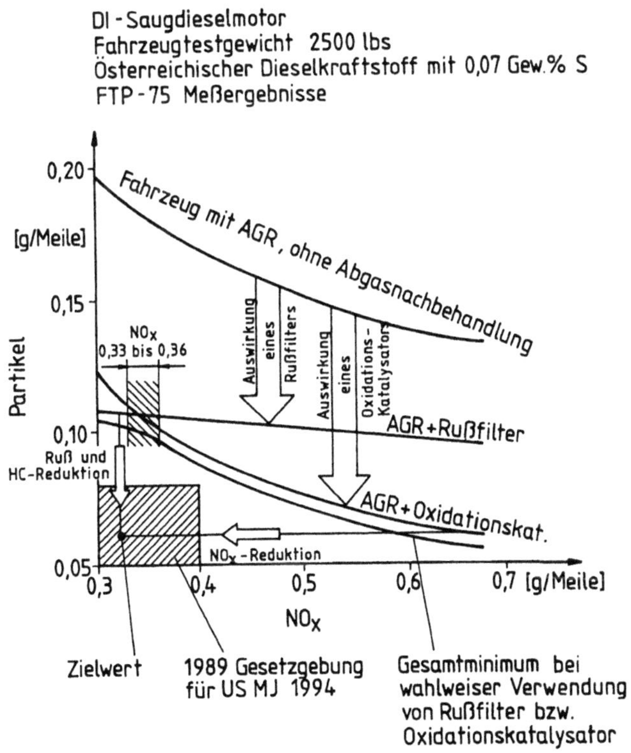

Abb. 3.76 *Strategien zur Abgasnachbehandlung zwecks Reduktion von NO_X und Partikeln [3.22]*

Aus heutiger Sicht ist es möglich, eine weitere NO_X-Absenkung wie in **Abb. 3.77** dargestellt zu erzielen.

Die notwendigen Maßnahmen dafür sind

- Denox-Katalysator, mit dem heute bereits über 50 % NO_X-Reduktion in der Entwicklung erreicht werden (siehe Kap. 5),
- Verbesserte Gemischbildung mittels 4-Ventil-Technik [3.68]. Die mittige Muldenlage erlaubt variablen Drall (ein Drallkanal, ein Füllungskanal) und zentrale Lage der Einspritzdüse, **Abb. 3.78**, [3.37][3.59],

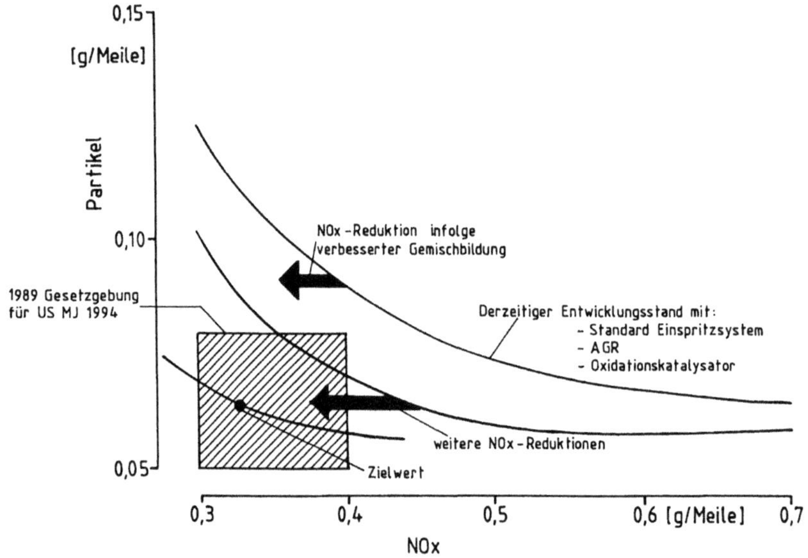

Abb. 3.77 *Möglichkeiten der NO_X-Reduktion [3.22]*

- Einspritzdrücke > 1500 bar, z.B. durch Pumpe-Düse in Verbindung mit geringem Drall,

- Optimierung der Gemischbildung durch Einspritzratenregelung, **Abb. 3.79**. Dargestellt ist die erforderliche Einspritzmenge über der Zeit, die sich zusammensetzt aus Vor- und Haupteinspritzung. Dies, in jedem Kennfeldpunkt ermittelt und über eine geeignete Elektronik im Fahrbetrieb verfügbar gemacht, ergibt bis zu 30 % NO_X-Reduktion,

- Erhöhung des Ladedruckes (Hochaufladung),

- Einsatz variabler Turbinengeometrie des Abgasturboladers,

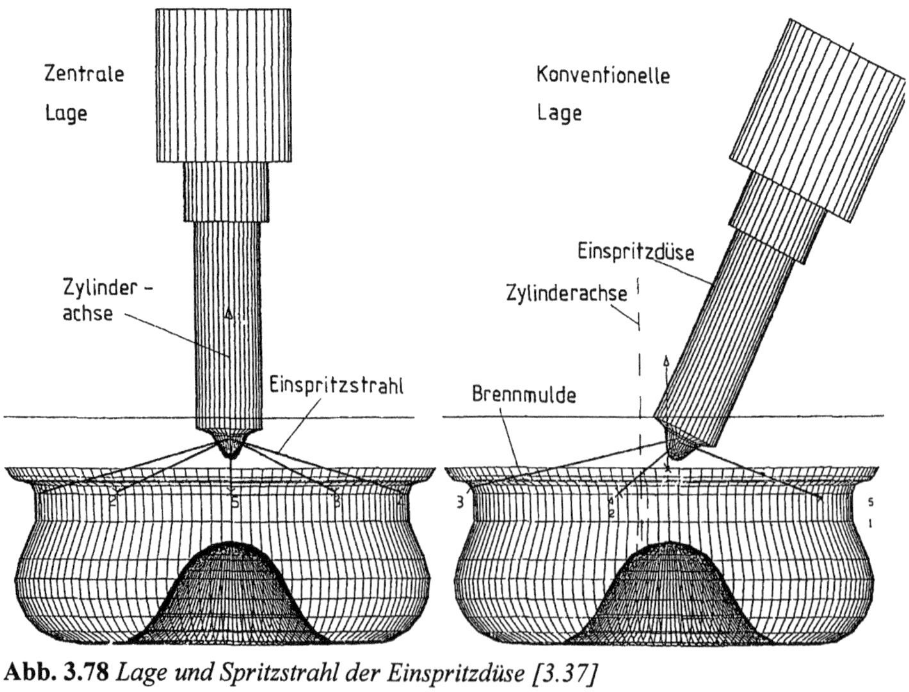

Abb. 3.78 *Lage und Spritzstrahl der Einspritzdüse [3.37]*

- Massenstromregulierung in der Teillast,
- schwefelarmer Kraftstoff.

Für einige der aufgeführten Maßnahmen (z.B. Einspritzratenregelung) gibt es noch keine serientaugliche Lösung. Weitere "exotische" Maßnahmen zur Reduktion von NO_X sind:

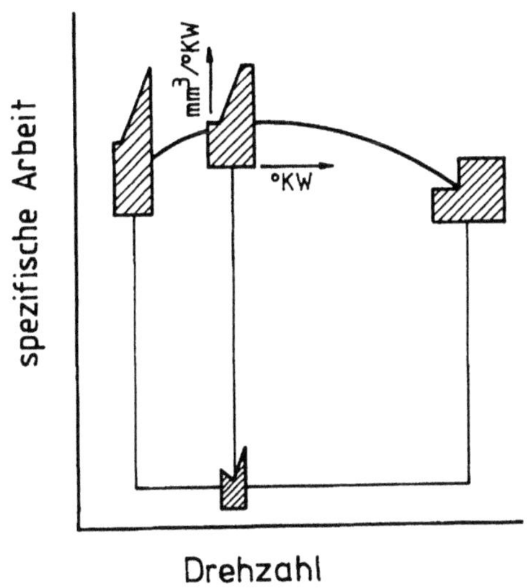

Abb. 3.79 *Gemischbildung durch Einspritzratenregelung [3.22]*

- Einspritzen von Wasser oder Wasser-Kraftstoff- Emulsionen, wobei das Einspritzen einer Wasser-Kraftstoffemulsion im Vergleich zum Einspritzen von Wasser einen ca. doppelt so hohen NO_X senkenden Effekt hat [3.57]. Auch das Einbringen von Wasser mit der Ladeluft bzw. Ansaugluft ist um den Faktor zwei schlechter als die Wirkung von Wasser-Kraftstoff-Emulsionen [3.58]. Bei einer Wassermenge von ca. 25 % bezogen auf die durchgesetzte Kraftstoffmasse kann NO_X annähernd halbiert werden,
- Zwischenkühlung des rückgeführten Abgases, womit die NO_X-Emission halbiert werden kann.

Neuere Entwicklungen bei den Einspritzdüsen gehen in Richtung Vollast-Teillastdüsen. Mit dieser Anordnung ("zwei" Düsen in einer Düse) ist es möglich, die Stickoxidemission von 0,4 g/Meile im FTP-75 zu unterschreiten.

3.2.2 Verdichtungsverhältnis

Das Verdichtungsverhältnis ε liegt beim PKW-Dieselmotor zwischen etwa $\varepsilon = 20$ und 23. Der Wirbel- bzw. Vorkammermotor hat im allgemeinen ein etwas höheres Verdichtungsverhältnis als der Motor mit Direkteinspritzung. Eine Erhöhung des Verdichtungsverhältnisses wirkt sich günstig auf die HC- und Partikelemissionen aus, insbesondere wegen des dadurch verringerten löslichen Partikelanteils im Teillastbetrieb, erhöht aber die Reibleistung und damit den Kraftstoffverbrauch und die NO_X-Emission. Grenzen werden durch den Vollastrußausstoß gesetzt.

Abb. 3.80 zeigt den Einfluß des Verdichtungsverhältnisses auf die HC-Emissionen über dem Spritzbeginn bei einem Teillastpunkt.

3.2.3 Einspritzhydraulik

Die Einspritzhydraulik stellt einen weiteren wesentlichen Einflußparameter auf die Schadstoffbildung im Dieselmotor dar. Vor allem beim Dieselmotor mit Direkteinspritzung sind hohe Einspritzdrücke bezüglich Kraftstoffverbrauch und Schadstoffemissionen vorteilhaft. Dazu stehen unterschiedliche Einspritzsysteme wie Speichereinspritzung, Junit-Injector, Pumpe-Leitung-Düse zur Verfügung.

Wesentlich im Zusammenhang mit der Einspritzhydraulik ist auch die Geometrie der Einspritzdüse. Man unterscheidet beim Motor mit Direkteinspritzung zwischen Ein- und Mehrlochdüsen. Beim luftverteilenden Verfahren werden in der Regel Mehrlochdüsen verwendet. Günstig können die HC-Emissionen durch ein verringertes Schadvolumen (Sacklochvolumen) der Einspritzdüse beeinflußt werden, wodurch nur geringes Nachtropfen möglich ist.

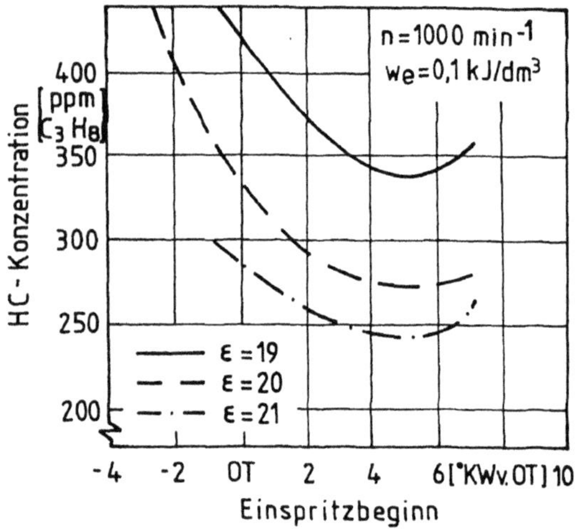

Abb. 3.80 *HC-Emission bei einem Dieselmotor mit Direkteinspritzung [3.9]*

Besonders vorteilhaft in diesem Zusammenhang ist die Sitzlochdüse, die neben anderen Düsenkonfigurationen in **Abb. 3.81** dargestellt ist.

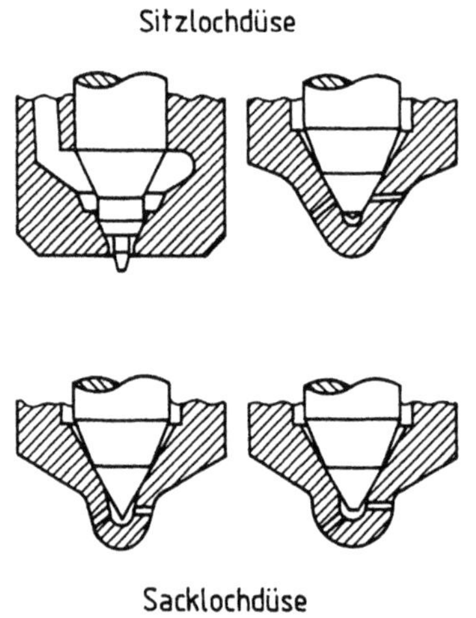

Abb. 3.81 *Einspritzdüsenkonfiguration (Sack- und Sitzloch)*

Die Anzahl der Spritzlöcher hat einen großen Einfluß auf das Rauchverhalten und auf die NO_X-Emission. Für gleiche Schwärzungszahl ergibt sich eine niedrigere NO_X-Emission beim Übergang von z.B. 4 auf 5 oder 6 Löcher. **Abb. 3.82** zeigt diesen Zusammenhang. Allerdings verschlechtert sich mit zunehmender Lochzahl auf Grund des größeren Zündverzuges und der dadurch bedingten höheren anfänglichen Energieumsetzungsrate das Akustikverhalten (Verbrennungsgeräusch).

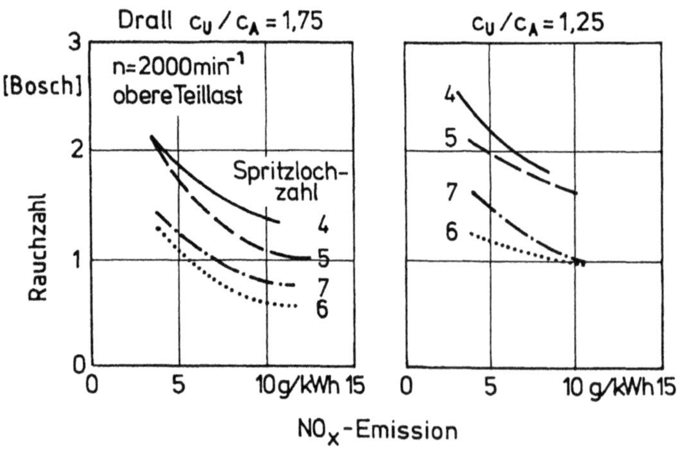

Abb. 3.82 *Einfluß von Drall und Spritzlochzahl auf das Emissionsverhalten [3.9]*

Außerdem ist in **Abb. 3.82** der Einfluß des Dralls auf die Schwärzungszahl bzw. auf die NO_X-Emission dargestellt. Der Drall ist dabei als das Verhältnis von Umfangsgeschwindigkeit zu Axialgeschwindigkeit definiert.

Eine höhere Drallzahl hat unabhängig von der Spritzlochzahl der Düse niedrige Schwärzungszahlen und NO_X-Emissionen zur Folge.

Der Effekt, daß mit zunehmendem Drall Vorteile bezüglich der Schadstoffemissionen erzielbar sind, hängt wesentlich davon ab, wie hoch das Einspritzdruckniveau ist. Positiv in bezug auf die Akustik und das Emissionsverhalten wirkt sich eine Voreinspritzung aus. Mit dem sogenannten Zweifeder-Düsenhalter wurde eine Voreinspritzung realisiert. Mit einem ersten sehr kleinen Hub wird eine geringe Menge Kraftstoff eingespritzt; die Hauptmenge folgt über den zweiten größeren Hub.

Der prinzipielle Aufbau eines solchen Zweifeder-Düsenhalters, eingesetzt bei einem 2,5-Liter-Motor mit Turboaufladung und Direkteinspritzung, ist in **Abb. 3.83** dargestellt.

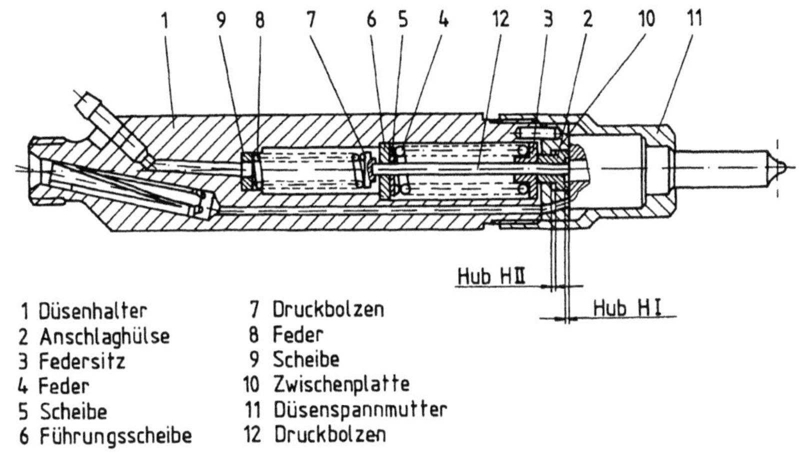

Abb. 3.83 *Zweifeder-Düsenhalter für einen Dieselmotor mit Direkteinspritzung [3.18]*

Die Wirkung dieser gestuften Einspritzung beruht darauf, daß zuerst eine kleine Kraftstoffmenge mit hohem Luftüberschuß reagiert. Damit werden die Gemischaufbereitungs- und Reaktionsbedingungen für die nachfolgend eingespritzte Menge verbessert. Die Folge ist eine deutlich verringerte HC-Emission. Ebenso ergeben sich Verbesserungen bezüglich der Stickoxide.

Abb. 3.84 zeigt die relative Veränderung bei Voreinspritzung in bezug auf die betroffenen Schadstoffkomponenten. Die Voreinspritzung führt zu einem stetigeren Druckverlauf im Zylinder, außerdem ist der Druckgradient geringer. Das ergibt wegen des verringerten Zündverzuges der Haupteinspritzmenge über die beschriebenen Vorteile hinaus eine Verringerung des Verbrennungsgeräusches.

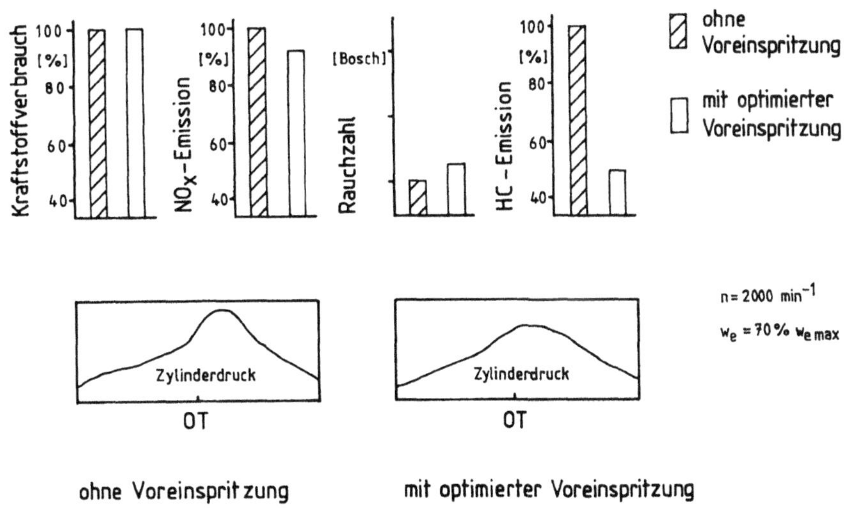

Abb. 3.84 *Voreinspritzung bei einem Dieselmotor mit Direkteinspritzung [3.9]*

Mit dem Einspritzdruck hat man neben der Geometrie der Einspritzdüse ein weiteres wirksames Mittel, um die Ruß- und Stickoxid-Emission nachhaltig zu beeinflussen.

Höhere Einspritzdrücke ergeben bei kleinen Einspritzlöchern eine bessere Zerstäubung, was sich positiv auf die Gemischaufbereitung auswirkt. Die Möglichkeiten, hohe Einspritzdrücke zu erzeugen, sind z.B. mit einem Pumpe-Düse-Element gegeben, dessen konstruktiver Aufbau in **Abb. 3.85** dargestellt ist [3.37]. Mit solchen Systemen sind Einspritzdrücke über 1500 bar möglich. Eine andere Möglichkeit hohe Einspritzdrücke zu erzielen bietet die Speichereinspritzung (Common Rail).

Je höher der Einspritzdruck, um so geringer sind die Stickoxid- und Partikel-Emissionen. (**Abb. 3.86**). Bei den heute möglichen Einspritzdrücken für DI-Dieselmotoren von ca. 900 bar bei einer maximalen Drehzahl von ca. 4700 min^{-1} ist noch ein Potential für eine weitere Absenkung der Schadstoffe gegeben. Das Optimum der Einspritzdrücke im Zusammenhang mit Schadstoffemissionen und Kraftstoffverbrauch liegt bei deutlich über 1500 bar [3.37].

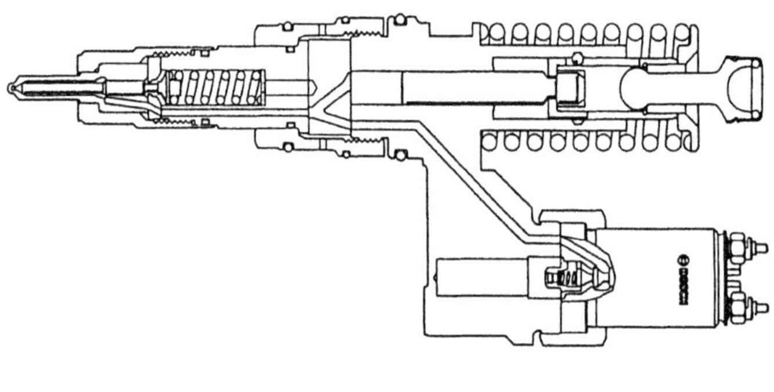

Abb. 3.85 *Pumpe-Düse-Einheit [3.37]*

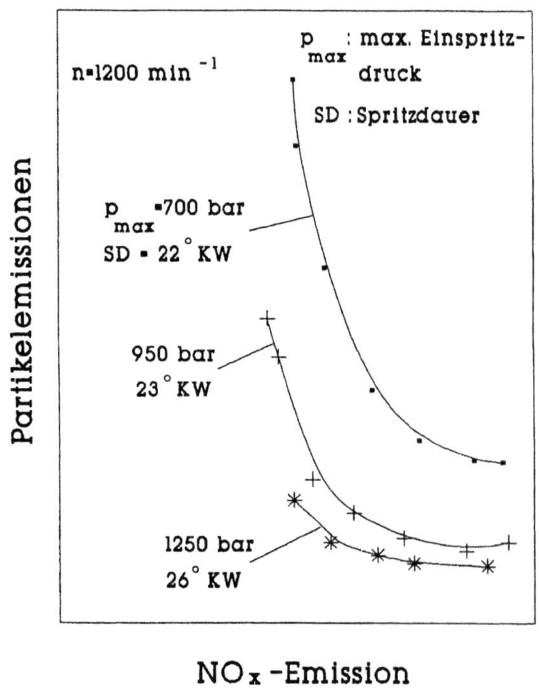

Abb. 3.86 *Einfluß von Einspritzdruck auf die Partikel- und NO_x-Emission [3.79]*

3.2.4 Elektronische Dieselregelung

Die vielfältigen und gestiegenen Anforderungen, nicht zuletzt bezüglich der Schadstoffemissionen, führen wie beim Ottomotor auch beim Dieselmotor zur elektronischen Regelung der Kraftstoffeinspritzung. Eingesetzt werden dabei vor allem Verteilereinspritzpumpen.

Abb. 3.87 zeigt das Blockschaltbild einer elektronischen Dieselregelung. Grundlage einer solchen Regelung ist das Erfassen bestimmter Betriebsgrößen mit Hilfe geeigneter Sensoren. Im wesentlichen sind das:

- Information über den Lastzustand des Motors, d.h. der Fahrpedalstellung z.B. über ein elektronisches Gaspedal (keine mechanische Verbindung zwischen Gaspedal und Verteilerpumpe),
- Motordrehzahl, Motortemperatur
- Spritzbeginn,
- Lade- und Umgebungsdruck bei aufgeladenen Motoren.

Diese Größen dienen als Eingangswerte für die Regelung. Das Steuergerät liefert abhängig von diesen Werten und den abgespeicherten Kennfeldern bzw. Kennlinien Ausgangssignale. Diese verändern über bestimmte Stellglieder Größen wie:

- Kraftstoffmenge,
- Spritzbeginn,
- Glühstiftsteuerung,
- AGR, wobei diese Größe last- und drehzahlabhängig gesteuert wird.

Die exakte Anpassung des Spritzbeginns an alle Motorbetriebszustände stellt eine wichtige Voraussetzung für einen optimalen Gemischbildungs- und Verbrennungsablauf dar. Da die NO_X-, HC- und Partikel- bzw. Rußemission stark vom Spritzbeginn abhängen, ist ein genaues Einhalten dieser Größe im Sinne niedriger Emissionen notwendig. Je später der Einspritzbeginn, um so niedriger sind im relevanten Bereich die NO_X-Emissionen. Die Kohlenwasserstoff - und Partikelemissionen verhalten sich gegenläufig. **Abb. 3.88** zeigt den Einfluß des Spritzbeginns auf HC und Partikel und die unterschiedlichen Streubereiche der elektronischen und mechanischen Regelung.

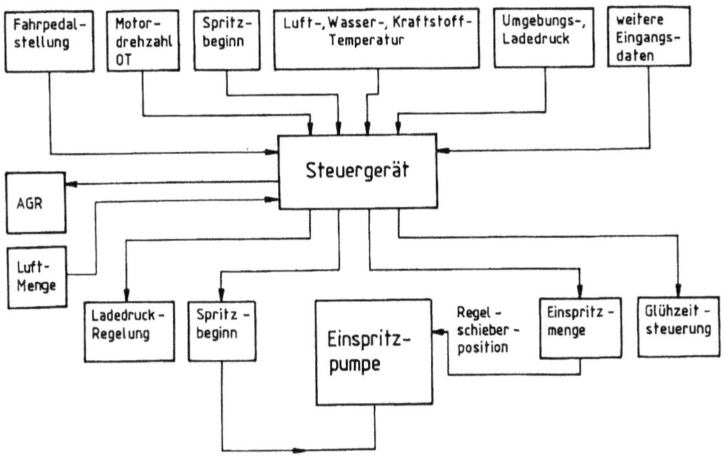

Abb. 3.87 *Blockschaltbild einer Dieselregelung [3.18]*

Es wird ersichtlich, daß mit der Einengung des Streubereiches eine deutliche Verbesserung des Abgasverhaltens einhergeht. Die gute Reproduzierbarkeit des Spritzbeginns wird durch einen geschlossenen Regelkreis sichergestellt. Der Ist-Spritzbeginn, gemessen an der Einspritzdüse mit einem Nadelbewegungsfühler, wird mit einem temperaturabhängigen Soll-Spritzbeginn-Kennfeld verglichen und entsprechend korrigiert. Damit sind Genauigkeiten von ca. 2 °KW darstellbar. Der zweite wesentliche Eingriff erfolgt über die elektronische Mengenregelung. Im Steuergerät sind die dazu notwendigen Kennfelddaten abgelegt. Ein Vergleich der Kennfeldwerte mit den über die Sensoren ermittelten Ist-Werten führt zu einer Anpassung der Kraftstoffmenge. Begrenzt wird die aktuell freigegebene Menge durch ein Rauchkennfeld. Die Abstimmung erfolgt so, daß in keinem Betriebspunkt das

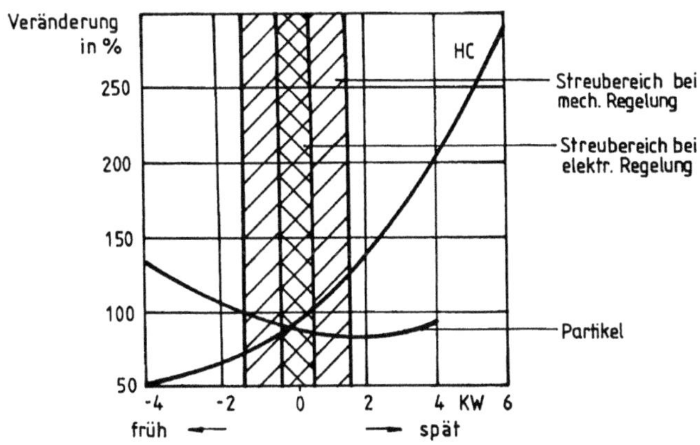

Abb. 3.88 *Einfluß des Streubereichs der Dieselregelung auf Partikel und HC beim Kammermotor [3.65][3.77]*

vorgegebene Rauchlimit überschritten wird.

3.2.5 Abgasrückführung

Auch beim Dieselmotor ist durch Abgasrückführung im Teillastbereich eine Verringerung der Schadstoffemissionen möglich, wobei die Rückführraten wesentlich höher sein können als beim Ottomotor (siehe auch 3.1.1.4). Durch Kühlung des rückgeführten Abgases ist eine weitere Senkung von NO_X möglich.

Beim Dieselmotor mit Direkteinspritzung werden Rückführraten von über 60 %, beim Kammermotor bis zu 30 % erreicht. Die hauptsächlich zu beeinflussenden Größen sind dabei die Stickoxide, die insbesondere im Teillastbereich deutlich abgesenkt werden können. Dies gilt in verringertem Maße auch für die HC-Emissionen. Bei der Partikelemission ergibt sich je nach Rückführrate im höheren Lastbereich eine Zunahme infolge des verringerten Sauerstoffangebotes bei der Verbrennung.

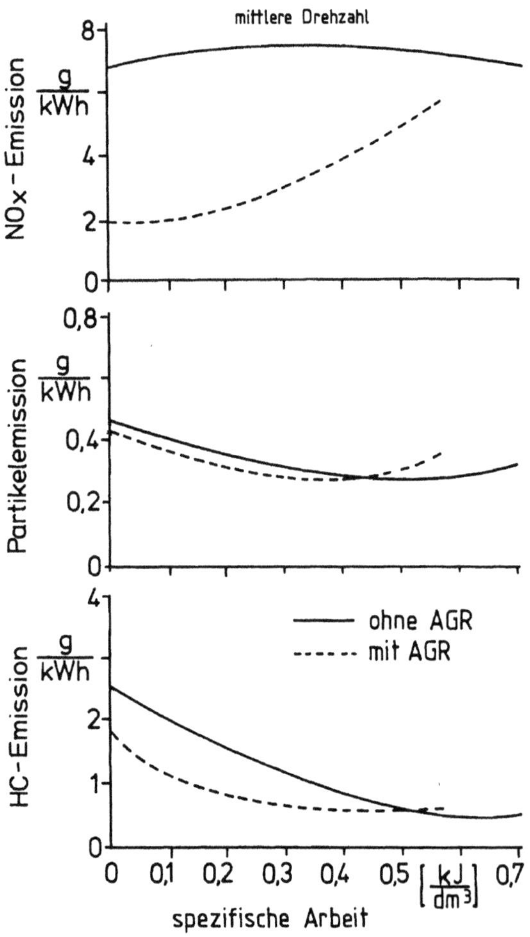

Abb. 3.89 *Prinzipieller Einfluß der Abgasrückführung auf die Schadstoffemissionen*

Die Absolutwerte beim Dieselmotor mit Direkteinspritzung sind jedoch relativ niedrig. **Abb. 3.89** gibt die Verhältnisse in Abhängigkeit von der spezifischen Arbeit wieder.

Abb. 3.90 zeigt eine Gegenüberstellung der Emissionen zwischen Kammermotoren und Motoren mit Direkteinspritzung mit und ohne Abgasrückführung. Bezüglich der NO_X-Partikel-Schere (Abhängigkeit zwischen NO_X- und Partikelemission) zeigt der Dieselmotor mit Direkteinspritzung ohne AGR deutliche Nachteile gegenüber dem Kammermotor. Da der Dieselmotor mit Direkteinspritzung jedoch eine größere AGR-Verträglichkeit besitzt, wird der Nachteil kompensiert.

3.2.6 Potential des Dieselmotors im Hinblick auf Verbrauch und Abgasemissionen

Sowohl der Kammermotor als auch insbesondere der Dieselmotor mit Direkteinspritzung bieten ein beträchtliches Potential, den Kraftstoffverbrauch und die Abgasemissionen zu senken. Mehrventil-Motoren bieten z.B. die Möglichkeit, durch geeignete Anordnung der Einspritzdüse und entsprechende Nutzung der Einlaßkanäle die Gemischaufbereitung zu verbessern. Beim Wirbelkammermotor sind bereits 3-Ventil-Anordnungen in Serie.

Vorkammermotoren gibt es seit 1993 mit 4 Ventilen. Beim Dieselmotor mit Direkteinspritzung schließlich sind 4-Ventil-Motoren in der Entwicklung. Der mögliche zukünftige Einsatz von Magerkatalysator und Partikelfilter eröffnen neue Strategien in der Motorauslegung z.B. in bezug auf die NO_X-Partikel-Schere und bieten damit neue Freiheitsgrade in der Motorabstimmung.

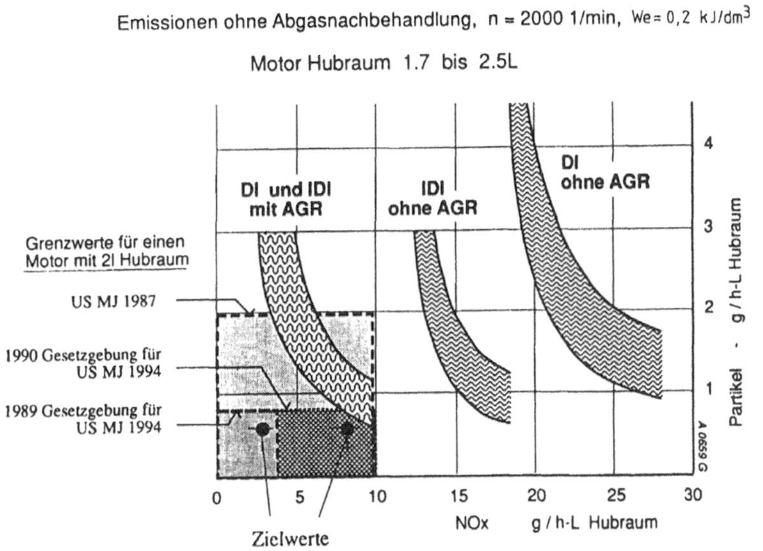

Abb. 3.90 *Möglichkeiten der Abgasrückführung bei verschiedenen Dieselmotorkonzepten [3.22][3.77]*

Die Steigerung des Einspritzdruckes bei direkteinspritzenden Dieselmotoren (Pumpe-Düse), Einspritzratenregelung, AGR mit Abgasrückkühlung,variabler Drall und optimierte Aufladung sind weitere Elemente, mit denen sowohl der Kraftstoffverbrauch als auch die Schadstoffemissionen gesenkt werden können.

Ein wesentlicher Schritt in diese Richtung wird auch die Einführung modifizierter Kraftstoffe sein, sei es z.B. durch die Herabsetzung des Aromatengehaltes, die Erhöhung der Cetanzahl, oder, was besonders wichtig in bezug auf die Partikelemission ist, die drastische Verringerung des Schwefelgehaltes.

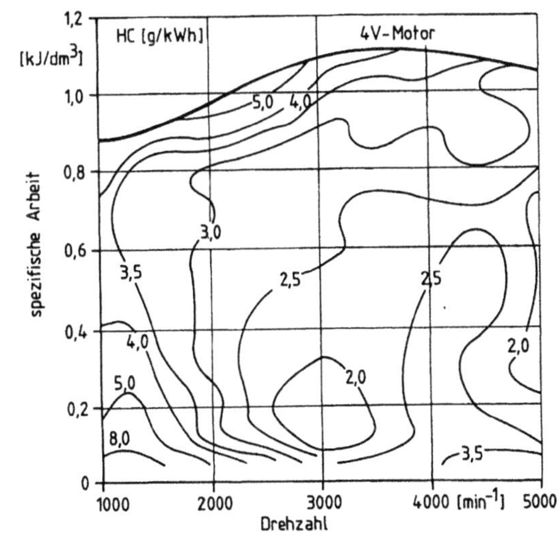

Abb. 3.91 *HC-Emissionen eines Vierventil-Motors*

Der Dieselmotor der Zukunft, der sicher ein Motor mit Direkteinspritzung ist, wird ein Hochtechnologie-Motor sein.

Der Verbrauchsvorteil dieses Motors wird zukünftig auch, unter dem CO_2-Gesichtspunkt, ein zusätzliches positives Element sein, das zu seiner weiteren Verbreitung beiträgt. Insgesamt liegt das Potential den Kraftstoffverbrauch zu senken, ähnlich wie beim Ottomotor, bei über 30 %, und die zukünftigen Abgaslimits werden wie beim Ottomotor unterschritten werden. Auch hierfür gilt, daß diese Maßnahmen um so deutlicher zu Buche schlagen, je intensiver auch Maßnahmen am Fahrzeug im Hinblick auf eine Senkung des Kraftstoffverbrauchs ergriffen werden.

3.3 Emissionskennfelder von Motoren

Die Abbildungen zeigen das Emissionsverhalten von Otto- und Dieselmotoren. In **Abb. 3.91** und **Abb. 3.92** sind die HC- und NO_X-Emissionen eines Otto-Motors im Kennfeld dargestellt. Die gemessenen HC-Emissionen dieses Vierventil-Motors sind für einen Serienmotor relativ niedrig. Die NO_X-Werte wurden mit der gleichen Motoreinstellung ermittelt. **Abb. 3.93, Abb. 3.94** und **Abb. 3.95** zeigen Werte von CO, HC und NO_X eines anderen Vierventil-Otto-Motors, die für heutige Motoren als repräsentativ angesehen werden können.

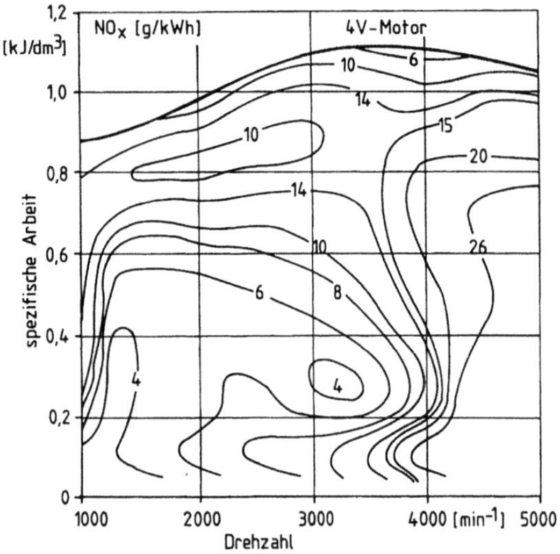

Abb. 3.92 *NO_X-Emissionen eines Vierventil-Motors*

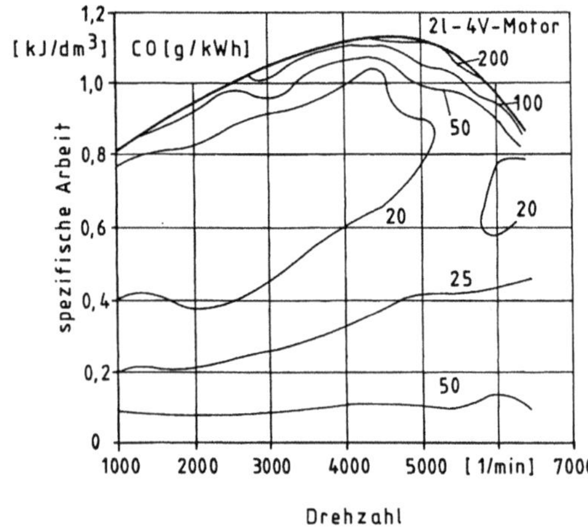

Abb. 3.93 *CO-Emissionen eines repräsentativen Vierventil-Otto-Motors*

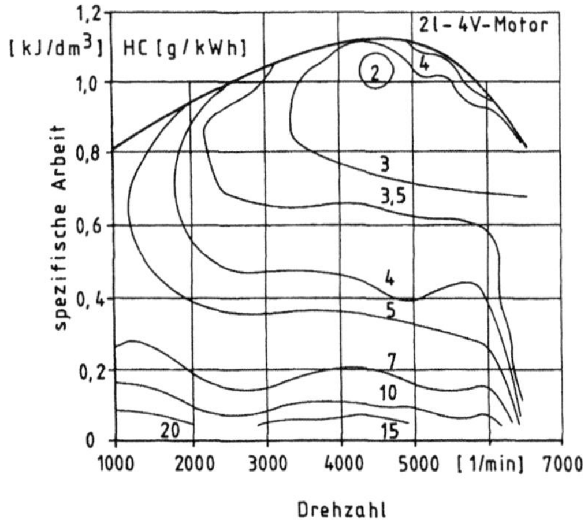

Abb. 3.94 *HC-Emissionen eines repräsentativen Vierventil-Otto-Motors*

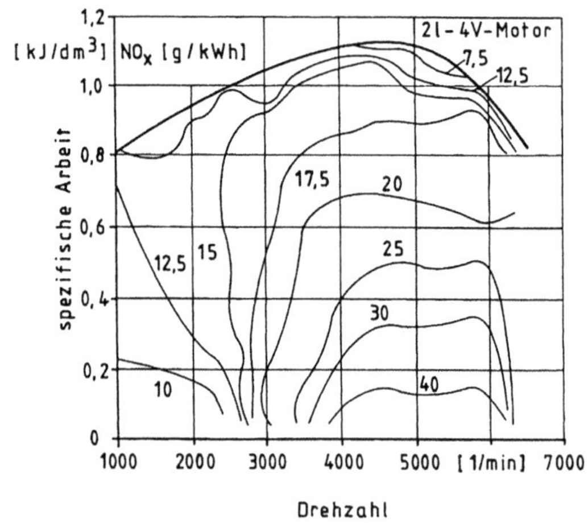

Abb. 3.95 *NO_X-Emissionen eines repräsentativen Vierventil-Otto-Motors*

Die **Abb. 3.96** bis **3.103** stellen Kennfelder der wichtigen Schadstoffemissionen von Dieselmotoren mit unterschiedlichen Brennverfahren gegenüber. Verglichen werden ein aufgeladener Dreiventil-Wirbelkammermotor mit einem direkteinspritzenden Dieselmotor.

In **Abb. 3.104** bis **Abb.3.106** sind die wichtigen Emissionen HC, CO und NO_x als Funktion der spezifischen Arbeit für Otto-, WK-Diesel- und DI-Dieselmotor dargestellt. Der DI-Dieselmotor ist ein Aggregat mit Abgasturboaufladung und Ladeluftkühlung. Das Streuband stellt den Drehzahlbereich von 2000 bis 6000 min^{-1} für den Ottomotor und von 2000 bis 4500 min^{-1} für die Dieselmotoren dar. Man erkennt, daß der Ottomotor die höchsten Rohemissionen aufweist. Beim Vergleich der Dieselmotoren sind die Rohemissionen mit Ausnahme von CO beim Kammermotor günstiger. Der steile Anstieg der CO-Emissionen beim Ottomotor bei hoher spezifischer Arbeit ist auf die Vollastanreicherung zurückzuführen, die eine ca. 10%ige Leistungssteigerung ermöglicht.

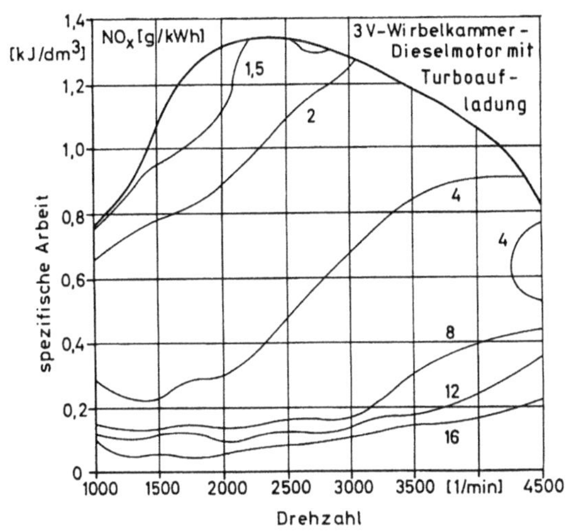

Abb. 3.96 *NO_x-Emissionen eines Wirbelkammermotors*

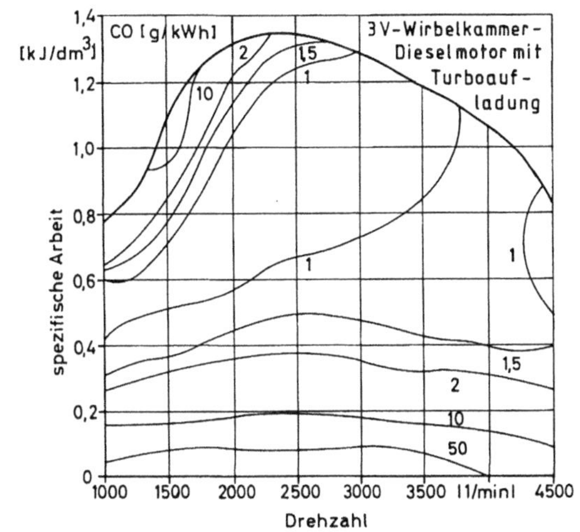

Abb. 3.97 *CO-Emissionen eines Wirbelkammermotors*

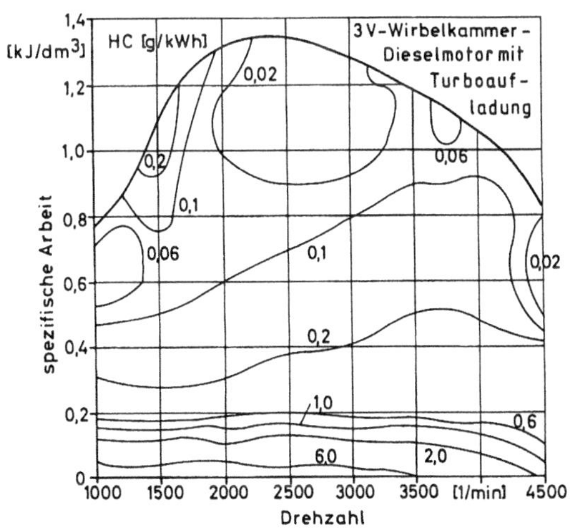

Abb. 3.98 *HC-Emissionen eines Wirbelkammermotors*

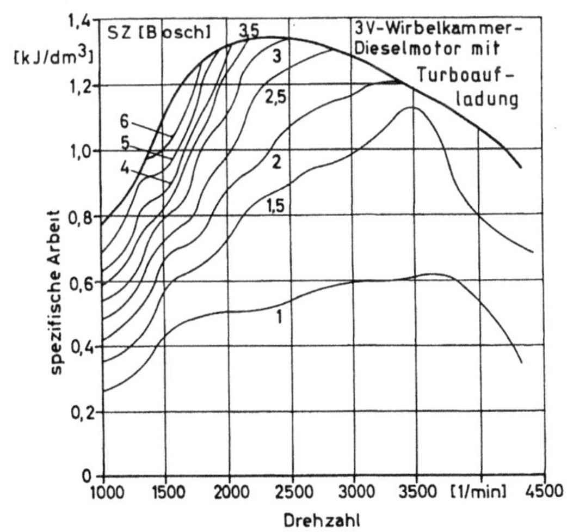

Abb. 3.99 *Schwärzungszahlen eines Wirbelkammermotors*

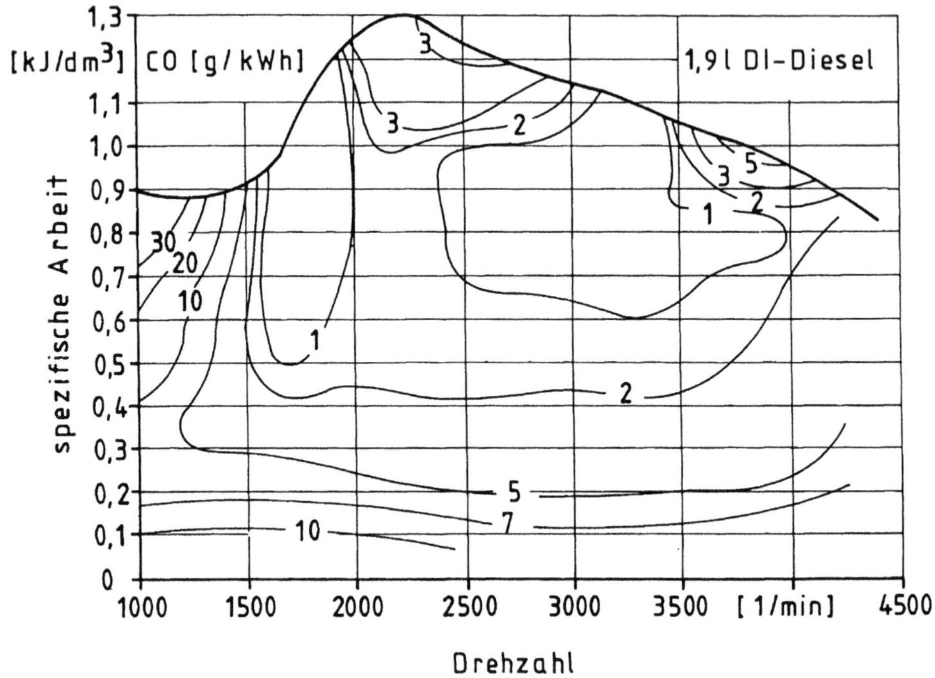

Abb. 3.100 *CO-Emissionen eines Dieselmotors mit Direkteinspritzung*

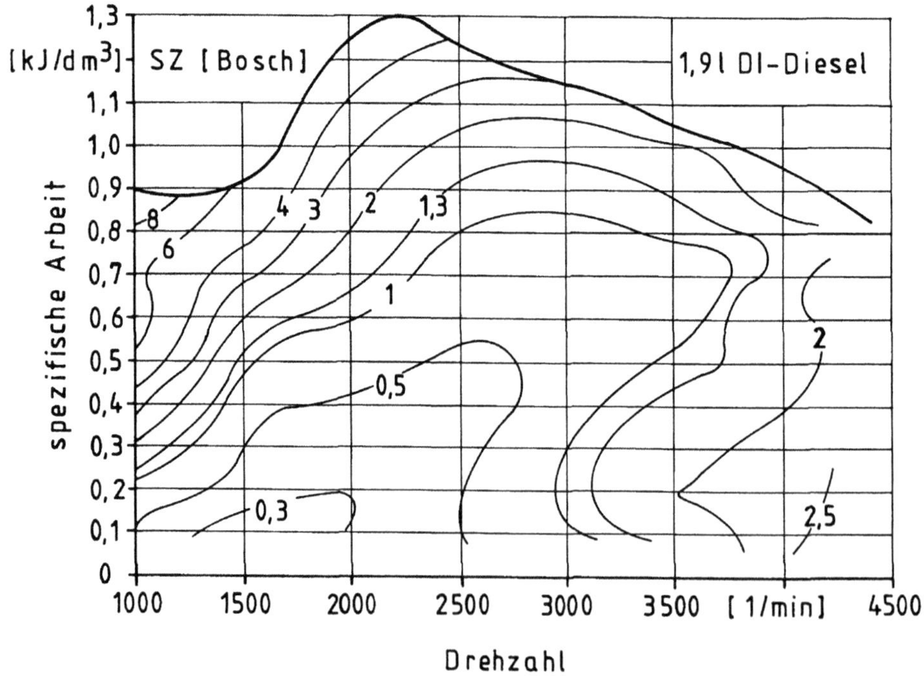

Abb. 3.101 *Schwärzungszahlen eines Dieselmotors mit Direkteinspritzung*

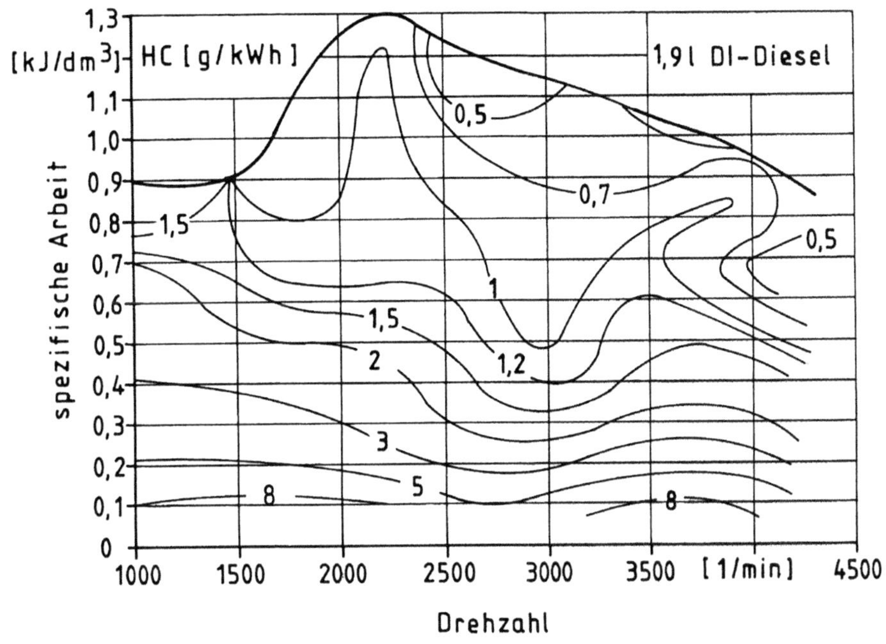

Abb. 3.102 *HC-Emissionen eines Dieselmotors mit Direkteinspritzung*

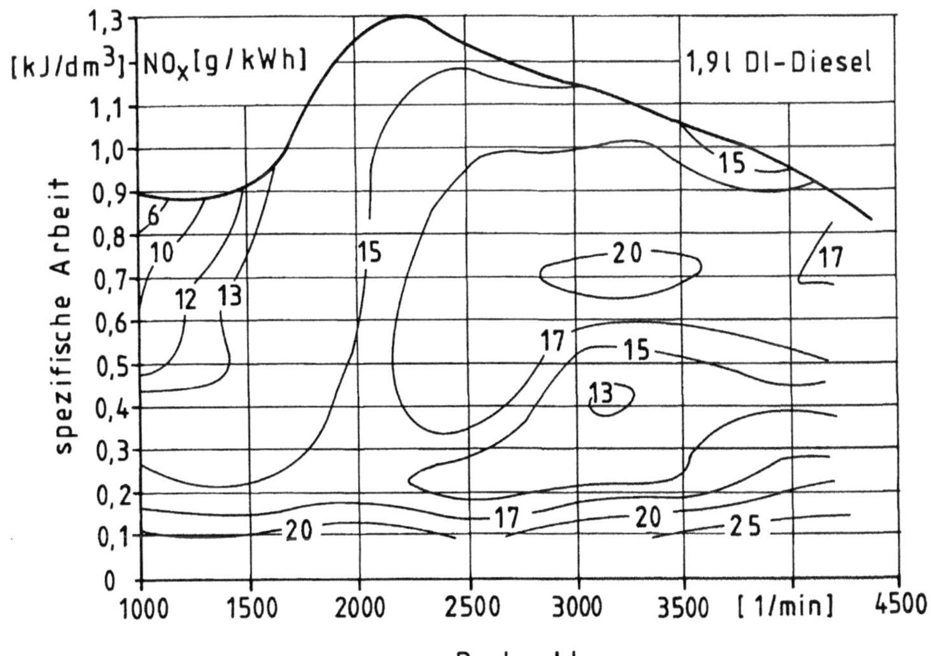

Abb. 3.103 *NO_X-Emissionen eines Dieselmotors mit Direkteinspritzung*

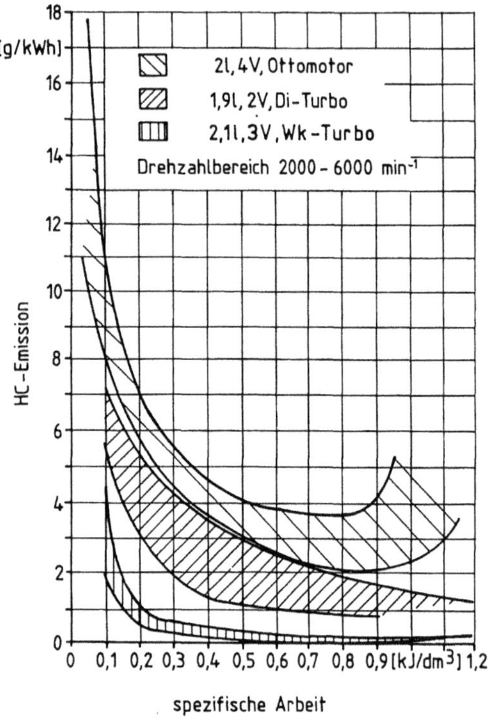

Abb. 3.104 *HC-Streubänder von Diesel- und Ottomotor*

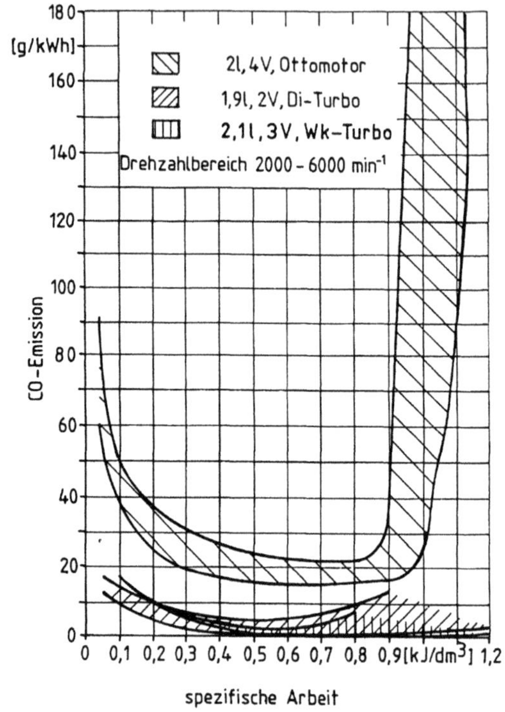

Abb. 3.105 *CO-Streubänder von Diesel- und Ottomotor*

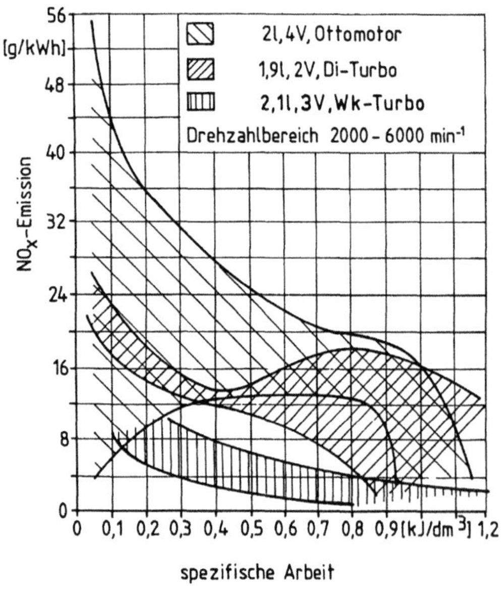

Abb. 3.106 *NO_X-Streubänder von Diesel- und Ottomotor*

3.4 Langzeitstabilität von Abgaswerten

Durch Alterung, Verschleiß, Änderung von Toleranzlagen, Abweichungen von der Grundeinstellung und defekte Bauteile kommt es beim Verbrennungsmotor zu Veränderungen im Abgasverhalten über der Laufzeit. Von diesem Verhalten ist der Ottomotor in weit höherem Maße als der Dieselmotor betroffen. Dabei ist zu unterscheiden zwischen den Abgaswerten im täglichen Fahrbetrieb und den Typprüfwerten bei Neufahrzeugen. Die Veränderungen sind in erster Linie auf Alterung von Katalysator und λ-Sonde, chemische und thermische Einflüsse auf diese Bauteile, Funktionsveränderungen von Gemischbildung und Zündung sowie mangelnde Wartung etc. zurückzuführen.

Die Typprüfung, beispielsweise für Fahrzeuge, die nach den USA exportiert werden, verlangt einen Abgasdauerlauf (Kapitel 8), in dem die Abgaskonstanz mit entsprechenden Verschlecherungsfaktoren DF (Deterioration

Factor) nachgewiesen werden muß. **Abb. 3.107** zeigt beispielsweise den Verlauf der wichtigsten Emissionen bei einem Dieselmotor in einem solchen Abgasdauerlauf [3.42].

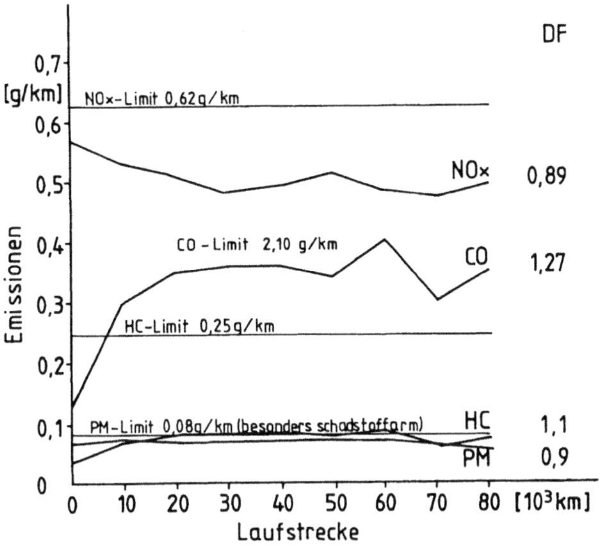

Abb. 3.107 *Abgasdauerlauf zur Ermittlung der Verschlech-terungsfaktoren bei einem Dieselmotor [3.42]*

Die oben genannten Einflüsse im realen Fahrbetrieb sind durch solche Dauertests nur unzureichend erfaßbar und werden von den Verschlechterungsfaktoren nicht wiedergegeben [3.43]. Die Verschlechterung des Emissionsverhaltens unter realen Fahrbedingungen wurde u.a. von [3.44] untersucht. **Abb. 3.108** zeigt die wesentlichen Ergebnisse.

Man erkennt, daß der Streubereich bei Ottomotoren erheblich größer ist als derjenige bei Dieselmotoren. Wie gesagt, weist der Dieselmotor darüber hinaus eine bessere Langzeitstabilität im Emissionsverhalten auf. Partikel und Stickoxide nehmen beim Dieselmotor während der Laufzeit sogar ab, der Anstieg von CO und HC ist deutlich niedriger als der beim Ottomotor, ein bisher wenig beachteter Punkt beim Vergleich von Otto- und Dieselmotor.

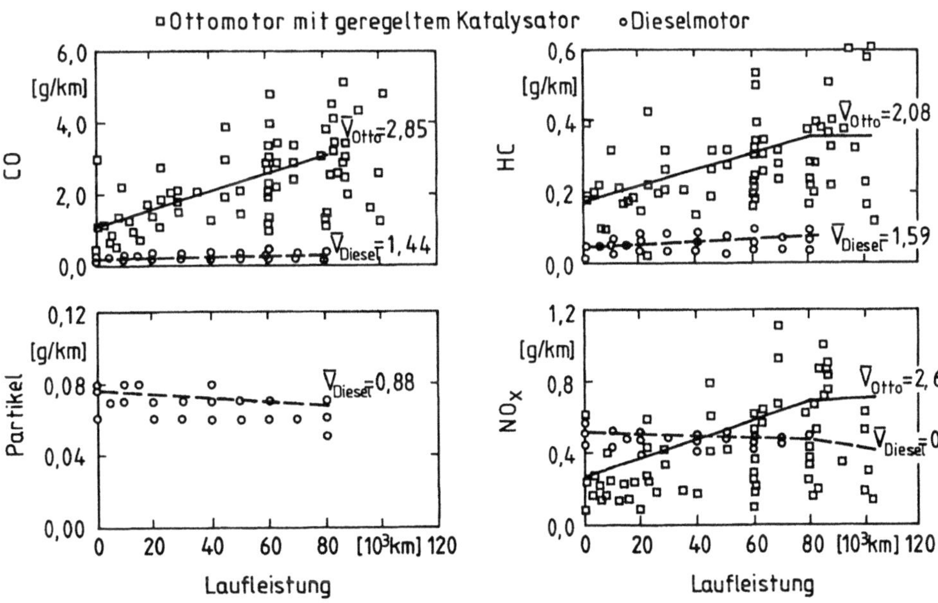

Abb. 3.108 *Abgasverhalten über der Laufleistung [3.69 bis 3.74]*

4 Möglichkeiten der Verringerung von Schadstoffemissionen und Kraftstoffverbrauch bei Zweitakt-Motoren durch motorische Maßnahmen

Zweitakt-Motoren haben eine sehr lange Tradition. Sie waren im PKW-Einsatz wegen ihrer Einfachheit (ohne Spülgebläse, ohne Ventiltrieb), ihres geringen Platzbedarfs, des geringen Gewichtes (Leistungsdichte) und des Schwingungskomforts (doppelte Zündfrequenz) eine Alternative zum Viertakt-Motor, **Abb. 4.1**. Neben den Vergasermotoren war eine interessante Variante z.B. der Zwei-Zylinder-Goliath-Motor mit Benzin-Direkteinspritzung und Umkehrspülung, **Abb. 4.2**.

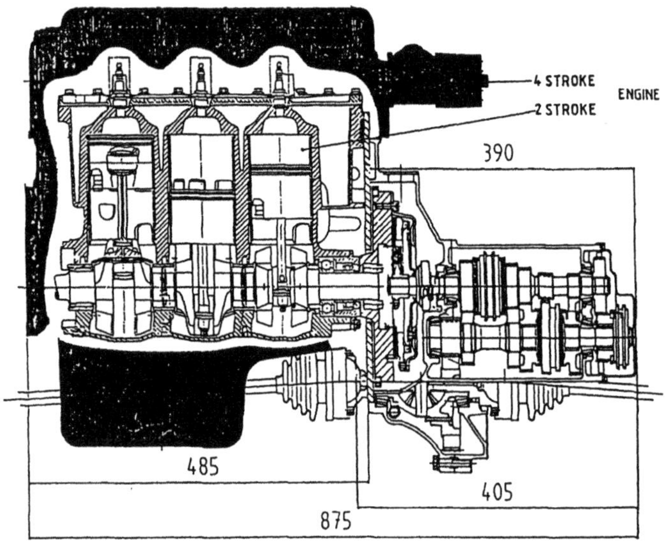

Abb. 4.1 *Bauraumvergleich zwischen Zweitakt- und Viertakt-Motor [Quelle AVL]*

Bei Großmotoren (längsgespülte, niedrigdrehende Diesel-Stationärmotoren) sind Zweitakt-Motoren sogar die Verbrennungsmotoren mit den besten effektiven Wirkungsgraden, die je erreicht wurden. Es werden Wirkungsgrade von über 50 % erzielt. Das entspricht spezifischen Verbräuchen von 160 bis 170 g/kWh (**Abb. 4.3**).

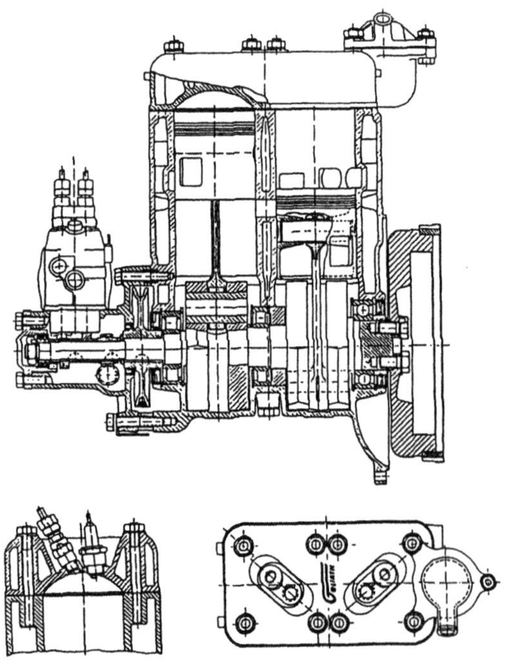

Abb. 4.2 *Goliath-Motor mit Benzineinspritzung und Umkehrspülung [Quelle AVL]*

Durch Probleme vor allem beim Kraftstoffverbrauch und bei den Schadstoffemissionen u.a. wegen der Spülverluste und der Notwendigkeit, dem Kraftstoff Öl beizumischen, wurden Zweitakt-Motoren im PKW zur Bedeutungslosigkeit verurteilt.

Seit einiger Zeit gibt es bei vielen Automobilherstellern weltweit neue Ansätze, die genannten Schwierigkeiten zu überwinden und die Vorteile des Verfahrens zu nutzen, und es ist sehr wohl denkbar, daß die ersten Zweitakt-Motoren mit der erforderlichen Abgasentgiftung und guten Kraftstoffverbräuchen Ende der 90er Jahre in Serie gehen werden. Die wichtigsten Arbeitsverfahren, mit denen man sich heute beschäftigt sind:

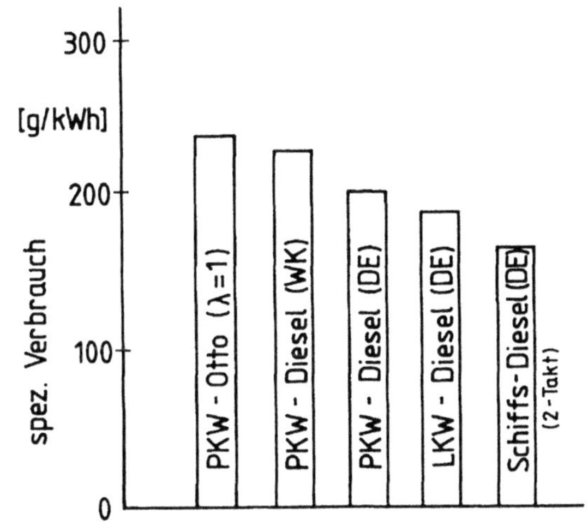

Abb. 4.3 *Kraftstoffverbräuche von Verbrennungsmotoren*

- Umkehrspülung über Schlitze, **Abb. 4.4**,
- Längsspülung, **Abb. 4.5**,
- Kopfspülung, **Abb. 4.6**.

Kompliziertheit, Baugröße und Gewicht steigen in der Reihenfolge der Aufzählung. Bei der Umkehrspülung sind keine Ventile vorhanden, bei der Längsspülung wird mit Auslaßventilen oder Gegenkolben mit Schlitzen gearbeitet, und bei der Kopfspülung verwendet man Einlaß- und Auslaßventile. Um genügend große Gaswechselquerschnitte zu erzielen, werden bei der Kopfspülung vorzugsweise zwei Auslaß- und zwei Einlaßventile eingesetzt.

In der angegebenen Reihenfolge erhöht sich auch die Reibleistung und damit der Verbrauch. Bei der Umkehrspülung ist die mechanische Reibung wegen des fehlenden Ventiltriebes sehr niedrig. Darüber hinaus ist die Gaswechselarbeit im Vergleich zu Motoren mit Ventilsteuerung deutlich geringer, **Abb. 4.7**, was sich besonders auf den Teillastverbrauch positiv auswirkt , **Abb. 4.8**.

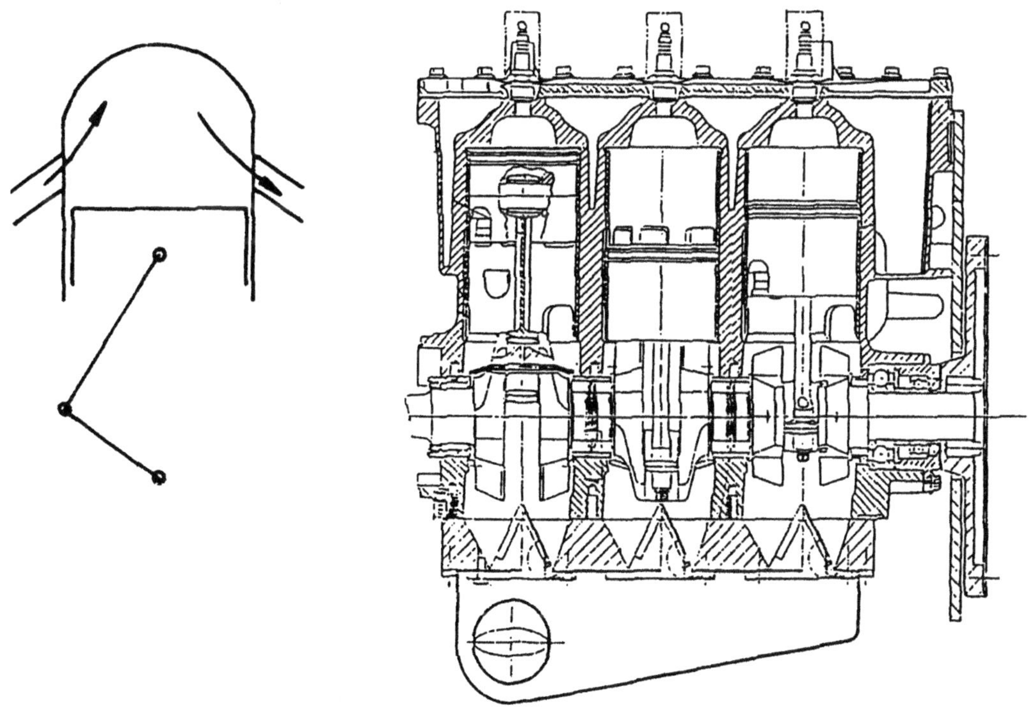

Abb. 4.4 *Umkehrspülung über Schlitze [Quelle AVL]*

Wird jedoch ein Ventiltrieb verwendet wie im Falle der Längs- und der Kopfspülung, so steigt der Teillastverbrauch, bedingt durch die doppelte Nockenwellendrehzahl und die damit höhere Reibleistung, im Vergleich zum Viertakt-Motor.

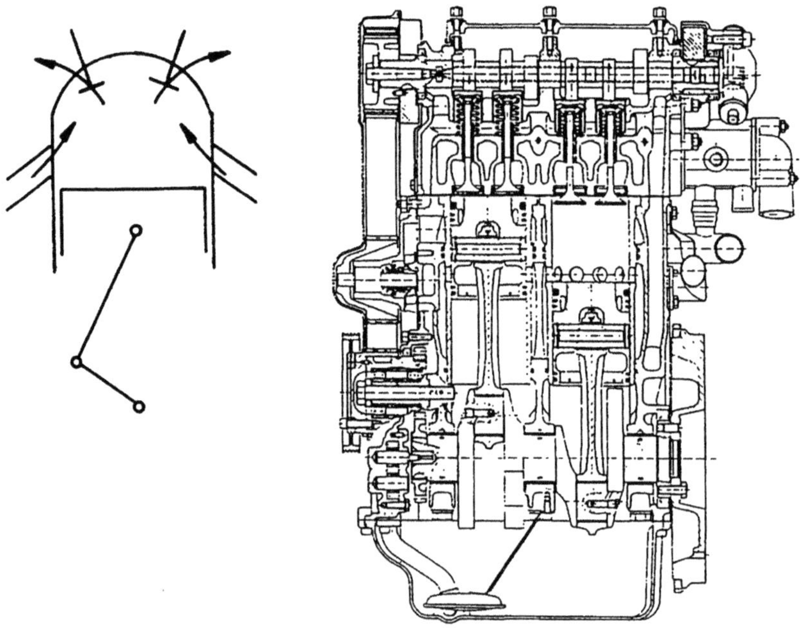

Abb. 4.5 *Längsspülung über Ventile und Schlitze [Quelle AVL]*

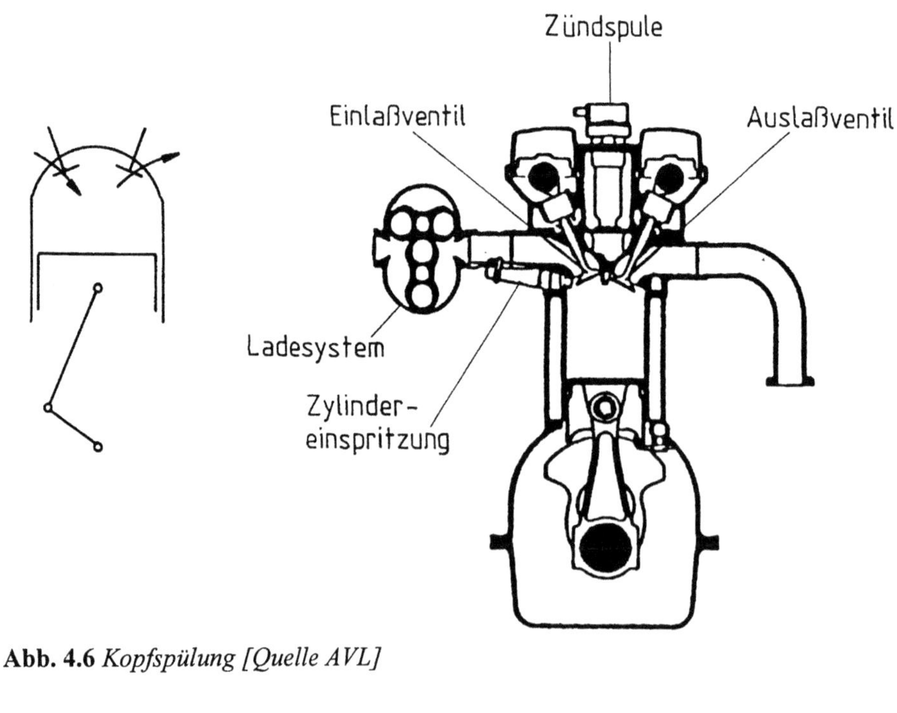

Abb. 4.6 *Kopfspülung [Quelle AVL]*

Häufig wird eine Gebläse- oder Kopfspülung verwendet, um aus Abgasgründen die Verbrennungsluft frei von Motorenöl zu halten und um die Leistungsdichte (Füllung) zu erhöhen.

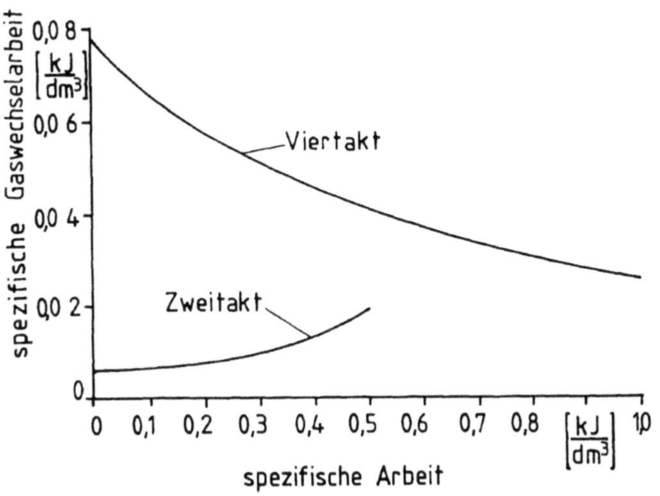

Abb. 4.7 *Gaswechelarbeit bei Zweitakt- und Viertakt-Motoren [Quelle AVL]*

Die Kurbelgehäuse- oder Kurbelkastenspülung, die die Unterseite der Arbeitskolben benutzt, ist wegen ihrer Einfachheit aber immer noch von Bedeutung (siehe Orbitalmotor, **Abb. 4.9**).

Um sehr hohe Leistungsdichten zu erzielen, werden z.B. Kompressoren oder Schraubenverdichter verwendet. Das über die drei Arbeitsverfahren gesagte gilt für den Zweitakt-Otto- wie für den Zweitakt-Dieselmotor.

4.1 Maßnahmen beim Ottomotor

Der Zweitakt-Otto-Motor hat einen inherenten Vorteil bezüglich der NO_X-Emission gegenüber dem Viertakt-Otto-Motor. Begründet ist dies durch das Arbeitsverfahren, das einen hohen Restgasanteil und damit auch niedrigere Verbrennungstemperaturen mit sich bringt. Der Restgasanteil kann im unteren Lastbereich bis zu 70 % betragen und fällt mit steigender spezifischer Arbeit auf einen Wert um 20 % [4.3]. Er liegt in der Vollast immer noch deutlich über dem Wert, der bei Viertakt-Motoren gegeben ist.

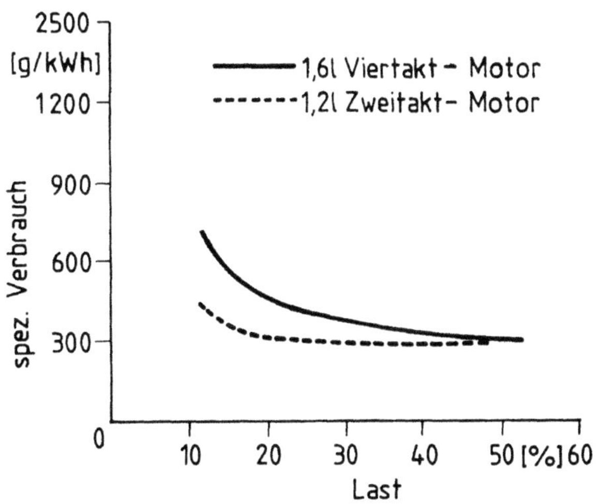

Abb. 4.8 *Teillastverbräuche von Zweitakt- und Viertakt-Motoren [Quelle AVL]*

Ein Betrieb bei λ= 1, wie beim Viertakt-Motor, ist wegen der anderen Gaswechselgegebenheiten nicht möglich [4.4]. Ein geregelter Drei-Wege-Katalysator ist deshalb nicht wirkungsvoll einsetzbar. Da Magerkatalysatoren zur Zeit noch nicht verfügbar sind, kommt der Kontrolle und Minimierung der NO_X-Rohemission eine besondere Bedeutung zu. Niedrige NO_X-Emission ist zu erreichen mit hohen AGR-Raten (intern oder extern) [4.5] und durch Nutzung niedriger Lastbereiche [4.4]. Dies ist z.B. möglich durch den Einsatz großvolumiger Motoren in Fahrzeugen mit geringer Masse. Maßnahmen darüber hinaus sind z. B. ein sinnvoller

Einsatz von Schichtladung, Anpassung der Einspritz- und Ladungswechselstrategie, Verringerung von Pump- und Reibungsverlusten, die die Bemühungen um eine niedrige NO_X-Rohemission unterstützen [4.7][4.8][4.10].

Die HC-Emissionen haben beim Zweitakt-Motor im wesentlichen ihre Ursache in den Spülverlusten. Ein Teil der Frischladung gelangt dabei in den Abgastrakt. Da die Abgastemperaturen von Zweitakt-Motoren jedoch höher liegen als die von Viertakt-Motoren [4.6], ergeben sich Vorteile bei der Abgasentgiftung z.B. durch einen Oxidationskatalysator.

Extrem niedrige HC-Emissionen können z.B. erreicht werden durch Einsatz von geeigneten Einspritzsystemen, kontrollierter Ladungsbewegung, Schichtladung etc.[4.4]. Die Verbesserungen, die dadurch erreicht wurden, sind in **Abb. 4.10** dargestellt.

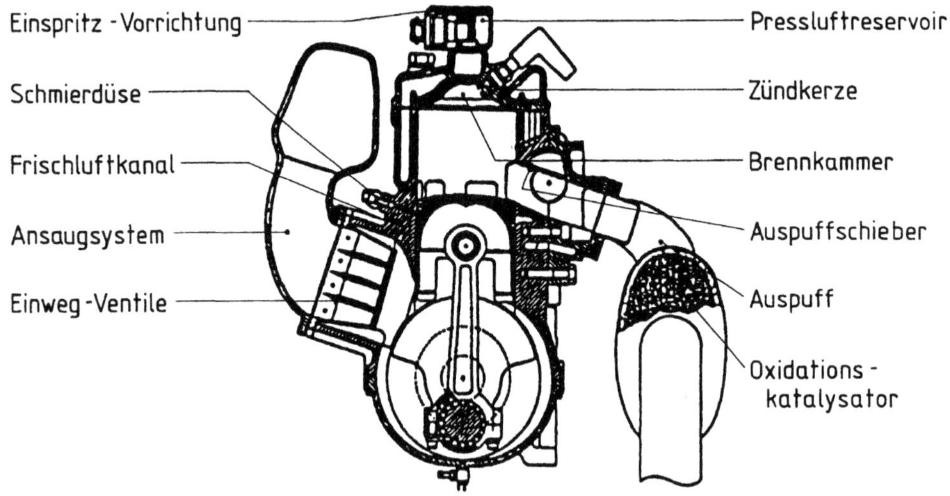

Abb. 4.9 *Querschnitt durch den Orbitalmotor [Quelle AVL]*

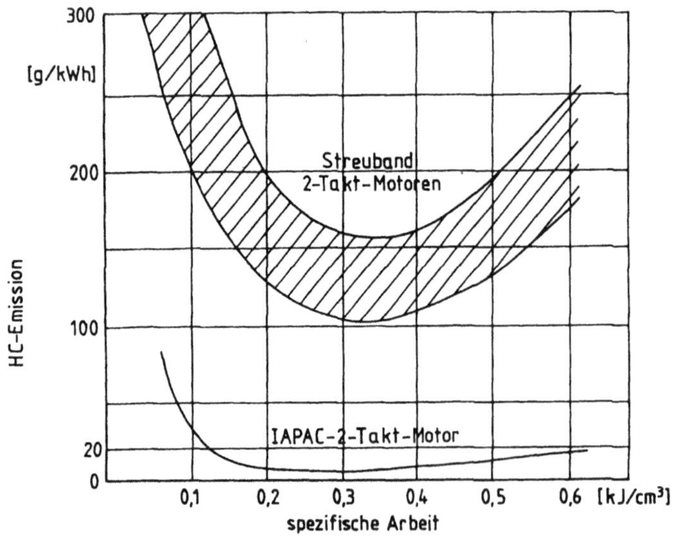

Abb. 4.10 *HC-Emissionen des Zweitakt-Motors [4.4]*

Aus Abgas- und Verbrauchsgründen kommt beim Zweitakt-Motor nur die innere Gemischbildung in Frage. Der Kraftstoff oder ein fettes Kraftstoffluftgemisch muß direkt in den Brennraum eingespritzt werden (Hochdruckeinspritzung), nachdem der Gaswechsel beendet ist. Auf diese Weise wird eine Qualitätsregelung wie beim Viertakt-Dieselmotor möglich, was den besten Verbrennungswirkungsgrad und damit den niedrigsten Kraftstoffverbrauch ergibt. Durch den damit verbundenen Magerbetrieb ergeben sich Nachteile bezüglich des Emissionsverhaltens gegenüber einem $\lambda = 1$ geregelten Viertakt-Motor.

Die Hauptprobleme liegen in der Gemischaufbereitung über dem gesamten Last- und Drehzahlbereich. Wegen der Kürze der Vorgänge im Vergleich zum Motor mit äußerer Gemischbildung sind bei der Kraftstoffeinspritzung unterstützende Maßnahmen zur Gemischaufbereitung hilfreich, wenn nicht sogar erforderlich. Hier sind vor allem zwei Verfahren in der Entwicklung, die aussichtsreich erscheinen:

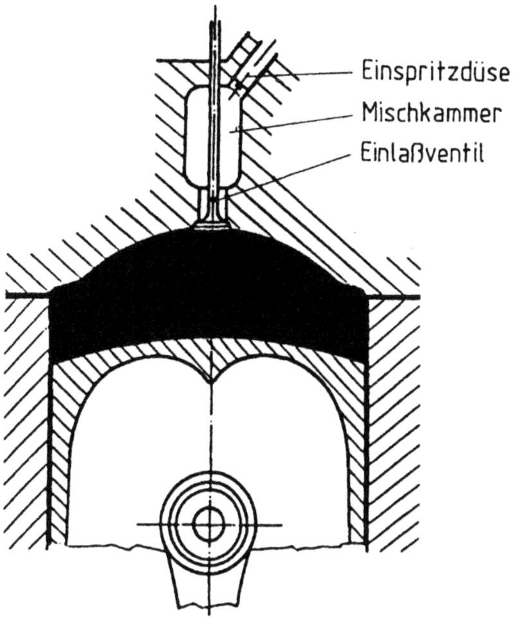

Abb. 4.11 *Zweitakt-Motor mit Gemischeinblasung [Quelle AVL]*

- druckluftunterstützte Kraftstoff-Einblasung zur Aufbereitung des Kraftstoffstrahls, **Abb. 4.9**,
- Gemischeinblasung, **Abb. 4.11**.

Am Beispiel der Gemischeinblasung soll die Gemischaufbereitung näher erläutert werden [4.1]. In die zunächst geschlossene Mischkammer wird der Kraftstoff eingespritzt und mit heißer Luft vorgemischt, **Abb. 4.11**.

Auf diese Weise steht für die Kraftstoffaufbereitung (Einspritzen-Verdampfen-Verbrennen) mehr Zeit zur Verfügung als bei der direkten Einspritzung, da der Kraftstoff vorverdampft und teilweise schon gasförmig eingebracht werden kann, **Abb. 4.12**.

Diese Form der externen Kraftstoffeinspritzung bedingt Einspritzdrücke von ca. 5 bis 6 bar (bis ca. 20 bar möglich). In **Abb. 4.13** sind die unterschiedlichen Strategien für Vollast- und Teillasteinspritzvorgänge abzulesen.

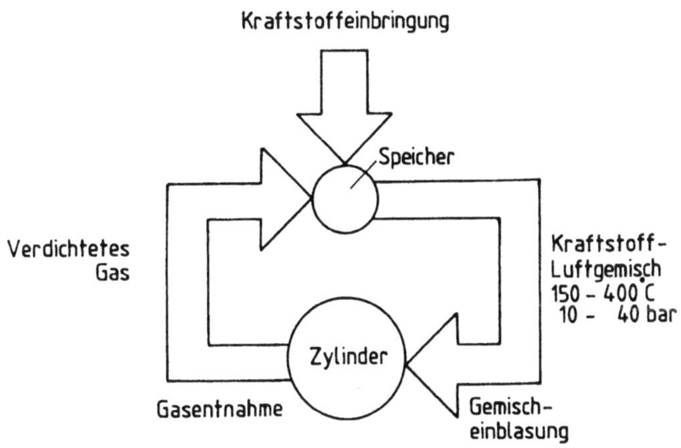

Abb. 4.12 *Prinzipdarstellung der Gemischeinblasung [Quelle AVL]*

Abb. 4.14 zeigt noch einmal den Unterschied zwischen Gemischeinblasung und Direkteinspritzung über der Drehzahl für den Kraftstoffverbrauch, die Kohlenwasserstoffe und NO_X für einen gegebenen Motor. Es wird deutlich, daß die Vorteile für die Gemischeinblasung vor allem bei niedriger Drehzahl und Last liegen [4.10].

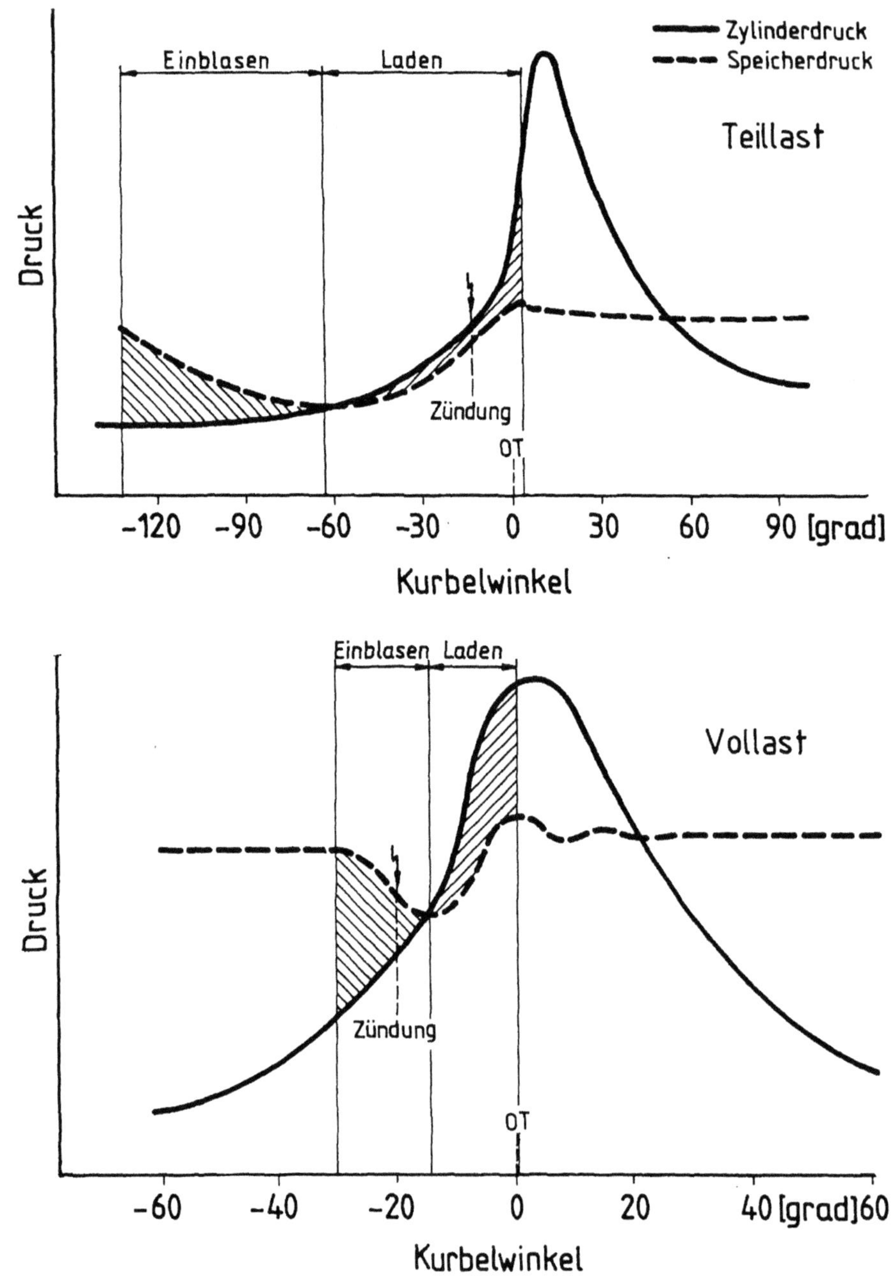

Abb. 4.13 *Vollast- und Teillast-Einspritzvorgang bei Gemischeinblasung [Quelle AVL]*

4.2 Maßnahmen beim Dieselmotor

Aus Verbrauchsgründen sollte der Zweitakt-Dieselmotor ein Motor mit Direkteinspritzung, d.h. kein Kammermotor sein. **Abb. 4.15** zeigt einen Querschnitt durch einen umkehrgespülten Motor. In **Abb. 4.16** ist ein Motor mit Längsspülung dargestellt. **Abb. 4.17** schließlich zeigt den Zylinderkopf eines kopfgesteuerten Motors als Vierventilkonzept.

Grundsätzlich gelten bei der Verbrennung im Zweitakt-Dieselmotor dieselben Gesetzmäßigkeiten wie beim Viertakt-Dieselmotor [4.9][4.11].

Die NO_X-Rohemissionen sind wegen niedrigerer Verbrennungsspitzentemperaturen und niedriger Mitteldrücke zwar etwas geringer, eine erforderliche Abgasrückführung wie beim Viertakt-Dieselmotor macht jedoch Schwierigkeiten wegen übermäßiger Verschmutzung. Die Kohlenwasserstoff- und Partikelemissionen sind bei anfallenden Schmierölverlusten kritisch. Hier verhält sich der kopfgespülte Motor besser. Bleibt zusammenfassend zu sagen, daß ein Zweitakt-Dieselmotor aus Abgasgründen heute noch keine Alternative zum Viertakt-Dieselmotor ist [4.2]. Die Chancen der zukünftigen Verfügbarkeit eines wettbewerbsfähigen Zweitakt-Dieselmotors gegenüber einem Zweitakt-Ottomotor sind höher, da das Verbrennungsverfahren bekannt ist. Es wird das vom Viertakt-Dieselmotor mit Qualitätsregelung sein. Bei niedrigen NO_X-Emissionen und hohen Abgastemperaturen wird auch die Abgasentgiftung vergleichbar sein.

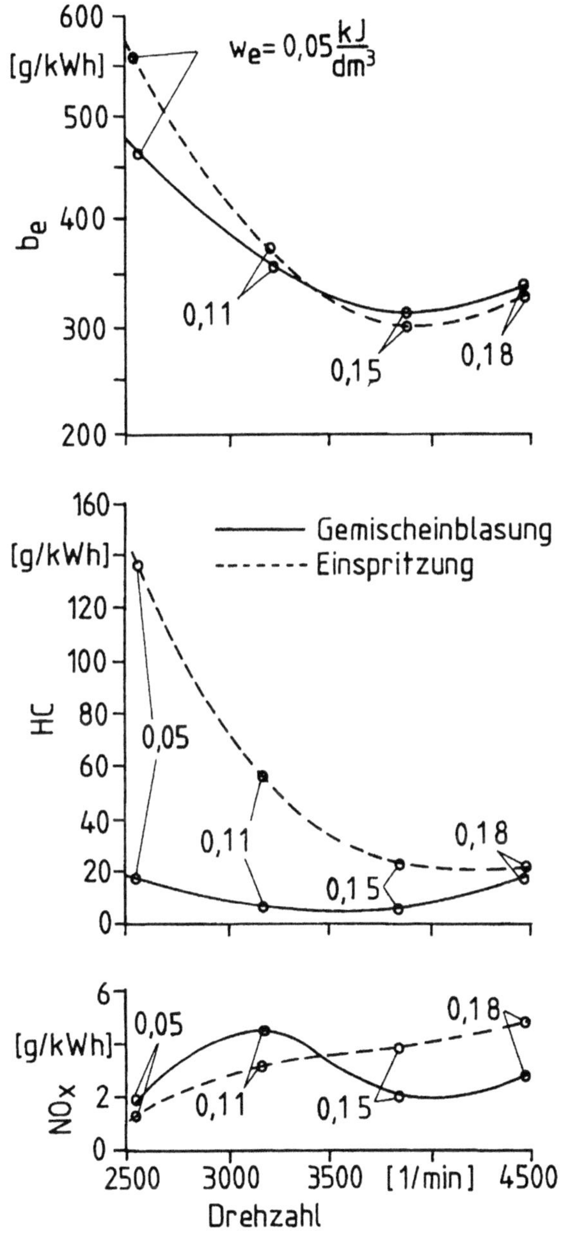

Abb. 4.14 *Schadstoffemissionen und Verbrauch bei Gemischeinblasung und bei konventioneller Einspritzung [Quelle AVL]*

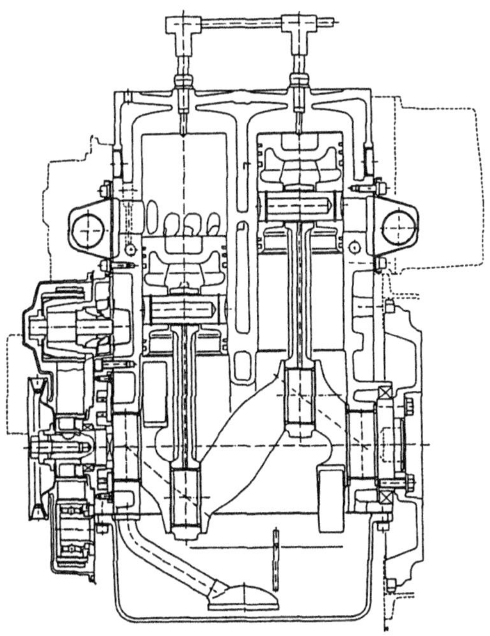

Abb. 4.15 *Querschnitt durch einen umkehrgespülten Zweitakt-Dieselmotor [Quelle AVL]*

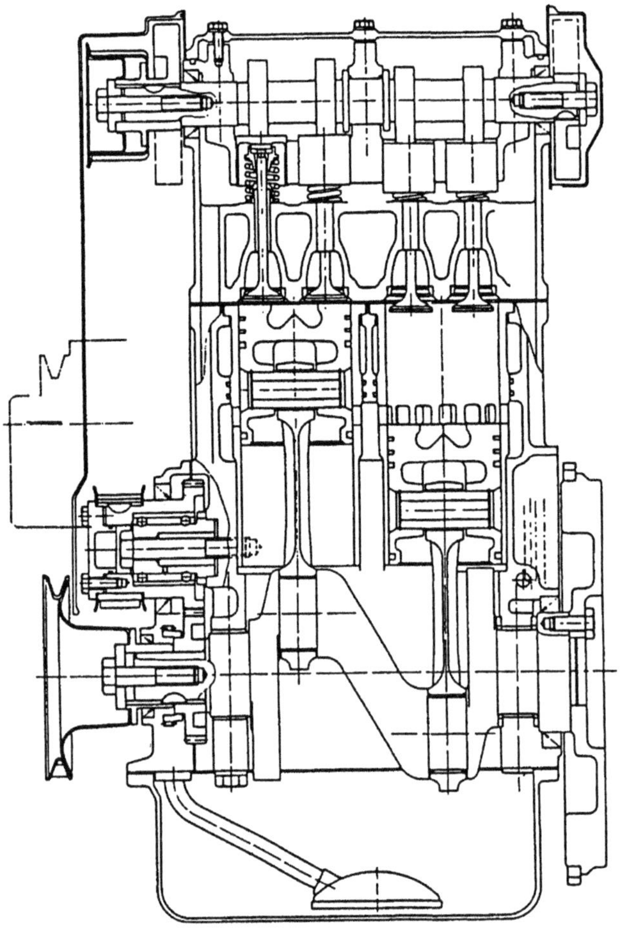

Abb. 4.16 *Zweitakt-Dieselmotor mit Längsspülung [Quelle AVL]*

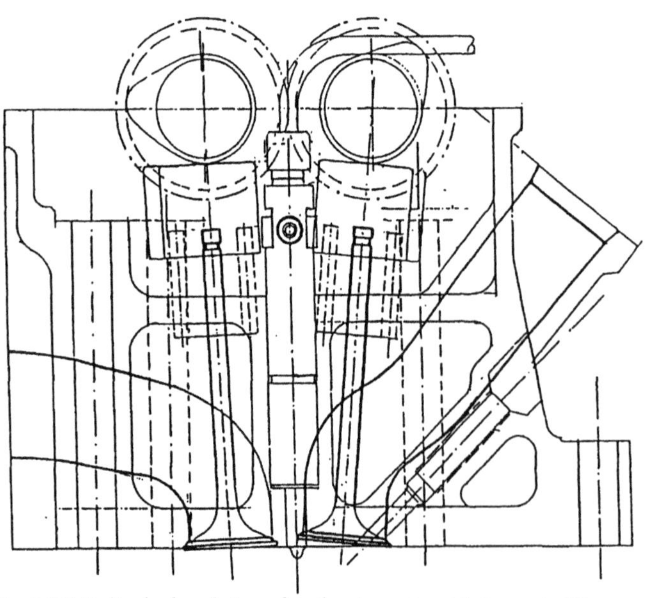

Abb. 4.17 *Zylinderkopf eines kopfgesteuerten Motors als Vierventilkonzept [Quelle AVL]*

5 Abgasnachbehandlung

Die Nachbehandlung von Motorenabgas zur Schadstoffreduzierung fordert unterschiedliche Systeme für Otto- und Dieselmotor. Während beim konventionellen Ottomotor der Dreiwege-Katalysator eingesetzt wird, ist es beim Dieselmotor der Oxidationskatalysator und zukünftig wohl auch das Partikelfilter. Der Denox- bzw. Magerkatalysator, der sich z.Z. in der Entwicklung befindet, wäre sowohl für den Ottomotor (Magermotor) als auch für den Dieselmotor einsetzbar. Der Magerkatalysator ermöglicht im Bereich $\lambda>1$ befriedigende Konvertierungsraten, insbeson-dere von NO_X.

5.1 Ottomotor

Der Dreiwege-Katalysator stellt die z.Z. wirkungsvollste Möglichkeit dar, die limitierten Abgaskomponenten entscheidend zu reduzieren. Daneben bieten sich eine Reihe weiterer Möglichkeiten an, die Komponenten CO, HC und NO_X zu verringern [5.1][5.2][5.4]. Das ist auf zwei verschiedene Arten möglich, nämlich mit thermischen Abgasreaktoren und mit Katalysatoren, die im weiteren beschrieben werden.

5.1.1 Unterstützung der Nachreaktionen im Auslaßsystem

Die Unterstützung der Nachreaktionen erfolgt durch Isolierungsmaßnahmen zur Reduzierung von Wärmeverlusten und durch Sekundärlufteinblasung. Im Auslaßtrakt von Motoren finden Nachreaktionen insbesondere der Komponenten CO und HC statt. Dazu sind entsprechende Temperaturen und genügend Sauerstoff notwendig. Der fehlende Sauerstoff kann durch Zumischung von Luft in den Auslaßkanal zugeführt werden. Die Zuführstelle sollte möglichst nahe am Auslaßventil sein, weil dort nach Öffnen des Auslaßventils die höchsten Abgastemperaturen vorliegen. Je niedriger die Abgastemperaturen sind, um so schlechter sind die Bedingungen für die Nachreaktion, da die Reaktionsgeschwindigkeiten abnehmen.

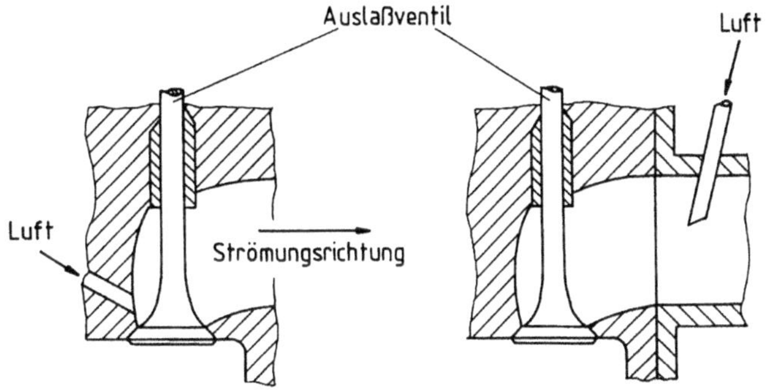

Abb. 5.1 *Ausführungsformen der Sekundärluftzufuhr [5.3]*

Die Luftzufuhr kann über eine Pumpe erfolgen, die vom Motor oder elektrisch angetrieben wird. Bei elektrischem Antrieb wird auf eine Drehzahlregelung verzichtet. Eine weitere Möglichkeit besteht in der Selbstansaugung durch Ausnutzung von Druckwellen im Auslaßsystem. Dabei wird über Rückschlagventile durch Pulsationen im Abgasstrang Luft angesaugt.

Eine Beeinflussung der Stickoxide ist durch diese Art der Nachreaktionen nicht möglich. Neuerdings werden diese Methoden häufiger angewandt, um insbesondere bei großvolumigen

Motoren die US-Abgasgesetze zu erfüllen. Möglichkeiten, die Sekundärluft zuzuführen, sind in **Abb. 5.1** dargestellt.

Abb. 5.2 zeigt ein Kennfeld möglicher Sekundärluftvolumina für Mittelklassemotoren.

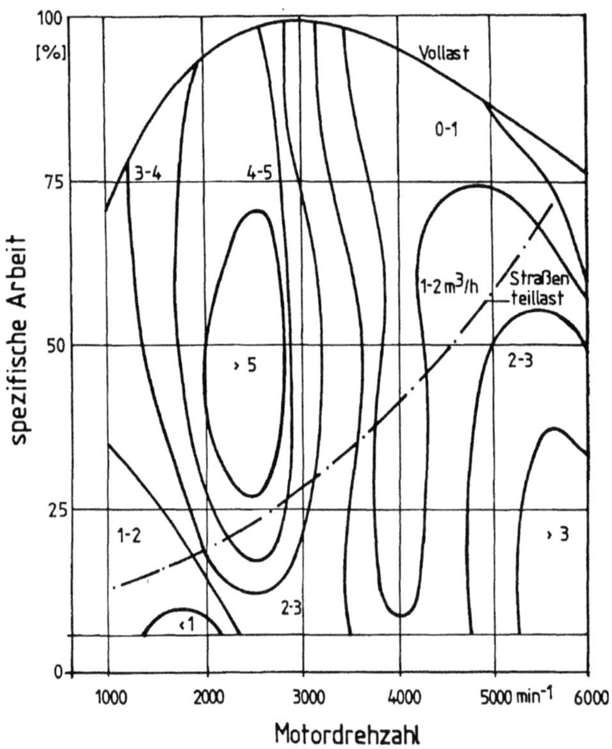

Abb. 5.2 *Sekundärluftkennfeld [5.3]*

Wird die Sekundärlufteinblasung bei auf $\lambda=1$ geregelten Konzepten verwendet, so ist ein Einsatz nur vor Beginn der λ-Regelung sinnvoll (z.B. in der Warmlaufphase), oder in Bereichen, in denen nicht auf $\lambda=1$ geregelt wird (z.B. bei Vollast).

5.1.2 Thermischer Reaktor

Der thermische Reaktor beruht auf der gleichen Wirkungsweise wie das im Abschnitt 5.1.1 beschriebene System. Berücksichtigt wird zusätzlich, daß eine verlängerte Verweilzeit vorteilhaft ist, um CO und HC nennenswert abzusenken. Das geschieht in einer Reaktionskammer, die thermisch isoliert ist und nach Möglichkeit unmittelbar an den Motorauslaß anschließt. Auch hier ist eine Sekundärluftzufuhr notwendig, wenn der Motor im fetten Bereich betrieben wird.

Temperaturen im thermischen Reaktor von über 700 ^{o}C ergeben eine hohe Umsetzung. **Abb. 5.3** zeigt die Auswirkungen auf die Komponenten CO und HC. Auch hier sind die Stickoxidreaktionen ebensowenig beeinflußbar wie mit einer Sekundärluftzufuhr.

Insbesondere im fetten Bereich sind deutliche HC- und CO-Reduktionen zu erzielen. Der thermische Reaktor hat sich jedoch nicht durchgesetzt. Die Gründe hierfür sind:

- zusätzliche Aufwendungen für hochwarmfeste Reaktorwerkstoffe und Isolierung, große Masse und es ist eine Sekundärluftpumpe erforderlich,
- größerer benötigter Bauraum,
- die Wirkung ist im "fetten" Bereich groß, der jedoch aus Verbrauchsgründen, zumindest in der Teillast, nicht genutzt werden sollte,
- Gefahr des Durchbrennens bei Zündungsausfall (Kraftstoffgemisch gelangt direkt in den Reaktor),

- nicht ausreichender Konvertierungsgrad bei niedrigen Temperaturen (Teillast),
- NO_X ist praktisch nicht beeinflußbar.

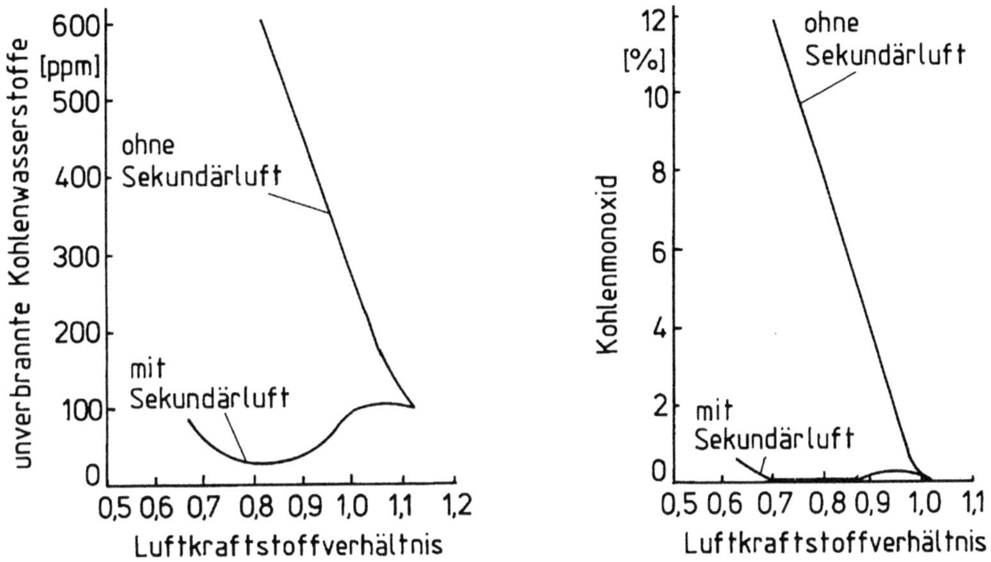

Abb. 5.3 *Reduktion von CO und HC im thermischen Reaktor [5.1]*

5.1.3 Katalysator-Systeme

Abb. 5.4 bringt einen Überblick über die möglichen Systeme. Bei den Katalysatorsystemen hängt die Konvertierung außer von der Temperatur überwiegend von der katalytischen Wirkung der eingesetzten Materialien ab.

Man unterscheidet vier prinzipielle Varianten: Oxidations-, Doppelbett-, Denox- (Mager-) und Dreiwege-Katalysator.

Oxidationskatalysator

Hierbei werden die oxidierbaren Komponenten idealerweise zu H_2O und CO_2 konvertiert. Der Katalysator arbeitet mit Luftüberschuß. Die zur Oxidation notwendige Luft erhält man durch magere Gemischeinstellung oder Sekundärluftzufuhr. Eine aufwendige Regelung ist nicht notwendig. Oxidationskatalysatoren wurden erstmals 1975 in US-Fahrzeugen eingesetzt. Sie finden heute im PKW-Sektor bei Ottomotoren keine Anwendung mehr, da der Dreiwege-Katalysator erheblich wirkungsvoller ist und zusätzlich NO_X konvertiert. Der Oxidationskatalysator wird jedoch zunehmend beim Dieselmotor eingesetzt, weil damit neben den oben angeführten Komponenten auch die löslichen Partikelanteile oxidiert werden können [5.46].

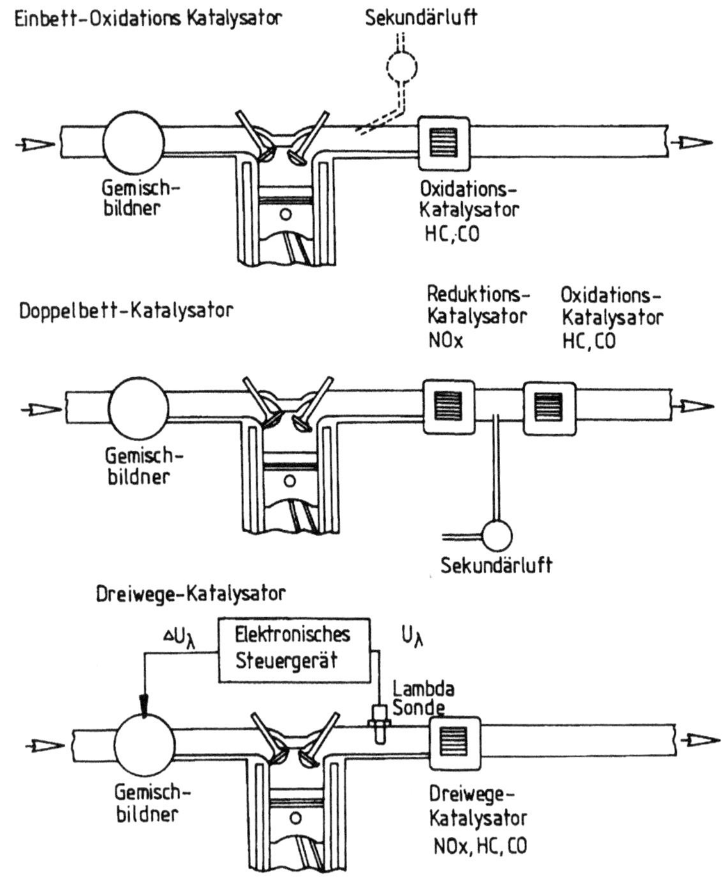

Abb. 5.4 *Katalysator-Systeme [5.1]*

Doppelbettkatalysator

Hier sind zwei Katalysatorsysteme in Reihe im Abgasstrang angeordnet. Zum einen ein Reduktionskatalysator zur Minderung von NO_X, zum anderen ein Oxidationskatalysator zur Senkung der HC- und CO-Werte. Dabei muß der Motor mit Luftmangel betrieben werden ($\lambda < 1$). Das Konzept ist daher in bezug auf den Kraftstoffverbrauch und damit auch auf die CO_2-Emissionen ungünstig.

Eine aufwendige Regelung zur Gemischbildung ist nicht notwendig. Wegen des Betriebes im fetten λ-Bereich kann es zur vermehrten Ammoniakbildung kommen. Die Stickoxidkonvertierung erreicht bei weitem nicht die Höhe des Dreiwege-Katalysators.

Dreiwege-Katalysator

Er hat die Eigenschaft, alle drei Komponenten NO_X, HC und CO gleichzeitig in hohem Maße zu verringern. Es bedarf jedoch eines aufwendigen Regelsystems (λ-Regelung), um optimale Ergebnisse der Abgasreinigung zu erzielen.

Ungeregelte Konzepte mit Dreiwege-Katalysator, wie sie auch in Deutschland angeboten wurden, erreichen nur Konvertierungsraten von ca. 40 bis 50 %, während geregelte Systeme im Neuzustand Konvertierungsraten von über 95 % erreichen können. Der geregelte Dreiwege-Katalysator stellt das zur Zeit wirkungsvollste System zur Abgasreinigung bei Verbrennungsmotoren dar.

Denox- bzw. Mager-Katalysator

Der Mager- oder Denox-Katalysator ermöglicht neben den Komponenten CO und HC auch eine Konvertierung von NO_X im Luftüberschußgebiet. Er befindet sich im Entwicklungsstadium. Für NO_X werden bereits Konvertierungsraten über 50 % erreicht.

5.1.3.1 Wirkungsweise von Katalysatoren

Zur Einleitung einer chemischen Reaktion ist es notwendig, eine gewisse Energieschwelle (Aktivierungsenergie) zu überschreiten. Die Wirkungsweise des Katalysators beruht darauf, diese Energieschwelle für die Einleitung von Oxidations- und Reduktionsvorgängen wesentlich herabzusetzen.

Die Reaktionsgeschwindigkeiten werden erhöht. Die Temperatur, die für den Ablauf der Reaktionen erforderlich ist, wird deutlich abgesenkt. Der eigentlichen Reaktion geht die Anlagerung der oxidierbaren Stoffe sowie des Sauerstoffs an den katalytisch aktiven Zonen voraus. Dadurch wird erreicht, daß die zum Anlaufen der Reaktionen erforderliche Aktivierungsenergie erheblich gesenkt wird. Die Abgaskomponenten, die im wesentlichen durch den Katalysator beeinflußt werden, sind:

- HC (unverbrannte Kohlenwasserstoffe),
- CO (Kohlenmonoxid),
- NO_x (Stickoxide) beim 3-Wege-, Doppelbett- und Mager-Katalysator.

Darüber hinaus laufen eine Reihe weiterer Reaktionen ab, so z.B. Schwefel-, NH-, NHC- und OHC-Reaktionen.

Die Reaktionen, die die HC- und CO-Konvertierung als Brutto-Umsatzgleichung bestimmen, sind [5.5]:

$$H_nC_m + (n/4 + m)\,O_2 \Leftrightarrow m\,CO_2 + (n/2)\,H_2O,$$

$$H_nC_m + 2\,m\,H_2O \Leftrightarrow m\,CO_2 + (\,n/2 + 2\,m\,)\,H_2,$$

$$CO + 1/2\,O_2 \Leftrightarrow CO_2,$$

$$CO + H_2O \Leftrightarrow CO_2 + H_2.$$

Die NO_x-Konvertierung wird bestimmt durch [5.5]:

$$CO + NO \Leftrightarrow 1/2\,N_2 + CO_2,$$

$$C_mH_n + (2\,m + n/2)\,NO \Leftrightarrow (m + n/4)\,N_2 + n/2\,H_2O + m\,CO_2,$$

$$H_2 + NO \Leftrightarrow 1/2\,N_2 + H_2O.$$

Die ersten vier Reaktionen sind sogenannte Oxidationsvorgänge und bestimmen die Umsetzung bzw. Konvertierung von unverbrannten Kohlenwasserstoffen und Kohlenmonoxid zu Kohlendioxid und Wasser.

Man erkennt, daß ein Abbau der Komponenten CO und HC einen Anstieg des CO_2-Anteils mit sich bringt.

Die Reaktionen im Zusammenhang mit NO bezeichnet man als Reduktionsvorgänge. Sie sind für den Abbau von NO bzw. NO_X ausschlaggebend.

5.1.3.2 Aufbau des Katalysators

Der heute bei Ottomotoren fast ausschließlich verwendete Katalysator ist der Dreiwege-Katalysator, bei dem die drei Schadstoffkomponenten HC, CO und NO_X abgebaut werden. Dabei laufen die oben beschriebenen Reaktionen gleichzeitig ab. Der Katalysator besteht im wesentlichen aus vier Hauptteilen:

A) Trägermaterial,
B) Zwischenschicht oder auch Wash-Coat genannt,
C) katalytisch aktive Schicht,
D) Lagerung und Verpackung.

A) Trägermaterial

Es gibt Trägermaterialien aus Keramik und Metall.

a) Keramikträger

Das Trägermaterial (Monolith) ist ein Keramikkörper mit Wabenstruktur, der im allgemeinen stranggepreßt ist. Die Waben können unterschiedliche Formen haben (z.B. rund, oval, rechteckig) und sind in Strömungsrichtung angeordnet.

Die Anzahl der Zellen wird im allgemeinen pro Quadratzoll angegeben. Üblich sind 200 bis 500 Zellen pro Quadratzoll. Auf Grund der möglichen hohen Abgastemperatur muß dieses Keramikmaterial hochtemperaturbeständig sein. Weiterhin muß es, überwiegend Cordierit (Mg,O,Al,Si), folgende Eigenschaften besitzen:

- hohe mechanische und thermische Festigkeit,

- thermoschockfest, da eine thermische Schwellbelastung vorliegt,

Die Dicke der Wände der einzelnen Zellen darf nicht zu groß sein, um einen möglichst großen freien Durchtrittsquerschnitt zu erhalten. Dies ist wichtig, um einen hohen Abgasgegendruck mit seinen negativen Auswirkungen auf das Motorverhalten zu vermeiden (Leistung, Verbrauch).

Katalysatoren mit bis zu 400 Zellen pro Quadratzoll haben sich in der Praxis als guter Kompromiß erwiesen. Die Wanddicke der Zellen im Monolithen beträgt ca. 0,3 mm. Die Temperatur des Keramikträgers darf 900 °C nicht wesentlich überschreiten, da es sonst auf Dauer zu einer Verschlechterung der Konvertierungsrate kommt.

Die Ursache dafür liegt in einem Verlust an wirksamer Oberfläche durch Sintervorgänge. Wie sich die Wirkung des Katalysators mit der inneren Trägergeometrie ändert, zeigt **Abb. 5.5** [5.7].

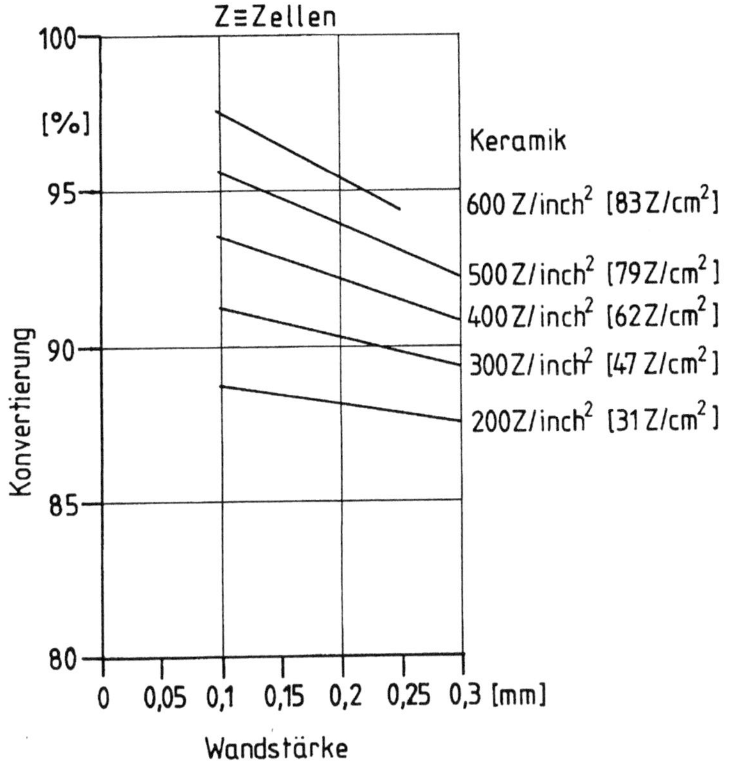

Abb. 5.5 *Katalysator-Aktivität als Funktion von Zellenzahl und Wanddicke [5.7]*

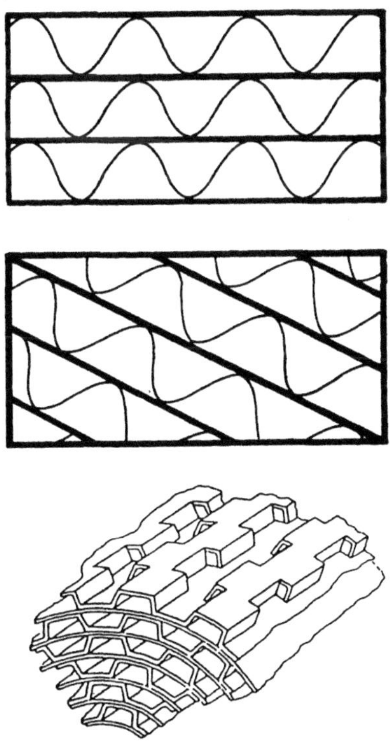

Abb. 5.6 *Strukturen eines Metallträgers [5.50] [5.52]*

b) Metallträger

Seit einiger Zeit sind auch metallische Werkstoffe als Trägermaterial im Einsatz [5.8]. Die Gründe für eine solche Entwicklung gehen auf Vorteile zurück wie

- Steigerung der Konvertierungsrate,
- Verlängerung der Lebensdauer,
- Bauraumverringerung durch geringere Wandstärke oder bei unverändertem Bauraum geringerer Abgasgegendruck [5.48],
- Entfall einer speziellen Lagerung im Gehäuse,
- schnelleres Anspringen durch geringere Masse,
- höhere zulässige Abgastemperatur.

Als Nachteil gilt die schnellere Abkühlung bei niedriger Last wegen der geringeren Masse und der besseren Wärmeleitfähigkeit. Daher ist es sinnvoll, den Metallträger-Katalysator motornäher anzubringen.

Beim Metallträger-Katalysator ist der "Monolith" aus einem Metallelement hergestellt (warmfester ferritischer Stahl). Es wird eine Folie von 0,04 bis 0,06 mm Dicke z.B. als Wellband geformt, gewickelt und dann in einem Hochtemperaturlötverfahren verbunden. Dabei sind je nach Gestaltung des Wellbandes verschiedene Formen der Wabenstruktur möglich. Die Wabenstruktur hat entscheidenden Einfluß auf die mechanischen Eigenschaften. **Abb. 5.6** zeigt Möglichkeiten der Strukturen eines Metallträgers [5.8][5.9].

Die Hauptreaktionszone in einem Katalysator erzeugt naturgemäß auch die höchste Temperatur. Diese stellt sich axial in Strömungsrichtung ca. 30 bis 40 mm nach Eintritt in den Monolithen ein.

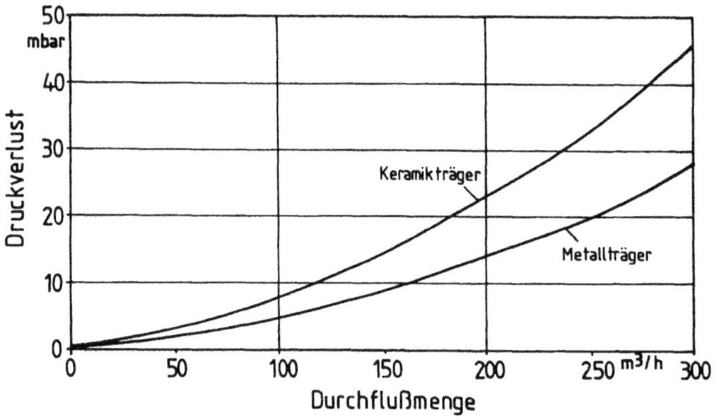

Abb. 5.7 *Vergleich des Druckverlustes gleich großer Keramik- und Metallträgerkatalysatoren [5.50][5.51]*

Die geringere Wandstärke des Metallträgers erhöht die freie Durchtrittsfläche des Katalysators und führt somit zu geringeren Druckverlusten. **Abb. 5.7** zeigt einen Vergleich der Druckverluste gleich großer Katalysatoren für Metall- und Keramikträger.

Mit den verwendeten ferritischen Chromstählen sind Temperaturen größer als 1000 °C beherrschbar (gilt jedoch nicht für die Beschichtung). Eine weitere Steigerung der Temperaturfestigkeit der Matrix wird durch Zulegieren von Yttrium (0,3 %) erreicht. Wegen ähnlicher Wärmeausdehnung wie beim Gehäuse und geringerer Thermoschockempfindlichkeit werden an die Lagerung von Metallträgerkatalysatoren keine besonderen Anforderungen gestellt.

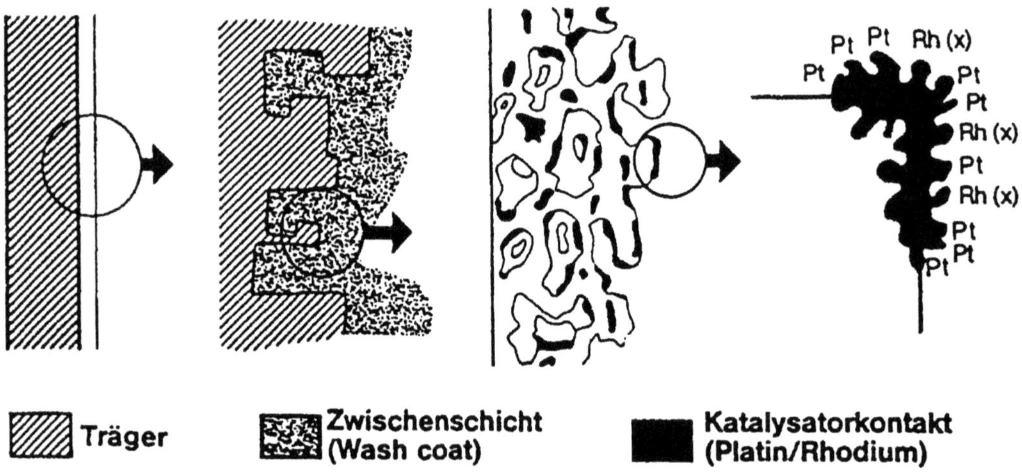

Abb. 5.8 *Aufbau eines Katalysators (schematisch) [5.44]*

B) Zwischenschicht

Die Zwischenschicht, auch Wash-Coat genannt, wird auf das Trägermaterial aufgebracht. Sie besteht im allgemeinen aus Al_2O_3 und dient der Verbesserung der katalytischen Aktivität der Edelmetallbelegung. Im Gegensatz zum Trägermaterial weist sie eine sehr große spezifische

Oberfläche auf (15 bis 25 m^2/cm^3 Katalysator). Sie erhöht die Sauerstoffspeicherfähigkeit und fördert wichtige Reaktionen.

C) Katalytisch aktive Schicht

Diese Schicht ist auf dem Wash-Coat aufgebracht und besteht aus Edelmetallen (Platin, Palladium, Rhodium). Beim Dreiwege-Katalysator wird Platin/Rhodium, etwa im Verhältnis 5:1 eingesetzt, wobei der gesamte Edelmetallanteil pro Katalysator etwa 40 bis 50 g/ft^3 beträgt (3 bis 7 Gramm Platin, 0,5 bis 1,5 Gramm Rhodium) [5.6].

Während durch das Platin bevorzugt die Oxidationsreaktionen ablaufen, werden die Stickoxide in erster Linie durch die Anwesenheit von Rhodium reduziert. Der schematische Aufbau von Träger, Wash-Coat und Beschichtung ist aus **Abb. 5.8** zu ersehen. Erste positive Ergebnisse werden auch mit Beschichtungen erzielt, die nicht auf Edelmetallen basieren.

D) Lagerung und Verpackung

Der so beschichtete Monolith wird in einem Metallgehäuse gelagert, welches ein Teil der Abgasanlage darstellt. Da die Keramik sehr spröde ist und unterschiedliche Wärmeausdehnungen vorliegen, ist eine elastische Zwischenlage zum Metallgehäuse notwendig. Hierfür wird eine Quellmatte bzw. ein Drahtgeflecht verwendet, wobei sich die Quellmatte immer mehr durchsetzt, da sie neben einer besseren Abdichtung auch einen Wärmeisolator darstellt. Die Quellmatte besteht aus Keramikfasern (Aluminium-Silikat) und dehnt sich bei Wärme aus. Mit zunehmender Temperatur erhöht sich die Flächenpressung, wodurch gleichzeitig die Abdichtung gegen einen unerwünschten Abgas-By-Pass verbessert wird [5.24]. Der Aufbau eines solchen Systems ist schematisch in **Abb. 5.9** dargestellt.

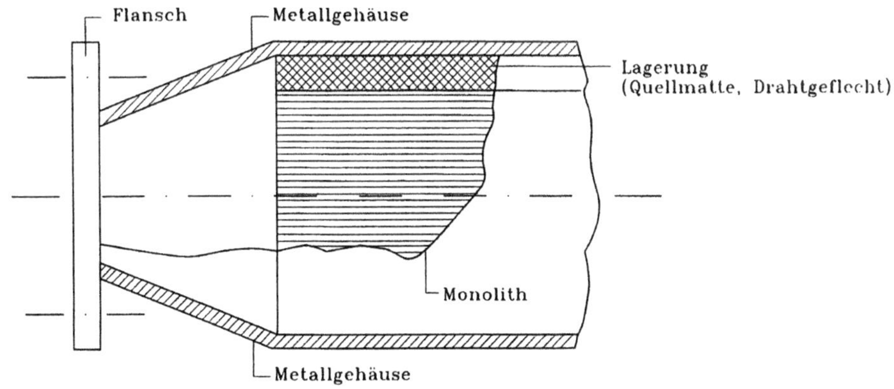

Abb. 5.9 *Aufbau eines Katalysatorsystems mit Keramikmonolith*

5.1.3.3 Konvertierungsgrad

Abb. 5.10 zeigt die Wirkung eines geregelten Dreiwege-Katalysators auf die Schadstoffe im Abgas.

Der Konvertierungsgrad ist ein Maß für die Reduktion einer Schadstoffkomponente im Abgas durch den Katalysator. 100 % Konvertierungsgrad bedeutet, daß eine Komponente vollständig

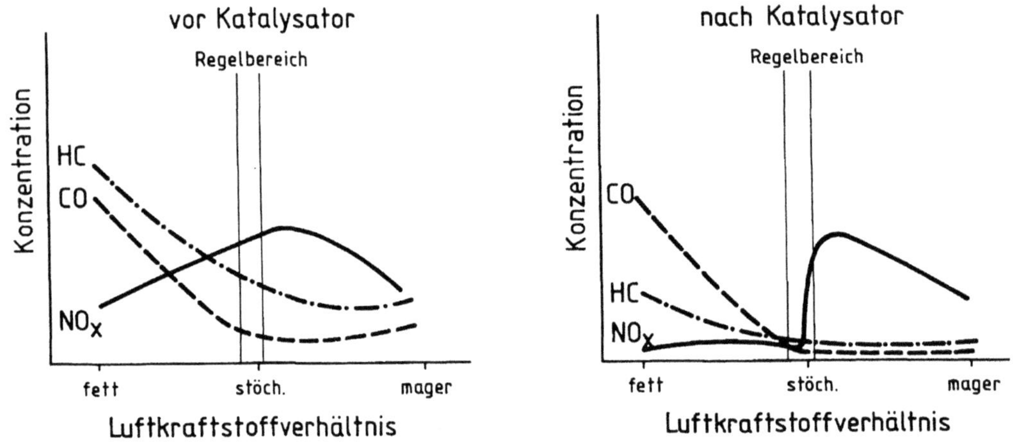

Abb. 5.10 *Einfluß auf die Schadstoffkomponenten des geregelten Dreiwege-Katalysators*

abgebaut wird; 0 % dagegen, daß kein Abbau der Komponente vorliegt. Der Konvertierungsgrad wird auch Umsetzungsgrad genannt. Er hängt, bei gegebenem Katalysator, hauptsächlich von zwei Faktoren ab:

- Abgastemperatur,
- Luftkraftstoffverhältnis.

Der Einfluß der beiden Faktoren wird im folgenden behandelt.

A) Anspringverhalten

Das Anspringverhalten eines Katalysators gibt den Konvertierungsgrad in Abhängigkeit von der Abgastemperatur wieder. Als Anspringtemperatur wird z.B. diejenige Temperatur bezeichnet, bei der eine 50%ige Konvertierung gegeben ist. Eines der Ziele der Katalysatorauslegung ist es, möglichst niedrige Anspringtemperaturen zu erreichen. **Abb. 5.11** zeigt typische Konvertierungsgrade als Funktion der Abgastemperatur.

Der 50%-Punkt liegt je nach Schadstoffkomponente und Katalysatorauslegung bei einer Temperatur von 260 bis 280 ^{o}C. Man erkennt, daß für CO und NO_x bereits Konvertierungsgrade von ca. 90 % bei Temperaturen um 300 ^{o}C erzielt werden.

Insbesondere in den ersten Sekunden des Abgastestes, wenn der Katalysator seine Betriebstemperatur noch nicht erreicht hat, sind die Konvertierungsraten extrem niedrig. Deshalb sind im Hinblick auf die geforderten US-Grenzwerte (TLEV, LEV und ULEV siehe Kapitel 8)

Maßnahmen notwendig, das Konvertierungsverhalten besonders für die unverbrannten Kohlenwasserstoffe zu verbessern.

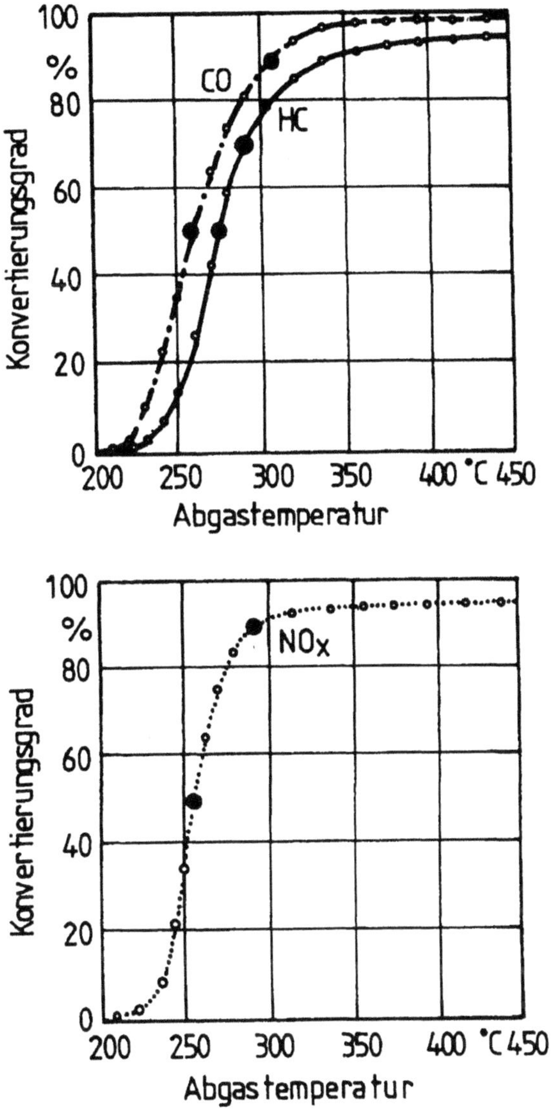

Abb. 5.11 *Konvertierungsrate als Funktion der Abgastemperatur [5.5]*

	NMHC	CO	NO_x
Keramik-Katalysator	0,21	2,83	0,45
Metallträger-Katalysator (unbeheizt/ohne Sekundärluft)	0,12	1,13	0,22
Metallträger-Katalysator (beheizt/mit Sekundärluft)	0,03	0,35	0,22

Abb. 5.12 *Abgasemissionen bei Einsatz eines beheizten Katalysators [5.10]*

Eine Entwicklung, die diesem Problem begegnet, ist die Integration einer elektrischen Heizung im Katalysator, die während der Start- und Warmlaufphase den Katalysator beheizt [5.10][5.30] [5.38][5.39]. Hierbei dient z.B. der Metallträger selbst als elektrischer Widerstand. Die Vorteile eines solchen Systems liegen in der Start- und Warmlaufphase des Motors. Die ersten 1 bis 2 Minuten nach einem Kaltstart sind mitentscheidend für das Bestehen des Abgastestes, weil der Motor in dieser Phase ca. 70 % der gesamten Emissionen im Testzyklus produziert. Durch Heizen des Katalysators und zusätzlicher Sekundärluftzufuhr sind die Schadstoffemissionen deutlich zu senken. Untersuchungen mit beheizten Systemen im US-Abgastest zeigen die in **Abb. 5.12** dargestellten Ergebnisse. Dabei wurde der Katalysator 15 Sekunden vor und 30 Sekunden nach dem Kaltstart sowie 5 Sekunden vor und 10 Sekunden nach dem nachfolgenden Warmstart beheizt. Das Vorheizen ist jedoch vom Gesetzgeber bisher nicht zugelassen. Auch bei einem Katalysator auf Keramikbasis ist eine Beheizung z.B. durch Vorschalten eines elektrischen Heizkörpers möglich.

Eine andere Entwicklung zielt auf die Aufheizung des Katalysators durch Einspritzen und Verbrennen von Kraftstoff [3.35] bzw. durch Einleiten zusätzlicher Reaktionen vor dem Katalysator ab [5.31]. Der Katalysator und die λ-Sonde erreichen nach wenigen Sekunden (ca. 15s.) die Betriebstemperatur, so daß eine gleichzeitige Minderung der Schadstoffemissionen möglich ist. Insbesondere werden die hohen HC-Spitzen in den ersten Sekunden des Abgastestes erheblich reduziert.

Im Rahmen der Bemühungen, die oben erwähnten Abgasstandards zu unterschreiten, sind auch Systeme in der Entwicklung, die eine Adsorption von HC während der ersten Sekunden des Abgastestes ermöglichen [5.40][5.41]. Im Idealfall erfolgt die Desorption dann, wenn der Katalysator eine Temperatur erreicht hat, bei der eine befriedigende Konvertierung erzielt wird. Untersuchungsergebnisse zeigen, daß damit eine Verringerung der HC-Emission von bis zu 50 % möglich ist [5.42].

B) Konvertierungsverhalten

Beim Konvertierungsverhalten wird die Konvertierung der Komponenten CO, HC, NO_X in Abhängigkeit vom Luft-Kraftstoff-Verhältnis betrachtet. Dabei ergibt sich ein relativ schmaler Bereich um $\lambda = 1$, in dem ausreichend hohe Konvertierungsraten vorliegen, **Abb. 5.13**.

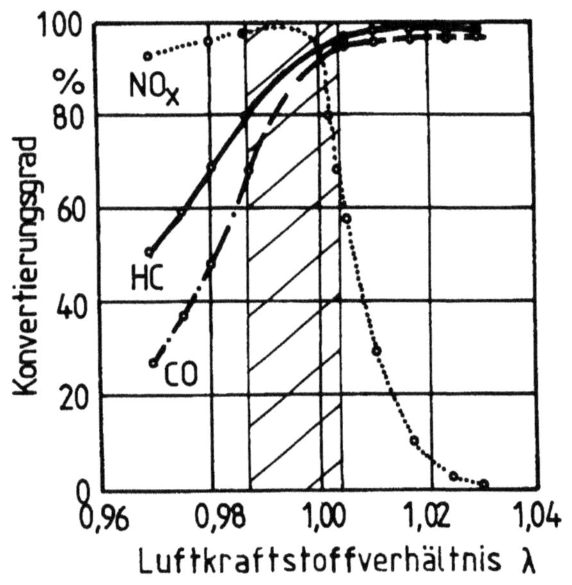

Abb. 5.13 *Statisches Konvertierungsverhalten als Funktion des Luft-Kraftstoff-Verhältnisses [5.5]*

Außerhalb des Bereiches um $\lambda = 1$ ergeben sich sehr geringe Umsatzraten insbesondere von CO und HC bei $\lambda < 1$ bzw. von NO_X bei $\lambda > 1$. Die Darstellung in **Abb. 5.13** zeigt das statische Konvertierungsverhalten. Es wird ermittelt durch Einstellen eines bestimmten Betriebspunktes, bei dem zyklische Schwankungen möglichst gering sind.

Für den Fahrzeugbetrieb bedeutungsvoller ist das dynamische Konvertierungsverhalten. Hier wird der Konvertierungsgrad bei einem vorgegebenem mittleren Luft-Kraftstoff-Verhältnis mit definierten Schwankungsbreiten festgestellt. Die Wirkung der Abgasreinigung ist dabei nicht ganz so gut wie im vorher geschilderten Fall, jedoch ist das λ-Fenster, in dem man sich bewegen darf, etwas breiter, ohne daß es zu einer drastischen Reduktion der Umsatzrate kommt (**Abb. 5.14**).

Die bisher betrachteten Zusammenhänge bezogen sich auf einen "neuen" Katalysator. Der Katalysator verliert jedoch mit zunehmender Betriebszeit seinen hohen Konvertierungsgrad. Die Gründe hierfür sind in der thermischen Alterung und der "Vergiftung" zu sehen.

a) Thermische Alterung

Diese Alterung ist ein Prozeß, bei dem es auf Grund von Sintereffekten zu einem Verlust an aktiver Oberfläche sowohl der Zwischenschicht als auch der Edelmetallschicht kommt. Die Beschichtung agglomeriert dabei zu immer größeren Teilchen.

Die Verringerung der aktiven Oberfläche beginnt an der Eintrittsseite des Katalysators. Gleichzeitig kommt es zu einer Vergrößerung der Edelmetallkristalle, verbunden mit einer weiteren Verringerung der aktiven Edelmetalloberfläche (Einschluß von Edelmetallpartikeln). Der Verlust an aktiver Oberfläche bei Überhitzung des Katalysators zeigt **Abb. 5.15.** Man erkennt, daß im ersten Drittel des Katalysators der größte Verlust an spezifischer Oberfläche stattfindet. Dies ist der Bereich, in dem die Hauptreaktionszone des Katalysators liegt.

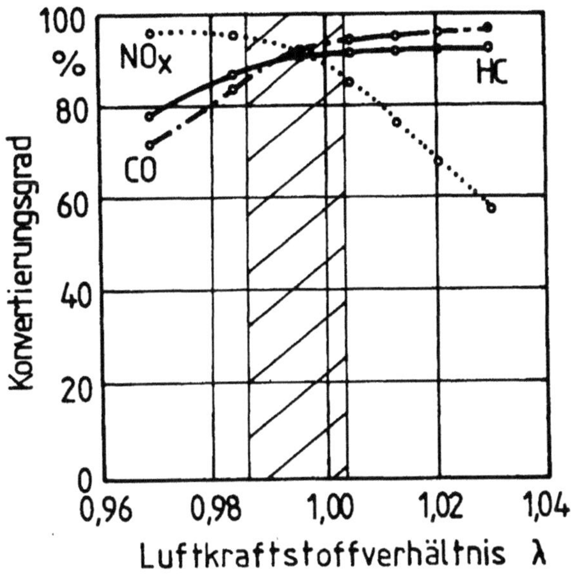

Abb. 5.14 *Dynamisches Konvertierungsverhalten über dem Luft-Kraftstoff-Verhältnis [5.5]*

Um eine thermische Alterung zu vermeiden, ist es wichtig, daß der Katalysator nur Temperaturen ausgesetzt wird, die bestimmte Grenzen bei Dauerbetrieb nicht überschreiten. Für einen Keramikkatalysator liegt diese Grenze bei etwa 900 °C. Je länger die Betriebsphasen bei sehr hohen Temperaturen sind, um so stärker ist die thermische Alterung.

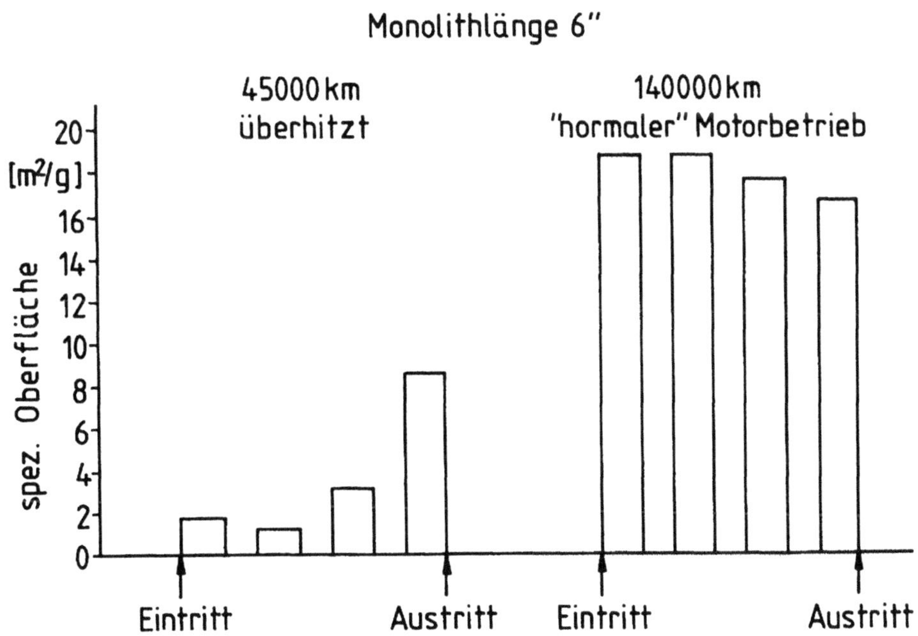

Abb. 5.15 *Spezifische Oberfläche bei überhitztem Katalysator und normalem Motorbetrieb[5.6]*

b) "Vergiftung"

Man spricht von "Vergiftung", wenn die katalytisch aktive Oberfläche durch Ablagerungen (physikalisch) oder chemische Reaktionen teilweise inaktiv geworden ist. Dabei wird zwischen zwei Ursachen unterschieden:

- **chemische "Vergiftung"**
  Hier spielen chemische Reaktionen mit Fremdstoffen, wie z.B. Kraftstoff- und Öladditive, eine Rolle.

- **mechanische "Vergiftung"**
  Es kommt zu einem Abdecken der aktiven Schicht (Verstopfen der Poren) durch Additive wie Blei und Schwefel aus dem Kraftstoff bzw. durch Metallverbindungen wie Zink, Magnesium und Kalzium aus dem Motoröl.

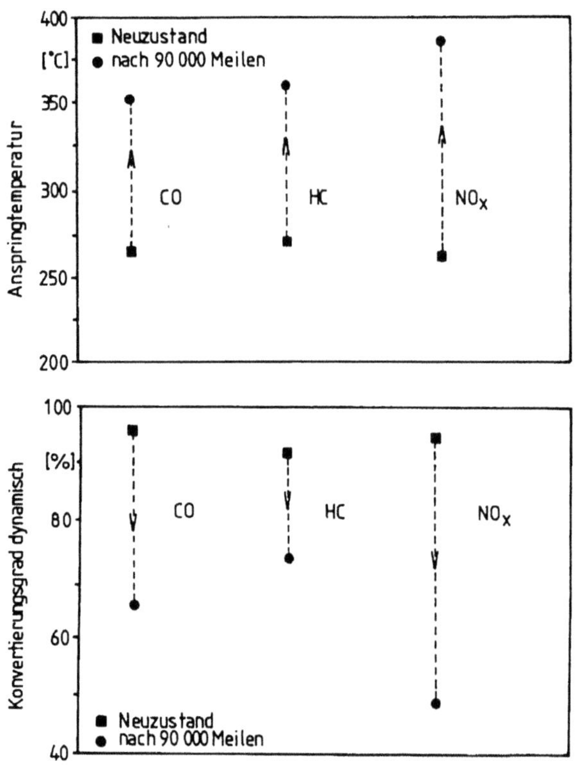

Abb. 5.16 *Einfluß der Alterung auf Konvertierungsgrad und Anspringtemperatur unter gleichen Randbedingungen*

Der Einfluß der Alterung auf den Konvertierungsgrad bzw. das Anspringverhalten zeigt **Abb. 5.16** für einen möglichen Fall.

Abb. 5.17 zeigt die Wirkung verschiedener Temperaturen im Katalysator [5.6]. Im Bereich um 800 °C treten Sintereffekte mit den Additiven des Motorenöls und des Kraftstoffes auf. Eine weitere Temperaturerhöhung führt zu einem zunehmenden Oberflächenverlust des Wash-Coats. Wird der Bereich von 1000 °C überschritten, treten Sintereffekte zwischen den Edelmetallen auf und es kommt zu Ablösungen des Wash-Coats. Besonders kritisch sind lang andauernde hohe Temperaturen, während kurzzeitige Temperaturspitzen unproblematischer sind [5.36].

Durch die Alterung des Katalysators verändert sich auch das λ-Fenster, in dem die optimale Konvertierungsrate vorliegt.

5.1.3.4 Anordnung des Katalysators im Fahrzeug

Die Anordnung des Katalysators im Fahrzeug sollte so erfolgen, daß folgende Kriterien erfüllt sind:

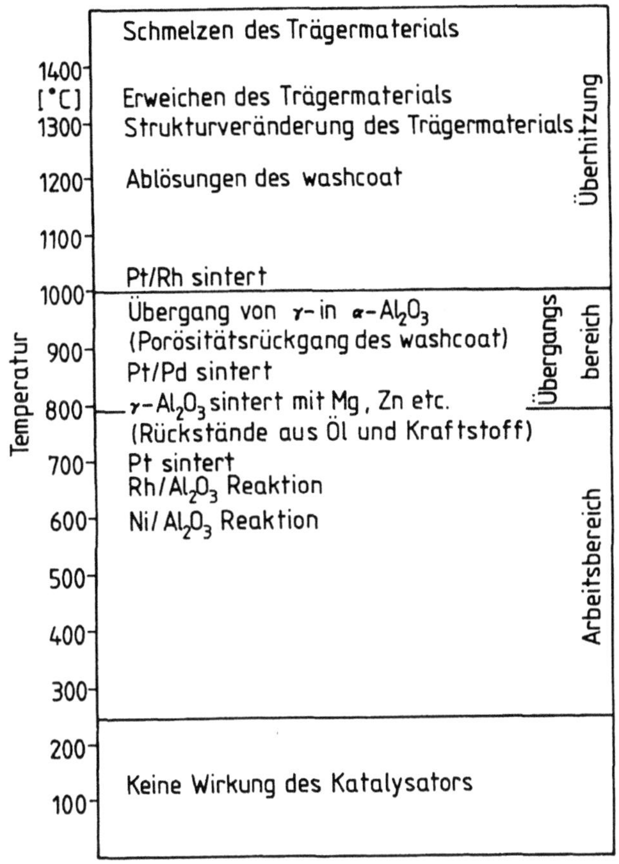

Abb. 5.17 *Wirkung verschiedener Temperaturen im Katalysator [5.6]*

- strömungsgünstige Plazierung, d.h. möglichst geringe Druckverluste des Abgases auf dem Weg zum Katalysator,
- gleichmäßige radiale Beaufschlagung des Katalysators mit Abgas,
- keine zu starke Abkühlung des Abgases zwischen Motor und Katalysator, um ein frühes Anspringverhalten zu gewährleisten.

Die Lage soll möglichst nahe am Motor sein, was insbesondere für den Metallträgerkatalysator auf Grund seiner geringeren Wärmekapazität und seiner höheren zulässigen Temperatur gilt. Bei motorferner Anordnung ist der Abgasstrang eventuell gegen Wärmeverluste zu isolieren, um vor allem ein Auskühlen im unteren Lastbereich zu vermeiden. Dabei ist jedoch darauf zu achten, daß die zulässigen Katalysatortemperaturen nicht überschritten werden. In Ländern mit Geschwindigkeitsbegrenzung kann der Katalysator motornäher untergebracht werden, da die maximal auftretenden Abgastemperaturen niedriger liegen.

Mit dem Motormanagement muß verhindert werden, daß unverbrannter Kraftstoff in den Auslaßtrakt gelangt. Sonst besteht die Gefahr, daß dieser sich an heißen Stellen im Katalysator entzündet, was zu unzulässig hohen Temperaturen führt. Überhitzung kann z.B. auftreten, wenn die Drehzahlbegrenzung des Motors durch Abschalten der Zündung erfolgt und nicht durch Unterbrechung der Kraftstoffzufuhr. Ebenso problematisch können der Ausfall der Zündung oder Zündaussetzer in einem oder mehreren Zylindern sein.

In einigen Fällen sind sogenannte Startkatalysatoren im Einsatz, die einen relativ geringen Bauraum erfordern und möglichst nahe am Auslaßkrümmer bzw. im Krümmer angeordnet sind. Damit wird erreicht, daß, bedingt durch die hohen Temperaturen am Motoraustritt, der Startkatalysator schnell anspringt. Die ablaufenden exothermen Reaktionen stellen dem Hauptkatalysator Abgas mit höherer Temperatur zur Verfügung. Der Startkatalysator muß jedoch so ausgelegt sein, daß nur ein geringer Teil des exothermen Potentials im Abgas abgebaut wird, da es sonst zu Überhitzungen im Katalysator kommt. Es ist daher sinnvoll, einen Metallträger zu verwenden, da er thermisch höher belastbar ist und weniger Bauraum benötigt.

5.1.3.5 Nachteile bei der Anwendung von Katalysatoren

Neben den bereits beschriebenen Problemen, wie Minderung der Wirksamkeit durch Vergiftung und thermische Alterung, sind als Nachteile insbesondere zu nennen:

- aufwendiges Gemischregelsystem, da das Kraftstoff-Luft-Gemisch in sehr engen Grenzen geregelt werden muß,
- Der geregelte Dreiwege-Katalysator verlangt ein stöchiometrisches Gemisch. Somit ist die Möglichkeit genommen, den Motor aus Verbrauchsgründen im Teillastgebiet mager zu betreiben (ca. 8 % höherer Kraftstoffverbrauch),
- höherer Abgasgegendruck mit negativen Auswirkungen auf die Klopfneigung, auf den Kraftstoffverbrauch und die Leistung,
- Kosten durch zusätzliche Systeme und Edelmetalleinsatz.

5.1.3.6 Kritische Betriebszustände für den Katalysator

Der Katalysator ist in seiner Wirkung durch zu hohe Temperaturen gefährdet. Je nach Betriebsbereich, in dem sich der Motor befindet, können Abgastemperaturen deutlich über 900 °C erreicht werden, die durch geeignete Maßnahmen verhindert werden müssen. Kritischster Betriebsbereich ist dabei der Schiebebetrieb, wenn keine Schubabschaltung, d.h. keine Unterbrechung der Kraftstoffzufuhr während der Schiebephase, gegeben ist. **Abb. 5.18** zeigt diesen Kennfeldbereich und **Abb. 5.19** die dabei möglichen Katalysatortemperaturen.

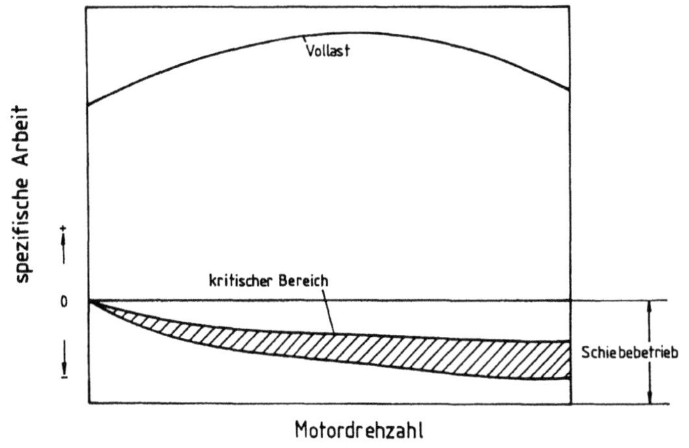

Abb. 5.18 *Kritischer Kennfeldbereich für Katalysatoren [Quelle VW]*

Wie bereits gesagt, liegt die zulässige Grenztemperatur für einen Keramikkatalysator bei ca. 900 °C. Bei höheren Temperaturen ist eine Schädigung des Katalysators nicht auszuschließen. Besonders kritisch ist dabei der unmittelbare Übergang von Vollast in den Schiebebetrieb (hohe Temperaturen).

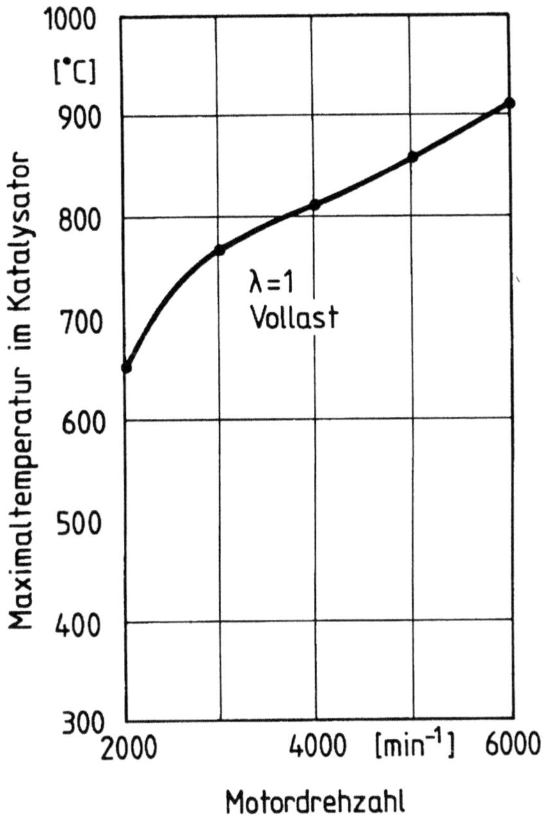

Abb. 5.19 *Katalysatortemperaturen über der Motordrehzahl*

5.1.3.7 Recycling von Katalysatoren

Der weltweite Einsatz des Katalysators ist langfristig nur möglich, wenn die dazu notwendigen Rohstoffe in ausreichendem Maße und preiswert zur Verfügung stehen. Im Vordergrund stehen dabei die Edelmetalle Platin und Rhodium. Jeder Katalysator enthält im Mittel etwa 3 bis 7 g Platin und 0,5 bis 1,5 g Rhodium. Der für den Bau von Automobilkatalysatoren benötigte Platinanteil beträgt zur Zeit bereits ca. ein Drittel der gesamten produzierten Menge. Die Situation bei Rhodium mit ca. zwei Drittel der produzierten Menge ist heute schon als kritisch anzusehen [5.23].

Da sich der Anteil von Fahrzeugen mit Katalysatoren weltweit weiter erhöhen wird, scheint es notwendig, geeignete Methoden zu entwickeln, um die wertvollen Edelmetalle aus gebrauchten Katalysatoren zurückzugewinnen. 1993 werden mehrere hundert Tonnen an Altkatalysatoren erwartet; Ende des Jahrhunderts wird mit Mengen von 1500 Tonnen gerechnet. Das ergäbe ein Rückgewinn von ca. 2250 kg Platin und 450 kg Rhodium.

Beim Recycling muß man trennen zwischen Keramik- und Metallträgerkatalysator. Keramik-Monolithen müssen aus ihrer Verpackung gelöst und anschließend feingemahlen werden. Die weitere Aufbereitung kann über zwei Wege erfolgen:

- pyrometallurgisch,
- naßchemisch.

Beim pyrometallurgischen Verfahren wird das gemahlene Keramikmaterial geschmolzen. Das Trägermaterial bildet dabei Schlacke; die Metallelemente können separiert werden. Ein nachfolgender Prozeß trennt Metalle von Edelmetallen durch Oxidation. Weitere sich anschließende chemische Prozesse liefern Edelmetalle sehr hoher Reinheit.

Beim naßchemischen Verfahren erfolgt die Trennung über oxidierende Säuren oder über einen alkalischen Aufschluß. Die weitere Verarbeitung zu höheren Reinheitsstufen erfolgt auf ähnliche Art wie bei der pyrometallurgischen Aufarbeitung.

Problematischer gestaltet sich das Recycling von Metallträgerkatalysatoren. Die Werkstoffe, die den Edelmetallanteil tragen, müssen in einer ersten Verarbeitungsstufe vom Metall des Trägers gelöst werden. Eine Möglichkeit, die z.Z. als aussichtsreich angesehen wird, ist das

Zerspanen des Metallträgers. Dabei wird der Wash-Coat abgelöst, und die Edelmetalle können über geeignete Verfahren z.B. in eine gasförmige Phase überführt und separiert werden.

5.1.3.8 λ-Sonde

Eine wesentliche Komponente im Gesamtsystem des Dreiwege-Katalysators ist die λ-Sonde. Sie dient zur Messung des Luft-Kraftstoff-Verhältnisses λ und zur genauen Regelung auf λ = 1. Das Luft-Kraftstoff-Verhältnis muß bei einem Dreiwege-Katalysator in einem engen λ-Fenster liegen (λ = 0,995 bis 1,005), um die Konvertierung möglichst hoch zu halten, **Abb. 5.20**. Die λ-Sonde befindet sich in der Abgasleitung an einer Stelle, die repräsentativ für das Abgas aller Zylinder ist. Bei V-Motoren werden zum Teil zwei Sonden verwendet.

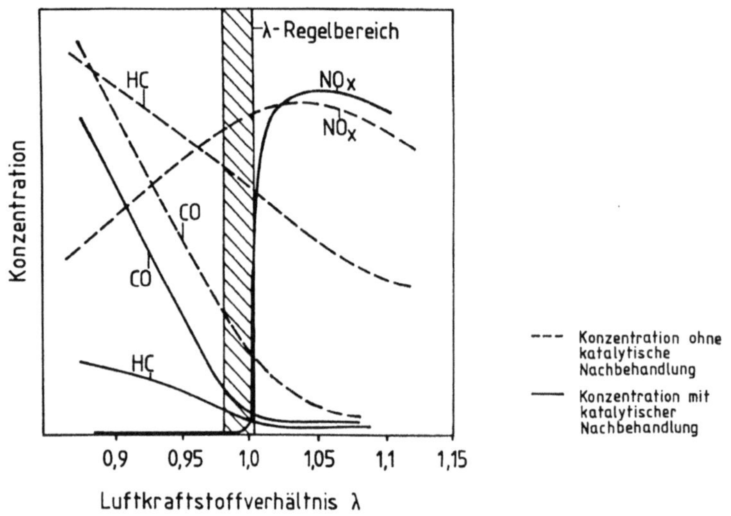

Abb. 5.20 *λ-Fenster [5.14]*

Die Wirkungsweise beruht auf dem Prinzip einer galvanischen Sauerstoffkonzentrationszelle mit einem Festkörperelektrolyt. Das verwendete Keramikmaterial ist ab ca. 300°C für Sauerstoffionen leitend.

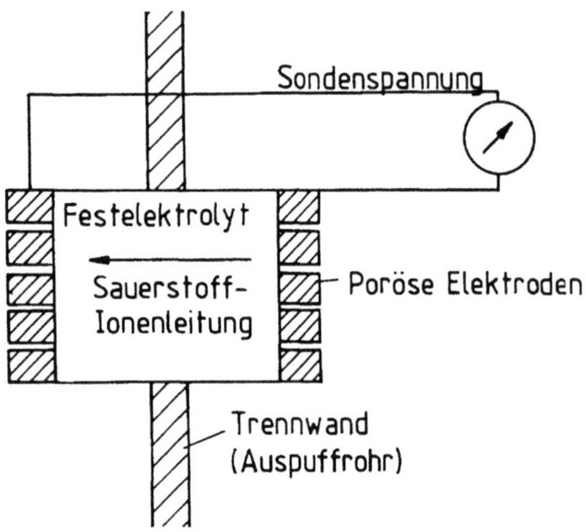

Abb. 5.21 *Prinzip der λ-Sonde [5.14]*

In **Abb. 5.21** ist das Prinzip der Sonde gezeigt.

Als gasdurchlässiger Festkörperelektrolyt wirkt eine Mischung aus Zirkonium- und Yttriumoxid. Diese Mischung ist ein nahezu reiner Sauerstoffleiter. Wird der Festkörper beiderseits mit porösen Elektroden kontaktiert und setzt man eine Seite einer höheren Sauerstoffkonzentration aus als die andere Seite, so erhält man eine elektrische Spannung. Damit ist die Spannung ein Maß für die Sauerstoffkonzentration im Abgas. Der Sauerstoffgehalt im Abgas eines Motors ist stark λ-abhängig. Damit ist es möglich, den

Sauerstoffgehalt als Maß für das Luft-Kraftstoff-Verhältnis heranzuziehen. **Abb. 5.22** zeigt die je nach Sauerstoffgehalt im Abgas abgegebene Sondenspannung. Es ist ersichtlich, daß auf Grund der Charakteristik der Sondenspannung eine eindeutige Zuordnung vor allem in einem sehr engen λ-Bereich gegeben ist. Man spricht von einer Sprungfunktion, die zur λ-Regelung herangezogen wird.

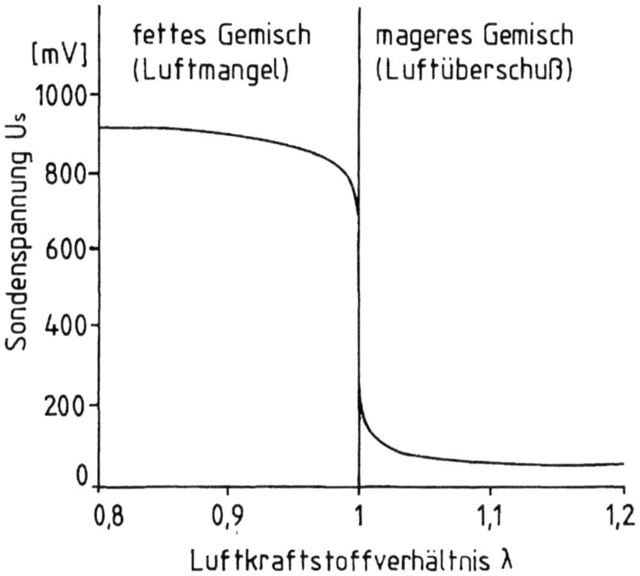

Abb. 5.22 *Spannungskennlinie der λ-Sonde bei 600 °C Abgastemperatur [5.14]*

Eine weitere zentrale Einflußgröße ist neben dem Sauerstoffgehalt des Abgases die Temperatur des Keramikkörpers, weil darüber die Leitfähigkeit für Sauerstoffionen beeinflußt wird. Die abgegebene Spannung wird durch die Temperatur stark beeinflußt. Die optimale Betriebstemperatur liegt bei ca. 600 °C, die Mindestbetriebstemperatur bei 300 °C.

Da beim Start des Motors die Mindesttemperatur noch nicht erreicht ist, wird die Regelung abgeschaltet. Der Motor wird gesteuert betrieben (open loop). Nach Erreichen der gewünschten Temperatur wird die Regelung eingeschaltet. Die λ-Sonde darf über längere Zeit nicht über einer Temperatur von 900 °C betrieben werden.

Um den Problemen bezüglich der Ansprechzeit und der Spannungsänderung durch Temperatureinflüsse z.B. nach einem Kaltstart zu begegnen, wurde eine beheizte λ-Sonde entwickelt. Durch ein eingebautes elektrisches Heizelement wird die Keramiktemperatur bei niedriger Abgastemperatur angehoben, so daß ständig die optimale Betriebstemperatur anliegt. Die Vorteile sind

- schnelle Aufheizung (ca. 20 s nach Motorstart kann die λ-Regelung freigegeben werden),
- niedrige und stabile Abgasemissionen.

Abb. 5.23 zeigt den Aufbau einer beheizten und unbeheizten λ-Sonde.

Damit die katalytisch aktive Schicht der Platinelektrode der λ-Sonde in ihrer Wirkung erhalten bleibt, muß der Motor mit bleifreiem Kraftstoff betrieben werden. Durch Bleiablagerungen aus dem Kraftstoff würde die katalytisch aktive Schicht geschädigt ("vergiftet").

Neuere Untersuchungen zeigen, daß die Genauigkeit der λ-Regelung durch den Einsatz einer zweiten Sonde hinter dem Katalysator verbessert werden kann [5.26]. Das Signal dieser Sonde dient als Führungsgröße für die λ-Regelung, womit eine Kompensation von störenden Einflüssen auf die λ-Sonde vor dem Katalysator erreicht wird.

Eine weitere Entwicklung legt die direkte Messung des Restsauerstoffgehaltes als Maß für das Luft-Kraftstoff-Verhältnis zugrunde.

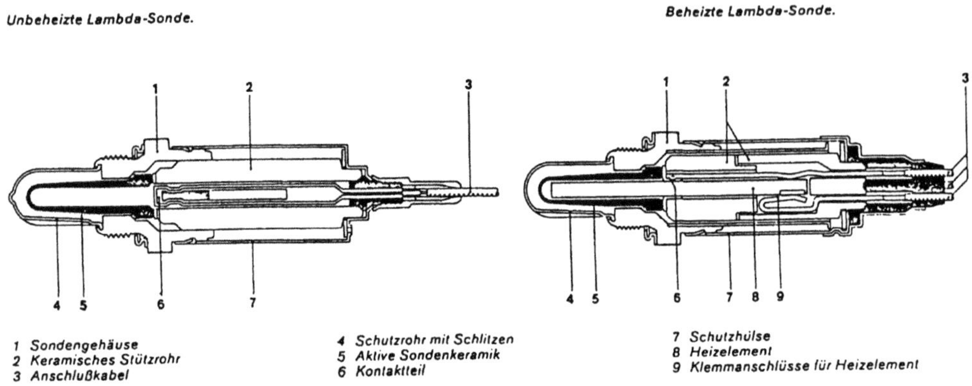

Abb. 5.23 *Schnittbild der beheizten und unbeheizten λ-Sonde [5.14]*

Die höhere Temperaturfestigkeit und die geringe Ansprechzeit dieser Sensoren bieten die Möglichkeit, die Gemischregelung zylinderselektiv vorzunehmen mit Vorteilen bezüglich der Abgasqualität und des Kraftstoffverbrauchs [5.27]. Mittlerweile gibt es auch λ-Sonden, die für Magermotoren eingesetzt werden können.

5.2 Dieselmotor

Der Dieselmotor arbeitet im Gegensatz zum Ottomotor mit sehr viel höheren Luft-Kraftstoff-Verhältnissen. Da die Last des Motors über das Luft-Kraftstoff-Verhältnis geregelt wird, scheidet diese Größe prinzipiell als Beeinflussungsmöglichkeit für das Abgas aus. Lediglich bei Vollast ist über eine Begrenzung der Kraftstoffzufuhr ein Beeinflussung möglich. Damit kann die Rauchzahl bzw. die Rußemission begrenzt werden. Das war früher der einzige Gesichtspunkt in bezug auf die Abgasproblematik beim Dieselmotor. Seit Mitte der 80-iger Jahre hat sich das jedoch geändert. Die Abgasgesetzgebung für Dieselmotoren wurde wie beim Ottomotor deutlich verschärft.

5.2.1 Thermische Reaktoren

Die Wirkungsweise der thermischen Reaktoren ist bei Otto- und Dieselmotor gleich. Es sind entsprechend hohe Temperaturen notwendig, um CO und HC zu verringern. Die Abgastemperaturen liegen jedoch beim Dieselmotor und vor allem beim Dieselmotor mit Direkteinspritzung deutlich niedriger. Die Wirkung ist deshalb, bezogen auf den gesamten Betriebsbereich des Dieselmotors, nur sehr begrenzt. Ähnlich verhält es sich mit der Nachreaktion von Ruß, wobei neben der Temperatur auch die Verweilzeit im Reaktor nicht ausreicht. Der thermische Reaktor ist somit für den Dieselmotor noch weniger geeignet als für den Ottomotor.

5.2.2 Katalytische Reaktoren

Ein Dreiwege-Katalysator, wie er für Ottomotoren verwendet wird, ist für Dieselmotoren nicht geeignet, da der Dieselmotor nicht bei $\lambda = 1$ betrieben werden kann. Auf Grund des hohen Sauerstoffüberschusses in weiten Betriebsbereichen ist eine nennenswerte katalytische NO_X-Reduktion praktisch nicht vorhanden. Die Ursache dafür liegt darin begründet, daß das im Prinzip vorhandene Reduktionspotential aus CO und HC durch Oxidationsvorgänge aufgebraucht wird.

Darüber hinaus reichen die Abgastemperaturen nicht immer aus, um ein Anspringen des Katalysators zu gewährleisten. Als alternative Verfahren, die noch nicht in Serie sind, gelten:

- **Selektive nichtkatalytische Reduktion**, wobei als Reduktionsmittel Ammoniak bzw. Harnstoff genutzt wird. Bei der Rauchgasentstickung in Kraftwerken und bei Dieselmotoren in Stationäranlagen werden diese Verfahren eingesetzt.

- **Selektive katalytische Reduktion (SCR):** Dabei werden Katalysatoren und Reduktionsmittel, z. B. NH_3 (Amoniak), benutzt. Ein Verfahren, welches sich in der Entwicklung befindet, ist z.B. das Carnox-Verfahren. Abhängig von der aktuellen NO_X-Emission und der Katalysatortemperatur wird kennfeldgesteuert ein Reduktionsmittel vor dem Katalysator eingebracht, **Abb. 5.24** [5.28]. Das Reduktionsmittel ist Carbamid. Die Zufuhr erfolgt in wässriger Lösung mit Hilfe des Luftstroms. Erste Anwendungen sind im Bereich der Großdieselmotoren vorhanden.

- **Nicht selektive katalytische Reduktion (NSCR):** Die Konvertierungsraten sind geringer als bei dem SCR-Verfahren. Darüber hinaus ist ein bestimmter Anteil an oxidierenden Komponenten erforderlich. Diese können extern oder über motorische Maßnahmen (Einspritzcharakteristik) bereitgestellt werden. Nutzt man speziell beschichtete Katalysatoren, so können neben NO_X auch HC, CO und Partikel reduziert werden [5.32].

- **Denox- bzw. Mager- Katalysator:** Da die beiden Verfahren NSCR und SCR primär auf die Reduktion von NO_X im mageren Bereich abzielen, bezeichnet man diese Katalysatoren auch als Denox-Katalysatoren. Mit solchen Katalysatoren (Zeolit) [5.33] auf Kupfer-Eisen-Basis (ZSM-5) wurde im Dieselabgas eine NO_X-Reduktion von ca. 20% erreicht. Erhöht man jedoch den Anteil bestimmter HC-Komponenten im Abgas, so sind im Zusammenwirken mit einer heißen AGR über 50 % NO_X-Reduktion erreichbar. Als Reduktionsmittel wirken hierbei Kohlen-

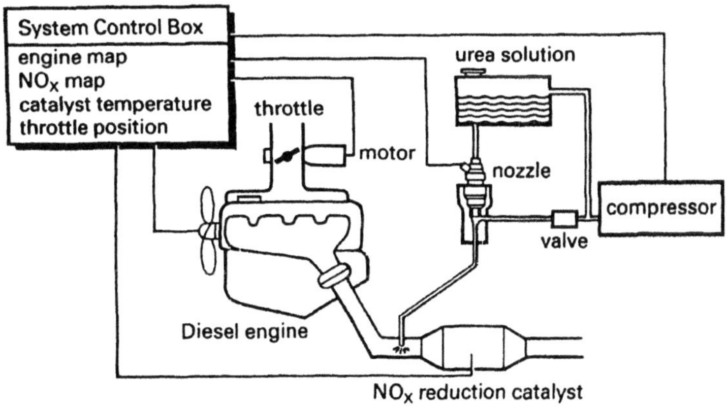

Abb. 5.24 *Carnox-Verfahren*

wasserstoffe, welche zumindest teilweise in dampfförmigem Zustand zugeführt werden müssen.

5.2.2.1 Oxidationskatalysator

Wie bereits dargestellt, kommen derzeit beim PKW-Dieselmotor ausschließlich Oxidationskatalysatoren zum Einsatz. Damit können Kohlenwasserstoffe, Kohlenmonoxid und lösliche Partikel oberhalb einer Temperatur von etwa 170 °C oxidiert werden. Wichtig ist dabei, daß

- keine " Vergiftung" des Katalysators durch Schwefeloxidationsprodukte auftritt,
- keine Verschmutzung der katalytisch aktiven Flächen durch z.B. Rußablagerung erfolgt.

Abb. 5.25 zeigt die Einflußfaktoren auf die Wirksamkeit des Oxidationskatalysators. Dabei spielen insbesondere die Beschichtung (Unterdrückung der Sulfatbildung, Anspringverhalten bei niedrigen Temperaturen) eine entscheidende Rolle.

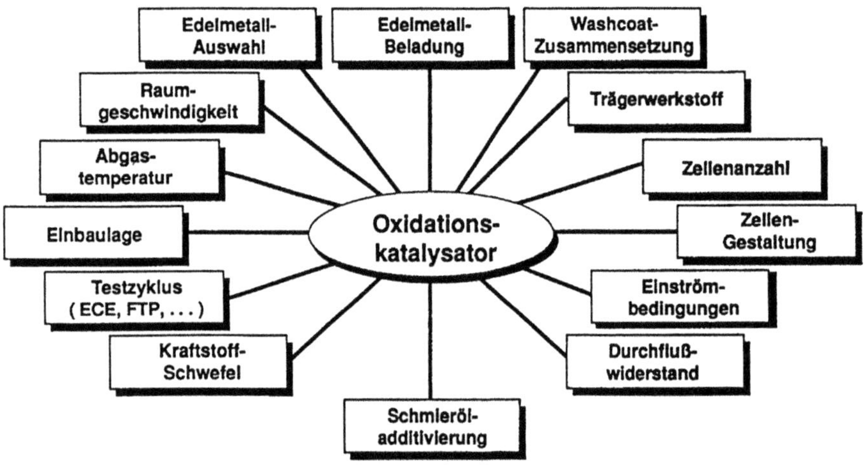

Abb. 5.25 *Einflußfaktoren auf die Wirksamkeit des Oxidationskatalysators [5.45]*

Die Gefahr durch Vergiftung und Verschmutzung ist allerdings relativ gering, da infolge der Oxidation die Rußteilchen trocken geworden sind und durch die hohe Strömungsgeschwindigkeit entfernt werden. Die Möglichkeit der Schwefelvergiftung ist nur in geringem Maße gegeben, da es sich hier um einen reversiblen Prozeß handelt, bei dem gespeicherte Sulfate bei hoher Temperatur wieder desorbieren. Die Anwesenheit von SO_2 mindert allerdings die HC- und CO-Konvertierung. In Zukunft werden Dieselkraftstoffe geringere Schwefelgehalte aufweisen, wodurch diese Problematik weiter an Bedeutung verliert.

Abb. 5.26 zeigt einen Vergleich der HC-Konvertierungsrate zwischen Otto- und Dieselmotor. Man erkennt, daß beim Dieselmotor die Konvertierung bei sehr viel niedrigeren Temperaturen beginnt. Die Ursache liegt in dem hohen Luftüberschuß (hohe Sauerstoffverfügbarkeit) sowie in der Zusammensetzung des Dieselkraftstoffes. Die Probleme beim Katalysatoreinsatz im Dieselmotor sind zusammenfassend:

- Verschmutzung der katalytisch wirksamen Fläche durch Ruß- und Aschebelag. Das kann durch die Wahl der Größe des Katalysators und des Querschnittes sicher vermieden werden.

- Die Gefahr der Schwefelvergiftung kann durch geeignete Wahl der Beschichtung verhindert werden.

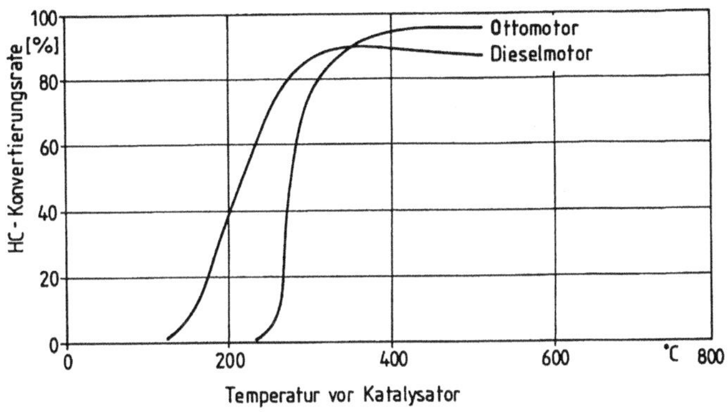

Abb. 5.26 *Prinzipbild einer HC-Konvertierungsrate von Otto- und Dieselmotor als Funktion der Temperatur [5.49]*

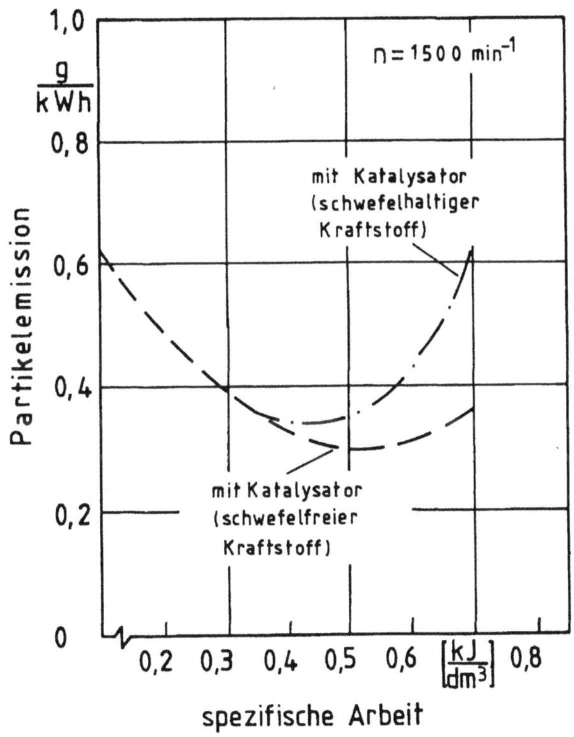

Abb. 5.27 *Partikelemissionen mit Katalysator [5.1]*

Die Sulfatbildung (SO_3) wird bei Einsatz einer Platin-Rhodium- oder einer Palladium- Beschichtung gehemmt. Rhodium und Palladium unterdrücken die SO_2- zu SO_3-Bildung .

- Bei Anwendung eines Oxidationskatalysators wird der organisch lösliche Anteil an der Partikelemission bei Teillast durch Nachverbrennung verringert. Durch den Schwefelgehalt des Dieselkraftstoffes kommt es jedoch im oberen Lastbereich bei höheren Temperaturen (350 bis 400 °C) zu einem Anstieg der Partikelemission durch Sulfatbildung. Es wäre wünschenswert, den Schwefelgehalt im Kraftstoff weiter zu verringern, um eine Minderung der Partikelmissionen zu erreichen. Dies ist nur in wenigen Ländern bereits realisiert. Eine Absenkung deutlich unter 0,05 %, wie vielfach vorgeschlagen, ist erforderlich. Dadurch wird der nicht lösliche Partikelanteil verringert. Hierbei sind Probleme der Wirtschaftlichkeit bei der Kraftstoffherstellung zu beachten. Die Verhältnisse der Partikelemission bei der Verwendung von schwefelfreien bzw. schwefelhaltigen Kraftstoff sind in **Abb. 5.27** dargestellt. Darüber hinaus zeigt **Abb. 5.28** den Zusammenhang zwischen Abgastemperatur und der Sulfat- bzw. Partikelbildung.

Der Light-Off-Punkt (Anspringtemperatur für 50%ige Konvertierung) des Katalysators sollte im motorischen Betrieb nicht unterschritten werden, da es bei einem erneuten Anspringen zu "Weißrauch"-Emissionen kommt.

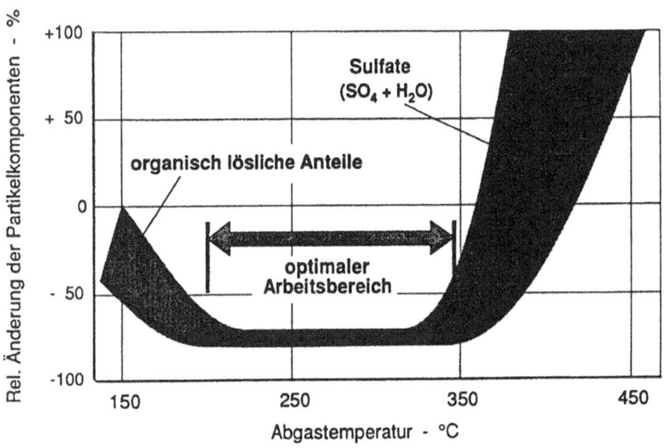

Abb. 5.28 *Abgastemperatur und Partikelbildung [5.15]*

Die möglichen Verbesserungen durch Einsatz eines Katalysators bei einem WK-Dieselmotor zeigt eine Messung der Emissionen im FTP-75, **Abb. 5.29**.

Wie aus den bisherigen Überlegungen zu erwarten, ergeben sich durch den Oxidationskatalysator deutliche Vorteile bezüglich CO, HC und Partikel. Die Senkung der Partikelemission ist jedoch weitgehend vom gewählten Testzyklus und vom Schwefelgehalt des Kraftstoffes abhängig. Der Testzyklus entscheidet dabei entsprechend dem Zeitanteil hoher Abgastemperaturen über das Ausmaß der Partikelbildung (Sulfatbildung).

Der vermehrte Einsatz von Dieselkatalysatoren wird auch die Motorauslegung entscheidend beeinflussen. Insbesondere bei den Partikelemissionen ist ein höherer Anteil an löslichen Komponenten bei gleichzeitig verringerten unlöslichen Partikelkomponenten anzustreben, weil die löslichen Komponenten durch den Katalysator abgebaut werden können und dadurch der partikelmindernde Effekt des Dieselkatalysators insgesamt erhöht wird.

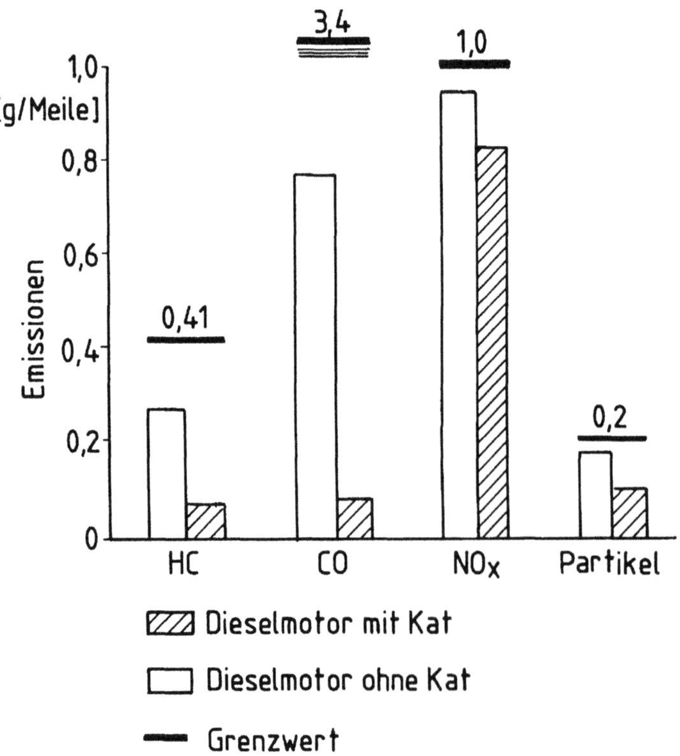

Abb. 5.29 *Emissionen eines Wirbelkammermotors im US-Test mit und ohne Katalysator [Quelle VW]*

5.2.3 Abscheidesysteme

Die Verringerung der Partikelemissionen aus Fahrzeugmotoren stellt insbesondere für den Dieselmotor ein zunehmend größer werdendes Problem dar. Einerseits werden die gesetzlichen Bestimmungen zur Reduktion der Partikelemission weiter verschärft, zum anderen versagen derzeit noch in Großserie einsetzbare Partikelfilter für PKW-Motoren.

Eine weiterer Problempunkt ist in der Partikelgrößenverteilung zu sehen. Viele der in **Abb. 5.30** aufgeführten Reinigungsmethoden sind für die motorische

Abgasreinigung nicht wirksam einsetzbar.

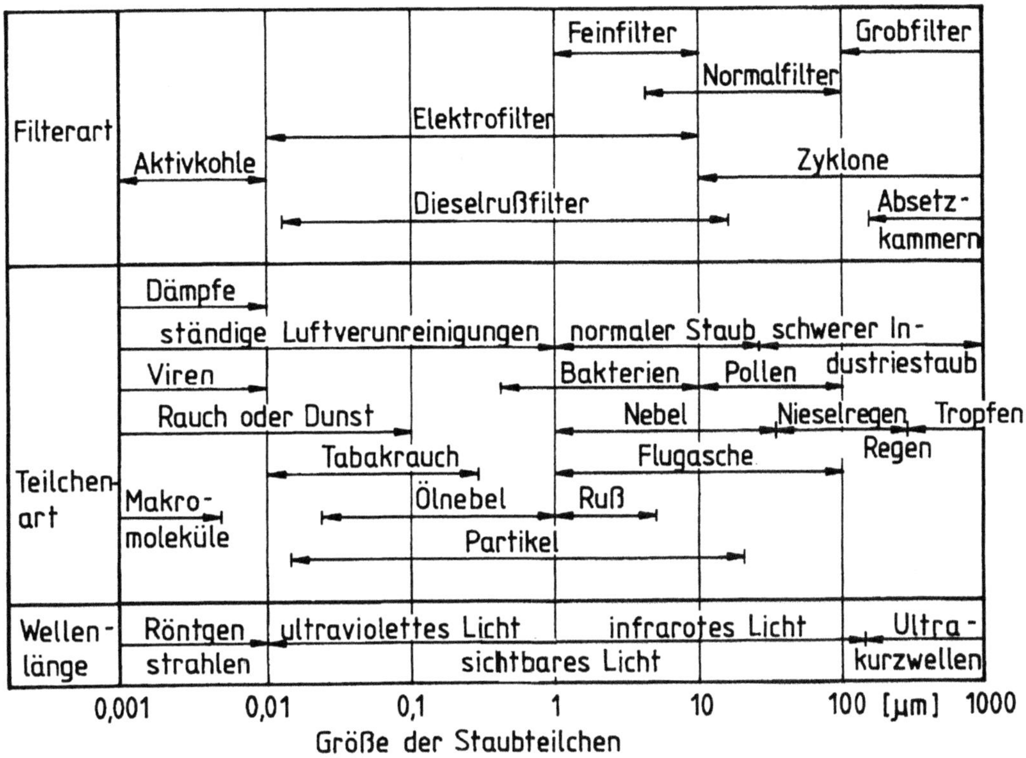

Abb. 5.30 *Partikelgrößen und Filterart [5.18]*

Die verschiedenen Filtersysteme kann man nach dem Filterwerkstoff unterscheiden. Beim Dieselpartikelfilter besteht der Werkstoff vorwiegend aus Keramik, Stahl, Sintermetallen und Fasern, welche katalytisch oder auch teflonbeschichtet sein können. Durch ein engmaschiges Gewebe oder poröses Medium (poröse Wände) mit einem kleinen freien Querschnitt und einer großen Oberfläche wird Abgas geleitet. Der Faserabstand beim Wickelfilter ist häufig um ein bis zwei Zehnerpotenzen größer als der am häufigsten auftretende Partikeldurchmesser. Dabei bleiben nur die größeren Partikel direkt im Filter hängen, die kleineren Partikel werden durch Absorption an der Wand des Filters angelagert. Das führt mit zunehmender Beladung zu einer Verbesserung des Filterwirkungsgrades. Die Folge ist eine Erhöhung des Durchgangswiderstandes und damit eine Erhöhung des Abgasgegendruckes. An Hand dieses Sachverhaltes wird deutlich, daß nach Erreichen eines bestimmten Beladungszustandes die Regeneration des Filters erfolgen muß. Die gesamte Problematik der Rußfiltertechnik ist aus dem Zielkonflikt Abscheidegrad-Abgasgegendruck-Regeneration-Bauvolumen erkennbar.

Zyklonabscheider, Aktivkohle, Prall- oder Umlenkabscheider sowie Rauchgaswäscher haben sich für den Einsatz im Automobil nicht durchgesetzt, ebensowenig Abscheidesysteme, wie sie aus der industriellen Gasreinigung bekannt sind. Erprobt werden seit einiger Zeit Abscheider, bei denen die Partikel mit Hilfe eines elektrostatischen Feldes agglomeriert und in einem nachgeschalteten System vom Abgas getrennt werden. Die Aufbereitung erfolgt dann über die Rückführung zur motorischen Verbrennung oder durch intermittierendes Abbrennen.

Probleme liegen in der relativ niedrigen Filterwirkung (50 %), dem hohen Bauaufwand sowie dem erhöhten Verschleiß bei Rückführung der Partikel [5.34].

5.2.3.1 Filtersysteme

Die größten Erfolgschancen in bezug auf einen Einsatz in der Großserie werden den regenerativen Rußfiltern eingeräumt. Bis jetzt ist jedoch kein System dauerhaft in Serie, da die Regeneration (Abbrennen der gesammelten Partikelmasse) nicht sicher gelöst ist. Man unterscheidet zwischen

- Oberflächenfilter,
- Tiefenfilter.

Beiden liegt das Prinzip zugrunde, daß die Partikel im Filterbett zurückgehalten und intermittierend abgebrannt werden. Bei den Oberflächenfiltern ist der Porendurchmesser sehr gering. Die Partikel können nicht in das Filtermaterial eindringen. Sie werden an der Oberfläche abgeschieden. Auf der Oberfläche des Filtermaterials bildet sich der Filterkuchen, der das Filterelement zusetzt und den Durchflußwiderstand erhöht. Aus diesem Grund ist eine große Filteroberfläche notwendig. Benutzt werden dazu in der Regel Keramikfilter. Man unterscheidet zwischen folgenden Arten:

- **Keramikmonolith-Filter**
  Der Keramikkörper ist von einer Vielzahl von Kanälen durchzogen, die an den Enden wechselseitig verschlossen sind (**Abb. 5.31**).

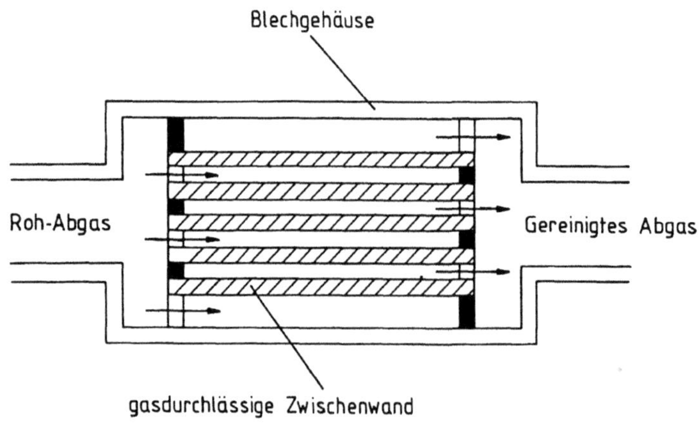

Abb. 5.31 *Keramikmonolith-Filter*

Das vom Motor kommende Gas ist gezwungen, durch die porösen Wände zu strömen, an denen sich die Partikel anlagern. Mit steigender Filterkuchendicke bzw. Beladung nimmt der Abscheidegrad zu.

Die Vorteile eines solchen Systems sind: hoher Abscheidegrad, geringe Kosten und geringer Platzbedarf sowie hohe Temperaturbeständigkeit der Keramik. Der Wirkungsgrad ist abhängig von der Porengröße, Zelldichte und Wanddicke. Keramikmonolith-Filter sind mit katalytisch wirkenden Materialien beschichtbar. Durch die katalytische Wirkung und die damit zusammenhängenden exothermen Prozesse sind Vorteile in bezug auf die Regeneration gegeben.

Die Nachteile eines solchen Systems liegen in der Neigung zur Rißbildung auf Grund von Temperaturdifferenzen (Wärmespannungen) sowie in der mit zunehmender Lebensdauer auftretenden Abgasgegendruckerhöhung. Die hat ihre Ursache in der Anlagerung von nichtoxidierbaren Rußbestandteilen.

Untersuchungen mit einem Filter (4,66 Zoll Durchmesser, 6 Zoll Filterlänge, 100 Zellen/Zoll^2) zeigen, daß Partikelabscheidegrade von bis zu 85 % erzielt werden [5.6]. Die erforderliche Filtergröße entspricht etwa dem Hubvolumen des Motors. Problematisch ist die Ausfilterung von hochsiedenden Kohlenwasserstoffen für alle Rußfilter, da diese gasförmig vorliegen und erst bei Abkühlung zu Partikeln werden.

- **Keramikschaumfilter**
  Im Grundsatz sind die Erfahrungen ähnlich wie die bei Keramikmonolithen. Die Porengröße ist auf Grund der dreidimensionalen Zellstruktur größer, ebenso das Bauvolumen; der Abscheidegrad ist geringer.

  Schaumfilter werden durch Tränken des Filtermaterials (Cordierite, AL_2O_3) mit Polyuretan hergestellt.

  Ebenso wie beim Oberflächenfilter verkleinern die angelagerten Partikel den freien Porenquerschnitt und erhöhen die Filterwirkung, aber auch den Abgasgegendruck.

- **Faserfilter**
  Bei der Faserfilterung werden Fasern mit einem Durchmesser von 5 bis 25 µm verwendet. Damit sind Dieselpartikel von 0,1 bis 1 µm filterbar. Da die Fasern sehr dünn sind, ist die Standfestigkeit solcher Systeme beschränkt. Je größer die Filterfasern bei gegebenem Bauraum sind, um so geringer ist die Filterwirkung und um so länger ist die Lebensdauer.

- **Keramikgarn-Wickelfilter**
  Dieses Filter besteht aus gelochten Stahlrohren, die an den Enden verschlossen und mit Keramikgarn umwickelt sind. Das Abgas strömt von außen nach innen, zuerst durch die Keramikgarnschicht, in der die Partikel abgelagert werden **Abb. 5.32**. Abscheidegrad und Regenerationsintervalle sind ähnlich denen anderer Systeme. Die Vorteile liegen in der besseren mechanischen Festigkeit.

- **Stahlwollefilter**
  Beim Stahlwollefilter (**Abb. 5.33**) bestehen die Filterelemente aus einem Drahtgeflecht mit ca. 0,25 mm Drahtdicke. Die Anordnung kann unmittelbar am Abgasaustritt des Motors erfolgen, wobei das Filter in den Abgaskrümmer integriert sein kann. Mit einer Edelmetallbeschichtung der Stahlwolle ist auch ein katalytischer Effekt bezüglich der HC-Nachreaktion gegeben. Die Filterwirkungsgrade liegen bei ca. 60 %.

  Zu Beginn der Beladung wird zunächst nur ein geringer Anteil der Partikel mit dann progressiver Zunahme zurückgehalten. Probleme bei dieser Art des Filters bereitet die Korrosion der Stahlwolle.

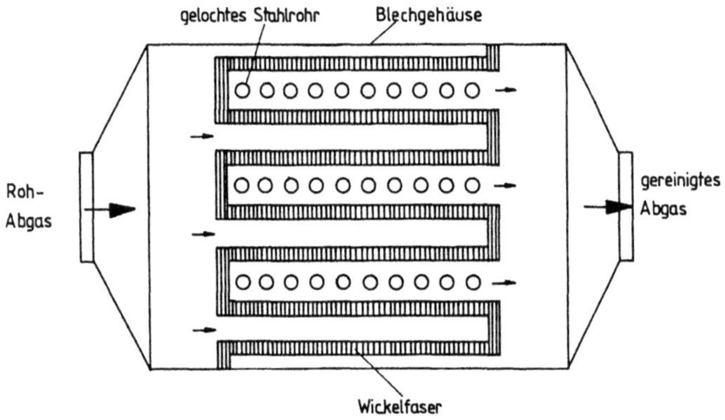

Abb. 5.32 *Keramikgarn-Wickelfilter*

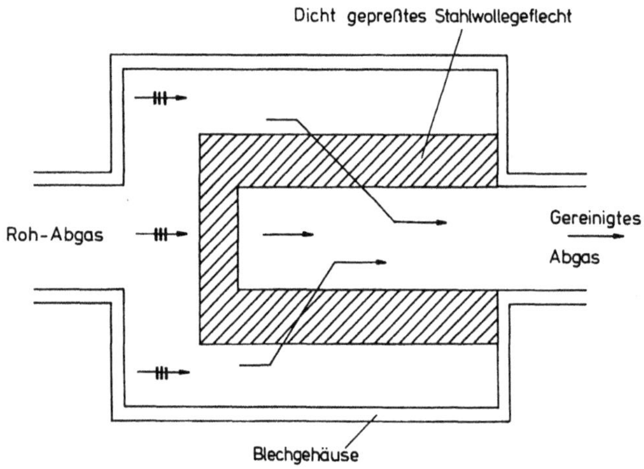

Abb. 5.33 *Stahlwollefilter [5.13]*

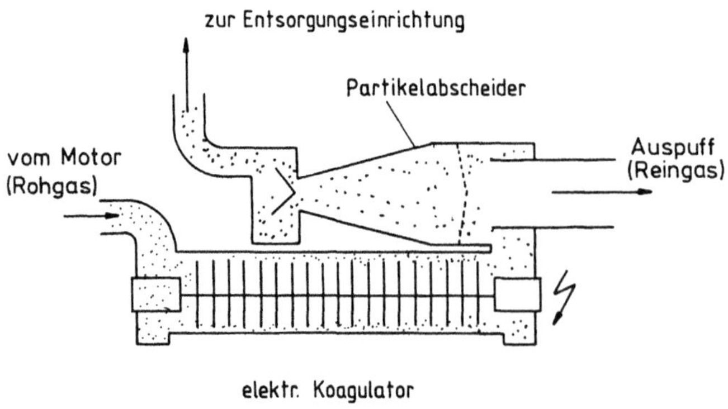

Abb. 5.34 *Elektrostatische Weiche [5.13][5.34]*

- **Sintermetallfilter**
  Das Sintermetallfilter ist ein Tiefenfilter. Es besteht aus Drahtgeweben, die zusätzlich mit Metallpulver beschickt und gesintert werden. Die so entstandene Filterplatte zeigt eine hohe mechanische Festigkeit und Wärmeleitfähigkeit. Der Abscheidegrad ist durch Veränderung der Filterplattendicke und der Porosität variierbar [5.29]. Auch sie können auf der Seite, die mit dem gereinigten Abgas Kontakt hat, katalytisch beschichtet werden.

- **Elektrostatische Weiche (Elektrofilter)**
  Elektrofilter bestehen im allgemeinen aus einem Ionisierungsteil, in dem die mit dem Abgas ankommenden Partikel elektrisch aufgeladen werden. Die überwiegend positiv geladenen Partikel kommen über ein elektrisches Feld zur Abscheidung. Der Vorteil liegt darin, das auch über längere Laufzeiten kein Anstieg des Abgasgegendruckes zu verzeichnen ist.

  Die gesammelten Partikel können dem Motor, über die ohnehin notwendige Abgasrückführung, zur Verbrennung zugeführt oder in einem Sammelbehälter entsorgt werden. Beim Zurückführen wurde jedoch erhöhter Verschleiß im Motor festgestellt. Nachteile des Systems sind neben dem Bauvolumen und der erforderlichen Hochspannungsanlage der relativ niedrige Gesamtwirkungsgrad (Abscheidegrad von ca. 50 %).

Aus **Abb. 5.34** ist der prinzipielle Aufbau eines solchen Systems zu erkennen [5.34].

5.2.3.2 Filterregeneration

Entsprechend der Versperrung der freien Durchtrittsfläche des Filters durch Ablagerungen erhöht sich der Abgasgegendruck. Es ist daher notwendig, daß die Filter über ein akzeptables Speichervermögen verfügen, da eine permanente Regeneration im Fahrbetrieb zu aufwendig ist. Da das Speichervermögen aus Bauraumgründen begrenzt ist, ist eine Regeneration in bestimmten Zeitintervallen nötig.

Ruß oxidiert ohne zusätzliche Maßnahmen erst bei Temperaturen oberhalb ca. 550 °C. Diese Temperaturen werden, wie aus **Abb. 5.35** erkennbar, beim dieselmotorischen Betrieb nur selten erreicht.

Daraus folgt, daß nach einem bestimmten Zeitintervall die Regeneration gezielt eingeleitet werden muß. Dafür stehen prinzipiell folgende Möglichkeiten zur Verfügung:

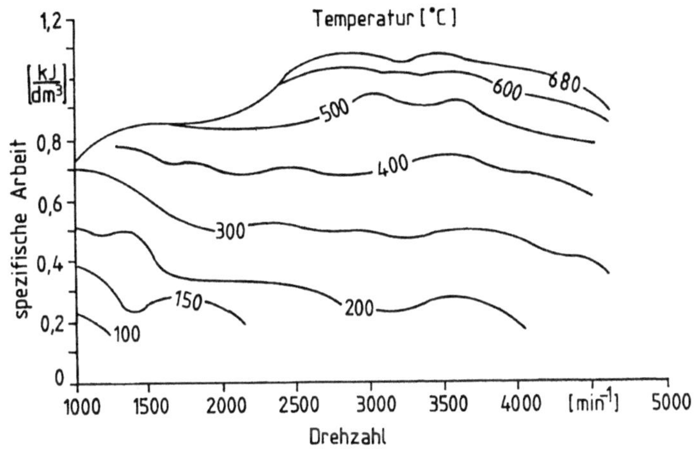

Abb. 5.35 *Abgastemperaturkennfeld eines Wirbelkammer-Turbo-Dieselmotors [5.28]*

- Abbrennen des Filters bzw. des Filterbelages durch Temperaturerhöhung mittels motorinterner Maßnahmen,
- Abbrennen des Filterbelages durch Fremdenergie,
- Oxidation durch Katalysatoren,
- Austauschen des Filters.

Letztere Maßnahme ist aus Kosten- und logistischen Gründen beim Kraftfahrzeug nicht akzeptabel.

Alle anderen Systeme haben gemeinsam, daß der Vorgang der Regeneration in Abhängigkeit vom Beladungszustand gesteuert eingeleitet werden muß (Abgasgegendruck). Eine andere Möglichkeit besteht in der Regeneration nach einer bestimmten Fahrleistung (km). Zum einen ist eine Mindestbeladungsmenge erforderlich, damit bei der beginnenden Rußverbrennung genügend Energie freigesetzt wird, um den gespeicherten Ruß ohne ständige Energiezufuhr zum Abbrennen zu bringen. Zum anderen ist wichtig, daß der Beladungszustand des Filters nicht zu hoch ist, da sonst bei der Einleitung des Regenerationsvorgangs so viel Energie freigesetzt wird, daß das meist keramische Trägermaterial verglast und somit zerstört werden könnte. Des weiteren ist ein bestimmter Sauerstoffanteil im Abgas notwendig sowie eine Verweilzeit des Rußes, die je nach Luft-Kraftstoff-Verhältnis und Temperatur im Bereich von Sekunden liegen kann.

- **Regeneration durch Abgastemperaturerhöhung**

Es besteht die Möglichkeit, die Abgastemperatur durch verschiedene Maßnahmen kurzzeitig zu erhöhen. Insbesondere erreicht man durch eine Kombination verschiedener Maßnahmen in bestimmten Betriebsbereichen des Motors die zur Regeneration des Filters erforderliche Abgastemperatur. Das führt in den meisten Fällen zu einer Erhöhung des Kraftstoffverbrauchs.

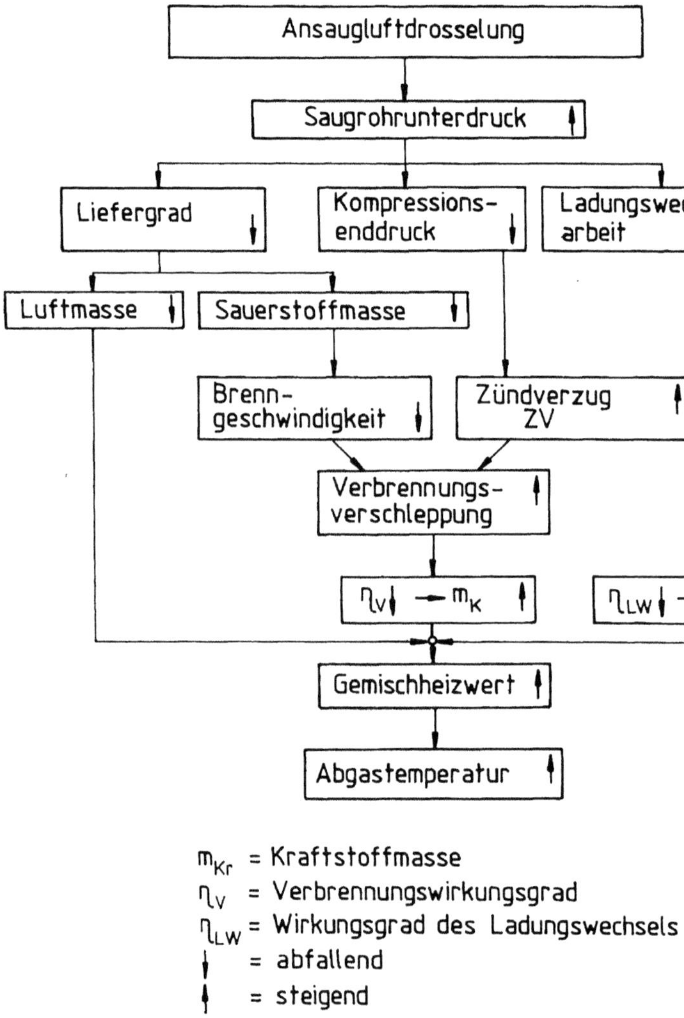

Abb. 5.36 *Einflußgrößen auf die Ansaugluftdrosselung [5.20]*

- *Abgastemperaturerhöhung durch Ansaugluftdrosselung (ALD)*

Die Drosselung der Ansaugluftmenge ist eine sehr wirkungsvolle Maßnahme zur Abgastemperaturerhöhung. Die saugseitige Drosselung bewirkt neben der Steigerung der Ladungswechselarbeit eine deutliche Verminderung der angesaugten Frischluft. Die Verschlechterung des damit verbundenen Wirkungsgrades erfordert einen erhöhten Kraftstoffeinsatz. Die so veränderten Größen führen über den gestiegenen Gemischheizwert unmittelbar zu höheren Abgastemperaturen. Außerdem sinkt mit der Drosselung der Kompressionsenddruck. Als Folge der geänderten thermischen Randbedingungen stellt sich ein größerer Zündverzug und ein nach spät verlagerter Verbrennungsschwerpunkt ein. Eine schematische Darstellung der Einflußgrößen auf die Ansaugluftdrosselung zeigt **Abb. 5.36.**

- *Abgasrückführung (AGR)*
  Bei der Abgasrückführung findet eine Temperaturanhebung durch Zumischen von heißem Abgas zur Ansaugluft statt. Die Auswirkung auf die Abgastemperatur ist jedoch gering, so daß dies keine praktikable Möglichkeit darstellt, um die Rahmenbedingungen für die Rußoxidation zu verbessern.

- *Ansaugluftvorwärmung (ALV)*
  Durch die Ansaugluftvorwärmung wird die Temperatur der Frischluft angehoben. Das bewirkt eine Verkürzung des Zündverzuges. Untersuchungen ergaben, daß insbesondere im Teillastbereich nur eine geringe Erhöhung der Abgastemperatur erreicht wurde. Als Einzelmaßnahme ist die Ansaugluftvorwärmung daher nicht effizient genug, um nennenswerte Effekte in bezug auf die Rußoxidation zu erzielen. Darüber hinaus führt die Vorwärmung der Ansaugluft zu einer Erhöhung der Stickoxidemission.

- *Kombination von Vorwärmung und Drosselung der Ansaugluft (VD)*
  Durch Kombination verschiedener Maßnahmen werden höhere Abgastemperaturen erreicht. Das wird aus **Abb. 5.37** deutlich, in der, bezogen auf eine Filtereintrittstemperatur von 600 °C, die Wirkung verschiedener Maßnahmen dargestellt sind. Die Wirksamkeit einer Maßnahme reicht jeweils bis zu der in **Abb. 5.37** eingetragenen Linie. Positive Ergebnisse werden dabei der Kombination aus Drosselung und Vorwärmung der Ansaugluft zugeschrieben. Auch bei dieser Kombination ist der Kennfeldbereich bei niedriger Teillast für eine Filterregenaration nicht zu verwenden.

Eine gesicherte Regeneration ist durch die hier beschriebenen Maßnahmen nicht möglich.

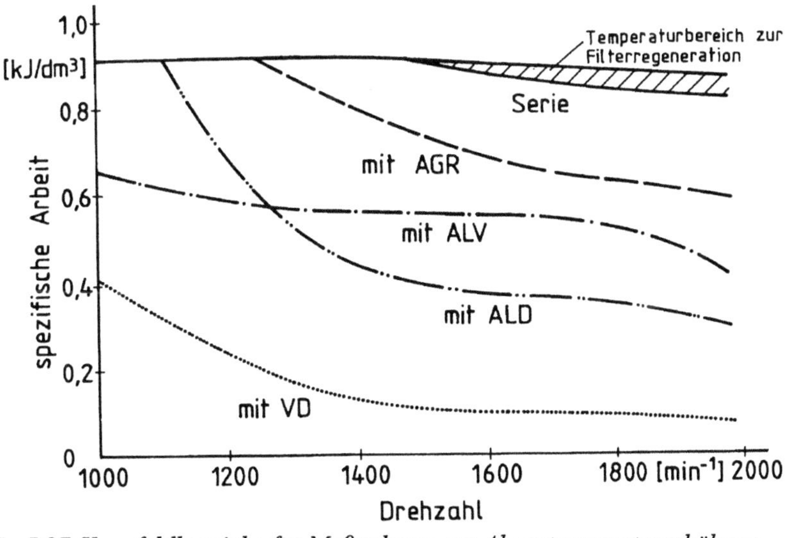

Abb. 5.37 *Kennfeldbereiche für Maßnahmen zur Abgastemperaturerhöhung*

- **Regeneration durch Brenner**

Eine sichere Art der Entsorgung der angesammelten Partikel ist mit Hilfe eines Brenners gegeben. Bei dieser Form der Regeneration wird durch Energiezufuhr mittels eines separaten Brenners die zur Partikeloxidation notwendige Temperatur erzeugt. Das bedeutet allerdings eine Verbrauchserhöhung, die bei den heute vorliegenden Systemen bis zu 3 % beträgt.

Es ist eine uneingeschränkte Regeneration im gesamten Kennfeld und im Fahrbetrieb möglich.

Diese Art der Regeneration scheint im Zusammenhang mit Wickelfiltern bzw. Sintermetallfiltern die zur Zeit aussichtsreichste Variante bei der Minimierung von Dieselpartikeln zu sein, insbesondere im Hinblick auf die Langzeitstabilität.

- **Regeneration mittels elektrischer Energiezufuhr**

Dieses Rußfiltersystem besteht aus zwei parallel angeordneten Monolithen, die wechselweise im Einsatz sind. Hat das eine Filter eine bestimmte Beladung erreicht (ca. 40 g Ruß) wird auf den anderen Monolithen umgeschaltet. Die Regeneration des beladenen Systems erfolgt durch elektrische Energie mit Zusatzluft. Eine elektronische Steuerung verarbeitet u.a. Signale aus Druckaufnehmern, Temperatursensoren und von Luftmassenmessern und steuert eine By-Pass-Klappe. Die Regeneration erfolgt alle 4 bis 5 Stunden und dauert ca. 15 Minuten. Die Erhöhung des Kraftstoffverbrauchs beträgt 1 bis 2 %, die in erster Linie auf die zusätzliche Energie für die Regeneration und weniger auf den erhöhten Abgasgegendruck zurückzuführen ist [5.37][5.43].

Das System ist bevorzugt bei Nutzfahrzeugen (Busse) in Betrieb. Die Dauerhaltbarkeit ist bei allen Rußabbrennfiltern noch verbesserungswürdig.

Eine einfachere Ausführung mit elektrischer Regeneration stellt ein System mit einem Monolithen dar. Das Abgas wird dabei während der Regenerationszeit ungefiltert in die Umgebung emittiert.

- **Regeneration durch Oxidationsmittel**

Durch Zusätze (Additive) [5.47] läßt sich die Zündtemperatur des Rußes bis auf 250 ^{o}C senken, **Abb. 5.38**. Geeignet scheinen hierfür verschiedene Komponenten auf der Basis von Cu, Fe (wie z. B. Ferrocen), Calcium, Mangan und Zer, die dem Kraftstoff zugesetzt oder unmittelbar vor dem Rußfilter eingebracht werden. Eine Möglichkeit besteht in der Zudosierung über einen separaten Behälter (6 Liter für ca. 40000 km).

Problematisch ist allerdings die Tatsache, daß Substanzen, vorzugsweise Schwermetalle bzw. Eisenverbindungen, in die Umwelt gelangen, über deren Wirkungen noch keine gesicherten Erkenntnisse vorliegen. Diese Art der Regeneration von Partikelfiltern befindet sich z.Z. bezüglich ihrer Umweltverträglichkeit in Untersuchung.

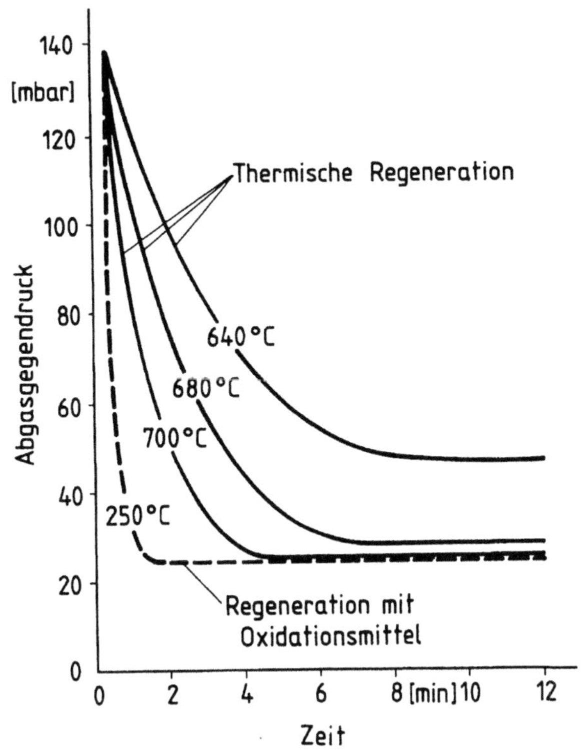

Abb. 5.38 *Rußfilterregeneration als Funktion von Temperatur und Zeit in Abhängigkeit vom Abgasgegendruck [5.11]*

- **Katalytische Regeneration**

Bei der katalytischen Regeneration wird das Filter mit einer katalytisch wirkenden Substanz beschichtet, z.B. Kupferoxid. Sobald das Partikelfilter mit genügend Ruß beladen ist, wird der Katalysator mit Hilfe eines Zusatzmittels (z.B.Acetylaceton) aktiviert. Dadurch wird die Regenerationstemperatur bis auf ca. 250 °C herabgesetzt, so daß eine Regeneration in weiten Teilen des Motorbetriebsbereichs möglich ist. Die Systeme benötigen eine aufwendige Steuerung ähnlich derer mit einer brennergestützten Regeneration. Der Kraftstoffverbrauch ist dabei etwa gleich. Das Prinzip eines solchen Systems mit katalytischer Regeneration ist in **Abb. 5.39** dargestellt.

Eine Beschichtung mit Vanadiumoxid ist ebenfalls in der Lage, die Rußzündungstemperatur zu senken.

Die meisten der zur Zeit untersuchten und in Erprobung befindlichen Partikelfiltertechniken sind für einen Großserieneinsatz im PKW ungeeignet. Die extreme Baugröße solcher Partikelfilter ist im PKW nicht unterzubringen. Systeme, die angeboten werden, sind vornehmlich für den Einsatz im LKW-Bereich geeignet. Die notwendigen Regenerationsintervalle beim LKW liegen beim derzeitigen Stand der Technik bei ca. 500 bis 1000 km. Hauptschwerpunkt des Einsatzes ist zur Zeit der Sektor der Kommunalfahrzeuge.

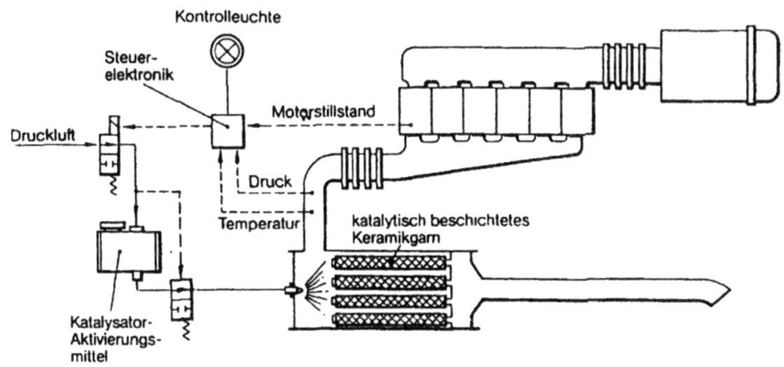

Abb. 5.39 *Keramikwickelfilter mit katalytischer Regeneration [5.11] [5.22]*

Wie hoch der technologische Aufwand getrieben werden muß, zeigen die Funktionsschemata einiger Partikelfiltersysteme in **Abb. 5.40, Abb. 5.41** und **Abb. 5.42.**

Der bisher einzige Hersteller, der PKW-Dieselmotoren mit Partikelfilter für den US-amerikanischen Markt ausrüstete, mußte das System zurückziehen. Es trat Verstopfung des Filters im Kurzstreckenbetrieb auf, die, bedingt durch den höheren Abgasgegendruck, Leistungseinbußen ergab. Bei anschließenden Vollastfahrten führte der Rußabbrand zu Zerstörungen des Partikelfilters.

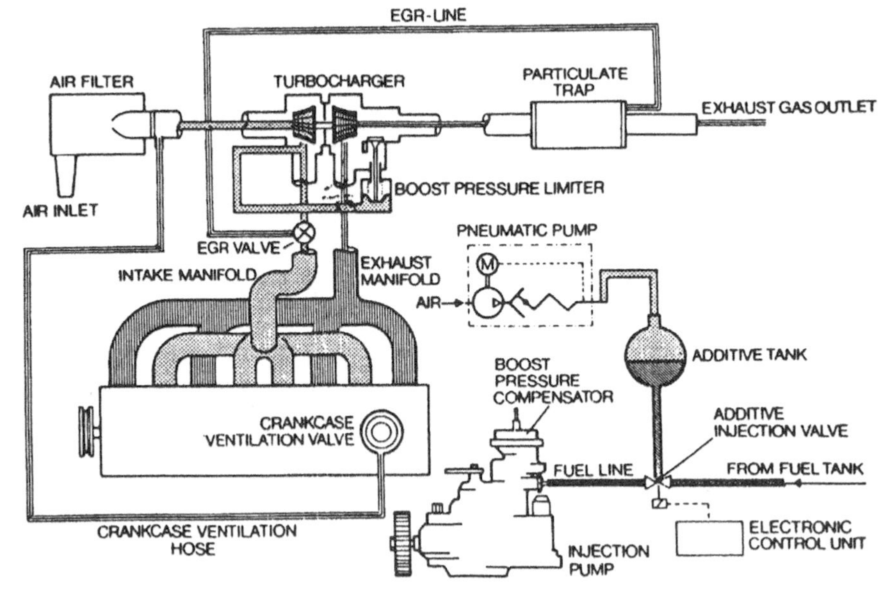

Abb. 5.40 *Funktionsschema eines Partikelfiltersystems [5.13][5.28]*

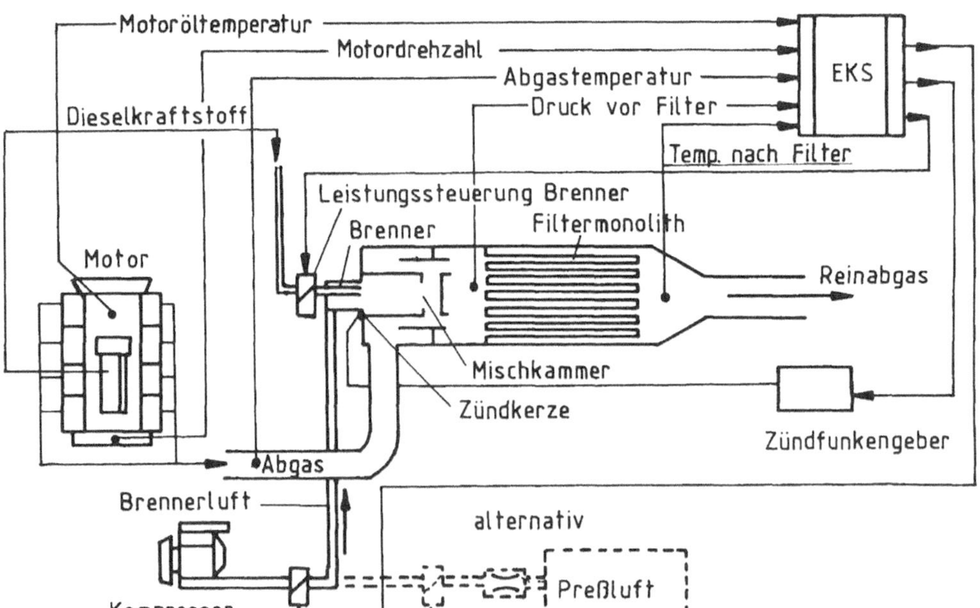

Abb. 5.41 *Funktionsschema eines Partikelfiltersystems [5.13]*

Wegen des Ansteigens des Abgasgegendrucks durch Rückstandsbildung im Partikelfilter kann es zweckmäßig sein, bei aufgeladenen Dieselmotoren den gegendruckabhängigen Turbolader zu verlassen und mechanische Lader einzusetzen.

Berücksichtigt man die Verfügbarkeit von Abgasreinigungssystemen und den notwendigen Aufwand, insbesondere für PKW-Dieselmotoren, so scheint mittelfristig der Dieselkatalysator die bessere Alternative zu sein [5.46]. Diese Aussage wird möglicherweise relativiert durch weitere Erkenntnisse bezüglich der Wirkung von Partikeln aus Motorabgasen auf die menschliche Gesundheit.

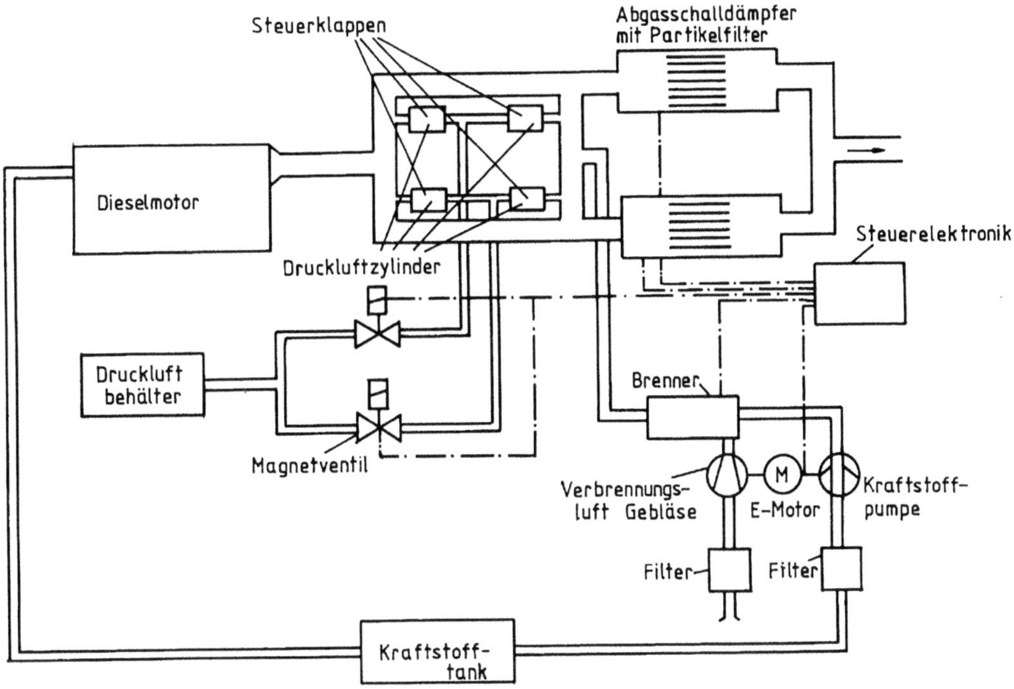

Abb. 5.42 *Funktionsschema eines Partikelfiltersystems*

6 Einfluß des Kraftstoffes und des Motoröls auf das Emissionsverhalten und den Kraftstoffverbrauch

6.1 Konventionelle Kraftstoffe

Das Emissionsverhalten von Motoren wird wesentlich durch den verwendeten Kraftstoff bestimmt, jedoch nicht in erster Linie bezüglich der Höhe der Schadstoffkonzentration, sondern vielmehr in bezug auf die Komponenten, die im Abgas enthalten sind. Das wird deutlich z.B. beim Einsatz von alternativen Kraftstoffen. Aber auch bei konventionellen Kraftstoffen spiegelt sich die Zusammensetzung in einem Spektrum kraftstofftypischer Abgaskomponenten. Das ist mit ein Grund, daß bei der Herstellung zukünftiger konventioneller Kraftstoffe dem Emissionsaspekt eine zunehmend größere Bedeutung zukommt [6.1].

6.1.1 Ottomotorenkraftstoff

Ottomotorenkraftstoff besteht aus einem Gemisch von Kohlenwasserstoffen, das bei Raumtemperatur flüssig ist und einen Siedebereich von ca. 30°C bis 215°C überdeckt und im Winter (Kaltstart) mit leichtflüchtigen Komponenten angereichert ist.

	Anforderung nach DIN 51 600		Anforderung nach DIN 51 607 (unverbleit)		Einfluß auf Motorbetrieb
Klopffestigkeit	Super	Normal	Super	Normal	
ROZ	min 98,0	min 91,0	min 95,0	min 91,0	Klopfen bei niedriger und mittlerer Drehzahl
MOZ	min 88,0	min 82,7	min 85,0	min 82,5	Klopfen bei hoher Drehzahl und hoher Last
Dichte bei 15 °C g/ml	0,730 - 0,780	0,715- 0,765	0,740- 0,790	0,720- 0,770	Kraftstoffverbrauch, Abgasemission
Flüchtigkeit Dampfdruck bar	Sommer 0,45 - 0,70 Winter 0,60 - 0,90		Sommer 0,45 - 0,70 Winter 0,60 - 0,90		Kaltstart (Winter) Heißstart (Sommer)
Übergang bei 70 °C Vol.-%	Sommer 15 - 40 Winter 20 - 45		Sommer 15 - 42 Winter 20 - 47		Kaltstart - Heißstart Fahrverhalten bei heißem Motor
Übergang bei 100 °C Vol.-%	Sommer 42 - 65 Winter 45 - 70		Sommer 40 - 65 Winter 42 - 70		Fahrverhalten bei kaltem Motor
Siedeende °C	max 215		max 215		Verschleiß (Kaltbetrieb) Rückstandsbildung
Abdampfrückstand mg/100 ml	max 5		max 5		Rückstandsbildung
Bleigehalt g/l	max 0,15		max 0,013		Zerstörung von Katalysator u. λ-Sonde

Stand 1992; Ende 1993 ist eine Modifizierung der DIN geplant

Abb. 6.1 *Qualitätskriterien für Ottomotorenkraftstoffe (Deutschland) [6.2]*

In bezug auf das Abgas- und Verbrauchsverhalten sind folgende Kriterien von Bedeutung:

- gutes Startverhalten über einen weiten Temperaturbereich (- 40 °C bis + 50 °C),
- gutes Übergangsverhalten (Laständerungen) bzw. transienter Betrieb
- geringe Dampfblasenbildung,
- hohe Energiedichte,
- hohe Klopffestigkeit.

Um diese Kriterien zu erfüllen, sind bestimmte Eigenschaften des Kraftstoffes notwendig, die unter Umständen direkt die Auslegung und Abstimmung des Ottomotors beeinflussen. Im wesentlichen sind das die Größen: Dichte, Siedeverlauf, Zusammensetzung, Dampfdruck, Heizwert, Oktanzahl, Bleigehalt, Gehalt an sauerstoffhaltigen Komponenten etc. Wichtige Qualitätskriterien für Ottomotorenkraftstoffe und den Einfluß auf den Motorbetrieb zeigt **Abb. 6.1**.

Die Bleiemissionen sind seit Einführung von "bleifreiem" Benzin drastisch reduziert worden. Sie stammen nur noch aus älteren Fahrzeugen, die noch verbleiten Kraftstoff benötigen. Die durch den Gesetzgeber erfolgte stufenweise Absenkung des Bleigehaltes in den Kraftstoffen zeigt **Abb. 6.2**.

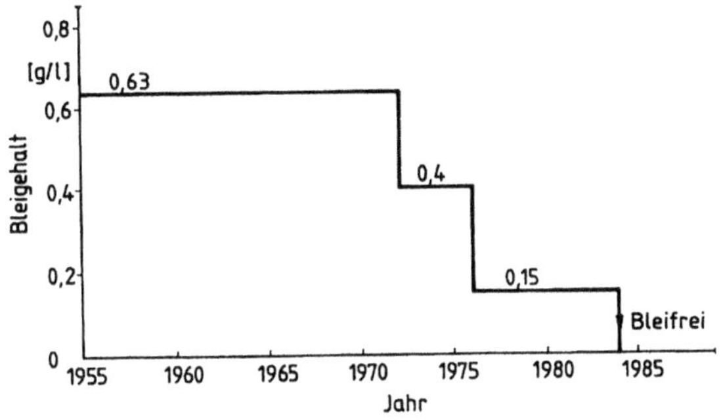

Abb. 6.2 *Absenkung des Bleigehaltes [6.35]*

Die Komponenten, die im bleihaltigen Benzin eine Verbesserung der Klopffestigkeit bewirken, im wesentlichen die Bleialkyle Tetraethylblei (TEL) und Tetramethylblei (TML), mußten durch klopffeste Kraftstoffkomponenten ersetzt werden, deren Mengenzugabe aus wirtschaftlichen Gründen jedoch begrenzt ist [6.3]. Für Normalbenzin konnte die Oktanzahl gegenüber verbleitem Kraftstoff gehalten werden; bei Superbenzin war das nicht möglich. Im Rahmen der EG-Harmonisierung liegt dieser Wert für Superbenzin heute bei 95 ROZ und 85 MOZ (früher 98 ROZ und 87 MOZ). Wie der spezifische Kraftstoffverbrauch und die spezifische Arbeit von der ROZ abhängen, zeigt **Abb. 6.3** [6.4]. Der Grund liegt in der möglichen höheren Verdichtung mit steigender Oktanzahl.

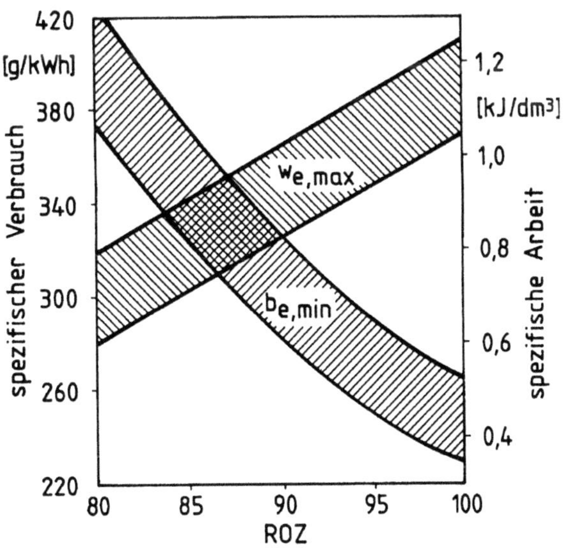

Abb. 6.3 *Spezifische Arbeit und Kraftstoffverbrauch in Abhängigkeit der ROZ [6.4]*

Als "Bleiersatz" sind neben hochklopffesten Kraftstoffkomponenten prinzipiell Alkohole oder Ester geeignet. Die Grenze für den Alkoholzusatz liegt nicht zuletzt aus Gründen der Verfügbarkeit bei ca. 3 Vol.-% [6.2]. Der Einsatz sauerstoffhaltiger Komponenten ist darüber hinaus kritisch in bezug auf die höhere Flüchtigkeit des Kraftstoffes, da das Fahrverhalten durch Dampfblasenbildung beeinträchtigt wird. Des weiteren werden die zulässigen Grenzwerte für den Dampfdruck überschritten, was sich unter Umständen in hohen Verdampfungsverlusten (beim Tanken, Tankentlüftung) und damit in einer zusätzlichen Belastung der Umwelt durch Kohlenwasserstoffe auswirkt. Ein weiterer Diskussionspunkt ist der Benzol- bzw. Aromatengehalt im Kraftstoff.

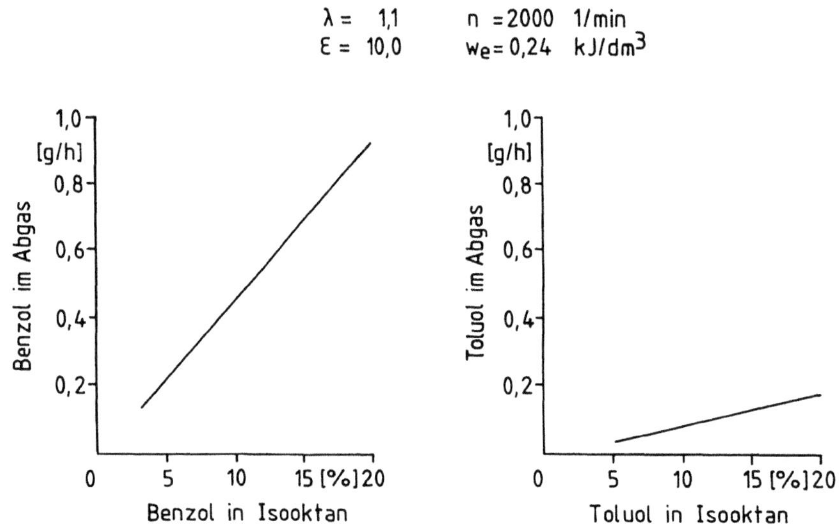

Abb. 6.4 *Zusammenhang zwischen Benzol im Kraftstoff und im Abgas [6.5]*

Aus Gründen des Umweltschutzes stehen Forderungen im Raum, den Benzol- bzw. Aromatengehalt im Kraftstoff zu senken. Als Beispiel für den Zusammenhang zwischen Benzol im Abgas und Benzol bzw. Toluol im Kraftstoff zeigt **Abb. 6.4.** Es handelt sich um Meßergebnisse, die an einem Einzylinder-Motor erhalten wurden. Dort ergibt sich bei Kraftstoffgemischen aus Benzol bzw. Toluol und Isooktan ein linearer Zusammenhang bezüglich des Benzol- und Toluolgehaltes im Abgas [6.4][6.5].

6.1.1.1 Reformiertes Benzin

Wegen des Einflusses der Kraftstoffzusammensetzung auf das Abgasverhalten wurde in den USA 1990 eine Ergänzung zum "Clean Air Act" erlassen [6.9][6.10], wonach in stark belasteten Stadtgebieten, in denen die nationalen Luftgütestandards nicht erreicht werden, entsprechende Maßnahmen zur Verringerung der Luftbelastung bis 1995 eingeführt werden müssen. Als eine Maßnahme, dieses Ziel zu erreichen, gilt die Einführung reformierten Benzins. Hierunter wird ein Kraftstoff verstanden, dessen Benzolgehalt < 1 Vol.-%, die Summe an aromatischen Verbindungen < 25 Vol.-% und der Sauerstoffgehalt (z.B. über Alkohole) < 2 Vol.-% beträgt.

Ferner wird in der Ergänzung zum "Clean Air Act" verlangt, daß bei Verwendung von reformiertem Kraftstoff die Emissionen von vier als toxisch eingestuften Verbindungen und Verbindungsklassen in der Luft bis 1995 im Vergleich zu 1990 um 15 % und bis zum Jahr 2000, sofern technisch machbar, um 25 % reduziert werden müssen. Diese vier toxischen Verbindungen sind

- Formaldehyd,
- Acetaldehyd,
- polyzyklische organische Verbindungen,
- Benzol.

Es hat sich gezeigt, daß mit einem reformierten Benzin im Vergleich zu handelsüblichem Markenbenzin zum Teil eine beträchtliche Verringerung der Abgasemissionen im FTP-75 erreicht werden konnte [6.9]. **Abb. 6.5** zeigt einen Vergleich der Kenndaten verschiedener Kraftstoffe.

	Tankstellenbenzin	Reformiertes US Benzin
Dichte bei 15 °C	0,749	0,727
$\frac{ROZ + MOZ}{2}$	89,1	89,2
Reid Dampfdruck [bar]	0,65	0,60
Siedebereich [°C]		
Beginn	30	31
10 %	50	51
20 %	66	62
30 %	82	73
50 %	105	94
70 %	126	115
80 %	148	132
90 %	177	136
95 %	196	187
Ende	221	214
Schwefel Gew. [%]	0,04	0,026
Benzol Gew. [%]	1,4	0,9
Paraffine Gew. [%]	54,5	62,4
Naphthene Gew. [%]	3,0	3,0
Olefine Gew. [%]	11,6	9,7
Aromaten Gew. [%]	30,9	19,4
MTBE Gew. [%]	0	5,3

Abb. 6.5 *Vergleich eines US-Tankstellenbenzins mit einem reformierten US-Benzin [6.9]*

Durch geeignete Kraftstoffwahl kann die HC-Emission im FTP-75 bis zu 40 % abgesenkt werden. Darüber hinaus determiniert die Kraftstoffzusammensetzung die Kohlenwasserstoffzusammensetzung des Abgases. Die in der kalifornischen Gesetzgebung berücksichtigte Reaktivität des Abgases, ausgedrückt als dessen Potential Ozon zu bilden, ist auch eine Funktion der Kraftstoffzusammensetzung und kann über sie bis zu 20 % reduziert werden [6.41].

Für reformierte Ottomotoren-Kraftstoffe wird auf Grund der anderen Zusammensetzung (z. B. geringerer Olefin- und Aromatengehalt, verminderte Flüchtigkeit) ein höherer Energieaufwand bei der Herstellung notwendig sein. Dies führt in der Raffinerie zu höherer CO_2-Emission, die nach [6.38] auf ca. 18 % geschätzt wird.

6.1.2 Dieselmotorenkraftstoff

In noch höherem Maße als beim Ottomotor wirkt sich die Kraftstoffqualität beim Dieselmotor auf das Emissionsverhalten aus. Insbesondere die Komponenten HC, CO und Partikel sind davon betroffen. Die Auswirkungen auf die Stickoxide sind nicht bedeutend.

Dieselmotorenkraftstoff ist ebenso wie Ottomotorenkraftstoff ein Gemisch aus Kohlenwasserstoffen hier mit einer Siedetemperatur von ca. 170 bis 360 ^{o}C. Je nach Zusammensetzung und Kenngrößen des Dieselkraftstoffes ergeben sich Unterschiede in bezug auf Gemischbildung und Verbrennung und damit auf das Abgasverhalten. Wesentliche Qualitätskriterien sind dabei Cetanzahl, Dichte, Viskosität, Siedeverhalten, Aromatengehalt und der Schwefelgehalt. Aus Sicht der Umweltverträglichkeit sind folgende Forderungen zu stellen:

- niedrige Dichte,
- niedriger Aromatengehalt,
- niedriger Schwefelgehalt,
- hohe Cetanzahl.

Diese Forderungen stehen teilweise im Widerspruch zu den Anforderungen an die Kriterien Leistung und Verbrauch. Das wird deutlich im Zusammenhang zwischen den Größen Dichte, Aromatengehalt und Zündwilligkeit:

"hohe Dichte ≡ hoher Aromatenanteil ≡ geringe Zündwilligkeit"

Wichtige Eigenschaften auch im Zusammenhang mit der Rauchneigung von Kohlenwasserstoffen für den Dieselbetrieb, zeigt **Abb. 6.6** [6.2].

	Zünd-willigkeit	Kälte-verhalten	Volmetr. Heizwert	Dichte	Rauch-neigung
n-Parafine	gut	schlecht	niedrig	niedrig	gering
i-Parafine	niedrig	gut	niedrig	niedrig	gering
Olefine	niedrig	gut	niedrig	niedrig	mittel
Naphthene	mittel	gut	mittel	mittel	mittel
Aromaten	schlecht	mittel	hoch	hoch	hoch

Abb. 6.6 *Eigenschaften von Kohlenwasserstoffen [6.2]*

Den Einfluß des Aromatengehaltes auf die Partikelemissionen eines Wirbelkammer-Dieselmotors zeigt **Abb. 6.7**.

Da ein hoher Aromatenanteil im Kraftstoff die Zündwilligkeit herabsetzt, gleichzeitig jedoch eine Verringerung der Partikelemissionen bei Senkung des Aromatengehaltes vorliegt, ist die Partikelemission auch eine Funktion der Cetanzahl. Die relativen Abgasemissionen als Funktion der Cetanzahl für die Komponenten HC, CO, NO_X und Partikel im FTP-75 zeigt **Abb. 6.8** [6.6]. In **Abb. 6.9** sind die Partikel-, Ruß- und HC-Emissionen als Funktion der Motorlast für zwei Cetanzahlen bei einem aufgeladenen Dieselmotor mit Direkteinspritzung dargestellt [6.8].

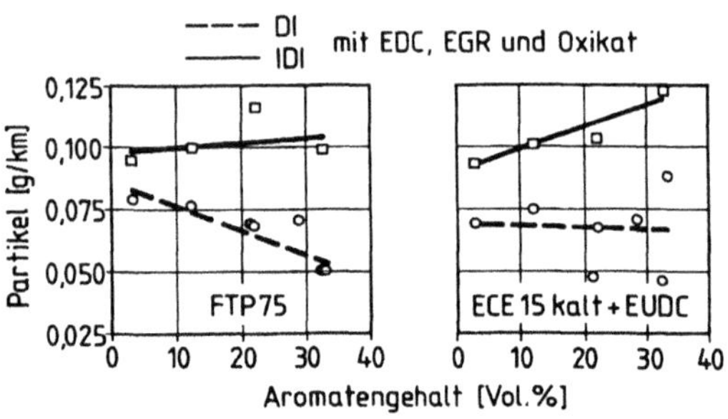

Abb. 6.7 *Partikelemission als Funktion des Aromatengehaltes bei einem Wirbelkammermotor [Quelle AVL]*

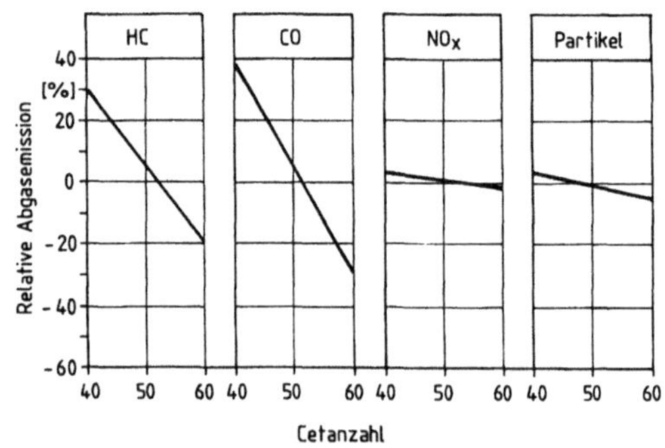

Abb. 6.8 *Tendenzieller Zusammenhang zwischen Abgasemissionen und Cetanzahl bei einem Wirbelkammermotor*

Mit Ausnahme der Stickoxide können die wesentlichen Schadstoffkomponenten durch die Cetanzahl des Kraftstoffes verändert werden.

Deutlichen Einfluß auf die Partikelemissionen hat der Schwefelgehalt des Dieselkraftstoffes. Der Schwefel führt zur Bildung von Sulfaten, welche zur Partikelemission beitragen und von Schwefeldioxid. Deshalb steht die Forderung im Raum, den Schwefelanteil im Kraftstoff zu senken. Welche Auswirkungen dies z.B. bei einem ECE-15/04-Test in bezug auf die Partikelemissionen hat, zeigt **Abb. 6.10**. Die Verringerung beträgt hier ca. 10 %. Andere Quellen [6.7] zeigen Ergebnisse, bei denen eine Verringerung bis zu 30 % vorliegt. Die Kinetik der Sulfatbildung im Motor scheint ähnlich wie die der NO_X-Bildung vom Temperaturniveau im Motor abzuhängen, so daß höhere Motorlasten mit höheren Gastemperaturen generell zu mehr SO_3 führt, d.h. die SO_3 Masse pro Masseneinheit Schwefel nimmt mit steigender Last zu.

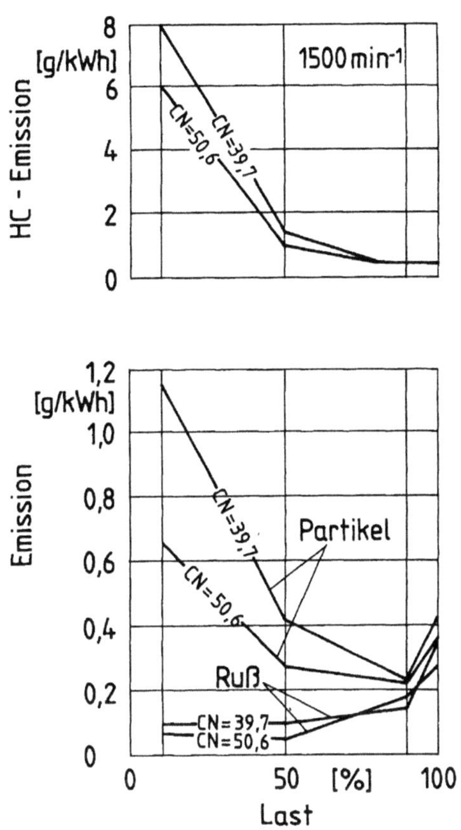

Abb. 6.9 *Abhängigkeit einiger Schadstoffe von der Cetanzahl bei einem DI-Dieselmotor [6.8]*

Neueste Versuchsergebnisse zeigen, daß der Schwefelgehalt im Kraftstoff in bezug auf das motorische Verhalten auf unter 0,02 Masse-% gesenkt werden sollte. Ob eine weitere Reduktion des Schwefelgehaltes technisch und wirtschaftlich sinnvoll ist, muß noch geklärt werden. Eine Verringerung des Schwefelgehaltes auf 0,05 Masse-%, wie bereits in einigen Ländern durchgeführt, wird bei der Herstellung zu einer Erhöhung der CO_2-Emission von ca. 16 % führen [6.39]. Wird der Schwefelgehalt noch weiter abgesenkt, könnte der Vorteil des Dieselkraftstoffs bei der CO_2-Emission von ca. 5 % für die Herstellung gegenüber Benzin verloren gehen.

In der Bundesrepublik Deutschland liegen die mittleren Werte des Schwefelgehaltes von heute eingesetzten Dieselkraftstoffen zwischen 0,08 und 0,19 Masse-% [6.33]. Der Grenzwert für Europa liegt ab Oktober 1996 bei 0,05 Masse-%.

6.1.2.1 Reformierter Dieselkraftstoff

Wie für den Ottokraftstoff gilt auch für den Dieselkraftstoff die in den USA im Jahre 1990 erlassene Ergänzung zum "Clean Air Act" [6.10]. Ein reformierter Dieselkraftstoff könnte ein schwefel- und aromatenarmer Kraftstoff sein [6.45] mit folgenden Spezifikationen:

- verbesserte Zündwilligkeit (z.B. CZ >55),
- verringerter Aromatenanteil (< 10 Vol.-%),
- verringerte Dichte (z.B. 0,80 bis 0,82 kg/l),
- optimierte Additivierung,
- 90% -Siedepunkt < 300 °C

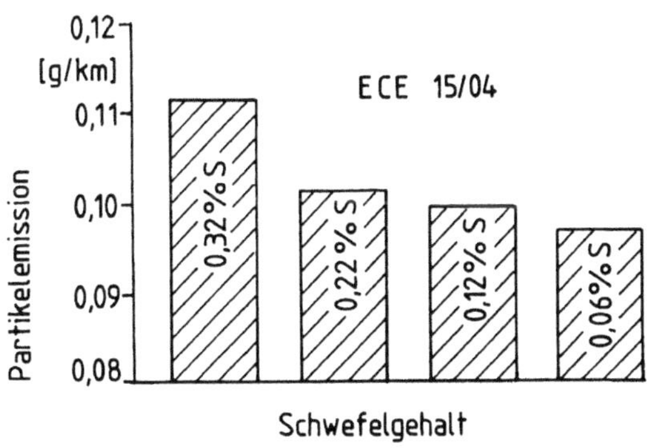

Abb. 6.10 *Einfluß des Schwefelgehalts auf die Partikelemissionen*

Die Spezifikation könnte wie in **Abb. 6.11** dargestellt aussehen. Mit einem solchen Kraftstoff lassen sich insbesondere die Schadstoffkomponenten CO und HC um ca. 10 % senken, während die Partikelemission um bis zu 40 % gesenkt werden kann.

	CEC RF-03-A84	Schwefel- und Aromatenarmer Kraftstoff
Cetane Index	50,8	57,0
Dichte bei 15 °C	0,839	0,809
S. Gew %	0,24	< 0,005
Aromaten Vol. %	36	< 3
unterer Heizwert	42,85	43,10
Siedebereich		
Beginn	187	198
10 %	220	219
20 %	235	231
30 %	247	237
50 %	268	245
70 %	296	247
80 %	312	250
90 %	333	260
Ende	361	290

Abb. 6.11 *Dieselkraftstoffspezifikationen*

6.2 Alternative Kraftstoffe

Alternative Kraftstoffe sind in der Vergangenheit unter verschiedenen Gesichtspunkten analysiert und bewertet worden [6.11]. Im wesentlichen waren und sind dies:

- zur Neigung gehende Verfügbarkeit von Rohöl,
- Verringerung der Abhängigkeit vom importierten Erdöl.

In den letzten Jahren wurde zunehmend ein weiteres Kriterium bedeutsam; das der Reduktion des Schadstoffausstoßes durch Verwendung alternativer Kraftstoffe. Im folgenden wird vor allem dieser Punkt behandelt. Mit alternativen Kraftstoffen lassen sich zum Teil deutlich geringere Abgasrohemissionen erreichen, die als Folge auch einen geringeren Aufwand in der Abgasnachbehandlung erfordern.

Abgasnachbehandlungssysteme, wie der Dreiwege-Katalysator für den Ottomotor oder der Oxidationskatalysator für den Dieselmotor, sind bei Einsatz alternativer Kraftstoffe ebenfalls verwendbar. Die wichtigsten Alternativkraftstoffe, die sich für den motorischen Einsatz eignen und weltweit erforscht und erprobt werden, sind:

- Alkohole (Methanol CH_3OH und Ethanol C_2H_5OH),
- Autogas (Propan C_3H_8 und Butan C_4H_{10} im Mischungsverhältnis von ca. 50 % / 50 %). Autogas kann als Flüssiggas (LPG) oder als Druckgas(CNG) vorliegen,
- Erdgas (Methan (CH_4) und weitere Gase),
- Biogas (Methan und weitere Gase, wobei der Anteil an CO_2 am Biogas bis zu 40 % betragen kann),
- Pflanzenöle und Pflanzenölmethylester,
- Wasserstoff (H_2).

Prinzipiell sind alle aufgeführten Alternativen mit Ausnahme der Pflanzenöle sowohl im Otto- als auch im Dieselmotor einsetzbar. Pflanzenöle sind nur für den Dieselmotor, gasförmige Kraftstoffe eher für den Ottomotor geeignet. Betrachtet man die Verfügbarkeit und die strukturellen Rahmenbedingungen, so muß der Wasserstoff sicherlich als langfristige Alternative eingestuft werden. Flüssiggas und Biogas haben nur regionale Bedeutung. Erdgas steht weltweit in großen Mengen zur Verfügung. Alkohole können für den Einsatz in großem Umfang verfügbar gemacht werden, wobei z.B. Ethanol aus Pflanzen und Methanol aus Erdgas erzeugt werden können.

Betrachtet man das Abgasverhalten beim Einsatz von alternativen Kraftstoffen, so hängt dies neben den motorischen Randbedingungen entscheidend von den chemischen und physikalischen Eigenschaften der Kraftstoffe ab. Alternative Kraftstoffe, die sich aus Kohlenwasserstoffen zusammensetzen, produzieren bei der Verbrennung das bekannte Schadstoffspektrum, einschließlich der Komponente CO_2. Je höher der C-Anteil des Kraftstoffes ist, um so höher ist unter gleichen Bedingungen auch die CO_2-Bildung. Eine Alternative, welche die CO_2-Emissionen verhindert, ist der Einsatz von Wasserstoff.

Einige wichtige Daten von alternativen Kraftstoffen im Vergleich zu Benzin und Dieselkraftstoff sind in **Abb. 6.12** dargestellt.

Eigenschaft \ Kraftstoff	Benzin Super	Diesel	Schweröl	Methanol	Ethanol	Pflanzenöl (Raps)	Flüssiggas	Methan	Biogas	Wasserstoff
Dichte kg/dm³ (f=flüssig, g=gasf.)	f 0,73÷0,78	f 0,81÷0,85	f 0,95	f 0,79	f 0,79	f 0,92	f 0,54	g $0{,}72 \cdot 10^{-3}$	g $1{,}20 \cdot 10^{-3}$	g $0{,}09 \cdot 10^{-3}$
Heizwert MJ/kg	43,2	43	42,7	19,7	26,8	37,1	45,8	50	17,5	120
Gemischheizwert (λ=1) kJ/m³	3750	3860	3660	3440	3475,0	3400	3725	3224	3200	3190
Zündgrenze λ	0,4÷1,4	0,5÷1,35	0,5÷1,35	0,34÷2,0	0,3÷2,0	-	0,4÷1,7	0,7÷2,1	0,7÷2,3	0,5÷10,5
ROZ	98	-	-	111	106	-	100	105	-	-
MOZ	88	-	-	92	94	-	95	-	-	-
CZ	-	45÷55	34÷44	-	-	40÷44	-	-	-	-
Molmasse kg/kmol	97	191	198	32	46	882	51	16	27	2
Siedetemperatur °C	30÷180	170÷360	175÷450	65	78	180÷360	-30	-162	-128	-253
Verdampfungswärme kJ/kg	420	300	-	1120	905	-	353	510	-	450
Dampfdruck bar (n. Reid)	0,45÷0,9	-	-	0,37	0,21	-	-	-	-	-
$m_{L\,stöch}$ kg_L/kg_{Kr}	14,7	14,5	14,6	6,4	9	12,7	15,5	17,2	6,1	34
Zusammensetzung kg_i/kg_{Kr} h	0,15	0,137	0,15	0,125	0,13	0,12	0,177	0,25	0,09	1,0
c	0,85	0,863	0,85	0,375	0,52	0,77	0,823	0,75	0,44	0,0
o	-	-	-	0,5	0,35	0,11	-	-	0,47	0,0

Abb. 6.12 *Daten alternativer und konventioneller Kraftstoffe*

Auf Grund der physikalischen Eigenschaften sind prinzipielle Aussagen über die zu erwartende Tendenz in bezug auf das Emissionsverhalten vorhersagbar. Wie in Kapitel 2 dargestellt, führen hohe Verbrennungstemperaturen zu erhöhter Stickoxidbildung. Die Verbrennung von Wasserstoff liefert im Vergleich zu den anderen betrachteten Kraftstoffen bezogen auf dasselbe Luft-Kraftstoff-Verhältnis die höchste adiabate Verbrennungstemperatur [6.25] und erreicht demzufolge auch das höchste NO_x-Niveau. Alle Kraftstoffe, die eine hohe Verdampfungswärme besitzen, wie z.B. Alkohole, führen bei der Reaktion zu geringeren Verbrennungsspitzentemperaturen und damit auch zu geringeren NO_x-Emissionen. Ebenso wirkt sich eine große Spanne in den Zündgrenzen des Kraftstoffes positiv auf das Emissionsverhalten aus. Der Grund dafür liegt in der prinzipiellen Abhängigkeit der Schadstoffkonzentrationen vom Luft-Kraftstoff-Verhältnis (siehe Kapitel 2). Das eröffnet darüber hinaus die Möglichkeit der Qualitätsregelung bzw. einer Kombination von Qualitäts- und Quantitätsregelung.

6.2.1 Alternative Kraftstoffe für Ottomotoren

Die wesentlichen alternativen Kraftstoffe für den ottomotorischen Betrieb sind, wenn man die Pflanzenöle beim Ottomotor ausnimmt, oben bereits aufgeführt. Im weiteren wird auf das Verhalten bezüglich der wichtigsten Schadstoffkomponenten eingegangen [6.12].

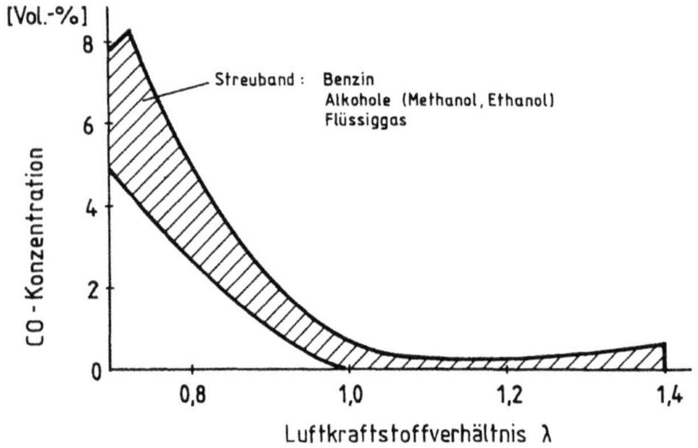

Abb. 6.13 *CO-Konzentration bei der Verbrennung von Benzin und alternativen Kraftstoffen [6.12]*

- **Kohlenmonoxid**
  Das Streuband der CO-Konzentration einiger Kraftstoffe zeigt **Abb. 6.13**. Signifikante Unterschiede sind lediglich im unterstöchiometrischen Bereich vorhanden [6.12]. Wesentlicher als der Einfluß des Kraftstoffes ist die Gemischbildung und Gemischverteilung auf die einzelnen Zylinder. Vorteile bieten dabei die in **Abb. 6.13** aufgeführten alternativen Kraftstoffe lediglich in bezug auf das größere Potential an Abmagerungsfähigkeit.

- **Unverbrannte Kohlenwasserstoffe**
  In **Abb. 6.14** sind die relativen HC-Emissionen im Vergleich zu Benzin dargestellt [6.12]. Insbesondere im Bereich der Zündgrenzen steigt der Streubereich der HC-Emissionen bei Benzin stark an. Hier macht sich überwiegend bei den alternativen Kraftstoffen die größere Abmagerungsfähigkeit gegenüber Benzin positiv bemerkbar. Insgesamt ist die HC-Emission der Kraftstoffe Methanol, Ethanol und Flüssiggas niedriger als die von Benzin.

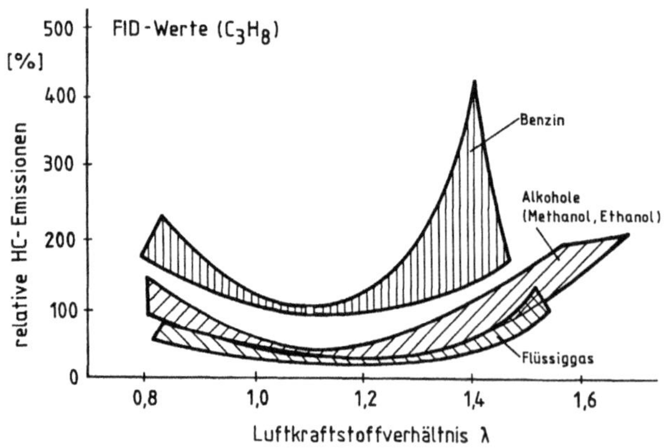

Abb. 6.14 *HC-Emissionen bei der Verbrennung von Benzin und alternativen Kraftstoffen [6.12]*

Die Erhöhung des Verdichtungsverhältnisses führt auch bei den alternativen Kraftstoffen zu einem Anstieg der HC-Emissionen (**Abb. 6.15**) [6.12]. Der Grund dafür liegt zum einen in der niedrigeren Abgastemperatur und der damit verbundenen Verringerung der Nachreaktion, zum anderen in dem ungünstiger werdenden Brennraum mit zunehmendem Oberflächen-Volumen-Verhältnis und relativ großen Quetschspalten.

- **Aldehyde**

Wenn man alternative Kraftstoffe bezüglich ihrer HC-Emissionen vergleicht, ist es notwendig, das Spektrum der organischen Komponenten zu betrachten. Eine der wichtigen Komponenten in diesem Spektrum sind die Aldehyde, deren Ausstoß in den USA bereits gesetzlich limitiert ist.

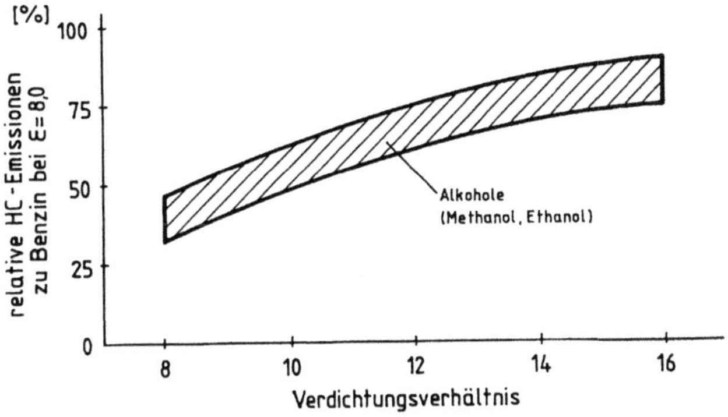

Abb. 6.15 *HC-Emissionen als Funktion des Verdichtungsverhältnisses [6.12]*

In **Abb. 6.16** ist die relative Aldehydemission über dem Luft- Kraftstoff-Verhältnis aufgetragen. Man erkennt, daß, bezogen auf Benzin, in wichtigen Betriebsbereichen ein Faktor 3 bis 4 zuungunsten der Alkohole vorliegt [6.12].

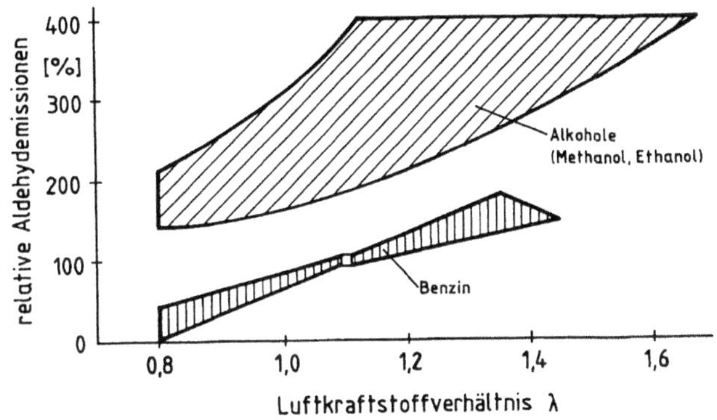

Abb. 6.16 *Relative Aldehydemissionen von Alkoholen und Benzin [6.12]*

- **Polyzyklische Aromaten**

Da die Zusammensetzung des Kraftstoffes direkte Auswirkungen auf das Emissionsverhalten hat und Alkoholkraftstoffe keine polyzyklischen aromatischen Kohlenwasserstoffe enthalten, liegen diese auch im Abgas um eine Größenordnung unter den Werten von benzinbetriebenen Motoren.

- **Stickoxide**

Analog der vorhergehenden Darstellung ist in **Abb. 6.17** die relative NO_X-Emission dargestellt. Alkohole bieten in bezug auf die Komponente NO_X die meisten Vorteile, da die Verbrennungstemperaturen relativ niedrig sind und ein Betrieb bei mageren Luft-Kraftstoff -Gemischen möglich ist.

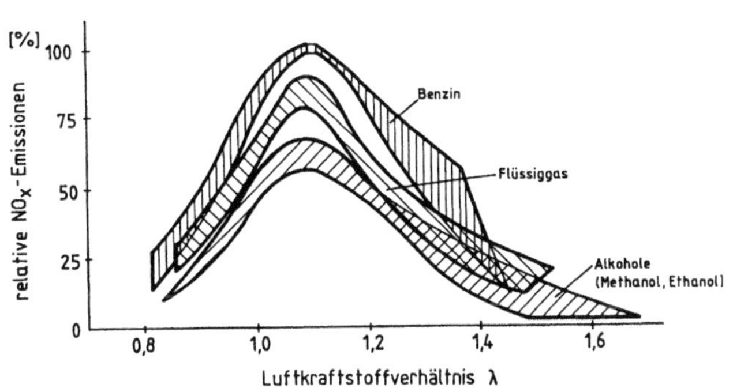

Abb. 6.17 *Relative NO_X-Emissionen alternativer Kraftstoffe [6.12]*

Da Alkohole sehr klopffest sind, ist im Gegensatz zu Benzin eine höhere Verdichtung möglich. Dadurch wird auf Grund der höheren Verdichtungsendtemperatur und der damit verbundenen höheren Verbrennungstemperatur der Vorteil teilweise wieder eingebüßt.

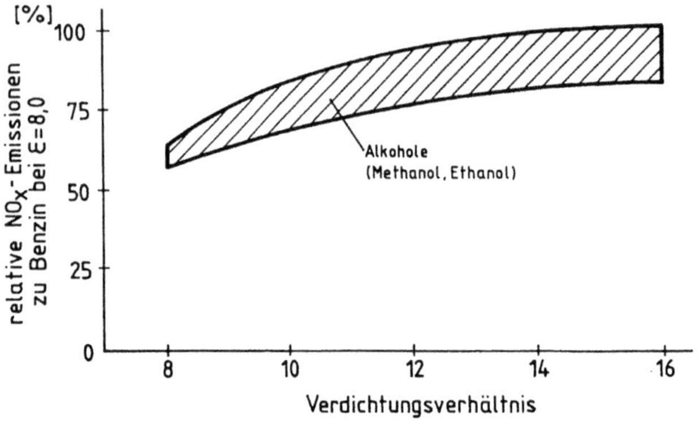

Abb. 6.18 *Relative NO_X-Emissionen über dem Verdichtugnsverhältnis [6.12]*

Dennoch bleibt auch bei Ausnutzung des höheren Verdichtungsverhältnisses ein beachtlicher Vorteil (**Abb. 6.18**).

Die NO_X-Emission ist u.a. abhängig vom H/C-Verhältnis des Kraftstoffes. Sieht man von der reinen Wasserstoffverbrennung ab, gilt: je höher dieses Verhältnis, umso niedriger ist die Stickoxidemission bei der Verbrennung [6.13].

- **Ozon**

Wie bereits dargestellt, spielt in bestimmten Regionen der Ozongehalt der Luft in den niederen Luftschichten eine entscheidende Rolle bei der Beurteilung der Luftqualität. Setzt man die relative Ozonbildung von PKW bei Benzinbetrieb zu 100 %, so wäre bei einem Betrieb aller Fahrzeuge mit Methanol das ozonbildende Potential wegen des geringeren CO- und HC-Anteils um ca. 70 % abgesenkt. Das ist einer der Hauptgründe, weshalb die Californische Umweltschutzbehörde CARB den Einsatz von methanolbetriebenen Fahrzeugen fordert.

6.2.1.1 Alkohole (Methanol und Ethanol)

Die Vorteile eines Betriebes mit Alkoholen liegen in den geringeren NO_X- und HC-Emissionen sowie der größeren Abmagerungsfähigkeit, **Abb. 6.19**. Auch bezüglich der CO_2-Emissionen zeigt z.B. Methanol Vorteile, da der spezifische Energieverbrauch im Vergleich zu Benzin geringer ist (**Abb. 6.20**).

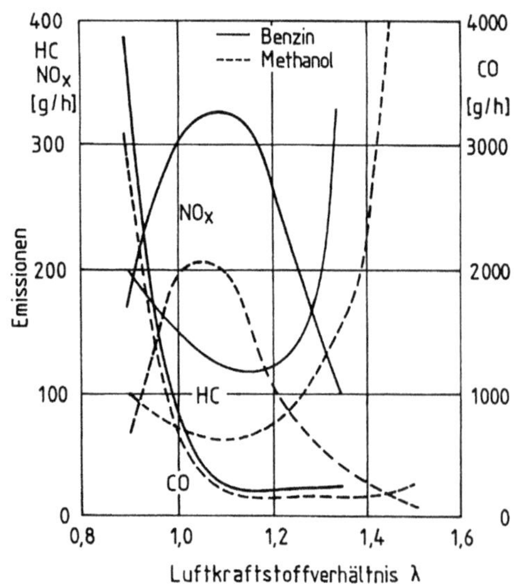

Abb. 6.19 *Abgasemissionen von Benzin und Methanol [6.47]*

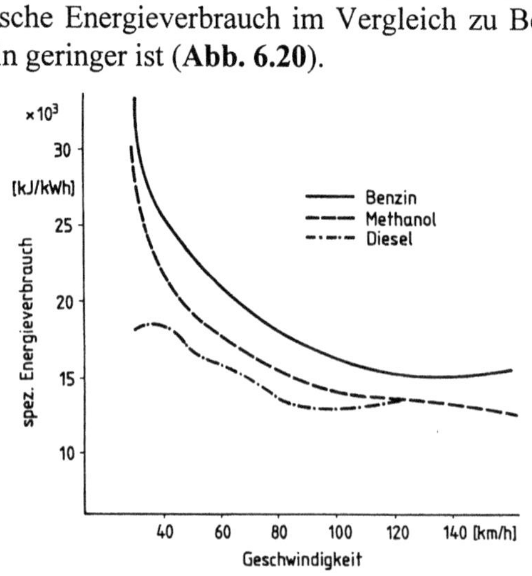

Abb. 6.20 *Spezifischer Energieverbrauch im Vergleich [6.48]*

Weitere Vorteile bei Alkoholen als Kraftstoff sind:

- beschleunigter natürlicher Abbau,
- durch die andere Zusammensetzung des Abgases (z.B. das HC-Spektrum) wird die Ozon-Bildung in den niedrigen Luftschichten verringert,
- die Verdunstungsrate ist geringer.

Emissionen und Verbrauch		M90	Benzin	Veränderung *) in%
CO	[g/kWh]	40,24	51,52	78
HC	[g/kWh]	1,15	5,26	22
NO_x	[g/kWh]	8,30	12,61	66
HCHO	[g/kWh]	0,56	0,37	151
be	[g/kWh]	667	392	170
Wirkungsgrad	[ ]	0,248	0,217	114

Teillastpunkt: n= 2500 min^{-1}, we= 0,25 kJ/dm^3

*) Benzinbetrieb= 100%

Abb. 6.21 *Abgasemissionen und Verbrauch eines Mittelklassefahrzeuges im FTP-75 [6.47]*

Als problematisch bei Verwendung von Alkoholen muß die vermehrte Bildung von Aldehyden angesehen werden.

Ohne Abgasnachbehandlung, allein durch den Einsatz von Methanol, sind die zukünftigen gesetzlich vorgeschriebenen Grenzwerte nicht erreichbar.

Weitere Möglichkeiten bestehen in der Verwendung von Methanol-Benzin Mischkraftstoffen, z.B. M90. Das ist ein Gemisch aus 90 % Methanol und 10 % Benzin. Die damit im FTP-75 erzielten Ergebnisse mit Katalysator sind in **Abb. 6.21** wiedergegeben [6.14].

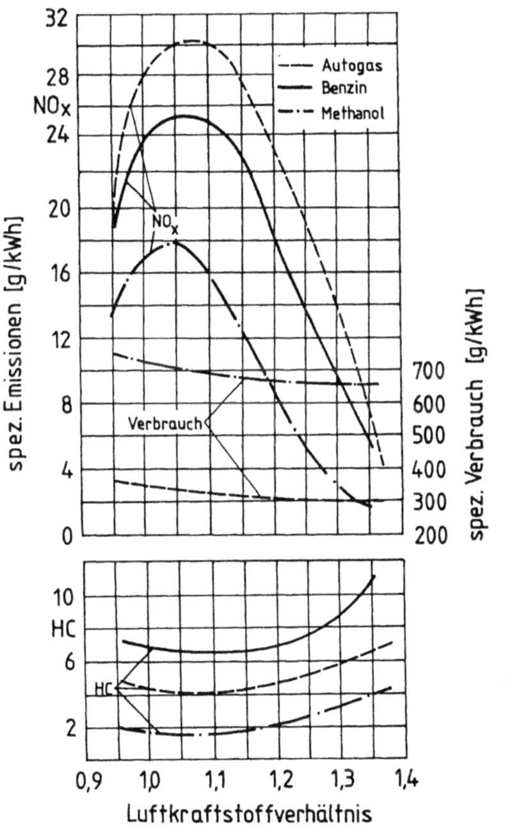

Abb. 6.22 *Vergleich der spezifischen Emissionen verschiedener Kraftstoffe* [6.14]

Wegen des Fehlens der leichtflüchtigen Kraftstoffkomponenten müssen für den Kaltstart, bei niedrigen Temperaturen, besondere Maßnahmen ergriffen werden (z.B. Einrichtungen zur Vorwärmung von Kraftstoff und oder Luft).

6.2.1.2 Autogas

Autogas besteht überwiegend aus Propan und Butan. Mit diesen Komponenten ist wegen des höheren Wasserstoffanteils eine deutliche Absenkung des Kohlendioxidanteils im Abgas möglich. Auf Grund der besseren Abmagerungsfähigkeit gegenüber Benzin ist auch eine deutliche Reduktion der HC-Werte erreichbar. Bei den Stickoxiden wird eine Senkung der Emissionen, wie aus **Abb. 6.22** erkennbar, lediglich ab etwa $\lambda > 1{,}4$ erreicht. Bei kleineren λ-Werten ist mit deutlich erhöhten NO_X-Werten zu rechnen. **Abb. 6.22** zeigt auch, daß ebenso wie bei Benzinbetrieb mit steigendem Luftüberschuß - jedoch bei sehr viel höheren λ-Werten - die unverbrannten Kohlenwasserstoffe ansteigen [6.34].

Beim Einsatz von Autogas sind die bestehenden Grenzwerte ohne Katalysator nicht erreichbar. Der nutzbare λ-Bereich in Richtung magerer Gemische ist größer als bei Betrieb mit Benzin. Außerdem ist die Klopfneigung geringer. Das eröffnet die Möglichkeit, den Motor höher zu verdichten. Dadurch ergeben sich niedrigere Abgastemperaturen, auf die der Katalysator ausgelegt werden muß. Das bedeutet in erster Linie, daß das Anspringverhalten des Katalysators zu verbessern ist.

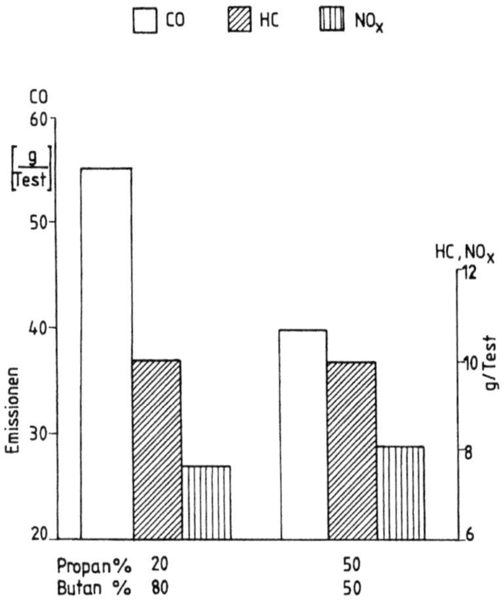

Abb. 6.23 *Einfluß der Zusammensetzung von Autogas auf das Emissionsverhalten [6.15]*

Auch bei Autogas hat die Zusammensetzung einen entscheidenden Einfluß auf das Abgasverhalten. Für verschiedene Anteile von Propan und Butan zeigt **Abb. 6.23** die Ergebnisse im ECE-Test [6.15].

6.2.1.3 Wasserstoff

Der Einsatz von Wasserstoff als Kraftstoff für Verbrennungsmotoren stellt eine langfristige, voraussichtlich wichtige Alternative dar. Wasserstoff hat den Vorteil, daß bei Erzeugung durch Solarenergie ein geschlossener Stoff- bzw. Energiekreislauf vorliegt. Außerdem ist der Wasserstoff-Betrieb mit einem leicht besseren Wirkungsgrad verbunden [6.25]. Wasserstoff, aus Wasser mit Hilfe von Sonnenenergie erzeugt, reagiert bei der Verbrennung wieder zu Wasser. Die Umweltaspekte bei Betrieb von Motoren mit Wasserstoff müssen gegenüber dem Betrieb mit konventionellen Kraftstoffen als sehr positiv bewertet werden [6.11] [6.16] [6.17] [6.18].

Auf Grund der Tatsache, daß Wasserstoff keinen Kohlenstoff enthält, sind die Komponenten Kohlendioxid, Kohlenmonoxid und unverbrannte Kohlenwasserstoffe theoretisch im Abgas nicht vorhanden. Praktisch treten zwar HC-Emissionen auf, die von der Größenordnung her im Hinblick auf eine Umweltgefährdung jedoch vernachlässigbar sind. Diese Emissionen haben primär ihren Ursprung in der Verbrennung von Schmieröl. Der Anteil des Schmieröls an der Verbrennung beträgt heute ca. 0,01 bis 0,05 l/100 km und kann noch weiter verringert werden. Die Komponente, die auf Grund der hohen Verbrennungsspitzentemperatur vermehrt vorliegt, ist NO_X. **Abb. 6.24** zeigt den prinzipiellen Verlauf der Schadstoffkonzentrationen über dem Luft-Kraftstoff-Verhältnis. Bei der Wasserstoffverbrennung ist darüber hinaus mit erhöhten Wasserstoff- und Wasserdampf-Emissionen zu rechnen.

Wasserstoff ist, anders als andere Kraftstoffe (z. B. Benzin, Methanol), in sehr weiten Grenzen zündfähig. Im motorischen Betrieb ist ein Bereich von etwa λ = 1 bis 7 nutzbar. Die Eigenschaften des Wasserstoffes lassen zwei prinzipielle Varianten des Betriebes zu:

- Wasserstoff wird als Substitut für Kraftstoffe, die Kohlenwasserstoffe enthalten, benutzt.
- Wasserstoff dient als Kraftstoff für bestimmte Betriebsbereiche bzw. er wird zur Verbrennungsunterstützung und Zündhilfe bei Mehrstoffbetrieb benutzt.

Mit den sehr weiten Zündgrenzen des Wasserstoffs bietet sich die Möglichkeit, den Motor aus Verbrauchsgründen mit Qualitätsregelung zu betreiben, das heißt, wie beim Dieselmotor wird die Lastzunahme über eine Anreicherung des Gemisches vollzogen. Das ist sowohl beim reinen H_2-Betrieb als auch beim H_2-Mischbetrieb möglich.

Die Auswirkungen des H_2-Betriebes auf Betankung, Speicherung, Infrastruktur, Wasserstoffherstellung etc. werden hier nicht betrachtet.

a) Reiner Wasserstoff-Betrieb

Die Zufuhr des Wasserstoffs zur Verbrennungsluft kann auf zwei Arten erfolgen:

- ins Saugrohr,
- in den Brennraum.

Im ersten Fall spricht man von äußerer, im zweiten Fall von innerer Gemischbildung. Ähnlich wie bei anderen gasförmigen Kraftstoffen sind auch bei Wasserstoff im Vergleich zu flüssigen Kraftstoffen Vorteile in bezug auf die Gemischbildung vorhanden. Insbesondere wirkt sich das extrem hohe Diffusionsvermögen des Wasserstoffs positiv auf die Gleichverteilung der einzelnen Zylinder aus [6.19].

Wird der Wasserstoff flüssig zugeführt bzw. im Rahmen der Gemischbildung in den gasförmigen Zustand überführt, kommt es zu starker Gemischabkühlung, was die NO_x-Bildung und somit die NO_x-Emission reduziert. Demgegenüber steht die etwas höhere Prozeßtemperatur. **Abb. 6.24** zeigt die Abgaszusammensetzung (ohne Wasser) bei einem mit Wasserstoff betriebenen Motor als Funktion des Luft-Kraftstoff-Verhältnisses [6.20].

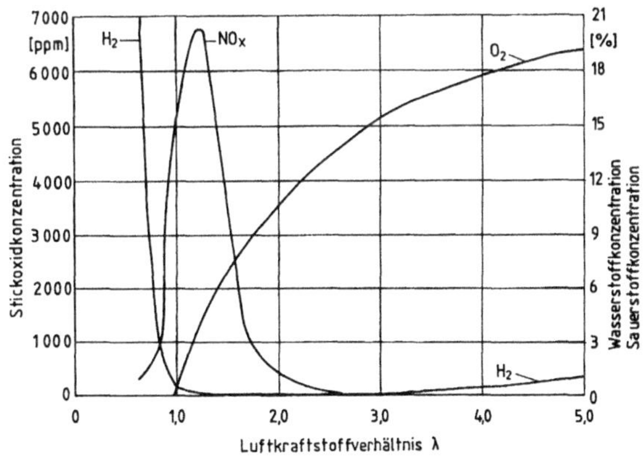

Abb. 6.24 *Abgaskonzentrationen über dem Luft-Kraftstoff-Verhältnis bei H_2-Betrieb [6.20]*

Im unterstöchiometrischen Bereich treten erhebliche Anteile an unverbranntem Kraftstoff (H_2) auf. Dieser Bereich ist im Gegensatz zum konventionell betriebenen Motor bei äußerer Gemischbildung wegen der möglichen Qualitätsregelung nicht so bedeutungsvoll.

Der wichtige Bereich zwischen $\lambda = 1$ und etwa $\lambda = 5$ zeigt, daß auch H_2-Emissionen auftreten, deren Auswirkungen auf die Umwelt man bei einem großtechnischen Einsatz untersuchen muß. Anders als beim Betrieb mit Kohlenwasserstoffen spielt die Brennraumform und das Oberflächen-Volumen-Verhältnis in bezug auf die H_2-Emissionen eine untergeordnete Rolle. Der Grund liegt in der Fähigkeit des Wasserstoffs, die Verbrennung auch in engen Spalten aufrecht zu erhalten. Der extrem lange und flache Brennraum des Wankel-Motors bietet sogar Vorteile beim Einsatz von Wasserstoff [6.36].

Je nach Luftüberschuß bei der Verbrennung sind relativ geringe Stickoxidemissionen zu erwarten [6.16].

Weitere wirksame Maßnahmen zur Senkung der NO_X-Emissionen bei Wasserstoff-Betrieb sind Abgasrückführung und Wassereinblasung, die gleichzeitig auch als Mittel gegen das beim Wasserstoffbetrieb mit externer Gemischbildung auftretende Rückzünden wirksam sind. Beide Verfahren wurden bei ausgeführten Versuchsmotoren eingesetzt.

Die physikalischen Eigenschaften des Wasserstoffs begünstigen hohe Abgasrückführraten (bis zu 40 %). Damit ist es möglich, die NO_X-Emissionen im CVS-Test auf unter 0,04 g/Meile abzusenken [6.21].

Geruchsemissionen sind vom wasserstoffbetriebenen Motor nicht bekannt, jedoch ist mit höheren NH_3-Emissionen zu rechnen.

b) Wasserstoff-Mischbetrieb

Wegen der sehr weiten Zündgrenzen ist der Wasserstofff auch ein idealer Partner, um im Mischbetrieb z.B. mit Methanol oder Benzin die Abgasemissionen zu senken [6.25].

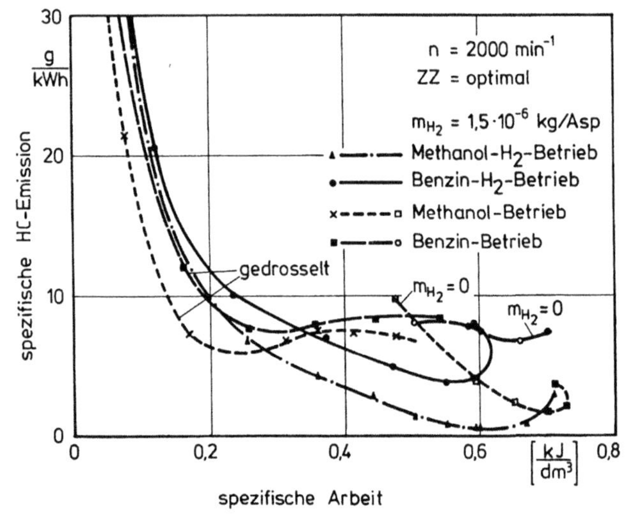

Abb. 6.25 *Spezifische HC-Emissionen bei Mischbetrieb im Vergleich zu Methanol- und Benzinbetrieb [6.22]*

Das ist beim Ottomotor durch Qualitätsregelung möglich, wobei der Motor in der Vollast mit dem Basiskraftstoff, im Teillastgebiet mit einer Zumischung von Wasserstoff zum Basiskraftstoff und im Leerlaufbereich mit reinem Wasserstoff betrieben wird.

Die Auswirkungen eines solchen Mehrstoffbetriebes im Hinblick auf Fahrzeugmasse, Betankung, Infrastruktur etc. sollen hier nicht betrachtet werden. Als Beispiel für einen solchen Mischbetrieb sind in **Abb. 6.25** die HC-Emissionen dargestellt [6.22].

Einem Methanol-Wasserstoff- und einem Benzin-Wasserstoff-Betrieb sind bei einer konstanten Wasserstoffmasse pro Arbeitsspiel die Emissionen bei Betrieb mit den reinen Basiskraftstoffen gegenübergestellt. Man erkennt, daß im mittleren und oberen Lastbereich relativ niedrige HC-Emissionen durch Mischbetrieb zu erzielen sind. Der Vorteil in bezug auf die Emissionsabsenkung ist jedoch nicht so gravierend, daß ohne Abgasnachbehandlungssysteme (Katalysator) ein Unterschreiten der gesetzlich vorgeschriebenen Grenzwerte möglich wäre, wie **Abb. 6.26** anhand eines ECE- bzw. FTP-75 zeigt. Die Untersuchungen wurden mit einem Fahrzeug durchgeführt, dessen Motor mit Wasserstoff-Benzin betrieben wurde [6.23].

ECE-Test	
Komponente	g/Test
CO	8,70
HC	3,00
NO_x	0,40
CVS-Test	
Komponente	g/Meile
CO	0,45
HC	1,57
NO_x	0,51

Abb. 6.26 *Ergebnisse im ECE- und FTP-75 bei Wasserstoff-Benzin-Mischbetrieb [6.23]*

6.2.2 Alternative Kraftstoffe für Dieselmotoren

6.2.2.1 Alkohole (Methanol und Ethanol)

Die Verwendung von Alkoholkraftstoffen ist nicht nur für den Einsatz im Ottomotor, sondern ebenso im Dieselmotor von Interesse [6.18][6.24]. Die Vorteile liegen vor allem in der Möglichkeit, die Abgasemissionen zu senken.

Die Verringerung der NO_X-Emissionen ist insbesondere durch die hohe Verdampfungswärme des Methanols und die dadurch erreichte Temperaturabsenkung der Ladung gegeben. Ebenso ist bei Betrieb mit Methanol Abgasrückführung möglich. Darüber hinaus erreicht man durch den im Methanol gebundenen Sauerstoff eine nahezu rußfreie Verbrennung mit der Folge einer dem Ottomotor vergleichbaren geringen Partikelemission. Ein Nachteil des Methanolbetriebs beim Diesel- und Ottomotor ist die erhöhte Emission von Aldehyden. Jedoch können diese teiloxidierten Kohlenwasserstoffe mit Hilfe eines Oxidationskatalysators gemindert werden.

Einen Vergleich der Verhältnisse bei Betrieb mit Methanol und Dieselkraftstoff im FTP-75 zeigt **Abb. 6.27**.

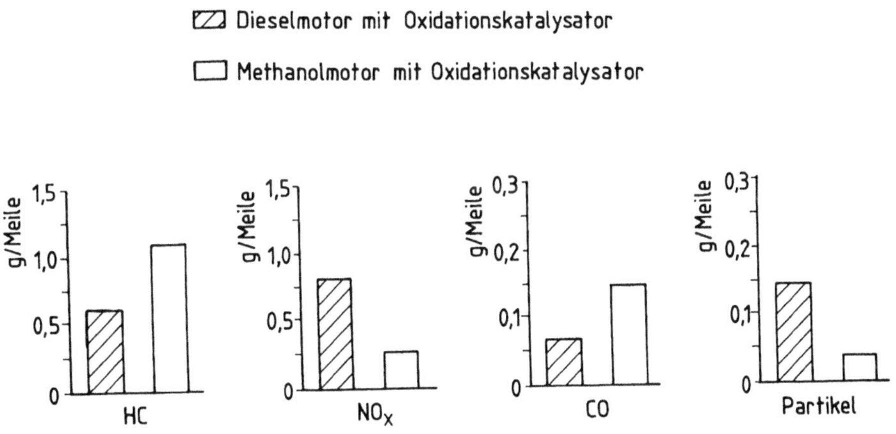

Abb. 6.27 *Betrieb mit Methanol und Dieselkraftstoff [6.24]*

Die etwas höheren HC- und CO-Emissionen bei Methanolbetrieb sind durch den negativen Einfluß der hohen Verdampfungswärme auf den Verbrennungsablauf erklärbar [6.24]. Die Verbrennung läuft insbesondere im unteren Teillastbereich bei hohen λ-Werten verzögert.

Der Betrieb mit Alkohol im Dieselmotor setzt voraus, daß das Selbstzündungsverhalten der Alkohole verbessert ist. Zündbeschleuniger, Zündstrahlverfahren mit einer Dieselkraftstoff-Pilotmenge, extrem hohe Verdichtung und der Einsatz von Zündkerzen oder Glühstiften sind einige Maßnahmen, mit denen das erreicht werden kann. Außerdem muß die Einspritzanlage an die erhöhten Kraftstoffmengen angepaßt werden (niedriger Heizwert).

6.2.2.2 Pflanzenöle

Neben Alkoholen aus Biomasse (z.B. Ethanol) sind Pflanzenöle ein weiterer Kraftstoff, welcher aus nachwachsenden Rohstoffen erzeugt werden kann. Man spricht in diesem Fall von einem geschlossenen Kreislauf. Pflanzenöle als Kraftstoff einzusetzen ist jedoch nur sinnvoll, wenn zur Produktion dieser Biokraftstoffe deutlich weniger konventionelle Energie eingesetzt wird, als später im Biokraftstoff enthalten ist, **Abb. 6.28** [6.26]. Die Energiebilanz muß deutlich positiv ausfallen.

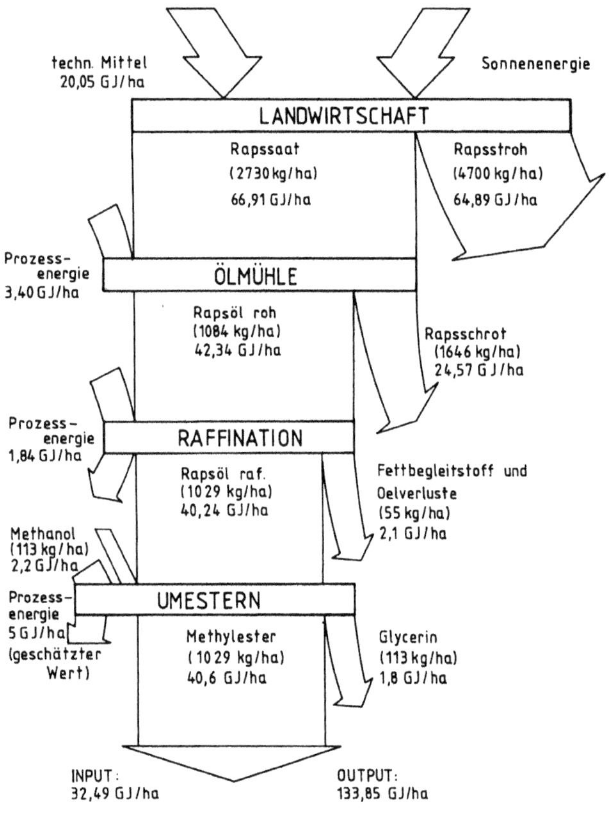

Abb. 6.28 *Energiebilanz für nachwachsende Rohstoffe [6.26]*

Um den geschlossenen Energiekreislauf zu erreichen, ist weiterhin zu berücksichtigen, daß zusätzlich zu den vorhandenen Anbauflächen in erheblichem Umfang weitere aktiviert werden müßten, mit den damit verbundenen Problemen, wie z.B. Monokultur, Überdüngung der Böden, Verschmutzung des Grundwassers etc..

Die Palette der Pflanzenöle, die als mögliche Kraftstoffe für Dieselmotoren in Frage kommen, ist sehr groß. Neben Sojaöl, Erdnußöl, Kokosöl, Palmöl etc. ist insbesondere Rapsöl als wichtiger Rohstoff in der Diskussion. Reine, unbehandelte Öle führen beim Dieselmotor zu Betriebsproblemen. Der Grund dafür ist die hohe Viskosität und dadurch schlechte Zerstäubung sowie die daraus folgende unvollständige Verbrennung. Das führt zur Verkokung der Einspritzdüsen. Die Polymerisationsneigung der Öle beschleunigt den Harz- und Rußbildungsprozeß. Deshalb sind Maßnahmen notwendig, die diese Tendenz beim Pflanzenöl als Kraftstoff vermeiden. Möglich ist das durch eine Umesterung der Öle. Diese Umesterung erfolgt mit Alkoholen, mit denen das Öl versetzt wird. Bei einer bestimmten Temperatur und in Gegenwart eines Katalysators ergeben sich Glycerin-Wasser- und Ester-Alkohol-Gemische.

Nach Trennung und Destillation des überschüssigen Alkohols erhält man den im Motor verwendbaren Ester. Mit diesem Verfahren läßt sich z.B. aus dem Rohstoff Rapsöl der "Dieselkraftstoff" Rapsölmethylester (RME) herstellen. RME wird hier stellvertretend für die Varianten der Pflanzenölderivate behandelt.

6.2.2.3 Rapsölmethylester (RME)

Einen großen Vorteil bietet der Betrieb mit RME in bezug auf die Rußminderung [6.27][6.28] [6.31]. In der Vollast liegt der Betrieb mit RME über dem gesamten Drehzahlband um ca. zwei Boscheinheiten niedriger als bei Betrieb mit Dieselkraftstoff, **Abb. 6.29**. Das gilt sowohl für den Wirbelkammermotor als auch für den Motor mit Direkteinspritzung. Der Grund dafür liegt im Sauerstoffgehalt des RME.

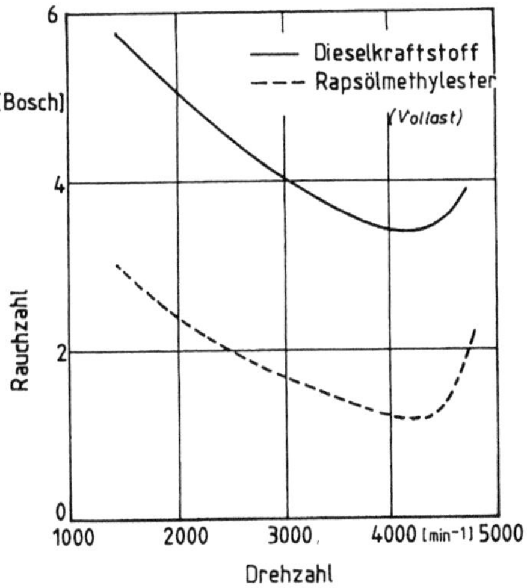

Abb. 6.29 *Rußzahlen bei Betrieb mit Dieselkraftstoff und Rapsölmethylester [6.28]*

Der spezifische Energieverbrauch ist bei Betrieb mit RME im unteren Lastbereich etwas höher als bei Betrieb mit Dieselkraftstoff. Das liegt am Siedeverhalten [6.29], da RME eine sehr viel höhere Siedetemperatur hat, **Abb. 6.30**, und dadurch die Gemischaufbereitung im unteren Lastbereich negativ beeinflußt wird. Außerdem bewirkt die größere Zähigkeit des RME, daß kleine Einspritzmengen problematischer in bezug auf die Zerstäubung sind und damit ebenso negativ auf die Gemischaufbereitung wirken.

Die Ergebnisse eines mit RME betriebenen Wirbelkammer-Dieselmotors im FTP-75 zeigt **Abb. 6.31**. Neben Vorteilen bei den Komponenten HC und CO und in etwa gleichen Werten bei den Partikeln sind die Aldehyd- und NO_X-Emissionen höher. Andere Untersuchungen [6.29] zeigen Ergebnisse mit etwas geringeren NO_X-Emissionen. Die oxidationsfähigen Komponenten HC, CO sowie der lösliche Partikelanteil und die geruchsbildenden Komponenten sind mit einem Oxidationskatalysator in hohem Maße abbaubar. Da die Vorteile von RME gegenüber Dieselkraftstoff in bezug auf das Abgasverhalten nicht signifikant sind und man Kriterien wie z.B. ökologische Gesamtbilanz und Verfügbarkeit mit in die Betrachtung einbeziehen muß, scheint RME nicht der Kraftstoff zu sein, der die zukünftigen Probleme bezüglich Abgasemissionen lösen hilft. RME hat jedoch aus Sicht des Umweltschutzes den Vorteil, sich innerhalb von 20 Tagen zu 98 % im Boden abzubauen. Daher ist RME für Nischen wie z.B. Landwirtschaft, Motorboote, Pistenpflegefahrzeuge etc. besonders geeignet.

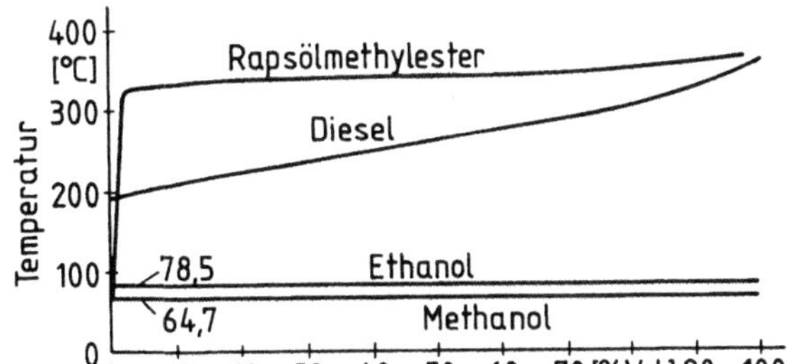

Abb. 6.30 *Siedekurven verschiedener Kraftstoffe*

Neuere Untersuchungen zeigen, daß bei einer gesamtökologischen Betrachtung, in die auch die Umweltbelastungen durch Herstellung, Verteilung etc. einbezogen werden, die biologisch erzeugten Kraftstoffe keine Alternative darstellen. Die Herstellkosten (ohne Berücksichtigung der Mineralölsteuer) liegen heute noch etwa viermal höher als die von konventionellem Dieselkraftstoff [6.42].

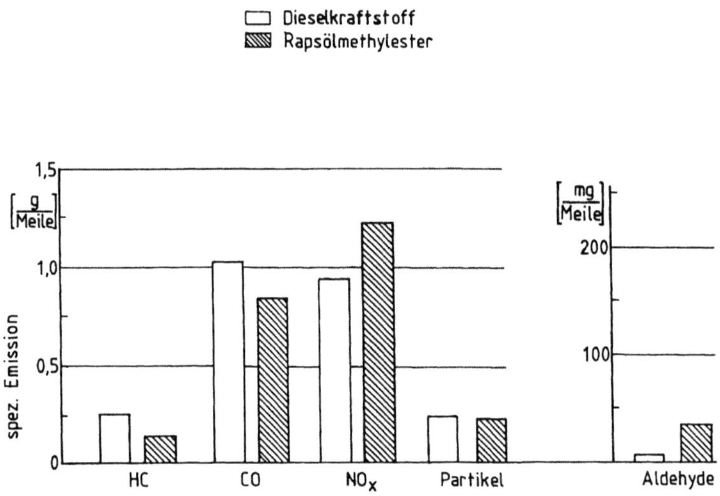

Abb. 6.31 *Emissionen im FTP-75 mit Rapsölmetylester und Dieselkraftstoff [6.28]*

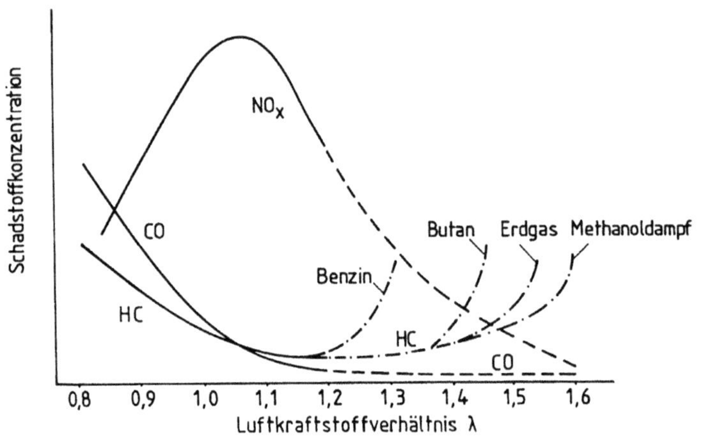

Abb. 6.32 *Prinzipieller Verlauf der Schadstoffkonzentrationen bei verschiedenen Kraftstoffen [6.46]*

6.2.2.4 Sonstige Kraftstoffe

Den Einfluß unterschiedlicher Kraftstoffe auf das Abmagerungs- und Emissionsverhalten zeigt **Abb. 6.32.**

Eine Bewertung der wesentlichen Systeme und Alternativen einschließlich des Elektroantriebes ist aus **Abb. 6.33** zu entnehmen [6.30]. Die Spalte, in der der Elektroantrieb aufgeführt ist, zeigt u.a. die Auswirkungen in bezug auf die Abgasemissionen, wenn der Strom mittels Kernenergie erzeugt wird. Die Emissionen der herkömmlichen Schadstoffkomponenten bei diesem Antriebssystem sind daher sehr positiv zu bewerten, jedoch fallen bei der Stromerzeugung durch Kernenergie andere Emissionen an, die in dieser Betrachtung nicht berücksichtigt wurden.

Bei der Betrachtung von objektbezogenen Emissionen z.B. von Fahrzeugmotoren ist die Höhe der Schadstoffwerte oft abhängig von den gewählten Systemgrenzen. Die Emissionen von vorgelagerten Prozeßabläufen wie z.B. Gewinnung, Transport, Lagerung bleiben oft unberücksichtigt. Bezieht man sie mit in die Betrachtung ein, ergeben sich teilweise deutlich unterschiedliche Bewertungen, wie **Abb. 6.34** [6.40] zeigt. Diese Emissionen treten nicht notwendigerweise in Regionen auf, die an sich schon stark belastet sind, so daß durch den Einsatz eines Elektrofahrzeuges z.B. die globale HC-Emission gegenüber einem Diesel-PKW nicht wesentlich verändert. Örtlich, in Ballungsgebieten wird sehr wohl eine Verbesserung der Luftqualität erreicht.

	Ottokraftstoff ohne KAT	Ottokraftstoff mit KAT	Diesel	Autogas [4]	Naturgas	Wasserstoff	Bio-Ethanol	Methanol	Elektro	
Eignung	0	0	0	-	-	-	0	0/-	--	
Verfügbarkeit	0	0/-	0	-	0	(+++) [1]	--	--	-- [4]	
Wirtschaftlichkeit	0	0	+	+/-	-	---	--	-	--	
Infrastruktur	0	0/-	0	--	---	---	--- [3]	--- [3]	--	
									Kohle	Kern
CO	0	++	++	+	+	+++	+	+	+	+++
HC	0	++	++	+	+	+++	+ [5]	+ [6]	+	+++
NO_x	0	++	+	-	-	+/-	0	0	0	+++
Partikel	0	+	---	+	+	+++	+	+	-	+++
CO_2	0	0	+	+	++	+++	++	0/-- [2]	--	+++
Kraftstoff-Toxizit.	0	0	+	+++	+++	+++	+++	+++	+++	

+ etwas besser — - etwas schlechter
++ deutlich besser — -- deutlich schlechter
+++ sehr viel besser — --- sehr viel schlechter
0 = gleich

[1] im Wasser
[2] bedingt durch Herstellung
[3] bei Verzicht auf einen derzeitigen Kraftstoff
[4] für Elektrizität : 0
[5] Aldehyde : -
[6] Dual-System ohne Kat

Abb. 6.33 *Bewertung alternativer Systeme*

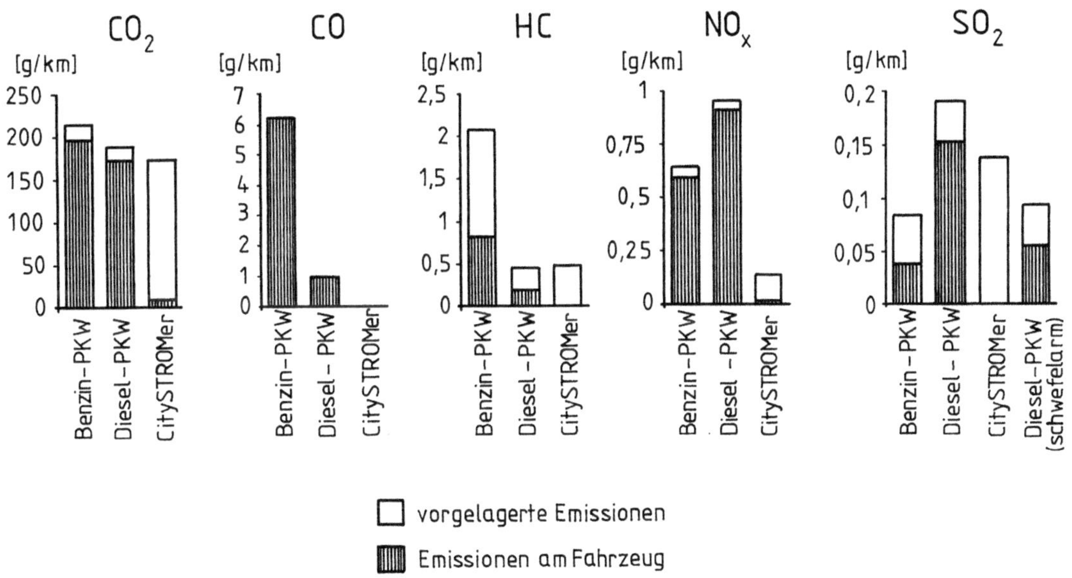

Abb. 6.34 *Vorgelagerte Emissionen bei Benzin-, Diesel- und Elektrofahrzeug [6.40]*

6.3 Einfluß von Kraftstoffadditiven

Additive im Kraftstoff haben zwei Aufgaben. Einerseits sollen sie die Verbrennung und den Schadstoffausstoß positiv beeinflussen, andererseits sollen sie über dem Lebenszyklus der Motoren von mehreren hunderttausend Kilometern z.B. für geringen Verschleiß und geringe Verschmutzung sorgen. **Abb. 6.35** zeigt wichtige kraftstoffrelevante Problemzonen am Beispiel eines Ottomotors [6.32].

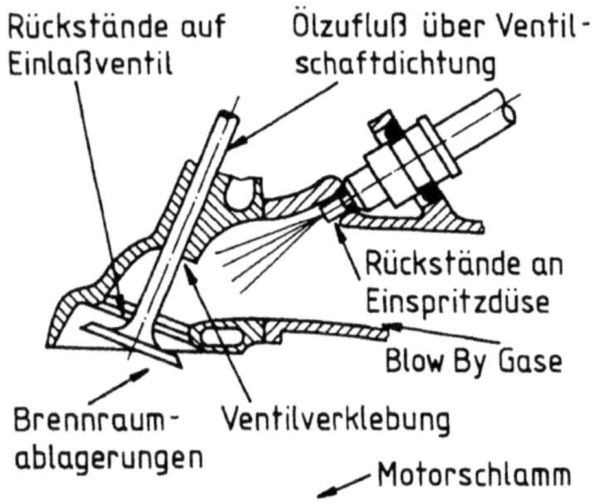

Abb. 6.35 *Kraftstoffrelevante Problemzonen des Ottomotors [6.32]*

Während früher die Lösung eines technischen Problems Vorrang hatte, stehen heute die Auswirkungen auf die Umwelt mit im Vordergrund. Eine Eigenart der Additivhersteller und Anwender ist, daß sie die chemische Zusammensetzung der Additive weitgehend geheimhalten, weshalb hier vorzugsweise nur von ihren Wirkungen berichtet werden kann.

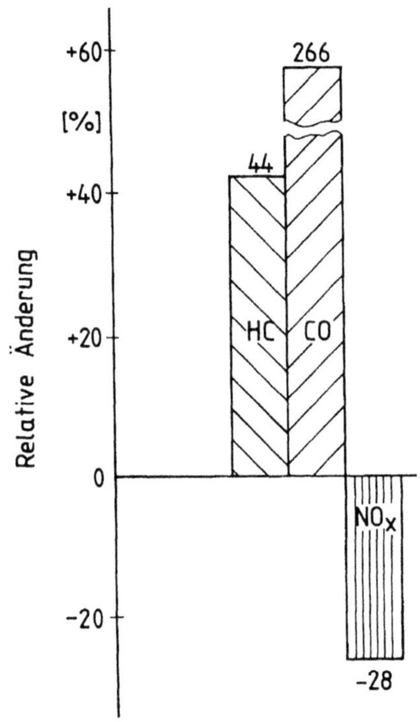

Abb. 6.36 *Einfluß der Rückstandsbildung auf die Schadstoffemissionen [6.32]*

6.3.1 Additive für Ottomotoren

Die wichtigsten Additive, die direkt die Verbrennung beeinflussen, sind die "Antiklopfmittel" Bleitetraäthyl und Bleitetramethyl. Sie wurden jedoch durch die Einführung von bleifreiem Kraftstoff wegen der Toxizität der in ihnen enthaltenen Schwermetalle und wegen der Unverträglichkeit mit Katalysatoren (Vergiftung) verdrängt. Auch andere metallhaltige Additive, die die Verbrennung positiv beeinflussen (Verbrennungsverbesserer), werden aus den genannten Gründen vor allem in Deutschland nicht mehr eingesetzt.

Bedeutsamer sind heute Additive, die das Langzeitverhalten der Motoren günstig beeinflussen und Unterschiede in der Zusammensetzung der Kraftstoffe durch unterschiedliche Rohöle und unterschiedliche Prozesse der Raffinerien ausgleichen.

An zwei Beispielen soll der positive Beitrag durch multifunktionale Additive erläutert werden. **Abb. 6.36** zeigt die negativen Einflüsse durch Rückstandsbildung und Verschmutzung im Brennraum und auf den Einlaßventilen auf das Abgas, welche durch Additivierung sicher vermieden werden können.

Ohne Additive bilden sich z.B. Rückstände auf dem Ventilteller, die beim Kaltstart für den Kraftstoff wie ein Schwamm wirken und das Luft-Kraftstoff-Gemisch abmagern, was zu Fahrfehlern führt. Bei Vollast wird außerdem die Füllung verringert, wodurch Leistungsverluste auftreten.

6.3.2 Additive für Dieselmotoren

Anders als beim Ottomotor mit äußerer Gemischbildung findet die Gemischbildung beim Dieselmotor in einer deutlich kürzeren Zeit statt. Hier konzentriert sich die Wirkung von Additiven auf die Entflammung und eine rückstandsarme Verbrennung des Kraftstoffes und auf die Sauberkeit der Einspritzdüsen.

Während beim Ottomotor die Selbstentflammung des Kraftstoffes durch eine hohe Oktanzahl verhindert wird, muß beim Dieselmotor umgekehrt die Selbstentflammung durch eine hohe Cetanzahl begünstigt werden. Wegen der kurzen zur Verfügung stehenden Zeit besteht die Gefahr der unvollständigen Verbrennung, was zu hohen Emissionen von Kohlenwasserstoffen und Ruß führt. Eine zu schnelle Verbrennung bei hohen Temperaturen wiederum begünstigt die Bildung von Stickoxiden.

Beim Dieselkraftstoff sind drei Additivgruppen eingesetzt:

- **Cetanzahlverbesserer:** Die Erhöhung der Cetanzahl durch Cetanzahlverbesserer bedeutet eine Verkürzung des Zündverzuges, also eine frühe Entflammung. In **Abb. 6.37** ist der Zündverzug schematisch dargestellt. In umfangreichen Versuchen konnte nachgewiesen werden, daß mit zunehmender Additivkonzentration signifikante Verminderungen der HC-, CO- und Partikel-Emissionen auftreten, ohne daß NO_X ansteigt. Bei Steigerung der Cetanzahl um 10 Einheiten betrug die Verringerung von HC bis zu 80 %, von CO bis zu 50 % und von Partikeln bis zu 30 %. Außerdem wird das Verbrennungsgeräusch deutlich verringert.

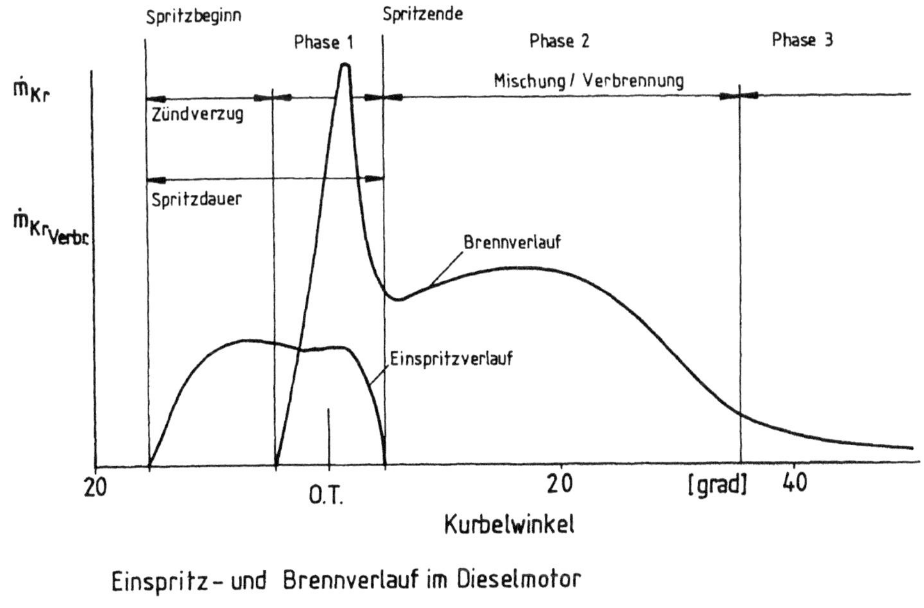

Abb. 6.37 *Schematische Darstellung des Zündverzuges*

- **Verbrennungsverbesserer:** Während Cetanzahlverbesserer vorzugsweise den Beginn der Verbrennung beeinflussen, nehmen Verbrennungsverbesserer Einfluß auf den Verbrennungsablauf. Der Effekt ist sowohl in sauberen wie in verschmutzten Motoren vorhanden (im Gegensatz zu Detergentien, die ihre reinigende Wirkung erst durchgeführt haben müssen). Unverbrannte Kohlenwasserstoffe und Partikel werden signifikant verringert, während CO und NO_X unverändert bleiben. Betrachtet man die Partikelemissionen in den 13 einzelnen Stufen des ECE-49-Test, fällt auf, daß die Partikel bei mittlerer Drehzahl etwas stärker abgebaut werden als bei Nenndrehzahl, **Abb. 6.38** [6.32]. Der Grund hierfür ist wahrscheinlich, daß bei größerem Partikelanfall, wie bei diesem Test beobachtet wurde, auch das Potential zur Verminderung größer ist.

- **Multifunktionelles Dieseladditiv:** Dieses Additivpaket enthält Komponenten zur Verbesserung von Korrosionsschutz mit Demulgiervermögen und zur Verminderung des Schaumverhaltens. Zur Sauberhaltung von Einspritzdüsen sind Oxidationsinhibitoren und Detergentien enthalten. Die Wirkung dieses Additivpackage wurde an zwei Taxifahrzeugen mit Kammermotoren nachgewiesen. Sie hatten 130000 km ohne Wechsel der Einspritzdüsen erreicht. Nach einem Reinigungslauf über 1000 km mit dem Additivpackage wurde die HC-Emission um 45 % reduziert und CO und Partikel um über 10 %, ohne daß ein signifikanter Anstieg von NO_X stattfand. Mittlerweile ist auch die positive Wirkung auf Dieselmotoren mit Direkteinspritzung nachgewiesen.

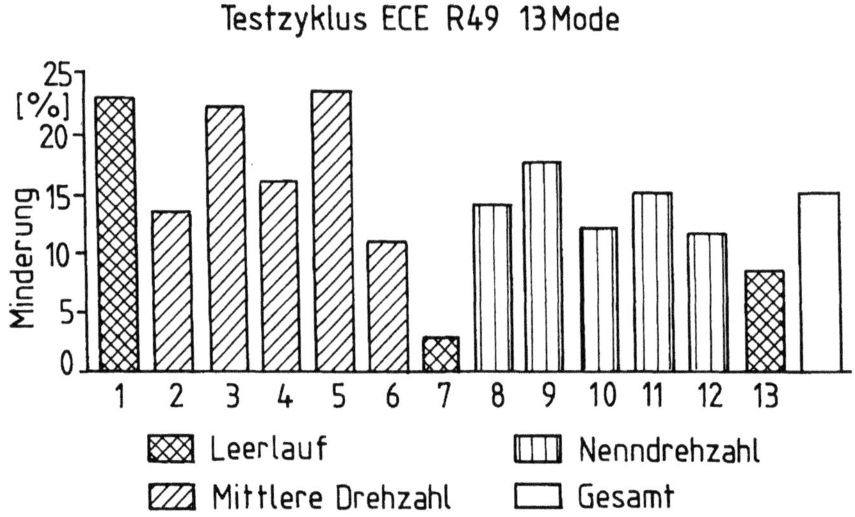

Abb. 6.38 *Einfluß der Verbrennungsverbesserer auf die Partikelemission*

6.4 Einfluß des Motoröls

Die heutigen Hochleistungsmotoren (Otto und Diesel) erfüllen nur mit Hochleistungsmotorölen die gestellten Anforderungen. Mit dem Einsatz von z.B. Mehrventiltechnik, Aufladung, Katalysatoren, variablen Ventilsteuerungen, Akustikkapseln aber auch durch die Einführung längerer Ölwechselintervalle, reduzierter Ölvolumina und der Verringerung des Ölverbrauch verändern sich die an die Schmierstoffe gestellten Aufgaben.

Der verringerte Ölverbrauch kommt vor allem dem Katalysator zugute, dessen Vergiftungsgefahr reduziert wird, wodurch sich seine Lebensdauer erhöht [6.49].

Der Grund für die Reduzierung der Ölvolumina liegt im geringeren Gewicht und schnelleren Aufwärmen des Öls nach dem Kaltstart.

Der augenblickliche Stand für die Ölwechselintervalle beträgt 15000 bis 20000 km, mittlerweile auch mit steigender Tendenz für Dieselmotoren,

Zu hohen Öltemperaturen muß mit Ölkühlern begegnet werden, da ab 150 °C die chemische Veränderung von Wirkstoffen im Motoröl beginnt. Oberhalb etwa 160 °C tritt Verdampfung von mineralischen Grundölanteilen auf. Darüber hinaus steigt die Oxidation des Motoröls über der Temperatur exponentiell an, wobei je 10 bis 15 °C eine Verdoppelung der Reaktionsgeschwindigkeit auftritt.

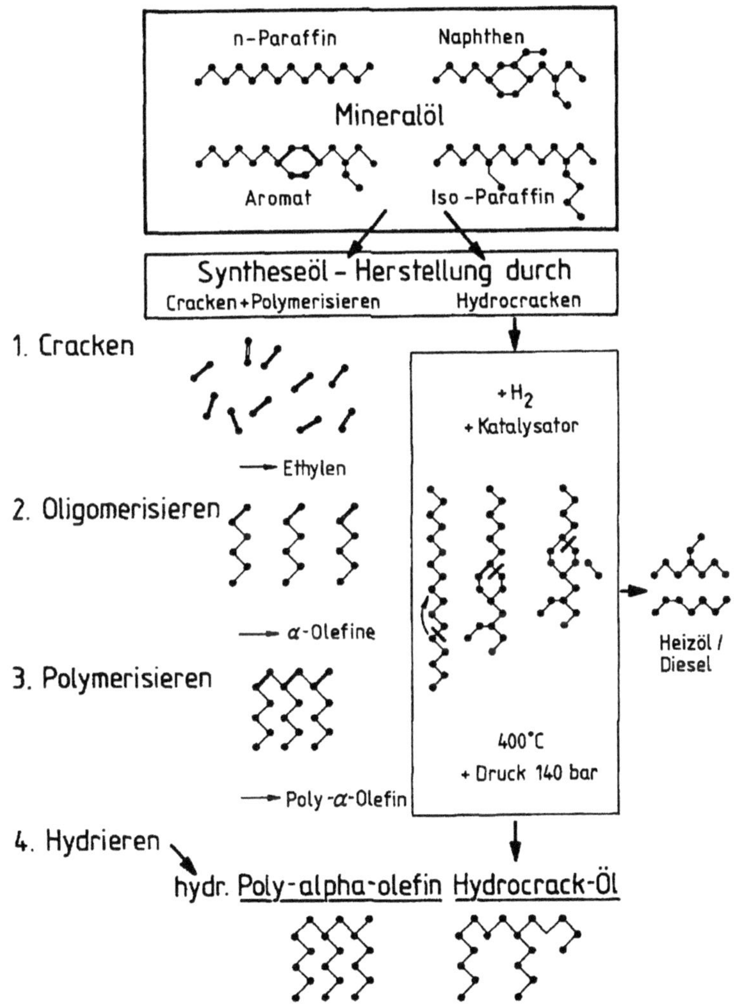

Abb. 6.39 *Syntheseöl-Herstellungsverfahren [6.44]*

Besondere Aufmerksamkeit muß dem Kälteverhalten und der Hochtemperaturstabilität, dem Verschleißschutz, der "Sauberhaltung" des Motors und der Verträglichkeit gegenüber Dichtungsmaterialien gewidmet werden. Darüber hinaus sind der Einfluß auf den Katalysator und die Umweltverträglichkeit von Bedeutung.

Günstiges Kälteverhalten läßt sich besonders mit Ganzjahres- Mehrbereichsölen der Viskositätsklasse 5W-40 oder 5W-50 aus Synthese- bzw. Synthetikmotorölen erzielen. Beim Kaltstart sind sie genügend dünnflüssig (5W) und versorgen daher die Schmierstellen um ein Mehrfaches schneller mit Öl. Beim heißen Motor haben sie eine noch ausreichende Viskosität (40 oder 50). Mit solchen Ölen läßt sich durch eine nennenswerte Herabsetzung der Reibungsverluste im hochdynamischen Bereich eine Kraftstoffverbrauchseinsparung von 3 bis 4 % erreichen. Die Vergleichsbasis ist hierbei Mehrbereichsöl 15W-40 mit einem mineralischen Grundöl [6.43]. Als Grundöle sind besonders Synthetiköle geeignet, da sie sehr alterungsbeständig sind [6.44]. Neuerdings sind sogenannte Leichtlauföle 0W-30 oder 40 in der Entwicklung.

Normalerweise kommen zwei Grundöle zur Anwendung: Poly-Alpha-Olefin (PAO) und synthetische Ester, auch in Verbindung mit Hydrocrackölen. **Abb. 6.39** zeigt das Syntheseherstellungsverfahren. Aus Mineralölen werden auf chemischem Wege, katalytisch gesteuert, Moleküle nach Wunsch hinsichtlich Beschaffenheit und Größe erzeugt.

Aus Umweltgründen haben diese neuen Motoröle einen niedrigen Verdampfungsverlust und einen Phosphorgehalt von $\leq 0{,}1$ %. Letzterer verringert die "Vergiftung" des Katalysators, wodurch seine Lebensdauer verlängert wird. Durch Optimierung der Additivpakete konnte der Sulfataschеanteil reduziert werden, was die Ölverschmutzung (d.h. geringerer Verschleiß) verbessert.

Schließlich wurde der Chlorgehalt abgebaut, ein bei der Herstellung von Additiven anfallender inaktiver Wirkstoff, wodurch das Recycling von Altölen erleichtert wird.

Die Additive, die zum Einsatz kommen, dienen alle direkt oder indirekt der Abgas- und Verbrauchsverringerung. Es sind:

- Detergents (multifunktionale Wirkstoffe, die Reinigungs- und Reinhaltewirkstoffe besitzen, mit Korrosionsschutz und basischer Reserven für lange Ölintervalle),
- Dispersants (Schmutztragestoffe mit hochmolekularen Komponenten zur Verhinderung von Schlammbildung),
- Anti-Wear (Verschleißschutzwirkstoffe für Kurzstreckenbetrieb einerseits und den Hochtemperaturbereich andererseits),
- Anti-Oxidans (Oxidationsverhinderer für das Motorenöl auch für lange Ölwechselperioden),
- Viskositäts-Index- (VI) Verbesserer mit hoher Scherstabilität.

7 Problematik der CO_2-Emissionen

7.1 CO_2-Emissionen und ihre Verursacher

Bei der CO_2-Problematik muß nach den Verursachern unterschieden werden. Dabei werden hier nur die anthropogenen, d.h. die von Menschen durch technische Einrichtungen geschaffenen Emissionen, betrachtet. Das sind im wesentlichen Emissionen, die aus Energieumwandlungsprozessen resultieren. In Deutschland (ohne die neuen Bundesländer) wurden ca. 750 Mio. Tonnen Kohlendioxid emittiert, das entspricht etwa 3,6 % des weltweiten anthropogenen CO_2-Aufkommens. Der Verkehrsbereich trägt etwa 20 % zum Gesamtergebnis bei. Dieser Anteil ist, wie aus **Abb. 7.1** ersichtlich, steigend, wenn man den Primärenergieverbrauch als Maß für die CO_2-Emission ansieht [7.1] [7.2].

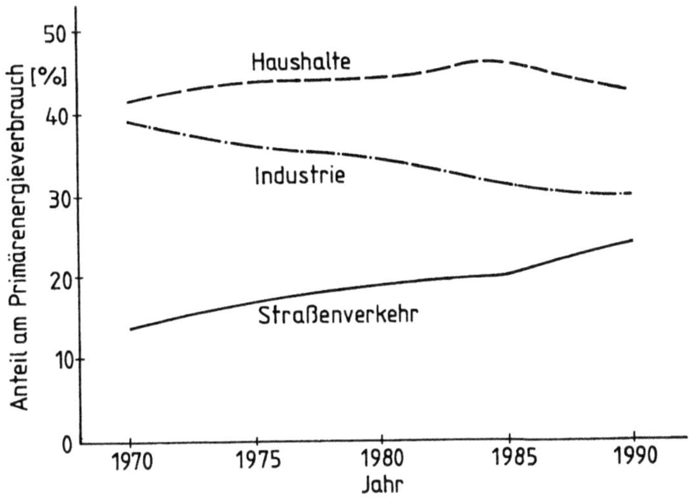

Abb. 7.1 *Anteil des Verkehrsbereichs am Primärenergieverbrauch*

7.2 CO_2-Ausstoß von Kraftfahrzeugen

Unter stöchiometrischen Gesichtspunkten ist bezüglich der eingesetzten Kraftstoffmenge und der daraus entstehenden CO_2-Emission nachstehender Zusammenhang gegeben, wobei die Oxidation eines Kraftstoffäquivalentes, hier Iso-Oktan, betrachtet wird. Stickstoff-Reaktionen werden dabei nicht betrachtet, da sie für diese prinzipiellen Zusammenhänge nicht von Bedeutung sind.

$$C_8H_{18} + 12{,}5\ O_2 \Leftrightarrow 8\ CO_2 + 9\ H_2O$$

$$1\ \text{kg}\ C_8H_{18} + 3{,}509\ \text{kg}\ O_2 \Leftrightarrow 3{,}088\ \text{kg}\ CO_2 + 1{,}421\ \text{kg}\ H_2O.$$

Bei dem angenommenen Benzinäquivalent Iso-Oktan ergeben sich bei Verbrennung von 1 kg Kraftstoff unter stöchiometrischen Verhältnissen also ca. 3 kg CO_2. Damit ist zwischen dem CO_2-Ausstoß und dem Kraftstoffverbrauch eines Fahrzeuges über den Verbrennungsablauf ein direkter Zusammenhang gegeben.

Nach [7.3] kann für die Ermittlung der CO_2-Emission von PKW mit Otto- und Dieselmotor folgende Formel benutzt werden, die den gemessenen Kraftstoffverbrauch und die Schadstoffemissionen einbezieht.

$$m_{CO2} = (\ 0{,}85 \cdot m_{Kr} - 0{,}429 \cdot CO - 0{,}866 \cdot HC) / \ 0{,}273.$$

Darin bedeuten: m_{Kr} die Kraftstoffmasse und CO und HC die Emissionsfaktoren für Kohlendioxid und unverbrannte Kohlenwasserstoffe.

Auf der Basis der oben genannten Zusammenhänge ist die CO_2-Emission als Funktion der Fahrgeschwindigkeit in **Abb. 7.2** dargestellt; ebenso der Kraftstoffverbrauch. Dabei ist vorausgesetzt, daß eine maximal mögliche Aufoxidation zu CO_2 erfolgt.

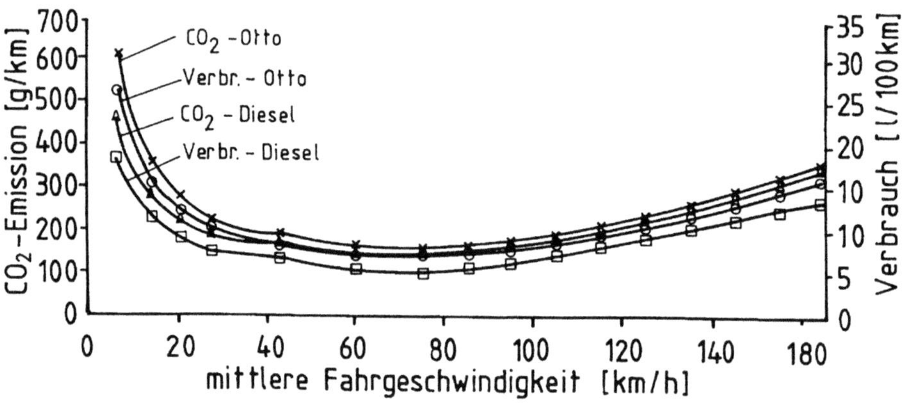

Abb. 7.2 *CO_2-Emissionen und Kraftstoffverbrauch über der Fahrgeschwindigkeit [7.2]*

Studien [7.12] zeigen Untersuchungen an Fahrzeugen mit Otto- oder Dieselmotor bezüglich des CO_2-Verhaltens in Abhängigkeit von der Fahrzeugmasse im FTP-75. Danach ergibt sich, wie aus **Abb. 7.3** ersichtlich, ein Vorteil für den Kammerdieselmotor von ca. 20 %. Nach [7.13] wird dieser Vorteil in bezug auf die CO_2-Emission auch in Zukunft erhalten bleiben.

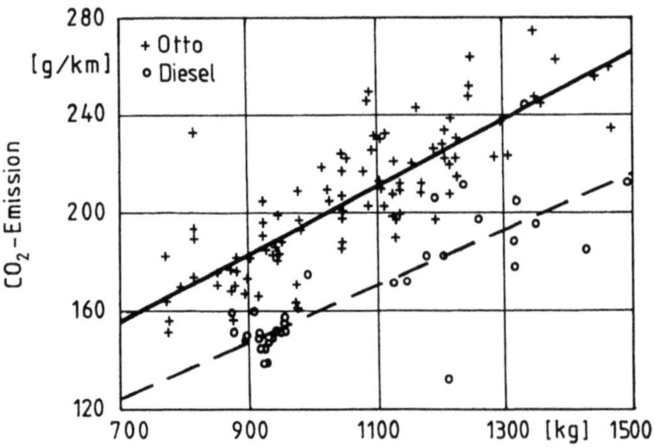

Abb. 7.3 *CO_2-Emission von PKW im FTP-Zyklus [Quelle UBA]*

Betrachtet man die Abhängigkeit der Kohlendioxid-Konzentration vom Luft-Kraftstoff-Verhältnis, so ergibt sich der in **Abb. 7.4** dargestellte Verlauf [7.4]. Das Maximum wird erreicht beim stöchiometrischen Luft-Kraftstoff-Verhältnis. Im mageren und fetten Bereich sind die CO_2-Konzentrationen geringer. Jedoch ist dabei zu berücksichtigen, das die in die Atmosphäre freigesetzten CO-Emissionen, die im "fetten" Bereich besonders hoch sind, sich langfristig zu CO_2 umwandeln. Der Betrieb im mageren Bereich mit geringerer CO_2-Emission geht mit einer entsprechenden Leistungsreduktion einher.

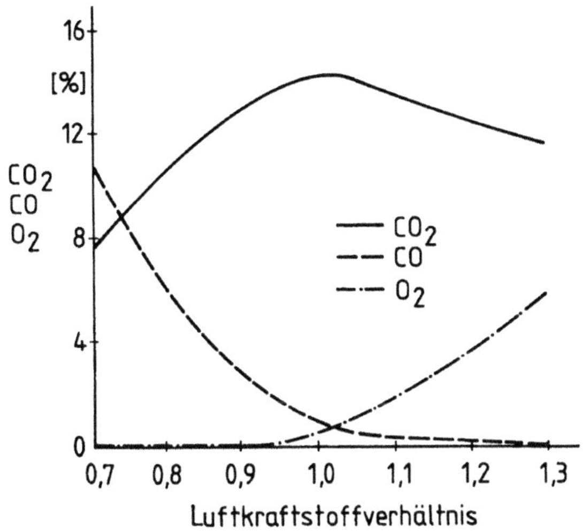

Abb. 7.4 *Konzentration von CO_2, CO und O_2 über dem Luft-Kraftstoff-Verhältnis [7.4]*

Da die Verbrauchssenkung bei Betrieb mit fossilen Kraftstoffen die einzige wirksame Möglichkeit der Reduktion für CO_2 darstellt, besitzt der Dieselmotor und besonders der Dieselmotor mit Direkteinspritzung in bezug auf diese Problematik deutliche Vorteile. **Abb. 7.5** zeigt den Zusammenhang auf der Basis des US-City-Tests von Dieselmotoren im Vergleich zu Ottomotoren.

In **Abb. 7.6** ist der Aufwand zur Minderung der Schadstoffemissionen verschiedener Antriebssysteme und Emissionsvorschriften dargestellt. Der Aufwand für ein Elektrofahrzeug, das keinerlei Schadstoffe emittiert (auch keine CO_2-Emissionen) ist sehr hoch.

7.3 CO_2-Emissionen und Kraftstoffe

Neben dem Verbrennungsverfahren hat naturgemäß der Kraftstoff und seine Gewinnung eine herausragende Bedeutung für die Höhe der CO_2-Emissionen.

Vergleicht man verschiedene Antriebskonzepte bezüglich ihres CO_2-Verhaltens, so ist eine Betrachtung der gesamten Energiekette notwendig. Für drei wichtige Primärenergieträger Rohöl, Erdgas und Kohle ist dieser Zusammenhang in **Abb. 7.7** dargestellt [7.5] [7.6].

Dem aus Rohöl gewonnenen Dieselkraftstoff mit den bei der dieselmotorischen Verbrennung auftretenden Wirkungsgraden wird der CO_2-Emissionsfaktor eins zugeordnet.

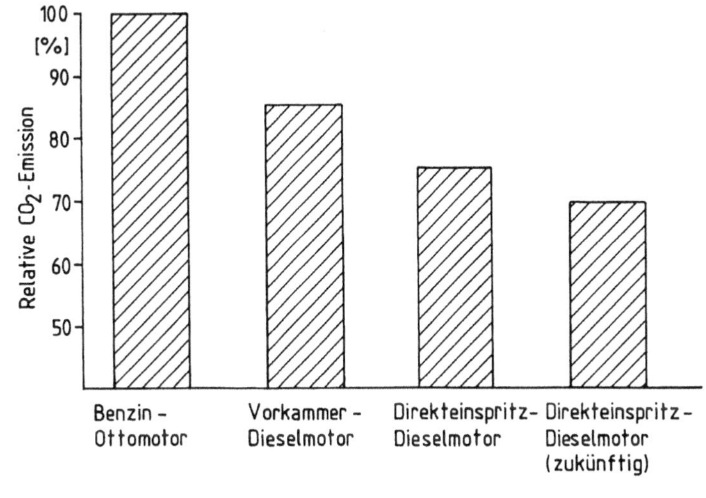

Abb. 7.5 *CO_2-Emissionen verschiedener Motorenkonzepte*

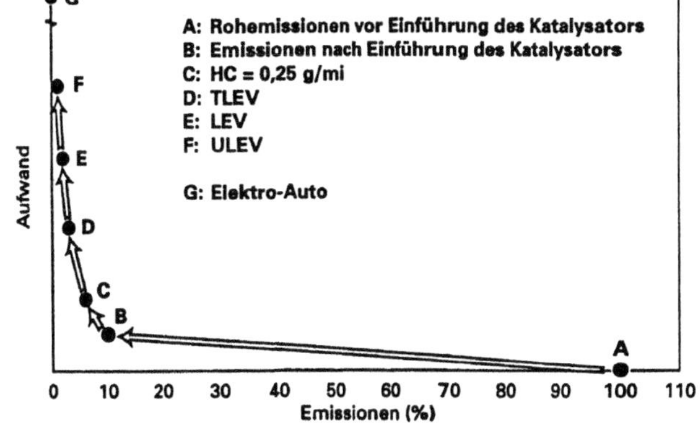

Abb. 7.6 *Emissionen verschiedener Antriebssysteme [7.15]*

Lediglich die aus Erdgas produzierten Komponenten Methan und Methanol weisen Emissionsfaktoren auf, die besser sind als die mit konventionellen Dieselkraftstoffen erzielbaren.

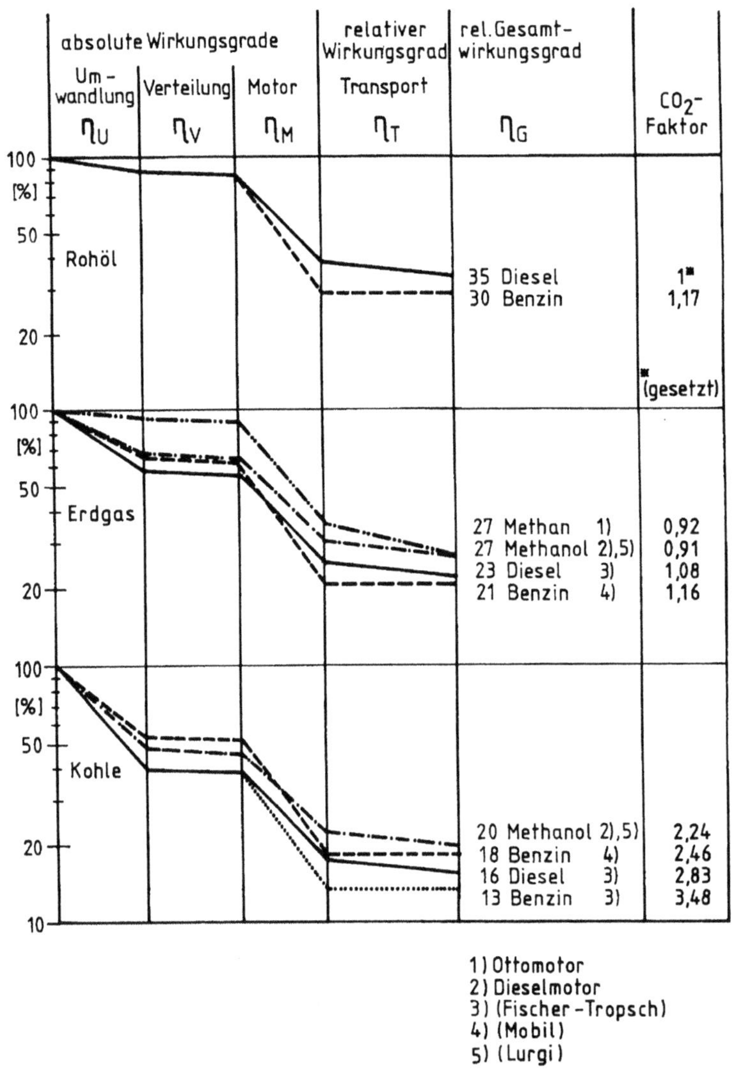

Abb. 7.7 *Energiekette und CO_2-Faktor [7.4]*

Insbesondere die aus Kohle hergestellten Kraftstoffe sind bezüglich ihrer CO_2-Produktion indiskutabel.

Bezieht man die Betrachtung der CO_2-Emission nur auf die Bereiche Förderung, Transport, Verarbeitung und Verteilung, so bietet der Dieselkraftstoff einen Vorteil von ca. 5 % [7.14] gegenüber Benzin. Der Hauptanteil am Unterschied ist auf die verschiedenen Verarbeitungsverfahren bei der Herstellung von Diesel- und Ottokraftstoff zurückzuführen (ca. 100 kg/t bei Dieselkraftstoff, gegenüber ca. 230 kg/t bei Benzin) [7.13].

Kraftstoffe, die aus Biomasse gewonnen werden, führen auf Grund des sogenannten geschlossenen Kreislaufs zu einer geringeren Belastung der Umwelt. Der Kreislauf ist in Wahrheit jedoch nicht geschlossen, da eine beachtliche Energiemenge zur Erzeugung der Biomasse aufgebracht werden muß. Darüber hinaus müssen Probleme der zusätzlichen Boden- und Wasserbelastung durch Pflanzenschutzmittel und Düngung sowie der möglichen Monokulturen gelöst werden. Darüber hinaus müßten neue Anbauflächen kultiviert oder der Ertrag pro Fläche gesteigert werden (siehe Kap. 6.2). **Abb. 7.8** zeigt schematisch diesen Kreislauf [7.8].

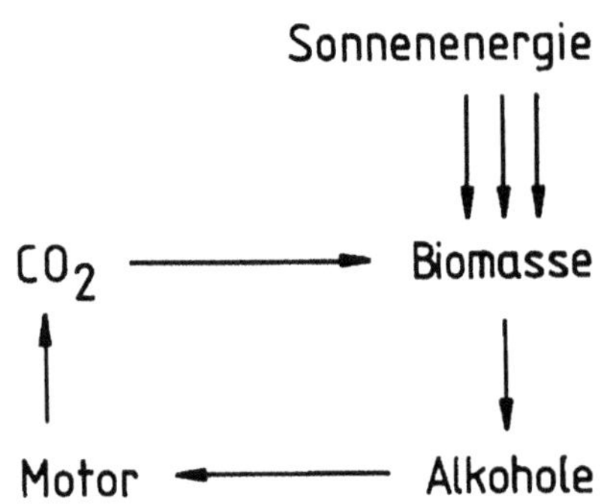

Abb. 7.8 *Geschlossener CO_2-Kreislauf [7.7]*

Betrachtet man die CO_2-äquivalenten Emissionen konventioneller und alternativer Kraftstoffe im Vergleich, so ergibt sich die in **Abb. 7.9** dargestellte Tendenz [7.9][7.10]. Darüber hinaus ist die auf die Fahrstrecke bezogene Emission angegeben. Wird sich die Problematik des Treibhauseffektes in den nächsten Jahren verschärfen - und nichts spricht dagegen - und berücksichtigt man die Probleme, unter denen ein Einsatz von Kernenergie nur möglich ist, so ergeben sich neben der drastischen Energieeinsparung lediglich zwei Alternativen. Die eine ist die Herstellung von Kraftstoffen aus Biomasse mit den beschriebenen Problemen, die andere die Nutzung von Solarenergie zur Herstellung von Wasserstoff bzw. Strom.

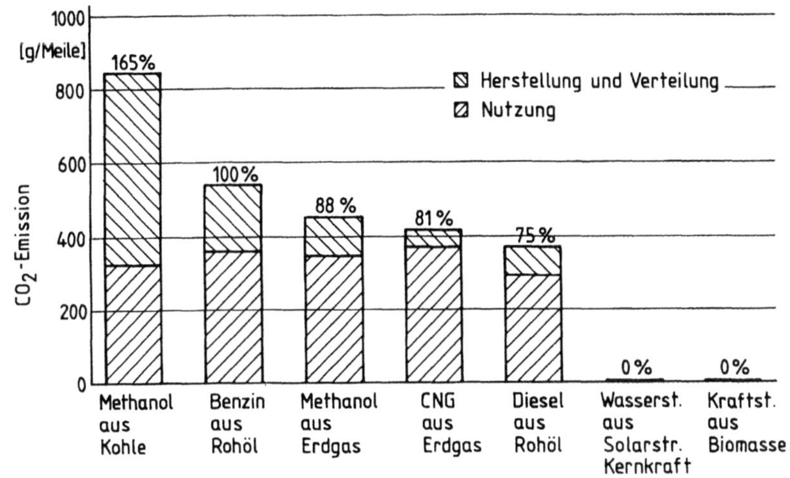

Abb. 7.9 *CO_2 äquivalente Emissionen* [7.9]

Der Einsatz von Alternativen ist neben technischen und umweltrelevanten Forderung immer auch eine Frage der Kosten. **Abb. 7.10** zeigt die relativen CO_2-Emissionen als Funktion der relativen Kraftstoffkosten [7.12]. Diejenigen Alternativen, die zu einer wirksamen Verringerung der CO_2-Emissionen beitragen könnten, verursachen heute noch um den Faktor 3 bis 5 höhere Kosten gegenüber Benzin [7.11]. Dabei ist die in **Abb. 7.10** dargestellten Variante 18 in bezug auf die Umweltverträglichkeit als kritisch anzusehen.

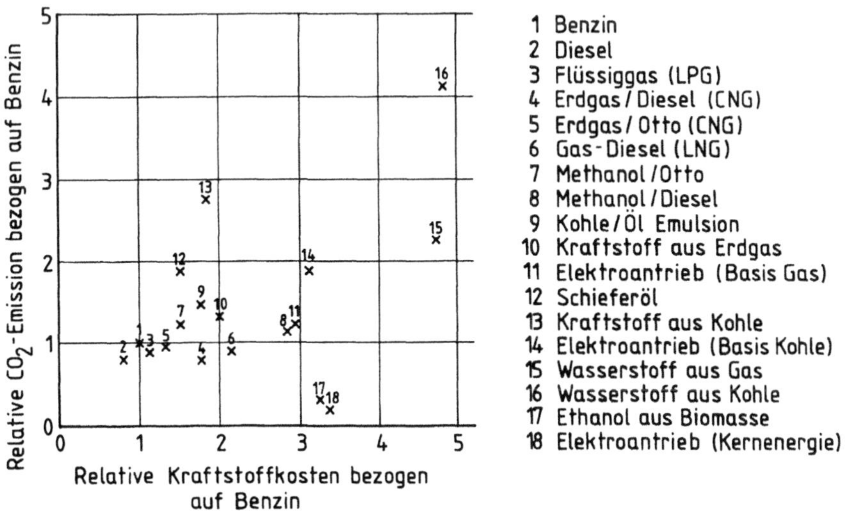

Abb. 7.10 *CO_2-Emissionen und Aufwand [7.10]*

8 Gesetzliche Vorschriften zur Schadstoff- und Verbrauchsbegrenzung bei Verbrennungsmotoren (Stand 1992)

Die zunehmende Luftverunreinigung hat bei fast allen hochindustrialisierten Staaten bzw. Ländern mit hohem Motorisierungsgrad dazu geführt, daß der Schadstoffausstoß limitiert wurde [8.2][8.9][8.14][8.15]. Um Reproduzierbarkeit und Vergleichbarkeit zu erhalten, werden die emittierten Schadstoffmengen nach vorgeschriebenen Prüfverfahren ermittelt. Nachteilig ist, daß viele Staaten unterschiedliche Prüfverfahren, Bewertungen und Grenzwerte festgelegt haben, so daß ein Vergleich nicht oder nur eingeschränkt möglich ist. Darüber hinaus führt die Vielfalt der Prüfverfahren zu unnötig hohen Entwicklungsaufwendungen. Der Wildwuchs zu vieler unterschiedlicher internationaler Normen, Meßverfahren und Testzyklen muß beseitigt werden, nicht zuletzt auch aus Gründen der Kostenminimierung.

8.1 Testprozeduren

Ziel war es, Testzyklen zu schaffen, die durchfahren werden müssen, um die dabei auftretenden Schadstoffemissionen reproduzierbar zu erfassen. Die nachfolgende Auswertung nach bestimmten Kriterien führt zu Emissionswerten, die mit den gesetzlich festgelegten Grenzwerten verglichen werden. Die Auslegung der Motoren muß so erfolgen, daß der Grenzwert der jeweiligen Komponente unterschritten wird.

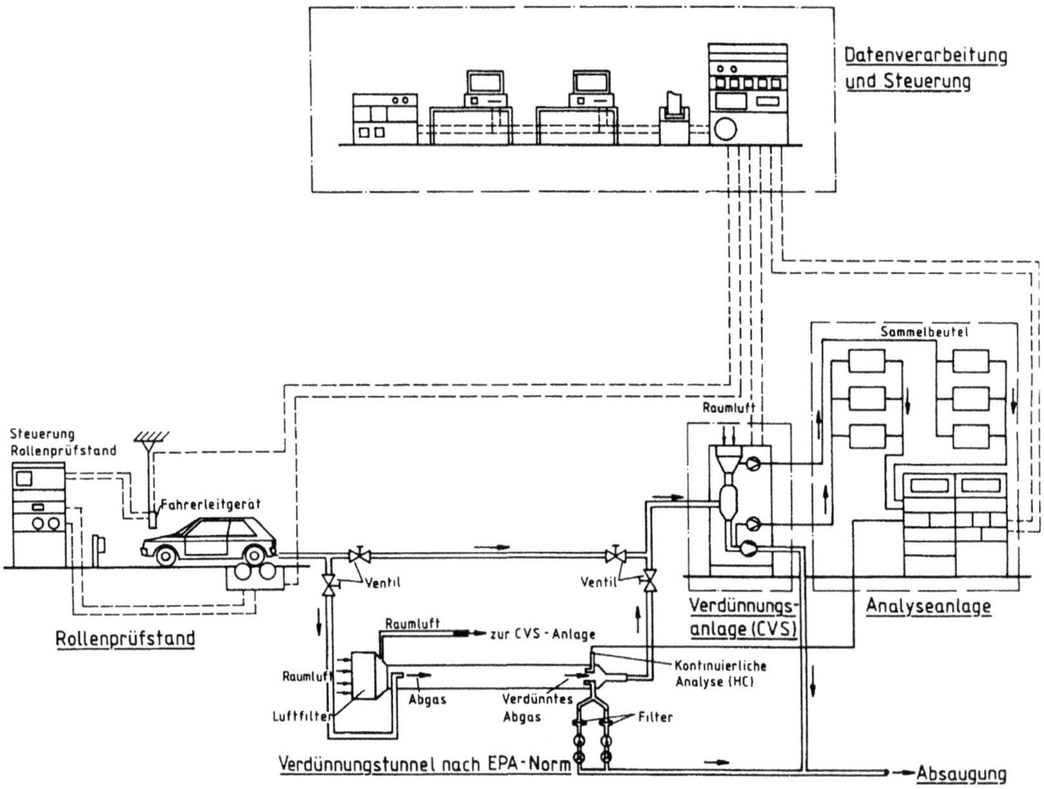

Abb. 8.1 *Schematische Darstellung eines Rollenprüfstandes mit Abgasanalyse*

Auf einem Rollenprüfstand durchfährt das Fahrzeug einen vorgegebenen Testzyklus. Entsprechend dem zeitlichen Verlauf der vorgegebenen Geschwindigkeit wird der Motor in bestimmten Last-Drehzahl-Bereichen angesprochen. Der Rollenprüfstand enthält eine Leistungsbremse, mit der Betriebslasten eingestellt werden können. Fahrwiderstände, wie Luft-, Rollwiderstand und Reibung, werden z.B. durch Auslaufversuche ermittelt und durch entsprechende Kennlinien eingegeben. Je nach Fahrzeugmasse ist der Rollenprüfstand mit Schwungmassen ausgerüstet, mit denen die Fahrzeugträgheit während der Beschleunigung simuliert werden kann. Üblicherweise sind die Testzyklen, d.h. das Geschwindigkeits-Zeit-Profil in einem Fahrerleitgerät abgelegt. **Abb. 8.1** zeigt schematisch eine Anlage, mit der die vorgeschriebenen Testprozeduren absolviert werden können [8.1].

Der zur Zeit in der Bundesrepublik Deutschland und im EG-Raum neben dem US-Test vorgeschriebene Testzyklus ist der Europa-Test-Zyklus, der vom EG-Umweltrat 1989 modifiziert wurde. Dieser Zyklus (**Abb. 8.2**) gliedert sich in einen Stadtzyklus (Teil 1) und in einen außerstädtischen Fahrzyklus (Teil 2) [8.2]. Teil 1 wird, ausgehend von einem Kaltstart auf einem Rollenprüfstand, viermal durchfahren. Der außerstädtische Fahrzyklus schreibt Geschwindigkeiten bis zu 120 km/h vor und wird einmal durchfahren. Mit dem neuen Fahrzyklus erfolgte eine bessere Anpassung an das reale Fahrverhalten.

Der Stadtzyklus enthält extrem hohe Leerlauf-Zeitanteile (31 %) und Schiebebetrieb. Die mittlere Fahrgeschwindigkeit beträgt nur 19 km/h. Unter dem Aspekt eines repräsentativen Fahrverhaltens im Straßenverkehr konzipiert, erfüllt der ECE-Zyklus dieses Kriterium nicht. Darüber hinaus wird nur ein geringer Teil des Motorkennfeldes durch den Teil 1 des Europa-Testzyklus abgedeckt, wie aus **Abb. 8.3** für einen gegebenen Fall zu ersehen ist.

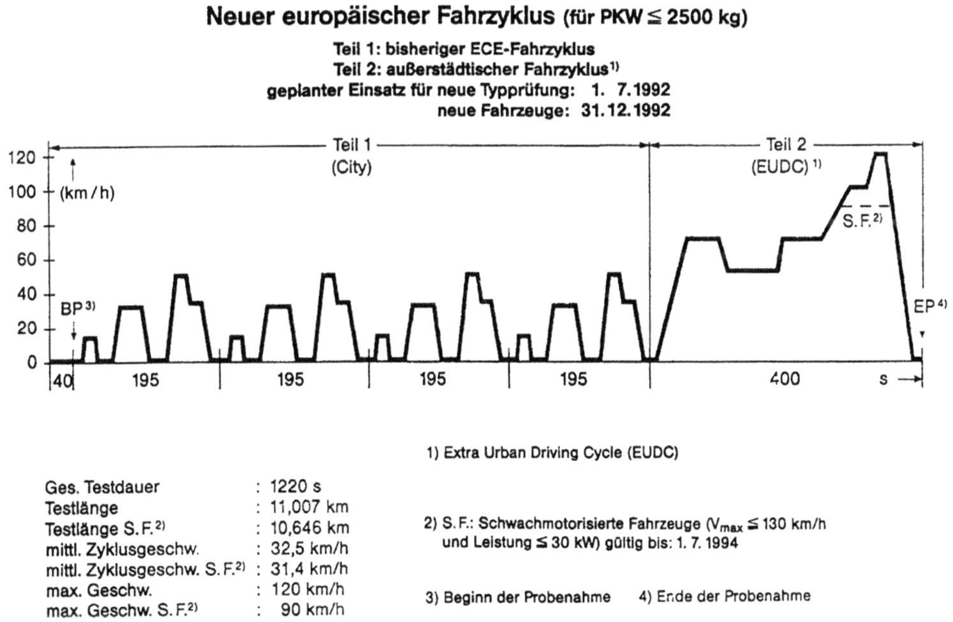

Abb. 8.2 *Europa-Testzyklus [8.13]*

Das bedeutet, daß lediglich das Emissionsverhalten in diesem Betriebsbereich eines Motors gesetzlich limitiert ist. Alle anderen Bereiche des Kennfeldes könnten nach anderen Kriterien als denen einer Minimierung der Schadstoffe ausgelegt werden, was jedoch nicht dem Sinn der gesetzlichen Regelungen entspricht.

Das erste erstellte und damit älteste Fahrprogramm war der 1966 in Kalifornien eingeführte "California-Zyklus". Er findet heute keine Anwendung mehr, da er zu Beginn der 70er Jahre durch den US-City-Test abgelöst wurde. Aktuell in den USA und weiteren Ländern ist zur Zeit das Testverfahren FTP-75 (Federal-Test-Procedure), dessen Verlauf in **Abb. 8.4** dargestellt ist [8.13].

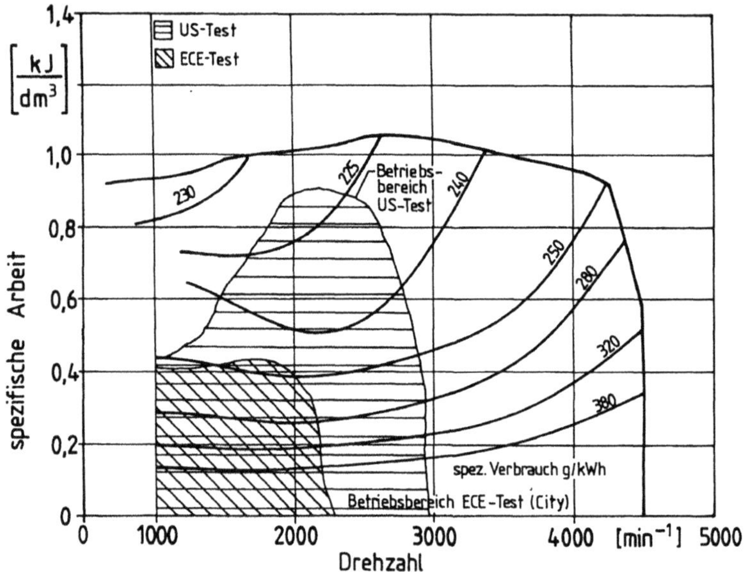

Abb. 8.3 *Testgebiet im Motorkennfeld*

Der Testablauf ist in vier Teilabschnitte aufgeteilt. Die Abgase werden getrennt nach Testabschnitten in Beuteln gesammelt und ausgewertet. Die einzelnen Teilabschnitte sind

- Übergangsphase mit einer Dauer von 505 s und einem Bewertungsfaktor von 0,43,
- stabilisierte Phase bis 1371 s mit einem Bewertungsfaktor von 1,0,
- eine Standzeit von 10 min,
- Durchfahren einer Übergangsphase als Wiederholung (Heißstart), die mit einem Bewertungsfaktor von 0,57 eingeht.

Vor Beginn der Abgasprüfung sind Vorschriften für die Vorbereitung des Fahrzeuges zu beachten. Im wesentlichen sind das:

- Das Fahrzeug muß zwischen 12 und 36 Stunden bei einer Temperatur zwischen 20 °C und 30 °C konditioniert werden.
- Entsprechend der Betriebsmasse des Fahrzeuges ist eine Schwungmasse vorgegeben.

Die Darstellung des US-City-Zyklus im Motorkennfeld (**Abb. 8.3**) zeigt, daß im Gegensatz zum innerstädtischen Europa-Test sehr viel höhere Last- und Drehzahlkollektive vorliegen.

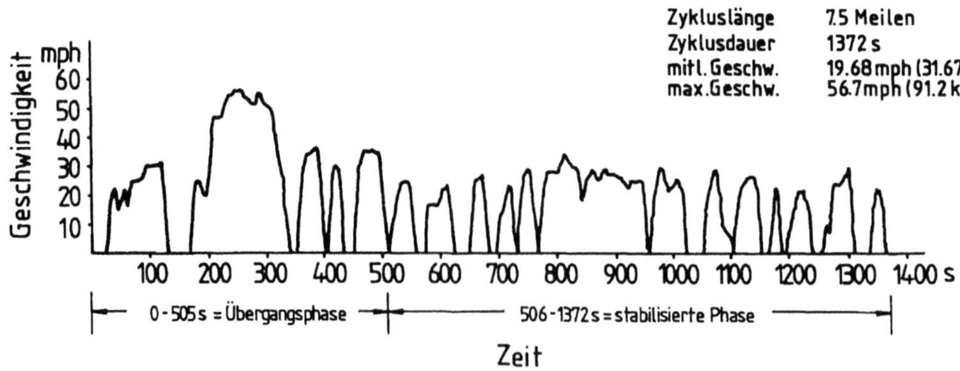

Abb. 8.4 *FTP-75 Zyklus*

8.2 Abgasmeßverfahren und Abgasmeßgeräte

8.2.1 Abgasmeßverfahren

Die Meßverfahren sind für den ECE- und für den FTP-75-Test einheitlich. Zur Anwendung kommt das sogenannte CVS-Meßverfahren (Constant-Volume-Sampling) [8.3].

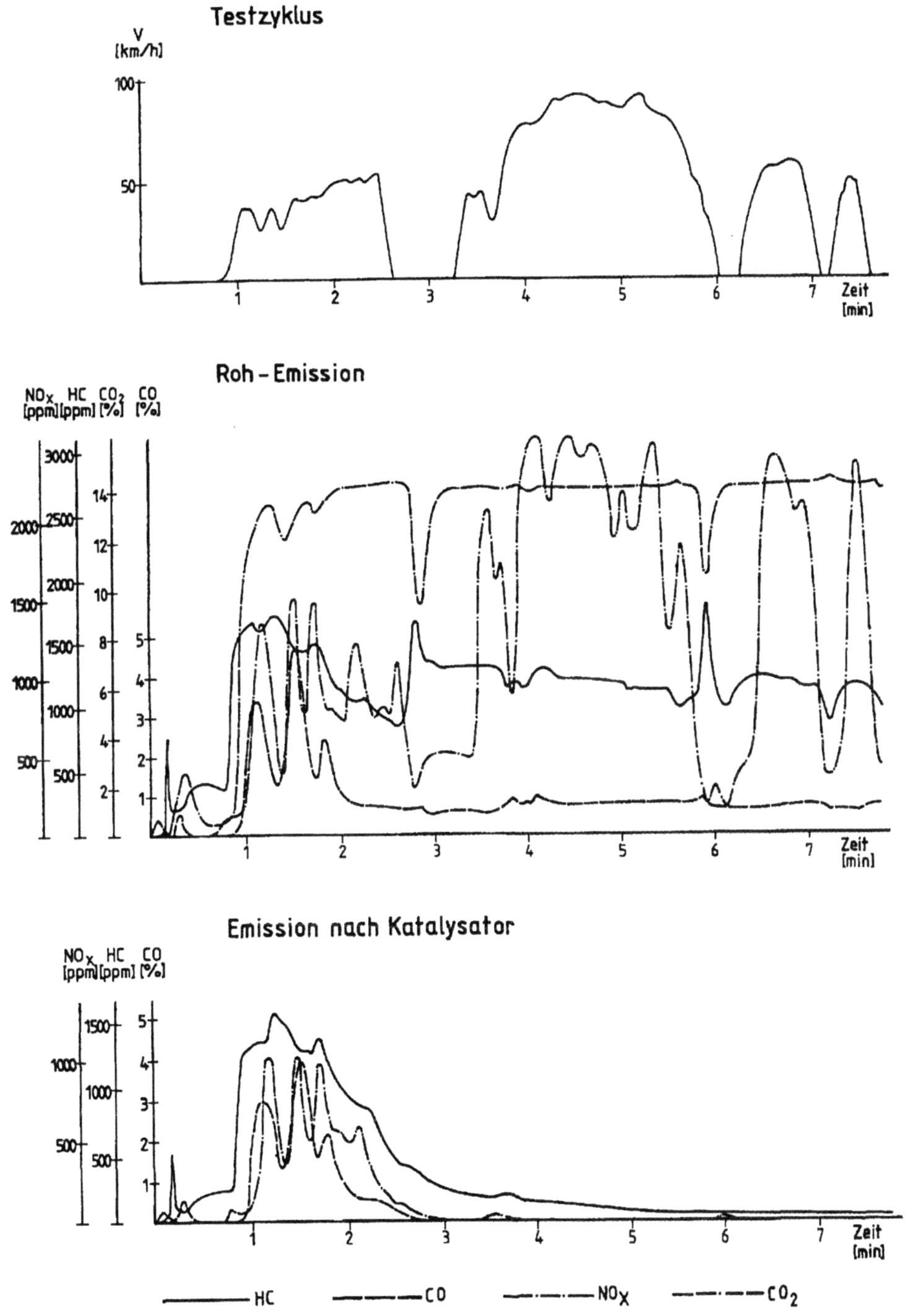

Abb. 8.5 *Konzentrationen während des CVS-Tests (Beispiel)*

Während der Testzyklus durchfahren wird, werden die Abgase mit Umgebungsluft verdünnt und in Beuteln gesammelt. Ein Gebläse fördert die verdünnten Abgase, wobei der Volumenstrom konstant gehalten wird.

Aus der Drehzahl des Gebläses sowie der Temperatur des Gasgemisches wird die Masse des Abgases bestimmt [8.9]. Das mittlere volumetrische Verhältnis Luft zu Abgas soll dabei mindestens 8:1 betragen, um ein Kondensieren zu verhindern. Die Probenentnahme erfolgt über eine Dosierpumpe in die Beutel. Der Vorgang erfolgt nach festgelegter Verfahrensweise. Gleichzeitig wird ein Teilstrom der zur Verdünnung benötigten Raumluft in Beuteln gesammelt. Das ist notwendig, um eine Kontrolle der Raumluft auf eventuelle Belastungen an Schadstoffen zu ermöglichen. Die Beutelinhalte werden danach analysiert. Aus der geförderten Gasmasse und der Konzentration des Schadstoffes im Abgas wird die Schadstoffmasse der jeweiligen Komponente berechnet. Die so ermittelte Schadstoffmasse kann z.B. auf den jeweiligen Test bzw. auf die Testlänge bezogen werden. Die Emissionswerte können dann in Gramm Schadstoff pro Test bzw. Gramm Schadstoff pro km dargestellt werden.

Den auszugsweisen Verlauf der Konzentrationen - hier die erweiterte Startphase - im FTP-75 zeigt **Abb. 8.5**. Aufgetragen sind die Schadstoffkonzentrationen vor und nach dem Katalysator. Wie man sieht, entsteht der Hauptanteil der Schadstoffemissionen in diesem Fall in den ersten 2 bis 3 Minuten, da der Katalysator wegen fehlender Betriebstemperatur die Schadstoffe noch nicht in ausreichendem Maße konvertiert. Hier muß die Entwicklung ansetzen, um weitere Verbesserungen im Abgasverhalten zu erreichen.

Bei der Gas- und Partikelentnahme sind eine Reihe von gesetzlich vorgegebenen Bedingungen einzuhalten. Im wesentlichen sind das:

- Abgase müssen mit genügend Umgebungsluft verdünnt werden, um im Entnahme- und Meßsystem Kondenswasserbildung zu vermeiden,
- Das Gesamtvolumen aus Abgas und Verdünnungsluft muß genau gemessen werden,
- Es ist fortlaufend ein Teilstrom aus verdünntem Abgas und Verdünnungsluft für Analysezwecke zu entnehmen,
- Die Probenkonzentrationen werden entsprechend dem Gehalt gasförmiger Luftverunreinigungen der Umgebungsluft korrigiert.

Es gibt eine Fülle weiterer Bestimmungen und gesetzlicher Regelungen, die die Volumenmessung, das Entnahmeverfahren, das Entnahmesystem, die Ermittlung der Massenemissionen etc. festlegen. Diese und weitere Vorgaben sind dem Bundesgesetzblatt, Teil 1 [8.10] zu entnehmen.

Die Messung der Partikel von Dieselmotoren, wie sie z.B. in den USA vorgeschrieben ist, erfolgt über einen Verdünnungstunnel. Der Aufbau eines solchen Systems ist schematisch in **Abb. 8.6** zu erkennen.

Dem Verdünnungstunnel wird das verdünnte Abgas entnommen und über Filter geleitet. Die Beladung des Filters ist ein Maß für den Partikelgehalt im Abgas. Eine dem Tunnel nachgeschaltete CVS-Anlage dient zur Befüllung der Abgassammelbeutel für die Analyse von gasförmigen Komponenten. Das Abgasentnahmesystem muß so konzipiert sein, daß die mittleren volumetrischen CO_2-, CO-, HC- und NO_x-Konzentrationen kontinuierlich gemessen werden können [8.5].

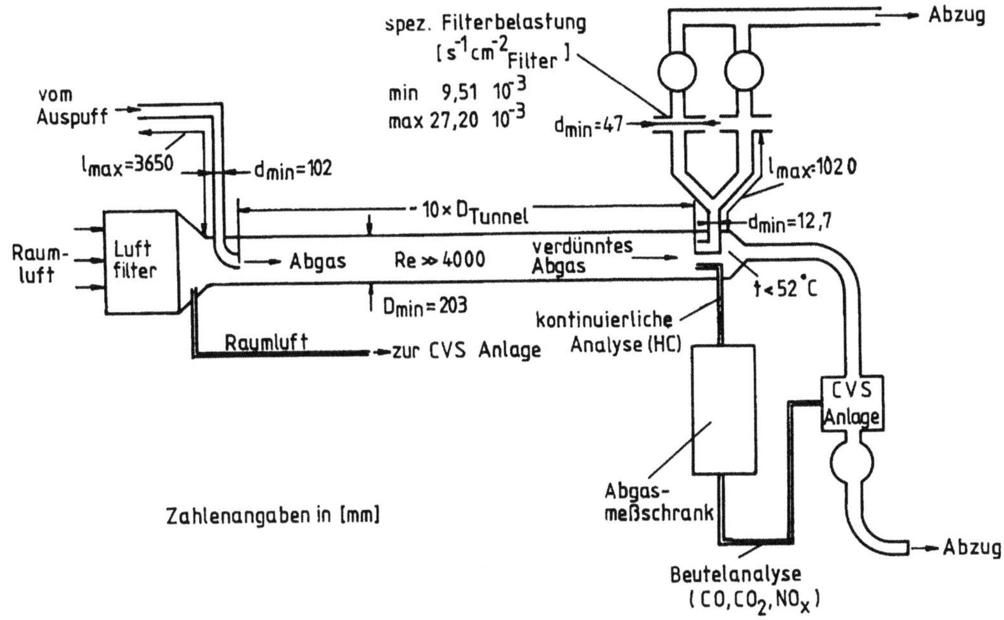

Abb. 8.6 *Verdünnungstunnel [8.5][8.40]*

8.2.2 Abgasmeßgeräte

Die nach den gesetzlich vorgeschriebenen Verfahren gesammelten Abgase müssen analysiert werden. Dabei ist es wichtig, nicht nur den Anteil der gesetzlich limitierten Komponenten zu erfassen, sondern als Kontrollgrößen auch die Komponenten O_2 und CO_2. Die Konzentration der gasförmigen Komponenten wird mit Hilfe von Gasanalysatoren, die Partikel werden mit Hilfe von Filtern ermittelt. Die Meßverfahren für die gasförmigen Komponenten sind selektiv und speziell auf die zu messende Komponente abgestimmt. Feststoffe, wie Partikel, werden gravimetrisch über die Beladung eines Filters bzw. über den Trübungsgrad des Filterpapieres bestimmt.

Um eine technisch einwandfreie Messung durchführen zu können, die zudem den gesetzlich vorgeschriebenen Randbedingungen genügt, sind verschiedene physikalische Meßprinzipien eingeführt worden. Üblicherweise werden zur Messung der mengenmäßig wichtigsten Abgaskomponenten von verdünntem Abgas folgende Analysatoren eingesetzt [8.6]:

- NDIR-Meßgeräte (nicht dispersive infrarot) für Kohlenmonoxid und Kohlendioxid,
- Flammen-Ionisations-Detektor (FID) für Kohlenwasserstoffe,
- Chemielumineszenz-Detektor (CLD) für Stickoxide,
- Partikelmeßgerät (Verdünnungstunnel und Filter).

Die wichtigsten Meßverfahren und Geräte, die zur Zeit zur Analyse von Otto- und Dieselmotorenabgas eingesetzt werden, sind:

- NDIR-Fotometer: Gemessen werden damit die Komponenten CO und CO_2. Prinzipiell sind mit diesem Gerät auch Kohlenwasserstoffkomponenten erfaßbar. Diese werden jedoch üblicherweise mit einem FID gemessen. Das Fotometer erfaßt die durch das Meßgas verursachte Absorption von Infrarotstrahlung. Diesem Meßverfahren liegt die

Eigenschaft mehratomiger Gase zugrunde, Strahlung im infraroten Spektralbereich (2,5 bis 12 µm) zu absorbieren. Die Wellenlängen der Absorptionsbanden charakterisieren die Gasart, während die Höhe der Absorption ein Maß für die Konzentration der Meßkomponente ist. Je nach Gasart und Meßbereich kommen zwei unterschiedliche Meßprinzipien zum Einsatz. Zum einen ist ein Stoffvergleich möglich, zum anderen wird eine Interferenzfilter-Korrelation durchgeführt. Der Aufbau eines Infrarotphotometers ist schematisch in **Abb. 8.7** dargestellt.

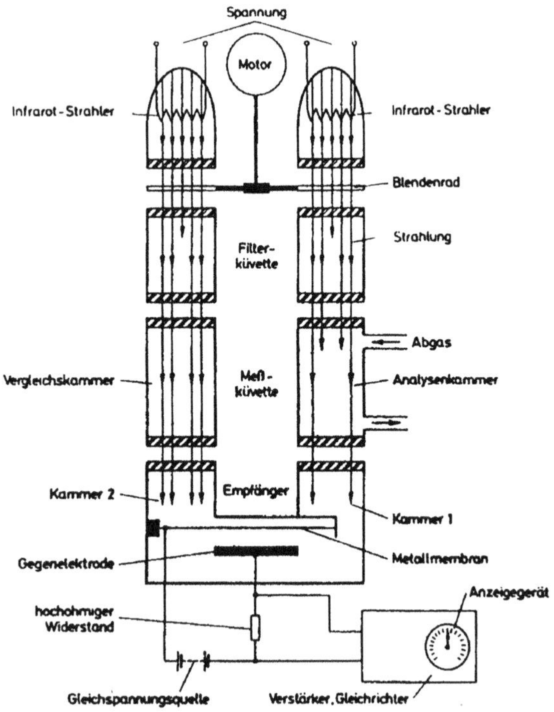

Abb. 8.7 *Meßprinzip des NDIR-Fotometers [8.39]*

Die von Infrarot-Strahlern breitbandig emittierte Strahlung gelangt durch ein Blendenrad in die Analyse- bzw. Vergleichskammer. Die aus diesen Kammern austretende Strahlung wird von Detektoren aufgefangen. Die Differenz der beiden Detektorsignale, hervorgerufen durch die zeitliche Abfolge aus Referenz- und Meßfilter, ist ein Maß für die Konzentration der Komponente im Meßgas.

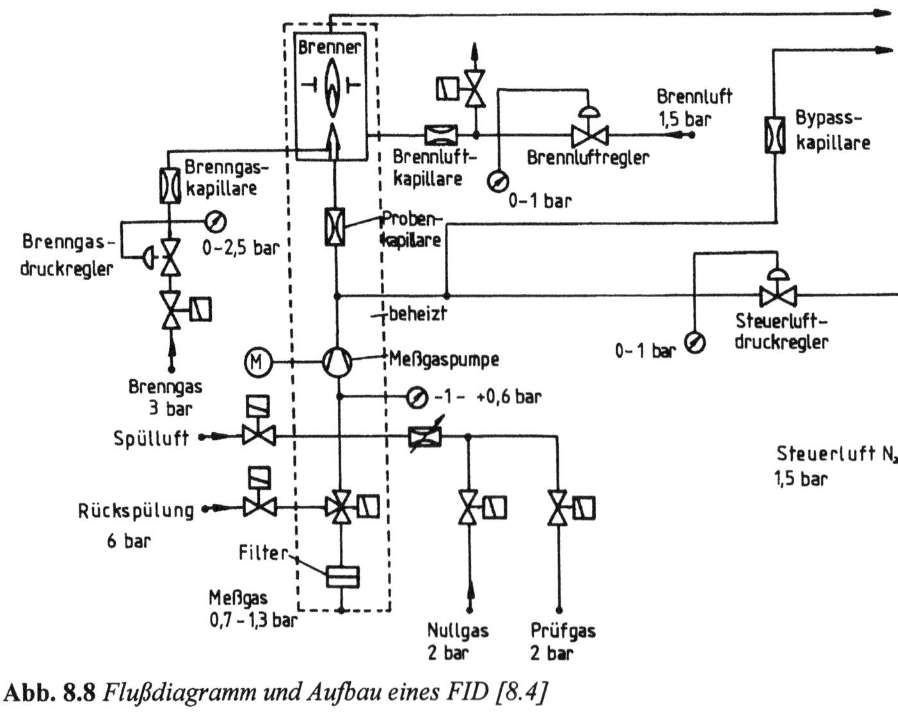

Abb. 8.8 *Flußdiagramm und Aufbau eines FID [8.4]*

- FID (Flammenionisationsdetektor): Die Konzentration an unverbrannten Kohlenwasserstoffen im Abgas von Verbrennungsmotoren wird üblicherweise mit einem Flammenionisationsdetektor gemessen. Da unverbrannte Kohlenwasserstoffe ein weites Spektrum in der Zusammensetzung aufweisen, ist es notwendig, den Analysator mit einer typischen, im Abgas vertretenen Komponente zu kalibrieren. Durch Anlegen eines elektrischen Feldes an eine reine Wasserstoffflamme entsteht ein sehr kleiner Ionenstrom. Die Wasserstoffflamme wird durch einen Zufluß von Wasserstoff und kohlenwasserstofffreier Luft gespeist. Werden dieser Flamme durch das Meßgas Kohlenwasserstoffe zugeführt, so steigt der Ionenstrom an. Dieser Anstieg erfolgt proportional zu der Zahl der Kohlenstoffatome. Da der FID die Summe aller organisch gebundenen Kohlenstoffatome in den Kohlenwasserstoffen mißt, wird mit einer im Abgas repräsentativ vorhandenen Komponente kalibriert. Das kann z.B. C_6H_{14} oder C_3H_8 sein. Die Größe des Ionenstroms ist ein Maß für die HC-Konzentration im Abgas. Flußdiagramm und Aufbau des Meßgerätes zeigt **Abb. 8.8** [8.4].

- CLD (Chemilumineszenz-Detektor): Die NO- bzw. NO_x-Konzentration im Abgas von Motoren wird üblicherweise mit Hilfe des Chemilumineszens-Effekts bestimmt. Er basiert auf der Reaktion von Stickstoffmonoxid mit Ozon nach folgender Gleichung:

$$NO + O_3 \Leftrightarrow NO_2 + O_2 + h \cdot \nu$$

  Das dabei emittierte Lichtquant wird von einem Fotomultiplier erfaßt und in ein elektrisches Signal umgesetzt, welches der NO-Konzentration proportional ist.

- Sauerstoffanalysator (Restsauerstoff im Abgas): Das Meßprinzip beruht auf der paramagnetischen Eigenschaft von Sauerstoff. In der Meßkammer, durch die das Meßgas strömt, erzeugen Permanentmagnete ein stark inhomogenes Magnetfeld. Ist im Meßgas Sauerstoff vorhanden, werden die Sauerstoffmoleküle infolge ihres paramagnetischen Verhaltens in das inhomogene Magnetfeld hineingezogen. Durch die starke Inhomogenität des Magnetfeldes bauen sich unterschiedlich hohe Sauerstoffpartialdrücke auf. Diese Partialdrücke sind an Orten hoher Feldstärke höher als an Orten niedriger Feldstärke. Der Differenzdruck, der sich zwischen dem Partialdruck des Meßgases und dem Partialdruck eines Vergleichsgases ergibt, ist ein Maß für die Sauerstoffkonzentration im Abgas.

- Rauchmeßgerät: Die Messung der Ruß- oder Rauchzahl erfolgt mit einem Dieselrauch-Meßgerätes. Mit diesem Analysengerät kann der Rußgehalt im Abgas von Dieselmotoren mit Hilfe der Filterpapiermethode auf fotoelektrischem Wege gemessen werden. Bei der Messung wird über eine Entnahmesonde ein bestimmter Abgasvolumenstrom dem Motor entnommen und über ein spezielles Filterpapier mit definierter Oberfläche angesaugt. Die Rußpartikel im Abgas färben das Filterpapier grau. Der Grauwert wird mit einem Reflexionsfotometer erfaßt und einer Schwärzungsskala zugeordnet. Eine 100%ige Reflexion entspricht der Schwärzungszahl Null, eine 0%ige Reflexion der Schwärzungszahl Zehn. **Abb. 8.9** zeigt den prinzipiellen Aufbau eines solchen Systems [8.4].

- Partikelmeßgerät: Ein Schema der Partikelmeßtechnik für den stationären Motorbetrieb zeigt **Abb. 8.10**.

  Das Hauptelement ist ein Verdünnungstunnel, wobei die Partikelemissionen aus der Abgasmasse, der auf dem Partikelfilter angesammelten Partikelmasse, dem über das Partikelfilter geförderten Gasvolumen und dem NO_X-Verdünnungsverhältnis berechnet wird [8.8].

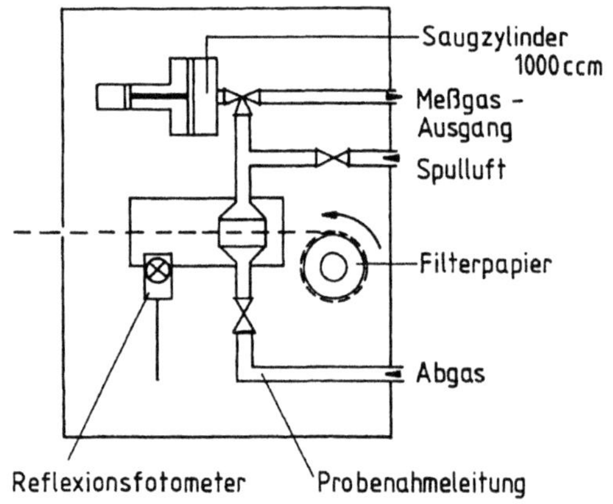

Abb. 8.9 *Prinzipieller Aufbau eines Dieselrauchmeßgerätes [8.1]*

Man unterscheidet bei dem Verdünnungstunnel zwischen Voll- und Teilstromanlagen. Bei den Teilstromanlagen wird kontinuierlich nur ein Teilstrom des Motorenabgases entnommen und verdünnt.

Alle beschriebenen Meßeinrichtungen mit Ausnahme des Dieselrauch- und Partikelmeßgerätes haben den Nachteil, daß unterschiedliche Kalibriergase in unterschiedlichen Konzentrationen zur Verfügung stehen müssen. Einen Überblick über die benötigten Prüfgasgemische, um das gesamte Spektrum der motorischen Abgasmessung abdecken zu können, gibt **Abb. 8.11** [8.6]. Das ist aufwendig in bezug auf Kosten und Logistik der Prüfgasversorgung. Eine Neuentwicklung auf dem Sektor der Abgasanalyse vermeidet diesen Nachteil. Bei diesem Meßgerät ist als Kalibriergas nur noch eine Komponente, z.B. CO_2, notwendig [8.7].

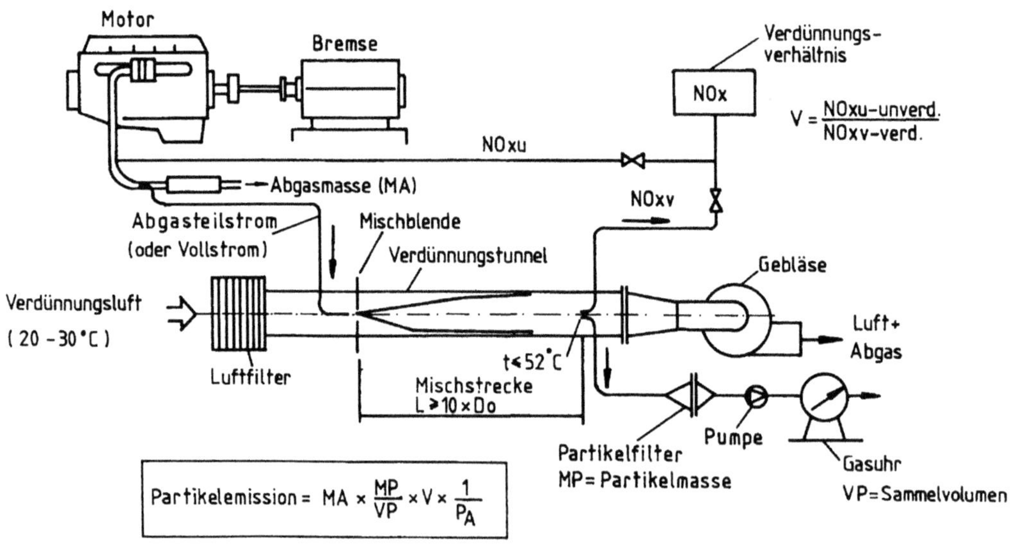

Abb. 8.10 *Schematische Darstellung der Partikelmeßtechnik [8.8]*

Die Probenentnahme ist ein weiterer wichtiger Aspekt im Rahmen der Meßtechnik von Motorenabgasen. Ihr kommt im Hinblick auf die Genauigkeit des Meßergebnisses eine große Bedeutung zu.

Propan in Luft	Hexan in N_2	CO in N_2		CO_2 in N_2	NO in N_2
ppm	ppm	ppm	%	%	ppm
von	von	von	von	von	von
8	50	7,5	0,3	0,08	5
in 18	in 8	in 22	in 11	in 18	in 15
Stufen	Stufen	Stufen	Stufen	Stufen	Stufen
bis	bis	bis	bis	bis	bis
18000	1000	2500	10,0	16,0	9000

Abb. 8.11 *Übersicht über Prüfgasgemische [8.6]*

Insbesondere für die Messung der unverbrannten Kohlenwasserstoffe ist eine beheizte Probenentnahme notwendig. Diese Art der Entnahme ermöglicht über eine elektrisch beheizte Leitung, das Abgas von der Entnahmestelle zur Meßstelle zu führen. Durch diese Maßnahme wird der Ausfall durch Kondensation in der Probenleitung vermieden.

8.3 Schadstoff- und Verbrauchsgrenzwerte, zur Zeit gültige Grenzwerte

8.3.1 USA-49-Staaten

Obwohl die Vereinigten Staaten im Gegensatz zu Europa und Japan sehr dünn besiedelt sind, stellt die Luftverschmutzung dort schon seit Jahren ein großes Problem dar. Zum einen liegen die Nordamerikaner an der Spitze des Weltenergieverbrauchs und damit auch bei der Verbrennung fossiler Energieträger [8.12], zum anderen konzentriert sich die Luftverschmutzung auf einige Ballungsgebiete, wie z.B. auf Los Angeles, **Abb. 8.12**. Die besonderen topographischen und klimatischen Voraussetzungen haben dort schon zu Beginn der 60er Jahre zu einer starken Luftverschmutzung durch Automobilabgase geführt [8.11].

Erstmalig 1968 und dann im "Clean Air Act" von 1970 wurden in den USA Abgasgrenzwerte für PKW vorgeschrieben. Von 1977 bis 1981 wurden die Abgasgrenzwerte stufenweise verschärft. Bereits mit Inkrafttreten der 81er Grenzwerte wurde in den USA die Einführung des Dreiwege-Katalysators unumgänglich.

Abb. 8.12 *Hauptzonen der Luftverschmutzung in den USA*

1982 wurde für Diesel-Pkw zusätzlich ein Limit zur Begrenzung des Ausstoßes von Partikeln eingeführt. Dieser Grenzwert ist 1987 verschärft worden. Wegen der besonders schwierigen Lage in Kalifornien wurden dort noch strengere Vorschriften erlassen als in den übrigen 49 Staaten. Die US-Standards sehen darüber hinaus einen Nachweis über die Funktionstüchtigkeit der Abgasreinigungssysteme über einen Zeitraum von 5 Jahren oder 50 000 Meilen (80 000 km) vor. 1972 basierten die US-Standards auf einem

Fahrzyklus, der die Verkehrssituation von Los Angeles repräsentieren sollte (LA-4-Cycle oder FTP-72). 1975 ist dieses Fahrprogramm durch zusätzliche Prüfungsphasen erweitert worden und heißt seitdem FTP-75 [8.14][8.9].

1975 wurde zur Senkung des Energieverbrauchs ein Energiesparprogramm (Energy Policy and Conservation Act) verabschiedet. Dieses sah vor, den Kraftstoffverbrauch von Pkw bis 1985 auf 27,5 miles per US-Gallon (8,55 l/100 km) zu begrenzen. Der Wert bezieht sich auf den Flottenverbrauch eines Herstellers, der sich aus einem Durchschnittswert bezogen auf die Verkaufszahlen aller Fahrzeuge ermittelt. Diese als CAFE-Standards (Corporate Average Fuel Economy) bekannten Verbrauchsgrenzwerte errechnen sich aus dem Abgastest (City Test) sowie dem Kraftstoffverbrauchstest (Highway-Test), **Abb. 8.13**.

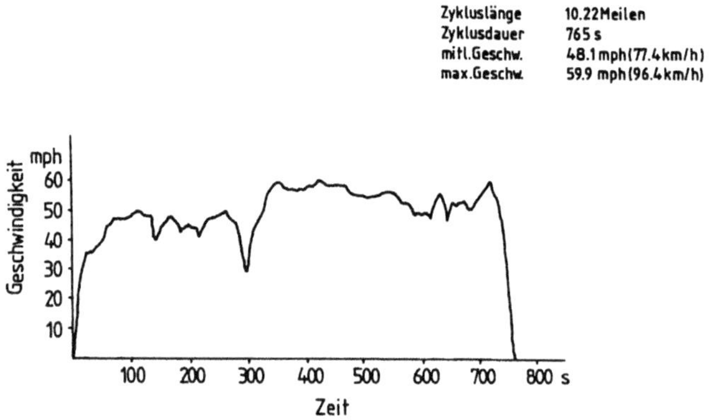

Abb. 8.13 *US-Highway-Testzyklus*

Eine weitere Vorschrift in der US-Gesetzgebung begrenzt die Verdunstungsemissionen von Fahrzeugen mit Ottomotor. Diese werden mit dem sogenannten SHED-Testverfahren (Sealed Housing for Evaporative Emissions Determination) gemessen [8.9][8.16].

Die US-Testverfahren, wie in **Abb. 8.15** dargestellt, zeigen drei Bereiche: die Testbeschreibung, die Rahmenbedingungen für die Überprüfung von Neufahrzeugen und die Überwachung von im Verkehr befindlichen Fahrzeugen [8.14].

Die zur Zeit gültigen Grenzwerte zeigt **Abb. 8.14** [8.13][8.17].
Bei der Ermittlung des Verbrauchs nach dem CAFE-Standard ist zu beachten, daß der Kraftstoffverbrauch in Ländern, in denen die US-Emissionsmeßtechnik eingeführt ist, nach der "Carbon Balance Method" aus der Zusammensetzung des Abgases berechnet wird. Die Zusammenhänge zeigt die nachfolgende Darstellung (**Abb. 8.16**).

PKW mit Benzin-oder Dieselmotoren ≤12 Personen			
Testverfahren	Schadstoff	Dim.	Grenzwerte
US 75 FTP	HC	g/Meile	0,41
	CO		3,4
	NO_x		1,0
	Partikel		0,20
SHED	Evaporation	g/Test	2,0

Abb. 8.14 *Zur Zeit gültige Grenzwerte USA-49-Staaten*

FTP-75

Kontinuierliches Fahrprogramm entsprechend dem „City-(Abgastest)-Zyklus" (oder auch LA-4-Zyklus).
Testabschnitte: 1. Kaltstart und kalte Übergangsphase (0 – 505 s)
2. Stabilisierte Phase (506 – 1372 s)- 10 Minuten Standzeit (Kühlgebläse aus, Motorhaube geschlossen)
3. Heißstart und warme Übergangsphase (1373 – 1877 s). Gleicher Geschwindigkeitsverlauf wie bei kalter Übergangsphase.

Die Abgasemissionen bzw. Umgebungsluft von jedem der 3 Testabschnitte werden in 3 getrennten Beutelpaaren gesammelt, analysiert, mit verschiedenen Bewertungsfaktoren multipliziert und zum Gesamtergebnis aufsummiert.
Die Bewertungsfaktoren sind: 0,43 für kalte Übergangsphase; 1,0 für stabilisierte Phase; 0,57 für warme Übergangsphase. Getriebeschaltung wie bei FTP-72.

Evap.-Test (Kalif.)

Ab dem Modelljahr 1995 wird für Kalifornien-Fahrzeuge schrittweise eine neue, umfangreichere Verdunstungsprozedur eingeführt (Phase-In siehe Abgastabelle: „Kalifornien"). Der neue Verdunstungstest gliedert sich wie folgt: 1. Beladen des Kohlekanisters mit Butan nach definierter Prozedur. – 2. Nach Beendigung des FTP-75-Abgastests erfolgt „Running Loss Test" (= Ermittlung der Verdunstungsemissionen, welche im Fahrbetrieb verursacht werden).
Der RL-Test besteht aus 3 LA-4-Zyklen (= FTP-72) auf dem Dynamometer bei Umgebungstemperatur von 40,6°C. Dabei erfolgt die Ermittlung der Emissionen entweder bei geschlossenem SHED (übliche Meßmethode) oder bei offener Testanlage (Point Source Messung an speziellen Stellen des Fahrzeug-Kraftstoffsystems). – 3. Ein-stündiger Heißabstelltest (Hot Soak) bei 40,6°C. – 4. Drei aufeinanderfolgende 24stündige Aufheiztests im SHED bei zyklischer Temperaturveränderung im 24 h-Rhytmus von 18,3 → 40,6 → 18,3°C (= Diurnal Test).

Grenzwerte (HC bzw. für Methanol-Fahrzeuge OMHCE):

Running Loss Test:	**0,05 g/m**
Hot Soak Test + Diurnal Test:	**2,0 g/Test**

1. Überprüfung von Neufahrzeugen

1.1 Routinemäßige Überprüfung der Serie

Inspection Test (Kalif.)

Jedes Fahrzeug unterliegt in der Serienproduktion einer Funktionskontrolle = „Functional Test" aller Emissionsbezogenen Komponenten und Systeme nach Herstellervorschrift. Diese Test-Vorschrift ist zulassungspflichtig. System- oder Komponenten-Änderungen machen eine Überarbeitung der Testschritte erforderlich.

Quality Audit Test (Kalif.)

Der QAT = Quality Audit Test ist ein vom Hersteller durchgeführter Emissions-Test mit Stichprobencharakter, aus dessen Ergebnissen Rückschlüsse auf die Emissionskonformität der Serie gezogen werden. Dazu wird eine Zufallsstichprobengröße von 2% aus der Serienproduktion einem Abgastest nach Zertifizierungsverfahren (FTP-75) unterzogen. Die QAT-Ergebnisse sind intern von Quartalsberichten an die Behörde zu melden.

Wenn ein einzelner Emissionstest nach gültigen Emissionsstandards nicht bestanden wird (Verschlechterungsfaktoren = Deterioration Factors (DFs) aus 50 000/100 000 Meilen Zertifikationsdauerläufen sind zu berücksichtigen), ist ein Wiederholtest möglich, wobei der Re-Test wie auch eventuelle Reparaturen oder Nachjustierungen im Prüfprotokoll zu vermerken sind. Der QAT gilt als bestanden, wenn das arithmetische Mittel der Stichprobe (nach Beaufschlagung mit den anzuwendenden DFs) den gültigen Emissionsstandards genügt.

„Functional Test" und „Quality Audit Test" sind in Title 13 CCR, Section 2061 „Cal. Assembly-Line Test Procedures" verbindlich festgelegt.

1.2 Nicht routinemäßige Überprüfung der Serie

SEA (49 Staaten)

Das „Selective Enforcement Audit" (SEA) Programm (CFR, Subpart G, Section 86.601 – 86.615) ist eine von der Behörde durchgeführte Stichproben-Emissionsprüfung der Serienproduktion beim Hersteller im Hinblick auf gültige Emissionsstandards. Eine vorgegebene Anzahl (Stichprobengröße) von Fahrzeugen wird einem FTP-75 Test unterzogen und muß dabei ein definiertes Qualitätsmindestmaß (Acceptable Quality Level = AQL; hier 60% der Stichprobengröße erfüllt den Standard) erreichen. Die Bewertung des Testergebnisses (Anzahl nicht den Standard erfüllender Fahrzeuge aus der Stichprobe) im Hinblick auf den AQL geschieht anhand von Entscheidungstabellen (Sample Inspection Criteria Tables). Es besteht keine Forderung nach routinemäßiger Serienkontrolle beim Automobilhersteller oder bzgl. Reportpflicht.

Surveillance Testing (Kalif.)

Behördentest von Neufahrzeugen des Automobilherstellers nach Title 13 CCR, Section 2150. Dazu werden von Mercedes-Benz Fahrzeuge aus dem „Vehicle Preparation Center" in Los Angeles bereitgestellt. Testinhalt sind dabei Funktionskontrollen und Abgastests nach FTP-75.

Dealer Surveillance (Kalif.)

Behördenüberwachung von Neufahrzeugen beim Händler nach Title 13 CCR, Section 2151. Dabei werden Neufahrzeuge einer Kurz-Prüfung unterzogen, die z. B. aus einem LL-Test, Überprüfung des Zündzeitpunktes etc., besteht.

2. Überwachung von im Verkehr befindlichen Fahrzeugen

2.1 Nicht routinemäßige Überprüfung durch die Behörde

In-Use Test (49 Staaten)

Stichproben-Emissions-Prüfung (Testverfahren FTP-75) an Fahrzeugen mit Laufstrecken unter 50 000/75 000 Meilen im Rahmen der EPA „Surveillance-Test" Programme.

In-Use-Test (Kalif.)

Stichproben-Emissions-Prüfung (Testverfahren FTP-75; Evap-Test) von im Verkehr befindlichen Fahrzeugen (unter 50 000/75 000 Meilen je nach Art des Zertifizierungsverfahrens für die betroffenen Fahrzeuge) nach Title 13 CCR, Section 2136 – 2140.

2.2 Kontinuierliche indirekte Fahrzeugüberwachung durch den Hersteller über Auswertung von Garantiefällen

Defect Reporting (Kalif.)

Ab MJ-90 unterliegen In-Use Fahrzeuge einem Berichtszwang hinsichtlich Beanstandungen bzw. Schäden an definierten Emissions-Komponenten/-Systemen. Dieser Berichtszwang besteht über 5/10 Jahre oder 50 000/100 000 Meilen, je nach Garantiedauer des Bauteils bzw. der Baugruppe (Title 13, CCR).

Das Berichtsverfahren ist in drei Berichtsstufen „Emission Warranty Information Report (EWIR)" (Section 2144), „Field Information Report (FIR)" (Section 2145) und „Emission Information Report (EIR)" (Section 2146) mit jeweils ansteigender Aussagedetaillierung, angelegt. Dabei werden Informationen bzgl. Beanstandungs-, Fehler-Quoten, Fehleranalyse und Emissions-Auswirkungen an die Behörde weitergegeben. Der FIR bzw. EIR dient der Behörde als Entscheidungsgrundlage für Recall-Zwänge gegenüber dem Hersteller (Section 2136 – 2140).

Defect Reporting (49 Staaten)

Ab MJ-72 unterliegen In-Use Fahrzeuge einem Berichtszwang hinsichtlich Schäden an definierten Emissions-Komponenten/Systemen (CFR, Section 85.1901 – 85.1909). Ein Reportzwang besteht dann, wenn mindestens 25 gleichartige Emissions-relevante Teile eines Modelljahres einen Defekt erleiden. Dieser Berichtszwang besteht über 5 Jahre nach Modelljahresende. Die Berichtsform umfaßt neben Benennung der relevanten Komponenten auch eine Schadensbeschreibung, Wirkungsanalyse auf das Abgas sowie Angaben über Herstellerabhilfemaßnahmen. Der Report dient der Behörde als Entscheidungsgrundlage für Recall-Zwänge gegenüber dem Hersteller.

Abb. 8.15 *Beschreibung der US-Testverfahren (Auszug)[8.13]*

$$\text{Kraftstoffverbrauch Diesel [mpg]} = \frac{K}{0{,}866 \cdot (HC) + 0{,}429 \cdot (CO) + 0{,}273 \cdot (CO_2)}$$

$$\text{Kraftstoffverbrauch Benzin [mpg]} = \frac{(5174 \cdot 10^4 \cdot CWF \cdot SG)\,^{*)}}{[(CWF \cdot HC) + (0{,}429 \cdot CO) + (0{,}273 \cdot CO_2)] \cdot [(0{,}6 \cdot SG \cdot NHV) + 5471]}$$

CWF : Kohlenstoffanteil ASTM D 3343
SG : Dichte des Kraftstoffes ASTM D 1298 (g/ml)
NHV : Nettoheizwert ASTM D 3338 (BTU/LB)
} Ist-Werte der Kraftstoffanalyse einsetzen.

USA: Die für die zusammen mit den Abgastest-Zertifizierungswerten von der US-EPA ermittelten Kraftstoffverbrauchsangaben (Fuel Economy bzw. FE-Werte) errechnen sich aus dem „City-Test" und dem „Highway-Test" nach folgender Formel:

$$FE = \frac{1}{0{,}55/CFE + 0{,}45/HFE}\ \text{[mpg]}$$

mit: CFE = FE aus City-Test (FTP 75) [mpg]
HFE = FE aus Highway-Test [mpg]

Die verkaufsgewichtete Fahrzeugflotte eines Herstellers muß in den USA mit der auf o. g. Formel basierenden Kraftstoffverbrauchs-Berechnung folgende Soll-FE-Zahlen erreichen:

Modelljahr	1978	1979	1980	1981	1982	1983	1984	1985	1986	1987	1988	1989	1990	1991
mpg	18	19	20	22	24	26	27	27,5	26,0	26,0	26,0	26,5	27,5	27,5
l/100 km	13,06	12,38	11,76	10,69	9,80	9,05	8,71	8,55	9,05	9,05	9,05	8,88	8,55	8,55

Umrechnungen: (mpg = Meilen pro Gallone)			
$\frac{USA}{ECE}\ \frac{235{,}215}{mpg_{US}} = \frac{l}{100\ km}$	$\frac{GB}{ECE}\ \frac{282{,}5}{mpg_{IMP}} = \frac{l}{100\ km}$	$\frac{USA}{J}\ 0{,}4255 \cdot mpg_{US} = \frac{km}{l}$	$\frac{ECE}{J}\ \frac{100}{l/100\ km} = \frac{km}{l}$

Abb. 8.16 *Berechnung des Kraftstoffverbrauchs [8.13]*

8.3.2 USA-Kalifornien

Der Grund für die außerordentlich starke Luftbelastung Kaliforniens liegt einerseits in der geographischen Lage (South Coast Air Basin), in der sich der Luftaustausch relativ langsam vollzieht, andererseits an den klimatischen Verhältnissen in dieser Region. Die Zahl der Sonnentage ist sehr hoch, so daß photochemische Reaktionen zu verstärkter Ozonbildung führen. Beispielsweise wurde die zulässige Ozonkonzentration in dieser Region 1988 an 176 Tagen überschritten [8.11]. Die zur Zeit in Kalifornien gültigen Abgasgrenzwerte sind in **Abb. 8.17** dargestellt. Für Kalifornien gilt ebenso wie für alle übrigen Staaten der USA das Abgastestverfahren FTP 75 sowie die Kraftstoffverbrauchsgrenzwerte nach dem CAFE-Standard [8.11].

PKW mit Benzin- oder Dieselmotoren ≤12 Personen				
Option		Schadstoff	Dim.	Grenzwerte
Ottomotor Zertifikation	50.000 bzw. 100.000 Meilen	HC	g/Meile	0,41
		CO		7,0
		NO_x		0,4
		Evaporation	g/Test	2,0
Dieselmotor Zertifikation nur 100.000 Meilen		HC	g/Meile	0,46
		CO		8,3
		NO_x		1,0
		Partikel		0,08

Abb. 8.17 *Abgasgrenzwerte für Kalifornien*

8.3.3 Japan

Ein großer Anteil der Luftverschmutzung in Japan geht auf das Konto des Straßenverkehrs. Von 1960 bis 1980 hat sich der Bestand an Kraftfahrzeugen mehr als verzehnfacht. Es ist jedoch gelungen, innerhalb kürzester Zeit, von 1973 bis 1977, die Emissionswerte aus Kraftfahrzeugen auf einen sehr niedrigen Stand zu senken.

Ebenso wurden die Abgasgrenzwerte bis heute kontinuierlich gesenkt, wobei seit 1981 auch für Pkw mit Dieselmotor separate Abgasnormen erlassen wurden [8.12][8.18].

Mit der Markteinführung der ersten Katalysatormodelle wurde auch in Japan 1975 bleifreies Benzin angeboten, wobei seit diesem Zeitpunkt ausschließlich unverbleiter Normalkraftstoff verwendet werden mußte.

Der steigende Kraftstoffverbrauch in Japan veranlaßte auch dort die Regierung (Ministry of Transport) 1979 zu einem Energieeinsparprogramm, dem "Energy Saving Act". In diesem Programm wurde die Automobilindustrie aufgefordert, den Kraftstoffverbrauch für Pkw zwischen 1978 und 1985 (ab 1988 auch für Importfahrzeuge) um 12% zu senken [8.18].

PKW mit Benzin- oder Dieselmotor ≤ 10 Personen

Fahrz.-klasse		Testverfahren	Schadstoff	Dim.	Grenzwerte max.	Grenzwerte mittel
Ottomotor	ohne Gewichtsbeschränkung	11-mode	HC	g/T	9,50	7,00
			CO		85,00	60,00
			NO_x		6,00	4,40
		10-mode	HC	g/km	0,39	0,25
			CO		2,70	2,18
			NO_x		0,48	0,25
		Leerlauf	HC	ppm	max.1200	
			CO	Vol.%	max.4,5	
		Falle	Evap.	g/T	2,0	
			KGH-Emission	-	0	
Dieselmotor	≤1265 kg	10-mode	HC	g/km	0,62	0,40
			CO		2,70	2,10
			NO_x		0,98	0,70
	>1265 kg		HC		0,62	0,40
			CO		2,70	2,18
			NO_x		1,26	0,90
	alle	3-mode freie Beschl.	Rauch, Schwärzung Filterpapier	%	50	

Abb. 8.18 *Abgasgrenzwerte für Japan*

Die japanische Emissionsgesetzgebung ist relativ komplex. Der Überprüfung von PKW liegen fünf Testverfahren und zwei Testzyklen zugrunde. Diese sind:

- 10-mode-Testzyklus: Er repräsentiert die innerstädtische Fahrsituation und beginnt mit einem Heißstart nach einer zuvor durchgeführten Konditionierung. Die maximale Fahrgeschwindigkeit beträgt 40 km/h. Dieser Testzyklus kommt auch für die Ermittlung des Kraftstoffverbrauchs zum Einsatz.
- 11-mode-Testzyklus: Dieser Zyklus beginnt mit einem Kaltstart, wobei Geschwindigkeiten bis 60 km/h erreicht werden. Er wurde 1975 zusätzlich zum 10-mode-Zyklus eingeführt und gilt nur für PKW mit Ottomotoren.
- 3-mode-Test: Gilt nur für Pkw mit Dieselmotoren und dient der Bewertung der Ruß- und Rauchemissionen.
- Leerlauf-Abgastest: Ist Bestandteil der Vorkonditionierung zum 10-mode-Test und dient zusätzlich zur Prüfung der HC- und CO-Emissionen im Leerlauf.

- Falle: Dient zur Bestimmung der verschiedenen Verdunstungsemissionen von PKW mit Ottomotoren. Zur Anwendung kommt hier das SHED-Verfahren.

Einzelheiten zu den gültigen Grenzwerten zeigt **Abb. 8.18** [8.13][8.17].

Der Kraftstoffverbrauch wird in Japan beim Durchfahren des 10-mode-Testzyklus direkt gemessen und nicht, wie im US-Test, aus den Abgaswerten errechnet. Die Verbrauchsgrenzwerte in Japan sind jedoch nur als Richtwerte zu verstehen [8.18]. Testzyklen und die dazugehörenden Daten sind der **Abb. 8.19** zu entnehmen.

1. 11-mode-Zyklus

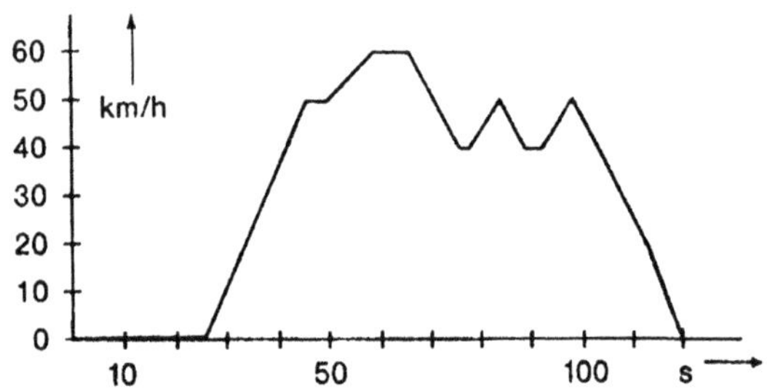

Zykluslänge : 1,021 km
Zyklenzahl/Test : 4
(Testlänge : 4,084 km)
Zyklusdauer : 120 s
mittl. Zyklus-Geschw. : 30,6 km/h (39,1 km/h) *)
max. Geschw. : 60 km/h
*) ohne LL-Phasen (LL-Anteil = 21,7%)

11-mode Kalttest: Der 11-mode-Zyklus ist 4 mal zu fahren, alle 4 Zyklen werden gemessen. Nach Kaltstart 25 s Leerlauf. Bei 3- und 4-Ganggetriebe sind die zu benutzenden Gänge fest vorgeschrieben. Bei Sondergetrieben werden die zu verwendenden Gänge individuell vorgeschrieben; bei autom. Getriebe ausschließlich „Drive"-Stellung. Abgasanalyse mit CVS-Anlage.

2. 10-mode-Zyklus

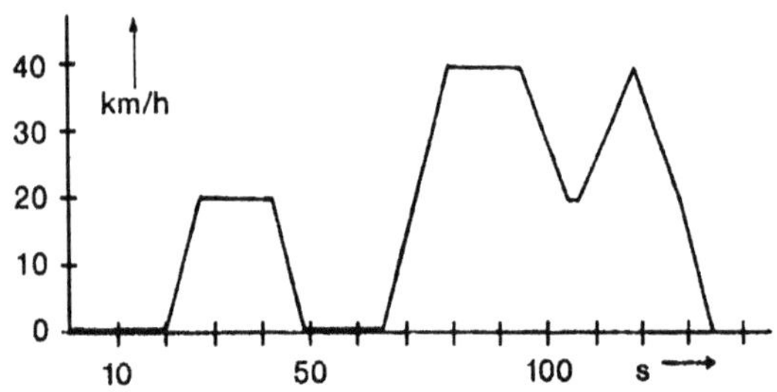

Zykluslänge : 0,664 km
Zyklenzahl/Test : 6
(Testlänge : 3,98 km)
Zyklusdauer : 135 s
mittl. Zyklus-Geschw. : 17,7 km/h (24,15 km/h) *)
max. Geschw. : 40 km/h
*) ohne LL-Phasen (LL-Anteil = 26,7%)

10-mode Heißtest: Der 10-mode-Zyklus ist 6 mal zu fahren, wobei nur die letzten 5 Zyklen gemessen werden. Vorkonditionierung: ca. 15 min. bei 40 ± 2 km/h, anschließend Leerlauf-Abgastest, gefolgt von ca. 5 min bei 40 ± 2 km/h. Zu fahrende Gänge bzw. Schaltstellung (bei autom. Getriebe) wie beim 11-mode Kalttest. Abgasanalyse mit CVS-Anlage.

Abb. 8.19 *Japan-Testzyklen [8.13]*

8.3.4 Europäische Gemeinschaft

- **ECE-Regelung**
  Die ECE-Regelung (ECE-R 15) begrenzte erstmals 1971 die CO- und HC-Emissionen. Eine zweite Stufe folgte 1975 mit der Absenkung der zulässigen Emissionen um 20 % für CO und 15 % für HC durch die ECE-R 15/01. 1977 wurden mit der ECE-R 15/02-Regelung erstmals auch NO_X-Emissionen begrenzt. Eine weitere Absenkung der zulässigen Grenzwerte trat 1979 in Kraft (ECE-R 15/03). Inzwischen gilt die ECE-R 15/04, der ab 1.8.1985 alle neu in den Verkehr kommenden Fahrzeuge genügen mußten. Diese Grenzwertstufe beinhaltete auch eine Reihe prüftechnischer Modifikationen, insbesondere die Übernahme des amerikanischen Abgassammel- und Analyseverfahrens (CVS-Methode) [8.16][8.17].

- **EWG-Richtlinie**
  1970 wurde in der EG erstmals die Richtlinie 70/220/EWG zur Begrenzung der Emissionen von Kraftfahrzeugen erlassen. Diese wurde in den vergangenen 20 Jahren siebenmal modifiziert und hat heute mit der Richtlinie 88/436 /EWG für alle Fahrzeuge Bestand. 1989 wurde die Richtlinie 89/458/EWG für Fahrzeuge mit einem Hubraum unter 1,4 Litern verabschiedet, die vorsieht, ab 1.1.1993 niedrigere Grenzwerte für diese Fahrzeuge einzuführen. Mit der ersten EG-Richtlinie wurde auch ein Fahrzyklus definiert, der die besonderen europäischen Verkehrsverhältnisse, vor allem den Innenstadtbereich, berücksichtigt.

  Eine Begrenzung der Emissionen luftverunreinigender Partikel von Dieselmotoren sieht die 1988 erlassene Richtlinie 88/436/EWG vor. Einsatzdatum für die Typzulassung für alle produzierten Fahrzeuge war Oktober 1990. Für Dieselmotoren mit Direkteinspritzung gelten jedoch spätere Einsatztermine.

  Eine besondere Stellung innerhalb der EG-Abgasvorschriften nehmen die Länder Dänemark, Finnland, Norwegen, Österreich, Schweden und die Schweiz ein ("Stockholm-Gruppe"). Diese Länder sehen die EG-Grenzwerte für zu hoch an und haben daher die schärferen bestehenden US-Normen übernommen [8.20].

  Im Bereich der Europäischen Gemeinschaft sind zur Zeit keine gesetzlichen Auflagen zur Begrenzung des Kraftstoffverbrauchs vorhanden. Allerdings haben die Mitgliedsländer der "Stockholm-Gruppe" mit Übernahme der US-Normen auch die Verbrauchsgrenzwerte nach dem CAFE-Standard eingeführt [8.20].

8.3.5 Bundesrepublik Deutschland

In der Bundesrepublik Deutschland sind erstmals 1971 Abgasgrenzwerte eingeführt worden. Ziel war es, bis 1980 die Schadstoffe (Kohlenmonoxid, Kohlenwasserstoffe, Stickoxide, Blei und Geruchsstoffe) im Abgas von Kraftfahrzeugen mit Ottomotoren schrittweise auf ein Zehntel der Durchschnittswerte von 1969 zu vermindern.

Mit der Anlage XIV zu S 47 der StVZO wurden erstmalig ab 1.8.1971 die CO- und HC-Emissionen entsprechend der ECE-Regelung R 15 begrenzt. Für Diesel-PKW begrenzt diese Anlage den Ausstoß an Ruß und Rauch entsprechend der ECE-Richtlinie R 24/03. Das Vorhaben der Bundesregierung, zum 1.1.1986 die in den USA gültigen Abgaswerte für die EG zu übernehmen, scheiterte an den Stimmen Frankreichs, Italiens und Großbritanniens.

Die Grundsatzbeschlüsse des EG-Umweltministerrates von 1985 erlaubten der Bundesregierung, weitergehende Abgasvorschriften zu erlassen. So wurden als Anlage XXIII zu S 47 der StVZO optional die Grenzwerte nach der US-Norm des Jahres 1983 und als Anlage XXV zu S 47 der StVZO die Grenzwerte der EG-Änderungsrichtlinie 83/351/EWG (1988 geändert durch die EG-Richtlinie 88/436/EWG) in nationales Recht übernommen. Außerdem wurden als Anreiz zur Um- oder Nachrüstung drei Einstufungen bezüglich der Schadstoffemissionen vorgenommen, die verschiedene steuerliche Vergünstigungen vorsahen. Diese Stufen sind in der Anlage XXIV zu S 47 StVZO verankert und basieren auf der EG-Richtlinie 83/351/EWG. Einen Auszug der zur Zeit gültigen Grenzwerte zeigt **Abb. 8.20** [8.13][8.17].

Typzulassungsgrenzwerte (T) für schadstoffarme- und bedingt schadstoffarme PKW

Abgasstufe	Schadstoffarm n. Anl. XXIII**		Schadstoffarm n. Anl. XXV	Bedingt schadstoffarm n. Anl. XXIV C
Anwendungsbereich	PKW* V_H alle		PKW*** $1{,}4\,l \leq V_H \leq 2{,}0\,l$	PKW $V_H < 1{,}4\,l$
Testverfahren	FTP75	HDC	ECE 15	ECE 15
CO	2,1 g/km	-	< 30 g/Test (< 36 g/Test)	38,25 g/Test
HC	0,25 g/km	-	-	-
NO_x	0,62 g/km	-	-	6 g/Test
$HC + NO_x$	-	-	< 8 g/Test (< 10 g/Test)	12,75 g/Test
$HDC - NO_x$	-	0,76 g/km	-	-
Partikel	0,124 g/km	-	-	-
Verdampfung	2,0 g/Test	-	-	-

( ) = Seriengrenzwerte

* $V_H < 1{,}4\,l$ Einstufung im Steuergesetz als bedingt schadstoffarm, entspricht Anlage XXIV C

** Grenzwerte erfordern 80 000 km Dauerlauf (DL) Alternative Anwendung von Verschlechterungsfaktoren (ohne DL) möglich

*** gilt auch für Diesel-Fahrzeuge mit $V_H \geq 1{,}4\,l$

Abb. 8.20 *Auszug aus den Grenzwerten für die Bundesrepublik Deutschland*

Da die Einführung des geregelten Dreiwege-Katalysators die Verfügbarkeit von bleifreiem Benzin erforderte, wurde dies zum 1.7.1985 beschlossen.
In Deutschland sind, wie auch in den übrigen EG-Ländern, noch keine gesetzlich vorgeschriebenen Verbrauchsgrenzwerte festgelegt. Im Zuge der Besteuerung umweltgefährdender Stoffe ist geplant, einen Zuschlag zur Mineralölsteuer für erhöhten CO_2-Ausstoß einzuführen. Da die CO_2-Emissionen direkt an den Kraftstoffverbrauch gekoppelt sind, hat diese Maßnahme auch Rückwirkungen auf den Kraftstoffverbrauch.

Abgassonderuntersuchung

- **ASU 1**
  Die Abgassonderuntersuchung (ASU) soll den Schadstoffausstoß von bereits im Verkehr befindlichen Fahrzeugen regelmäßig überprüfen. Mit der neunten Änderungsverordnung zur StVZO wurde ab April 1985 eine jährliche Abgassonderuntersuchung für alle Kraftfahrzeuge mit Ottomotor vorgeschrieben. Die als schadstoffarm eingestuften Fahrzeuge sind von dieser Untersuchung aus-genommen.

- **ASU 2**
  Es ist geplant, die als schadstoffarm eingestuften Fahrzeuge in einer Ausweitung der ASU an diesem Verfahren zu beteiligen [8.21]. Die Abgassonderuntersuchung für PKW mit geregeltem Katalysator und für Dieselfahrzeuge wird daher 1993 eingeführt; ebenso für Fahrzeuge mit ungeregeltem Katalysator. Für Fahrzeuge mit geregeltem Katalysator wird z. B. neben der Grundeinstellung unter anderem der CO-Gehalt im Leerlauf und bei erhöhter Drehzahl, der λ-Regelkreis und das Luftkraftstoffverhältnis überprüft.

In anderen Ländern, z.B. den USA, ist eine solche oder ähnliche Überprüfung der Funktionstüchtigkeit der Abgasreinigungssysteme bereits Bestandteil des Zulassungsverfahrens und wird durch den 50.000 Meilen- oder 5-Jahres-Test für PKW mit Ottomotor und den 100.000 Meilen- oder 10-Jahres-Test für Fahrzeuge mit Dieselmotor abgedeckt.

8.4 Ausblick auf die zukünftige Entwicklung der Abgas- und Verbrauchsgesetzgebung

8.4.1 USA-49-Staaten

8.4.1.1 Abgasgrenzwerte

- **CO-Emissionen:** Der gegenwärtige Grenzwert für Kohlenmonoxid liegt in den USA für PKW bei 3,4 g/Meile und gilt sowohl für das Zertifizierungsverfahren als auch für den Dauerlauf über 50 000 Meilen.

  In den USA wird der Reduzierung der Kohlenmonoxid-Emissionen größte Bedeutung eingeräumt. Die EPA hat für die Luftqualität zwei CO-Standards festgesetzt, einen 1-Stunden-Grenzwert von 35 ppm und einen 8-Stunden-Grenzwert von 9 ppm. Da in 52 Regionen der USA in der Vergangenheit mindestens einer dieser Grenzwerte überschritten wurde und dort allein 87 Millionen Menschen leben, ist das vorrangigste Ziel der EPA, diese CO-Emissionen, vornehmlich verursacht durch den Kraftfahrzeugverkehr, zu senken. Die Reduzierung soll durch folgende in der Diskussion befindliche Maßnahmen erreicht werden [8.22]:

  - Senkung des CO-Grenzwertes (zukünftiger Standard ist abhängig von der weiteren Entwicklung der Luftqualität).

  - Einführung eines Kalt-Temperatur-Testverfahrens mit entsprechenden Grenzwerten (bei niedrigerer Temperatur liegen die Emissionswerte bis zu 60 % über den nach bisherigen Verfahren ermittelten Werten). Ein Vorschlag begrenzt den CO-Ausstoß bei einer Temperatur von 40 ^{0} Fahrenheit auf 50 % der Menge, die neu zugelassene Fahrzeuge der Baujahre zwischen 1981 und 1985 bei dieser Temperatur abgaben.

    Ein weiterer Vorschlag sieht eine Reduzierung der CO-Emissionen um 50 % bei einer Temperatur von 20 ^{o} F vor, bzw. die Fahrzeuge sollen den bestehenden Grenzwert von 3,4 g/Meile bei 20 ^{o} F erfüllen.

- Erhöhung des Sauerstoffgehaltes in Kraftstoffen.

  Der bestehende Grenzwert von 3,4 g/Meile für das Zertifizierungsverfahren wird 1994 für den auf 100 000 Meilen erweiterten Dauerlauf auf 4,2 g/Meile angehoben [8.22].

- **HC-Emissionen:** Der gegenwärtige Grenzwert für Kohlenwasserstoffe liegt in den USA bei 0,41 g/Meile und gilt sowohl für das Zertifizierungsverfahren als auch für den Dauerlauf über 50 000 Meilen.

  Eine Änderung des Grenzwertes ergibt sich zwangsläufig durch die Einführung eines methanfreien Kohlenwasserstoff-Grenzwertes. Methan ist mit ca. 15 % Bestandteil der Kohlenwasserstoffe im Abgas, trägt aber auf Grund seiner geringen Reaktionsfreudigkeit nicht wesentlich zur Ozonbildung bei. Deshalb dient in den USA ab 1993 zur besseren Beurteilung des ozonbildenden Potentials ein methanfreier HC-Grenzwert (NMHC). Der

Grenzwert für methanfreie Kohlenwasserstoffe liegt in den USA zukünftig bei 0,25 g/Meile. Die Einführung dieses Grenzwertes erfolgt stufenweise ab 1994 (40 % der verkauften Fahrzeuge eines Automobilherstellers müssen diesen Wert zu dem genannten Zeitpunkt erfüllen) und endet 1996 mit 100 % aller verkauften Fahrzeuge. Mit diesem Zeitablauf folgt die EPA prinzipiell den Einführungszeiträumen, wie sie bereits seit längerem für Kalifornien geplant sind. Allerdings wird dieser Grenzwert nur für das Zertifizierungsverfahren gelten. Für den Dauerlauf über die geplanten 100 000 Meilen soll ein höherer Wert erlaubt werden. Die Höhe dieses Wertes ist z.Z. noch in der Diskussion. Im Gespräch sind sowohl der zukünftige Californische NMHC-Wert von 0,31 g/Meile wie auch ein Wert von 0,41 g/Meilen [8.22].

- **NO_X-Emissionen:** Der gegenwärtige Grenzwert liegt für Otto- und Dieselmotoren bei 1,0 g/Meile.

Fahrzeugtyp	Dauerhaltbarkeit [Meile]	NMHC* [g/Meile]	CO [g/Meile]	NO_X [g/Meile]
alle PKW	50.000	0,41 (0,25)	3,4	1,0 (0,4)
alle PKW	100.000	0,31	3,4	-

Grenzwerte in Klammern müssen wie folgt erfüllt werden:
MJ 1994: 40%, MJ 1995: 80%, MJ 1996: 100 % der Verkaufszahlen eines Herstellers
* methanfreier HC-Grenzwert

Abb. 8.21 *US-Grenzwerte in Abhängigkeit von der Laufstrecke*

Der Grenzwert für die Stickoxid -Emissionen wird in den USA um 60 % auf künftig 0,4 g/Meilen reduziert. Die Einführung des neuen Grenzwertes vollzieht sich im selben Zeitraum wie die des HC-Wertes [8.23].

Eine zusammenfassende Darstellung der gegenwärtig gültigen und mittelfristig aktuellen Grenzwerte ist aus **Abb. 8.21** zu entnehmen.

Weitere drastische Verschärfungen der Abgasgrenzwerte treten in den USA ab Modelljahr 2004 in Kraft. Dies gilt unter der Voraussetzung, daß bis Ende des Jahres 2001 immer noch mehr als 11 von 27 Städten, die als besonders ozonbelastet gelten, die bestehenden Ozon-Grenzwerte nicht einhalten können. Für diesen Fall wird eine Reduzierung der Abgasgrenzwerte für HC, CO und NO_X um 50 % ("Tier 2 Standard") angekündigt [8.23].

Überschreiten darüber hinaus die Luftschadstoffe in einer dieser Städte die Qualitätsstandards im Jahr 2000 um mehr als 25 %, müssen alle verkauften Neufahrzeuge ab dem Jahr 2004 in dieser Region ebenfalls den "Tier 2 Standard" erfüllen.

Bevor jedoch der "Tier 2 Standard" ab Modelljahr 2004 in Kraft tritt, muß die EPA dem US-Kongreß alternative Methoden und Maßnahmen unterbreiten, wie die Reduzierung der Abgasemissionen realisiert werden kann. Solange der US-Kongreß keine Änderung des Gesetzes vornimmt, wird der "Tier 2 Standard" wirksam, sobald eines der o.g. Kriterien erfüllt ist [8.23].

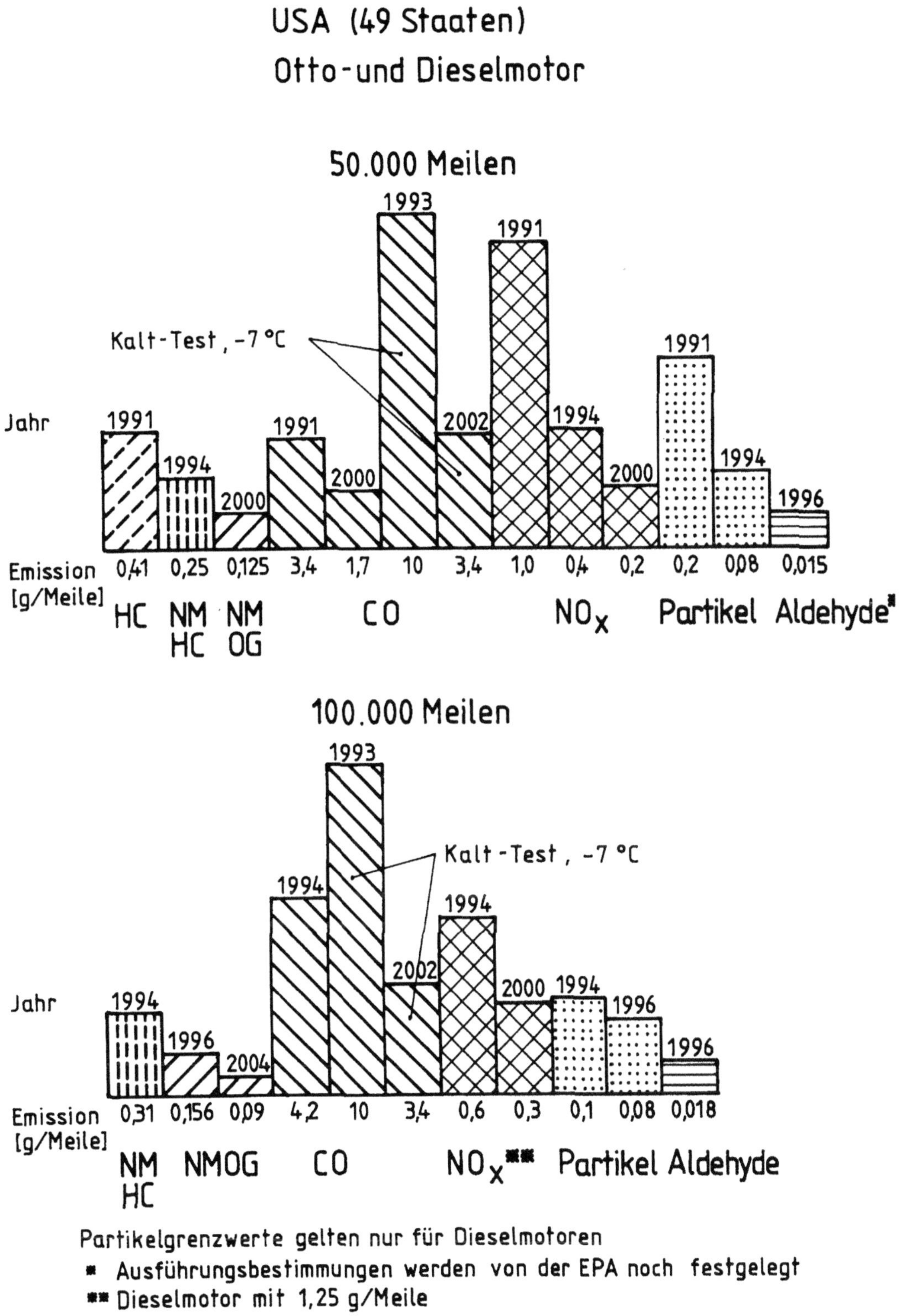

Abb. 8.22 *Schadstoffgrenzwerte für Otto- und Dieselmotor*

Weitergehende geplante Vorschriften für Otto- und Dieselmotoren sind aus **Abb. 8.22** zu entnehmen. Die hier aufgeführten Werte betreffen verschiedene Fahrzeugkategorien. Im wesentlichen sind das Fahrzeuge mit verbesserter Abgastechnik, Methanol-Fahrzeuge und "Clean Fuel" Fahrzeuge.

8.4.1.2 Testverfahren

Das US-Testverfahren FTP-75 mit den beiden Fahrzyklen City und Highway wird auch in nächster Zukunft unverändert Bestand haben. Im Rahmen des Zertifizierungsverfahrens wird der Dauerlauf mit der Einführung der Grenzwerte 1993, wie bereits beschrieben, auf 100 000 Meilen ausgedehnt. Allerdings gelten für die Feldüberprüfung (z.B. Surveillance-Test) die neuen Standards nur bis zu einer Laufleistung von 75 000 Meilen [8.13].

8.4.1.3 Verbrauchsgrenzwerte und andere Vorschriften

Eine Verschärfung der Grenzwerte für den Kraftstoffverbrauch ist in der zukünftigen Gesetzgebung bisher nicht vorgesehen. In Diskussion sind Flottenverbrauchswerte für 1995 von 30 MPG, für das Jahr 2010 45 bzw. 55 MPG [8.38]. Den Automobilherstellern wird im Rahmen eines "Kreditprogramms" eine Überschreitung der bestehenden Verbrauchslimits zugebilligt, sofern im Gegenzug "sparsame" und "saubere" Fahrzeuge, z.B. für Alternativkraftstoffe, angeboten werden.

Dieses Verfahren, veröffentlicht als "Banking and trading"-Programm, gilt in analoger Weise für die Abgasemissionen. Das Kreditprogramm wurde im Zuge eines umfangreichen Gesetzespaketes Anfang 1990 erlassen. Weitere vom US-Senat verabschiedete Vorschriften sind [8.22][8.23]:

- Automobilhersteller müssen zukünftig in alle Fahrzeuge Emissionskontrollsysteme einbauen. Diese sollen u.a. Fehlfunktionen in der Abgasreinigung optisch anzeigen und in einem geeigneten System abspeichern (OBD II).

- Die Installierung eines speziellen Behälters zum Auffangen von Kraftstoffemissionen während des Betankungsvorganges wird für alle Automobilhersteller Pflicht (OBVR).

- In Gebieten mit besonders hohen CO-Konzentrationen ist der spezifische Sauerstoffgehalt im Kraftstoff zu erhöhen (z.B. Ethanol, Methanol).

Mit der Verabschiedung eines Programms zur Einführung "sauberer" Kraftstoffe wurde ein bedeutender Schritt in Richtung einer weitreichenden Abgasentgiftung unternommen. Dieses Programm ist in zwei Phasen unterteilt:

- **Phase I**
  Das Programm beginnt mit den Fahrzeugen des Modelljahres 1995 in 9 Städten (siehe **Abb. 8.12**), die von dem Ozon-Problem am stärksten betroffen sind. Bei allen verkauften Neufahrzeugen dürfen in diesen Städten die ozonbildenden Emissionen einen Wert von 0,75 g/Meile nicht überschreiten. Die Emissionen heutiger Fahrzeuge liegen zum Vergleich bei durchschnittlich 2,8 g/Meile. Die erste Phase enthält zudem Vorschriften zur Reduktion toxischer Emissionen um 12 %.

Die Minderung der Emissionen soll in erster Linie durch den Einsatz "sauberer" Kraftstoffe erreicht werden. Die genannten Standards werden unabhängig von der Kraftstoffart zu erfüllen sein.

- **Phase II**
  Diese beginnt mit dem Modelljahr 1999 und verschärft die in der ersten Phase eingeführten Grenzwerte. Die ozonbildenden Emissionen dürfen dann im Feld einen Grenzwert von 0,66 g/Meile nicht mehr überschreiten. Zusätzlich müssen die Emissionen luftverunreinigender Substanzen um 27 % im Vergleich zu konventionell betriebenen Fahrzeugen verringert werden. Die EPA behält sich vor, die 27%ige Verringerung durch eine Reduktion um 18 % zu ersetzen, wenn sich der höhere Wert als technisch nicht realisierbar erweist. Auch bei dieser Phase wird davon ausgegangen, daß eine Verringerung der Emissionen fast ausschließlich durch die Verwendung alternativer Kraftstoffe zu erreichen ist.

Für die Umsetzung dieses Programms sind den Bundesstaaten der USA Freiräume zugesprochen worden. Im einzelnen sind das:

- Die Einführung alternativer Kraftstoffe kann getrennt von den staatlichen Zeitplänen vollzogen werden.
- Die Bundesstaaten können die Zahl der erforderlichen Mindestverkaufsmenge an "sauberen" Fahrzeugen bei Bedarf erhöhen.
- Die Bundesstaaten können über die 9 festgelegten Städte hinaus weitere Städte in das Programm einbeziehen.
- Dem Bundesstaat Kalifornien wird das Recht zugesprochen, ein separates Programm zur Einführung alternativer Kraftstoffe zu verabschieden. Andere Bundesstaaten können diese Regelung übernehmen.
- Mineralölanbieter sollen bei der Bereitstellung alternativer Kraftstoffe an bereits bestehenden Tankstellen unterstützt werden.

8.4.2 USA-Kalifornien

8.4.2.1 Abgasgrenzwerte

Das California Air Resources Board (CARB) hat für die Zukunft umfangreiche Grenzwertänderungen beschlossen bzw. in der Planung. Diese Maßnahmen sollen die Umsetzung der in dem Air Quality Management Plan (AQMP) niedergelegten Forderungen zur Reduzierung ozonbildender Emissionen ermöglichen. Die vom CARB vorgeschlagenen Maßnahmen werden in zwei Phasen unterteilt, ein "Long-Term"- und ein "Short-Term"-Programm. Die im "Short-Term"-Programm zusammengefaßten Vorschläge sollen bis 1993 umgesetzt werden, die im "Long-Term"-Programm dargelegten Rahmenbedingungen im Zeitraum von 1994 bis 1997 [8.24]. Im Rahmen des "Short-Term"-Programms sind keine neuen Grenzwerte festgelegt worden, so daß hier ausschließlich das "Long-Term"-Programm betrachtet wird.

Eine wesentliche Änderung im Zusammenhang mit der Definition der Schadstoffe ist die bereits erwähnte Festlegung eines methanfreien Kohlenwasserstoff-Grenzwertes, der für methanolbetriebene Fahrzeuge als OMHCE (Organic Material Hydrocarbon Equivalent) und für "Clean Fuel"-Fahrzeuge als NMOG (Non-Methan Organic Gas) bezeichnet wird. Die vom CARB vorgeschlagenen und zur Zeit gültigen Grenzwerte zeigt für Fahrzeuge mit konventioneller und verbesserter Abgastechnik die nachstehende **Abb. 8.23** [8.25].

Fahrzeugtyp	Dauerlauf Meilen	NMHC g/Meile	CO g/Meile	NO_x g/Meile	Partikel g/Meile
Otto - PKW	50.000	0,39 (0,25)	7,0 (3,4)	0,4	0,08
Otto - PKW	100.000	(0,31)	(4,2)	-*	-*
Diesel - PKW	100.000	0,46 (0,31)	8,3 (4,2)	1,0	-*

Die Werte in Klammern gelten für das Zertifizierungsverfahren aller Neufahrzeuge ab 1993, die in bestimmten Prozentzahlen an verkauften Fahrzeugen realisiert sein müssen
* nicht festgelegt

Abb. 8.23 *Grenzwerte für Kalifornien*

Darüber hinaus gelten in den ersten zwei Jahren relativ leicht zu erfüllende "Intermediate-Standards" bei Überprüfung von im Verkehr befindlichen Fahrzeugen ("In-Use-Compilance-Test"), um die Umstellung auf die schärferen Grenzwerte für die Automobilhersteller zu vereinfachen. Diese "Intermediate-Standards" für Personenfahrzeuge gelten für 50.000 Meilen mit 0.32 g/Meile für NMHC und 5.2 g/Meile für CO [8.25].

Einführungs-Modell I

Model Year	Comply with Current Standards	Certify to Proposed Standards	Comply with Intermediate In-Use Stds	Comply with Proposed In-Use Stds
1993	60%	40%	40 %	-
1994	20%	80%	80 %	-
1995	-	100%	60 %	40%
1996	-	100%	20 %	80%
1997	-	100%	-	100%

Einführungs-Modell II

Model Year	Comply with Current Standards	Certify to Proposed Standards	Comply with Intermediate In-Use Stds	Comply with Proposed In-Use Stds
1993	60%	40%	40%	-
1994	20%	80%	80%	-
1995	-	100%	-	100%

Abb. 8.24 *Einführungsmodelle für verschiedene Grenzwertstufen [8.25]*

Für die Umsetzung aller oben genannten Grenzwerte existieren verschiedene Einführungsmodelle. **Abb. 8.24** zeigt Einführungsmodelle, bei denen die gesamte Umstellung aller Fahrzeuge auf die neuen schärferen Grenzwerte 1997 bzw. bereits 1995 abgeschlossen wäre.

Die Prozentzahlen in beiden Bildern beziehen sich auf die Zahl der verkauften Fahrzeuge. Für Methanol-Fahrzeuge (inklusive Flexible-Kraftstoff-Fahrzeuge), die ab 1993 zugelassen werden, gilt ein Grenzwert für Formaldehyd- Emissionen von 15 mg/Meile [8.25].

Das "Long-Term"-Programm der Kalifornischen Umweltbehörde sieht zudem die Einführung von besonders schadstoffarmen Fahrzeugen mit entsprechend scharfen Grenzwerten ab dem Modelljahr 1994 vor. Diese überdurchschnittliche Abgasreinigung soll vorwiegend durch den Einsatz von "sauberen" Kraftstoffen (z.B. Methanol, Ethanol) erreicht werden. Dabei sind auch Energieträger vorgesehen, die nicht mehr auf Kohlenwasserstoff-Basis hergestellt werden (z.B. elektrische Energie, Wasserstoff), mit denen eine "Null-Emission" in bezug auf HC, CO, CO_2, NO_x etc. erreichbar ist. Unterteilt man diese Fahrzeuge je nach emittierter Schadstoffmenge und Einführungszeitraum, so ergibt sich [8.13]:

- **TLEV:** Die Einführung der Kategorie TLEV (Transitional-Low-Emission Vehicles) beginnt 1994 und hat das vorrangige Ziel, die Emission ozonbildender Substanzen zu reduzieren. Die Standards der TLEV können bereits einige der heute zertifizierten Fahrzeuge ohne größere technische Änderungen unterschreiten, sofern sie mit "sauberen" Kraftstoffen betankt werden.

- **LEV:** 1997 werden die TLEV durch "Low-Emission Vehicles" (LEV) ersetzt. Diese Standards entsprechen dem zu erwartenden technischen Fortschritt und werden durch den Einsatz neuer Abgasreinigungstechniken (z.B. Vorwärmung des Katalysators), Reduktion der Rohemission und Einsatz alternativer Kraftstoffe zu erfüllen sein.

- **ULEV:** Die Einführung der Kategorie ULEV (Ultra-Low-Emission Vehicles) beginnt zwar schon 1997, wird aber erst ab dem Jahr 2000 für größere Verkaufsmengen Pflicht. Die Grenzwerte für ULEV können nur durch den Einsatz neuer Abgasreinigungstechniken und alternativer Kraftstoffe sowie weiterer Reduktion der Rohemission erreicht werden, da eine zusätzliche Reduzierung der CO-Emission um 50 % in Verbindung mit einer weiteren Senkung der NMHC-Emission gefordert wird.

- **ZEV:** Eine weiterführende Absicht des CARB ist in der Kategorie ZEV (Zero-Emission Vehicles) zu sehen. Dabei ist vorgesehen, daß ab 1998, beginnend mit 2 % der Flotte, ein Emissions-Standard von NMOG = 0,0 g/Meile (NMOG = Non-Methan Organic Gas) eingeführt werden soll. Dieser Grenzwert muß im Jahre 2001 von 5 % und im Jahre 2003 von 10 % der Flotte erreicht sein.

Für TLEV, LEV und ULEV sind ebenfalls Staffelungen im Einführungsmodus vorgesehen. Jeder Hersteller kann mit Ausnahme der ZEV-Werte die Raten individuell wählen, wenn der Flottenmittelwert eingehalten wird. Dieser wird 1994 beginnend mit einem NMOG-Wert von 0,25 g/Meile im Jahr 2003 auf 0,062 g/Meile reduziert.

Eine Gesamtübersicht über die zukünftigen Grenzwerte, die sich aus allen Maßnahmen einschließlich TLEV, LEV, ULEV und ZEV ergeben, zeigt **Abb. 8.25**.

8.4.2.2 Testverfahren

In Kalifornien ist vorerst keine Änderung des bisherigen US-Testverfahrens FTP-75 geplant. Allerdings wird im Rahmen des Zertifizierungsverfahrens die Dauerlaufprüfung mit der Einführung neuer HC- und CO-Grenzwerte 1993 für alle Fahrzeuge von 50 000 Meilen auf 100 000 Meilen ausgedehnt. Für die Kontrollen im realen Betrieb (z.B. für den "In-Use-Compliance-Test" oder den "Surveillance-Test") gelten die neuen Standards aber nur bis zu

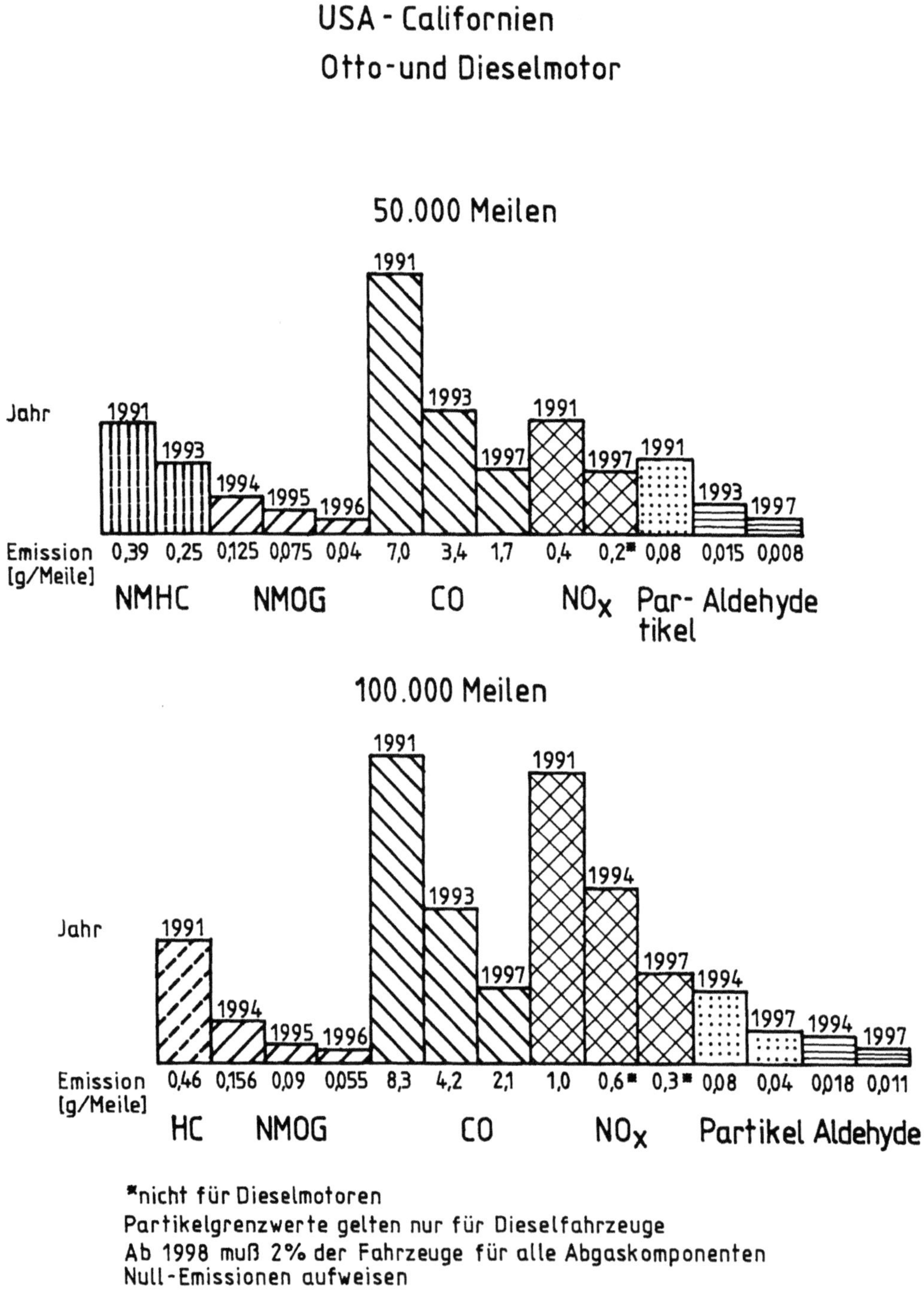

Abb. 8.25 *Übersicht über die zukünftigen Grenzwerte*

einer maximalen Laufleistung von 75 000 Meilen. Des weiteren sieht das gegenwärtige US-Testverfahren keine Überprüfungen entsprechend dem kalifornischen "Inspection and Maintenance"-Program (Smog Check) vor. So war es in der Vergangenheit möglich, daß, obwohl Fahrzeuge das US-Zertifizierungsverfahren bestanden hatten, den "Smog Check"-Test nicht erfüllen konnten. Ab Modelljahr 1993 ist daher das Bestehen dieses Tests verpflichtender Bestandteil des kalifornischen Zulassungsverfahrens für Personenkraftfahrzeuge [8.11].

Der von der EPA zur nachhaltigen Reduzierung der Kohlenmonoxid-Emission geplante zusätzliche Kalt-Test (siehe Kapitel 8.4.1.1) ist in Kalifornien derzeit noch nicht in der Diskussion. Falls die EPA aber in der Zukunft einen solchen gesonderten Test in das Zertifizierungsverfahren einbindet, ist davon auszugehen, daß dieser auch von der kalifornischen Umweltbehörde CARB übernommen wird.

8.4.2.3 Verbrauchsgrenzwerte und andere Vorschriften

Eine Verschärfung der bestehenden Verbrauchsgrenzwerte ist in Kalifornien nicht vorgesehen [8.26]. Im Rahmen des bereits erwähnten "Short-Term"-Programms sind zwar keine Reduzierungen der zulässigen Schadstoffgrenzwerte geplant, dafür wird die Mineralölindustrie jedoch voraussichtlich folgende Auflagen bezüglich der Kraftstoffqualität zu erfüllen haben [8.24]:

- Verringerung des Benzolgehalts von 2,0 Vol.-% auf 0,8 Vol.-% im Kraftstoff für Ottomotoren,
- Verminderung der Verdunstungsrate durch Änderung des Dampfdruckes RVP (Reid Vapor Pressure) von 10,0 psi auf 8,0 psi,
- Zugabe von Additiven zur Verhinderung von Ablagerungen im Brennraum der Motoren,
- Erhöhung des Sauerstoffgehalts von Kraftstoffen während der Wintermonate,
- Reduzierung des Aromatengehalts im Kraftstoff.

Für das "Long-Term"-Programm sind weitere Maßnahmen zur Reduzierung der Schadstoffemissionen von Personenfahrzeugen in Planung. So wird die Mineralölindustrie verpflichtet, entsprechend den Einsatzplänen für TLEV, LEV, ULEV und ZEV die Produktion und den Verkauf von alternativen Kraftstoffen zu forcieren [8.24].

Darüber hinaus erhält die Automobilindustrie zusätzliche zulassungsrelevante Auflagen für ihre Neufahrzeuge ab Modelljahr 1994. Geplant ist die Einführung eines "On-Board II"-Diagnosesystems, das eine ganze Reihe von Überwachungsfunktionen übernehmen soll. Bis zum Modelljahr 1996 sollen die nachstehenden Kontrollfunktionen in allen Fahrzeugen zum Einsatz kommen [8.11]:

- Kontrolle des Katalysatorwirkungsgrades. Eine Fehlfunktion soll angezeigt werden, falls der Konvertierungsgrad die 50%-Grenze unterschreitet.
- Anzeige von Zündaussetzern oder Fehlzündungen.
- Anzeige von Fehlfunktionen bei der Rückführung von Verdunstungsemissionen aus dem Aktivkohle-System zum Motor.
- Überwachung der Funktionstüchtigkeit der Sekundärluftzufuhr.

- Überwachung des Fluorchlorkohlenwasserstoff-Kreislaufs der Klimaanlage auf Undichtheiten. Für Hersteller, die bis zum Modelljahr 1996 auf den Einsatz von FCKW in Klimaanlagen verzichten, entfällt die Notwendigkeit einer solchen Kontrolle.

- Anzeige von Unregelmäßigkeiten in der Kraftstoffzufuhr.

- Anzeige der Funktionstüchtigkeit der λ-Sonde.

- Kontrolle des Abgasrückführsystems. Die Rückführrate ist dabei kontinuierlich zu messen, um bei Über- oder Unterschreiten eines Soll-Wertes eine Warnlampe zu aktivieren.

- Funktionskontrolle aller emissionsrelevanter Bauteile.

- Sicherungsmaßnamen für alle Überwachungsfunktionen, um Manipulationen jeglicher Art am Bordcomputer zu verhindern.

Auftretende Fehlfunktionen müssen nicht gleichzeitig ein vollständiges Versagen der entsprechenden Bauteile bedeuten, sondern sollen dem Fahrer signalisieren, daß eine optimale Abgasentgiftung nicht mehr gewährleistet ist.

Wird dem Fahrer ein Defekt angezeigt, hat dieser eine Reparaturwerkstatt aufzusuchen, um den Schaden auf Kosten des Herstellers beheben zu lassen. Da zudem alle Informationen in einem Computer zentral abgespeichert werde, können bei Kontrollen in der Werkstatt auch andere noch nicht signalisierte Unregelmäßigkeiten frühzeitig entdeckt und behoben werden. Sollte sich dieses Kontrollsystem bewähren, könnte langfristig sogar das "Inspection and Maintenance"-Programm in Kalifornien entfallen [8.11].

In der Planung der kalifornischen Umweltbehörde ist darüber hinaus ein "Kreditprogramm" für Automobilhersteller, das die Einführung von besonders schadstoffarmen Fahrzeugen (LEV, ULEV und ZEV) beschleunigen soll. Werden von einem Hersteller ab 1993 mehr schadstoffarme Fahrzeuge verkauft als gesetzlich vorgeschrieben (bezieht sich nur auf LEV und ULEV), erhält dieser Hersteller spezielle Bonuskredite nach einem sehr komplexen Vergabeschlüssel. Mit diesen Krediten kann der Hersteller andere Fahrzeuge seines Programms, die die zulässigen Emissionsgrenzen überschreiten, dennoch zulassen. Es ist den Herstellern zudem gestattet, mit solchen Bonuskrediten untereinander zu handeln [8.25].

Dasselbe Verfahren gilt auch für Kraftstoffanbieter. Auch sie erhalten Kredite, falls eine größere Menge alternativer Kraftstoffe produziert wird als gesetzlich gefordert.

8.4.3 Japan

8.4.3.1 Abgasgrenzwerte

Im Dezember 1989 hat die japanische Umweltbehörde (Japan Environmental Agency) umfangreiche Empfehlungen zur Verschärfung der Abgasgrenzwerte veröffentlicht. Eine Übernahme dieser Vorschläge seitens des zuständigen "Ministry of Transport" ist geplant. Zusammengefaßt werden folgende Änderungen für Personenfahrzeuge, vornehmlich für Pkw mit Dieselmotor, empfohlen [8.27] :

- Reduzierung der Emissionsgrenzwerte für Stickoxide von Fahrzeugen mit Dieselmotor auf 0,4 g/km, in zwei Phasen.
- Einführung eines Grenzwertes für Partikelemissionen von Pkw mit Dieselmotor ab 1994. Der geplante Wert von 0,2 g/km soll in einer zweiten Phase um weitere 60 % verringert werden. Die Ermittlung der Partikelemission erfolgt entsprechend dem Analyseverfahren der EPA.
- Reduzierung der emittierten Rauchmenge in zwei Schritten um 50 %.

Abb. 8.26 zeigt die Zielvorstellungen zukünftiger Grenzwerte.

Category of vehicles	Kind of emissions		Existing standards: Mean values	Existing standards: Year of enforcement	New Measurement mode	Short-term target (Phase 1): Target mean value	Short-term target (Phase 1): Scheduled year of enforcement	Short-term target (Phase 1): Reduction rate	Long-term target (Phase 2): Target mean values	Long-term target (Phase 2): Reduction rate
Diesel powered Passenger vehicles	NO_x	EIW ≤1,25t	0,7 g/km max. 0,98	1986 (manual transmission vehicles) 1987 (automatic transmission vehicles)	New 10-mode (10·15 mode)	0,5 g/km max. 0,72	(1994)	(29%)	0,4 g/km	(43 %)
	NO_x	EIW >1,25t	0,9 g/km max. 1,26	1986 (manual transmission vehicles) 1987 (automatic transmission vehicles)		0,6 g/km max. 0,84	(1994)	(33%)		(56%)
	PM		-			0,2 g/km	1994	-	0,08 g/km	60%
	Smoke (3-mode)		50%	1972	(Current 3-mode)	40%	Concurrently with PM	20%	25%	50%

Abb. 8.26 *Zukünftige Abgasgrenzwerte für Japan [8.27]*

8.4.3.2 Testverfahren

Die japanische Umweltbehörde hat in ihren im Dezember 1989 vorgelegten Vorschlägen auch eine Änderung des bestehenden 10-mode-Fahrzykluses empfohlen. Hauptkritikpunkt war die, nach Meinung dieser Behörde zu niedrige maximale Testgeschwindigkeit von nur 40 km/h. Von der Anhebung auf eine maximal zu erreichende Geschwindigkeit von 70 km/h erhofft sich die "Japan Environment Agency" eine exaktere Repräsentation nationaler Fahrgewohnheiten. Die Einführung des sowohl für Pkw mit Ottomotor als auch für Pkw mit Dieselmotor gültigen neuen 10-mode-Tests erfolgte 1991 [8.27]. Dieser neue Testzyklus ist in **Abb. 8.27** dargestellt.

8.4.3.3 Verbrauchsgrenzwerte und andere Vorschriften

In Japan wird es auch zukünftig keine direkte gesetzlich bindende Begrenzung des Kraftstoffverbrauchs von Personenfahrzeugen geben. Allerdings sind mittel- und langfristig Änderungen der Kraftfahrzeugsteuer in der Diskussion. So kann die bisherige Steuer durch eine neue Kraftstoffverbrauchssteuer ergänzt oder sogar ersetzt werden.

Mit der Einführung eines solchen Besteuerungssystems und anderer gesetzlicher Regelungen erhofft sich die japanische Regierung eine Reduzierung der weiteren Nachfrage nach Kraftfahrzeugen, insbesondere nach Pkw [8.27][8.28].

Der Einsatz von Fahrzeugen, die mit alternativen Kraftstoffen betrieben werden, bleibt in Japan zunächst nur auf das Forschungs- und Versuchsstadium beschränkt. Konzepte, wie sie in den USA vorgelegt wurden, existieren in Japan nicht.

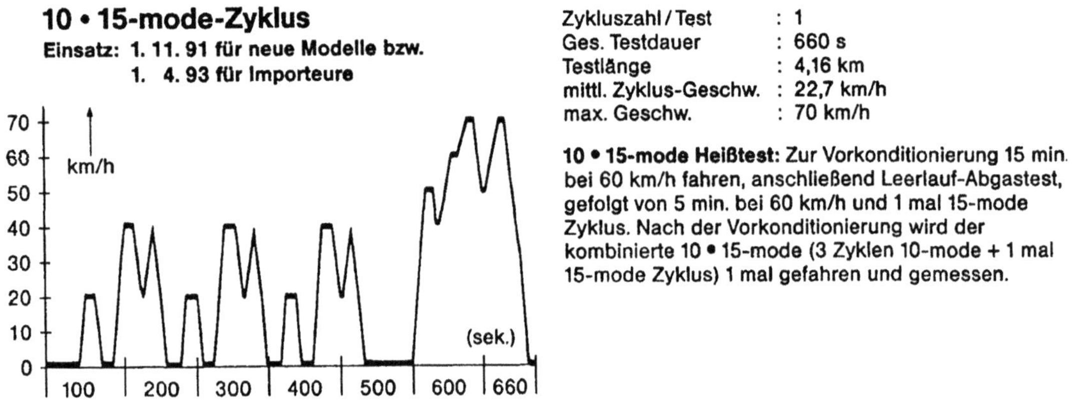

Abb. 8.27 *Neuer Testzyklus für Japan [8.13]*

Im Dezember 1989 wurde aber, zur Reduzierung von Schadstoffemissionen aus Kraftfahrzeugen, eine Verringerung des zulässigen Schwefelgehalts im Dieselkraftstoff empfohlen. Danach soll der gegenwärtige Schwefelanteil von 0,4 bis 0,5 Vol.-% auf 0,05 Vol.-% in zwei Schritten gesenkt werden.

Weitere für die Zukunft angekündigte Maßnahmen sind die verstärkte Ausweitung besonders schadstoffarmer Fahrzeuge, die Einführung effektiver Umrüstkonzepte für bereits im Verkehr befindliche Fahrzeuge sowie die Einführung spezieller verkehrsbezogener Maßnahmen (z.B. Verkehrsleitsysteme) [8.27][8.28].

8.4.4 Europäische Gemeinschaft

8.4.4.1 Abgasgrenzwerte

Die Entwicklung der zukünftigen europäischen Abgasgesetzgebung läßt sich in zwei Phasen unterteilen. Die erste Phase wird durch die vom Europarat beschlossenen Richtlinien

88/76/EWG und 89/458/EWG gekennzeichnet, in denen auf der Grundlage des bisherigen Prüfverfahrens (nach Richtlinie 70/220/EWG) niedrigere Grenzwerte festgelegt wurden. In diesen Richtlinien werden die Fahrzeuge nach Hubraumklassen unterschieden, so daß eine Fülle unterschiedlicher Grenzwerte existiert. Die folgende Auflistung zeigt eine Übersicht über die bereits verbindlich beschlossenen Abgasgrenzwerte und deren Einführungsdaten, **Abb. 8.28** [8.29][8.30][8.31].

Fahrzeuge mit Otto-oder Dieselmotor

Hubraum V_H < 1,4 l	CO g/Test	$\Sigma HC+NO_x$ g/Test	NO_x max g/Test	PM Partikel g/Test
ab 1.10.1990 als Typzulassung	45	15	6,0	1,1
ab 1.10.1991 für Serienfahrzeuge	54	19	7,5	1,4
ab 1.07.1992 als Typzulassung	19	5,0	-	-
ab 1.12.1992 für Serienfahrzeuge	22	5,8	-	-

Hubraum 1,4 l < V_H < 2,0 l	CO g/Test	$\Sigma HC+NO_x$ g/Test	PM Partikel g/Test
ab 1.10.1991 als Typzulassung	30	8	1,1
ab 1.10.1993 für Serienfahrzeuge	36	10	1,4

Hubraum V_H > 2,0 l	CO g/Test	$\Sigma HC+NO_x$ g/Test	NO_x max g/Test	PM Partikel g/Test
ab 1.10.1988 als Typzulassung	25	6,5	3,5	1,1
ab 1.10.1989 für Serienfahrzeuge	30	8,1	4,4	1,4

Abb. 8.28 *Schadstoffgrenzwerte in Abhängigkeit vom Hubvolumen*

- Für Fahrzeuge (Benzin- und Dieselmotor) mit einem Hubraum von weniger als 1400 cm^3, und
- für Fahrzeuge mit einem Hubraum von mehr als 2000 cm^3 gelten die bereits eingeführten Grenzwerte,
- für Pkw mit Dieselmotor sind seit 1989 auch die Partikelemissionen limitiert. Allerdings gilt der Typzulassungswert von 1,4 g/Test für Dieselfahrzeuge mit Direkteinspritzung erst ab 1.8.1994 bzw. 1.8.1996.

Die zweite Phase der zukünftigen europäischen Abgasgesetzgebung wird durch die Einführung eines erweiterten Prüfungsverfahrens gekennzeichnet, das der EG-Umweltrat 1989 beschlossen hat [8.32][8.2].

Eine neue Richtlinie wurde im Februar 1990 den zuständigen Stellen vorgelegt. Dieser Vorschlag umfaßt neben dem bereits erwähnten modifizierten Testzyklus und den dazugehörigen Grenzwerten auch die erstmalige Limitierung von Verdunstungsemissionen und die Einführung eines Dauerhaltbarkeitstests.

Der von der Kommission der Europäischen Gemeinschaft vorgelegte Vorschlag zur Änderung der Richtlinie 70/220/EWG sieht daher im einzelnen folgende Emissionsgrenzwerte, **Abb. 8.29**, vor [8.2].

Wie dieser Übersicht zu entnehmen ist, sieht der von der Kommission eingebrachte Vorschlag einheitliche Grenzwerte für alle Hubraumklassen und Motorarten vor. Lediglich die Grenzwerte für Partikel- und Verdunstungsemissionen sind spezifische Grenzwerte für den Diesel- bzw. Ottomotor. Es ist anzumerken, daß die Umsetzung auf der Basis der Grenzwerte für Fahrzeuge mit einem Hubraum von weniger als 1400 cm^3 - entsprechend der EG-Richtlinie 89/458/EWG - erfolgte. Hiermit wird dem Beschluß des EG-Umweltrates vom Juni 1989 zur weiteren Verschärfung der zulässigen Emissionswerte Rechnung getragen. Nach Aussagen des Rates der Europäischen Gemeinschaft können diese Normen als "mindestens so streng wie die der Vereinigten Staaten von Amerika" angesehen werden.

	CO g/km		Σ HC + NO_x g/km		Partikel g/km		Evap. g/Test	
T = Typprüfung S = Seriengrenzwert	T	S	T	S	T	S	T	S
alle Otto-PKW	2,72	3,2	0,97	1,1	-	-	2,0	-
alle Diesel-PKW	2,72	3,2	0,97	1,1	0,19	0,24	-	-

Abb. 8.29 *Vorschlag für Emissionsgrenzwerte in der EWG*

Der Vorschlag der Kommission enthält zudem eine wichtige Änderung der Richtlinie zur Erlangung einer EWG-Betriebserlaubnis. Bislang kann einem Fahrzeug, das nach dem US-Prüfungverfahren FTP-75 zertifiziert wurde, eine EWG-Betriebserlaubnis nicht verweigert werden (Anhang III A). Da die Kommission aber der Meinung ist, daß die vorgeschlagenen strengeren Normen in Verbindung mit dem neuen vollständigen Prüfverfahren den europäischen Verhältnissen besser Rechnung tragen als die Normen der USA [8.2], soll dieser Anhang nach einer Übergangszeit gestrichen werden.

Der Anhang III A wird entsprechend dem Vorschlag der Kommission für die Betriebserlaubnis neuer Fahrzeugtypen weitere zwei Jahre, d.h. bis zum 30. Juni 1994 und bis zum 31. Dezember 1995 für die Zulassung neuer Fahrzeuge anwendbar bleiben. Während dieser Übergangszeit können Automobilhersteller zwischen dem FTP-75 des Anhangs III A und dem neuen europäischen Prüfverfahren wählen.

Jahr		CO [g/km]	HC+ NO_x [g/km]	Partikel [g/km]
1992/93	Typprüfung	2,72	0,97	0,14
1992/93	Serienprüfung	3,16	1,13	0,18
1996	-	2,72	0,48 Otto 0,90 Diesel	0,06 Diesel

Abb. 8.30 *Abgasgrenzwerte für Europa*

Ende 1990 haben sich die EG-Umweltminister auf schärfere Grenzwerte geeinigt. Danach werden in Ergänzung zu **Abb. 8.29** für neue Modelle ab Mitte 1992 und für alle Neufahrzeuge ab 1993 die in **Abb. 8.30** dargestellten Grenzwerte gefordert. Darüber hinaus werden in einer zweiten Stufe Grenzwerte diskutiert, die ab 1996 in Kraft treten sollen [8.33].

8.4.4.2 Testverfahren

Wie im vorigen Kapitel bereits erwähnt, wurde vom EG-Umweltrat am 8. Juni 1989 die Einführung eines erweiterten Testzyklus beschlossen. Der Gesamtfahrzyklus für das künftige europäische Emissionsprüfverfahren gliedert sich in zwei Grundfahrzyklen (siehe **Abb. 8.2**). Der Stadtzyklus, der die Fahrbedingungen in Stadtbereichen mit hoher Verkehrsdichte wiedergibt, ist, wie auch im derzeitigen durch die Richtlinie 70/220/EWG festgelegten Prüfzyklus, viermal zu durchfahren.

Der neu definierte außerstädtische Fahrzyklus soll die Fahrbedingungen auf Straßen außerhalb der städtischen Ballungsgebiete und auf der Autobahn darstellen. Der außerstädtische Zyklus ist durch ein theoretisches Fahrmuster entsprechend dem des städtischen Zyklus und eine Höchstgeschwindigkeit von 120 km/h gekennzeichnet. Der zusätzliche Testzyklus umfaßt eine Prüfdauer von 400 s und ist einmal zu durchfahren [8.34].

Für "schwach" motorisierte Fahrzeuge, deren Verhältnis Leistung/Masse 40 kW/1000 kg oder weniger beträgt, wird die Höchstgeschwindigkeit des außerstädtischen Tests auf 90 km/h herabgesetzt .

Der Gesamtfahrzyklus für das neue europäische Prüfverfahren ist aber als unteilbares Ganzes zu verstehen, der ohne Unterbrechung durchzuführen ist. Die gemessenen Schadstoffmengen sind daher mit Grenzwerten zu vergleichen, die sich auf den vollständigen Test beziehen.

Neben der Modifizierung des Testzyklus sieht der Vorschlag der Kommission auch die Einführung eines Prüfverfahrens zur Kontrolle der Verdunstungsemissionen vor. Hierfür wird empfohlen, das bestehende Prüfverfahren der USA, den sogenannten SHED-Test, in die neue Richtlinie zu übertragen.

Allerdings soll das Verfahren nur auf Betriebserlaubnisprüfungen anzuwenden sein, da es für eine Serienüberprüfung zu zeitraubend ist und erhebliche Ausrüstungen der Prüflaboratorien erfordern würde. Bei der Kontrolle der Produktion wird daher eine Beschränkung auf die Inspektion der Bauteile zulässig sein.

Der Vorschlag der Kommission enthält zudem die Forderung, die Dauerhaltbarkeit von Fahrzeugbauteilen und Systemen zur Minderung der Emission von Benzinfahrzeugen (wie z.B. Katalysatoren und Abgasrückführungssysteme AGR) als Teil des Zertifizierungsverfahrens zu überprüfen.

In die künftigen europäischen Emissionsnormen sollen die drei folgenden Dauerhaltbarkeitstests als alternative Regelungen aufgenommen werden [8.2]:

- der gegenwärtige amerikanische Dauerhaltbarkeitstest für jene europäischen Automobilhersteller, die in dieses Land exportieren,
- ein europäischer Dauerhaltbarkeitstest, der auf 30 000 Kilometer beschränkt ist, jedoch unter strengeren Bedingungen gefahren wird, um die Gleichwertigkeit mit dem amerikanischen Test sicherzustellen. Er richtet sich an Hersteller von Fahrzeugen, die hauptsächlich für den EG-Markt bestimmt sind,
- eine Reihe von Verschlechterungsfaktoren, die für jene Automobilhersteller anwendbar sind, die keine Dauerhaltbarkeitsprüfungen durchführen wollen.

Sowohl die Verschlechterungsfaktoren, die sich aus den Dauerhaltbarkeitsprüfungen ergeben, als auch jene, die durch die Richtlinie selbst aufgestellt werden, sind - entsprechend dem Vorschlag der Kommission - gleichermaßen auf die Betriebserlaubnis für neue Fahrzeugmodelle und die Konformitätskontrolle der serienmäßig hergestellten Fahrzeuge anwendbar.

8.4.4.3 Verbrauchsgrenzwerte und andere Vorschriften

In dem Richtlinienvorschlag der Kommission der Europäischen Gemeinschaft für die künftige Emissionsgesetzgebung wurden keine Maßnahmen zur direkten Begrenzung des Kraftstoffverbrauchs aufgeführt. Allerdings enthalten sowohl die Richtlinie 89/458/EWG als auch der neue Richtlinienvorschlag einen gleichlautenden Artikel, der Maßnahmen zur Reduzierung der Kohlendioxid-Emissionen von Kraftfahrzeugen vorsieht [8.30].

Die Bundesregierung fordert von der EG Richtlinien zur Reduktion der Kraftstoffverbräuche. Die Regelung soll unterschiedlich schweren Fahrzeugen Rechnung tragen und zur CO_2-Minderung beitragen. Die Vorschläge dazu sehen folgendes vor:

- Gemessen wird die CO_2-Emission im neu eingeführten Fahrzyklus.
- Die Grenzwerte sind abhängig vom Fahrzeuggewicht. Die aus den CO_2-Meßdaten, Fahrzeuggewichten und entsprechenden Schwungmassen ermittelten Regressionsgeraden können in Abhängigkeit vom Zulassungsjahr in ihrer Steigung verändert werden, um so eine Verschärfung der Grenzwerte bis zum Jahr 2005 zu erzielen.
  Abb. 8.31 zeigt die CO_2-Emission über dem Leergewicht als Meßwert aus 128 Fahrzeugen mit Grenzwerten für 1993 und Zielwerten für das Jahr 2005 [8.35]. Dabei ist eine Aufteilung in Fahrzeugklassen 1500 kg, 1100 kg und 800 kg in der Diskussion. Abhängig davon lassen sich die Grenzwertvorschläge auch als Funktion des Kraftstoffverbrauchs darstellen, **Abb. 8.32.**

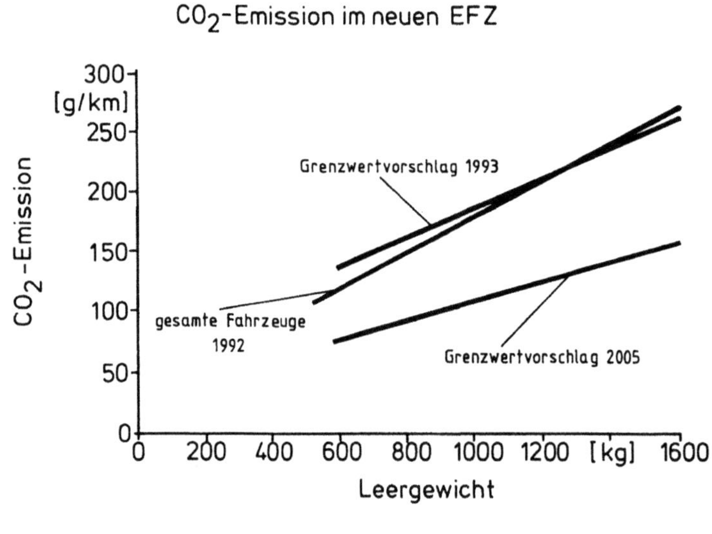

Abb. 8.31 *CO_2-Emissionen als Funktion des Fahrzeugmasse [8.35]*

Das Europäische Parlament hat sich dagegen für Grenzwerte nach Hubraumklassen ausgesprochen. Für Motoren mit Hubräumen größer als 2 Liter ist ein Wert von 250 g CO_2/km, bei Hubräumen zwischen 1,4 und 2 Litern ein Wert von 200 g CO_2/km und für Hubräume kleiner als 1,4 Liter ein Wert von 160 g CO_2/km vorgesehen.

Eine weitere von der Kommission vorgeschlagene Richtlinie zielt auf die Verringerung der Verdunstungsemission ab, die von der Verteilung und Lagerung von Ottokraftstoffen von der Raffinerie bis zu den Tankstellen herrühren. Diese Maßnahme wird als "Stage 1" bezeichnet und betrifft 5 bis 7 % der anthropogenen Emissionen von flüchtigen organischen Verbindungen (VOC).

Leer-gewicht [kg]	CO_2-Emission [g/km]		Ottomotor [l/100 km]		Dieselmotor [l/100 km]	
	1993	2005	1993	2005	1993	2005
800	160	96	6,9	4,1	6,1	3,7
1100	199	119	8,6	5,1	7,6	4,5
1500	250	150	10,8	6,5	9,5	5,7

Abb. 8.32 *Staffelung der CO_2-Emissionen nach Fahrzeugleergewicht [8.35]*

8.4.5 Bundesrepublik Deutschland

8.4.5.1 Abgasgrenzwerte

Für die Bundesrepublik Deutschland - als Mitglied der Europäischen Gemeinschaft - gelten die von der EG verabschiedeten Richtlinien zur Begrenzung der Emission aus Kraftfahrzeugen. Somit werden auch in der Zukunft die EG-Richtlinien die Grundlage nationaler Abgasvorschriften bilden. Aus diesem Grund gelten für Deutschland auch die EG-Festlegungen zur zukünftigen Entwicklung der Abgasgesetzgebung.

8.4.5.2 Testverfahren

Testverfahren stellen einen untrennbaren Bestandteil der gesamten Abgasgesetzgebung dar und sind in den jeweiligen EG-Richtlinien verankert. Für sie gelten somit ebenfalls die Ausführungen des vorherigen Kapitels. Das heißt, daß auch die Bundesrepublik Deutschland zur Übernahme der von der Europäischen Gemeinschaft festgelegten Testverfahren verpflichtet ist.

8.4.5.3 Verbrauchsgrenzwerte und andere Vorschriften

Der Begrenzung des Kraftstoffverbrauchs kommt gerade im Hinblick auf die starke Zunahme der Kohlendioxidemissionen - mit den bereits erläuterten Auswirkungen auf den Treibhauseffekt - große Bedeutung zu.

Aus diesem Grund beabsichtigen sowohl die Europäische Gemeinschaft als auch das Bundes-Umweltministerium Maßnahmen zur Reduktion der CO_2-Emission einzuführen. Prinzipiell stehen zur Durchführung dieser Maßnahmen mehrere Verfahren zur Verfügung :

- Einführung direkter Verbrauchsgrenzwerte nach dem Vorbild der USA. Das kann aber nur europaweit durch entsprechende EG-Richtlinien geschehen. Allerdings sind diesbezüglich offiziell keinerlei Überlegungen bekannt, so daß dieses Verfahren kurz- oder mittelfristig wohl kaum zur Anwendung kommen wird.

- Erhöhung des Kraftstoffpreises durch eine Anhebung der Mineralölsteuer oder Einführung einer zusätzlichen Kraftstoffsteuer. Diese Maßnahmen sollen zur Reduktion der Fahrleistung führen und die Entwicklung verbrauchsarmer Fahrzeuge fördern. Sie haben den Vorteil, daß sie unabhängig von EG-Richtlinien in Deutschland eingeführt werden könnten. Dabei gehen allerdings die Forderungen nach der Höhe der Steueranhebung weit auseinander [8.36].

- Eine dritte Variante stellt die Änderung der bisherigen Kraftfahrzeugsteuer dar. Diese Möglichkeit kann ebenfalls getrennt von der übrigen Entwicklung in der Europäischen Gemeinschaft erfolgen.

Der TÜV Rheinland hat einen Vorschlag für eine umweltorientierte Kfz-Steuer erarbeitet. Dieser Vorschlag ist durch eine Bewertungsziffer gekennzeichnet, die die heute auf dem Markt angebotenen Abgasreinigungskonzepte unterscheiden soll. Eine Bewertungsziffer berücksichtigt die Summe der tatsächlichen Emissionen bezogen auf die Emission der Fahrzeuge mit geregeltem Dreiwege-Katalysator.

Damit kann für die "Steuerformel" ein linearer Zusammenhang formuliert werden, der durch eine Mindeststeuer für schadstoffarme Fahrzeuge und durch den gewünschten Steuersatz für die am schlechtesten bewertete Technik festgelegt wird.

Als Anreiz für die Entwicklung verbrauchsgünstiger Fahrzeuge und damit zur Berücksichtigung der CO_2-Emissionen kann diese "Steuerformel" auch noch mit einer Bewertungsziffer für den Kraftstoffverbrauch verknüpft werden.

Unter Umweltgesichtspunkten ist entscheidend, daß mit der neuen Steuerformel ein Anreiz geschaffen wird, nicht nur eine vorgeschriebene Norm einzuhalten (Grenzwerte in der heutigen Praxis), sondern immer bessere technische Lösungen zu finden, um damit die finanzielle Belastung durch die neue "Öko-Steuer" zu verringern. Je niedriger der Schadstoffausstoß eines Fahrzeuges, desto geringer würde auch die Steuerbelastung ausfallen [8.37].

Zur Ermittlung der Bewertungsziffer werden die Emissionen der verschiedenen Fahrzeugtypen mit unterschiedlichen Abgaskonzepten jeweils auf die mittleren Emissionen eines Fahrzeuges mit geregeltem Dreiwege-Katalysator bezogen. Für die Ermittlung der Emissionen wird der neue europäische Fahrzyklus zugrundegelegt, um auch den Betriebsbereich auf Innerortsstraßen, Landstraßen und Autobahnen abzudecken. Die Emissionen der Bezugsfahrzeuge werden nach dem gesetzlich vorgeschriebenen Europa-Fahrzyklus ermittelt. Bei der Ermittlung der Bewertungsziffer werden die gesetzlich limitierten Schadstoffe Kohlenmonoxid, unverbrannte Kohlenwasserstoffe, Stickoxide und Partikel berücksichtigt. Bei den Partikeln wird der geplante kalifornische Grenzwert als Bezugsbasis gewählt. **Abb. 8.33** zeigt die Bandbreite der Bewertungsziffern für die verschiedenen Schadstoffminderungskonzepte sowie den jeweiligen Mittelwert.

Durch die Wahl der Bezugsgröße - mittleres Fahrzeug mit geregeltem Dreiwege-Katalysator - wird einerseits der Stand der Technik berücksichtigt, andererseits wird damit implizit auch eine unterschiedliche toxikologische Bewertung der verschiedenen Schadstoffe einbezogen, weil sich die Grenzwerte auch am vermuteten Schädigungspotential der im Abgas enthaltenen Stoffe orientieren.

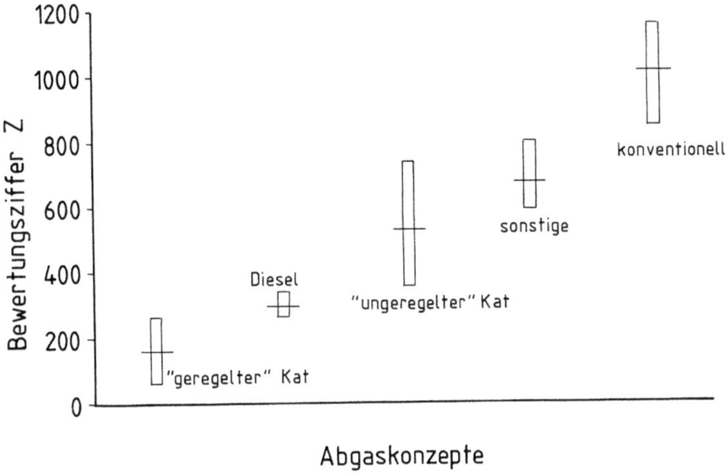

Abb. 8.33 *Bewertungsziffern für verschiedene Konzepte zur Schadstoffminderung [8.37]*

Als Anreiz für die Entwicklung verbrauchsgünstiger Fahrzeuge und zur Berücksichtigung der verbrauchsabhängigen CO_2-Emissionen wird die Steuerformel multiplikativ mit dem bezogenen Kraftstoffverbrauch verknüpft. Als Bezugsgröße schlägt der TÜV Rheinland den Verbrauchswert moderner sparsamer Mittelklassefahrzeuge vor.

Abb. 8.34 zeigt als Beispiel den Verlauf der "Steuerkurve" in Abhängigkeit von der Bewertungsziffer.

Andere "Steuerkurven", gegebenenfalls auch mit progressivem Verlauf, sind ebenfalls, je nach Notwendigkeit eines steuerlichen Anreizes, zum Kauf eines Fahrzeuges mit Abgasreinigungssystem denkbar. Letztlich bleibt die Entscheidung über den Verlauf der Geraden aber fiskalischen Überlegungen vorbehalten, da zu berücksichtigen ist, daß das Steueraufkommen mit steigenden Zulassungszahlen "sauberer" Pkw sinken wird [8.37].

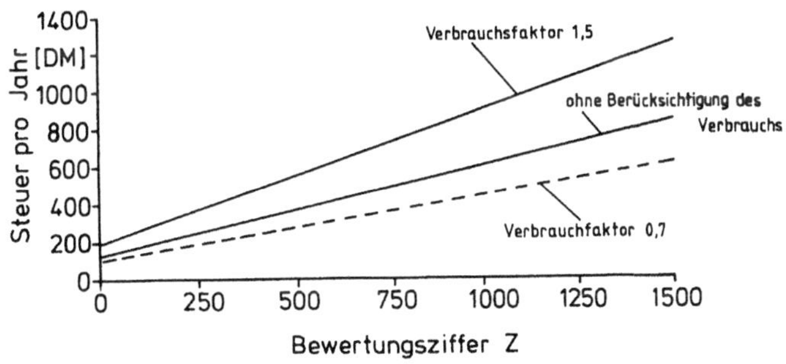

Abb. 8.34 *Steuerkurve [8.37]*

Die Einbeziehung des Kraftstoffverbrauchs in die Steuerformel ist ebenfalls als Beispiel für den Fall dargestellt, daß ein Fahrzeug im Test 50 % mehr verbraucht als das Bezugsfahrzeug (Verbrauchsfaktor 1,5) und für den Fall, daß es 25 % weniger verbraucht (Verbrauchsfaktor 0,75).

Der Schadstoffausstoß und der Kraftstoffverbrauch werden zur Festlegung der Kfz-Steuer im Typprüfverfahren auf Basis des neuen europäischen Fahrzyklus ermittelt.

Die Serienkontrolle zur Überwachung des Emissionsverhaltens von Neufahrzeugen und die Abgassonderuntersuchung (ASU) würden mit der Anbindung der vorgeschlagenen Steuerregelung an Emissions- und Kraftstoffverbrauchswerte, die im Rahmen des Zulassungsverfahrens ermittelt wurden, einen deutlich höheren Stellenwert als bisher erlangen.

Allerdings wird auch dieses Verfahren nicht kurzfristig in Kraft treten können, da das neue Steuersystem auf politischer Ebene - national und international - diskutiert und abgestimmt werden muß.

Zusammenfassend sind in **Abb. 8.35** die wichtigsten Abgasvorschriften und Vorschläge für die Regionen USA-49-Staaten, Kalifornien, Europa und Japan wiedergegeben (Stand 1993).

Country	Year	HC	NOx	CO	PM	Durability
USA/49 States FTP 75		gpm				
	1992 (Current)	0,41	1,0	3,4	0,2	50 kmiles
	1994/95/96 40/80/100%	0,25/0,31 (NMHC)	1,0/1,25	3,4/4,2	0,08/0,10	50kmiles / 100kmiles
	2001	0,125 (NMHC)				50 kmiles
California FTP75		gpm				
	1992 (Current)	0,39 (NMHC)	1,0	7,0	0,08	100 kmiles 50 kmiles for PM
	1994/95/96 40/80/100%	0,31 (NMHC)	1,0	4,2	0,08	100 kmiles 50 kmiles for PM
	TLEV	0,125/0,156	0,4/0,60	3,4/4,2	-/0,08	50/100 kmiles PM 100kmiles
	TEV	0,075/0,090	0,2/0,30	3,4/4,2	-/0,08	
	ULEV	0,040/0,055 (NMOG)	0,2/0,30	1,7/2,1	-/0,04	
Europe ECE 15 + EUDC		g/km; HC + NOx				
	1992 (Current) (I)	0,97		2,72	0,14	$80 \cdot 10^3$ km
MVEG Proposal	96/IDI (II)	0,7/IDI		1,0/IDI	0,08/IDI	$80/160 \cdot 10^3$ km?
	99/IDI (II)	0,9/DI		1,0/DI	0,10/DI	
Proposal Germany	2000 (III)	0,5		0,5	0,04	$80/160 \cdot 10^3$ km?
		g/km				
Japan	1992 (Current)	0,40	0,5/<1250kg* 0,9/>1250 kg	2,10		
Japan 10.15cycle	93/94	0,40	0,5/<1250kg 0,6/>1250kg	2,10	0,20	
*inertiaweight(test)	2000	0,40	0,40	2,10	0,08	

Abb. 8.35 *Abgasvorschriften [Quelle AVL]*

Literatur

Kapitel 1

[1.1] Ahrens, G.A.; Becker, K.: Umwelt- und Verkehrs-Maßnahmen zur Minderung der Umweltbelastungen des Verkehrs, VDI Fortschrittberichte Nr. 150, S.109, 1991

[1.2] Metz, N.: Entwicklung der Abgasemissionen des Personenwagenverkehrs in der BRD von 1970 bis 2010, ATZ 92 (1990) 4

[1.3] Barske, H.: Entwicklungspotential des Kraftstoffverbrauchs von Antriebskonzepten mit Verbrennungsmotor, 3. Aachener Kolloquium Fahrzeug und Motorentechnik, 1991

[1.4] Piech, F.: 3 l/100 km im Jahr 2000, Symposium Energieverbrauch im Straßenverkehr, Wien, 1991, VDI-Verlag Nr. 158

[1.5] N.N.: VDA-Jahresbericht. Auto 89/90, Sept. 1990

[1.6] N.N.: Automotive fuel economy. How far should we go?, National Research Council, National Academy Press, Washington, DC, 1992

[1.7] Bleviss, L.D.: The new Oil Crisis and Fuel Economy Technologies, Quorum Books, Greenwood Publishing, New York, 1988

Kapitel 2

[2.1] Schäfer, F.: Thermodynamische Untersuchung der Reaktion von Methanol-Luftgemischen unter der Wirkung von Wasserstoffzusatz, VDI Fortschritt-Berichte, Reihe 6, Nr. 120, 1983

[2.2] Kleinschmidt, W.: Untersuchung des Arbeitsprozesses und der NO-, NO_2- und CO-Bildung in Ottomotoren, Diss. TH Aachen, 1974

[2.3] Bach, W.; Müller, C. F.: Gefahr für unser Klima, Wege aus der CO_2-Bedrohung durch sinnvollen Energieeinsatz, 1982

[2.4] Bach, W.: Klimaveränderung durch Energiewachstum, BWK 31(1979) 2

[2.5] Welsh, D.: Weitere Anzeichen für den Treibhauseffekt, Energie, Jhg.42, Nr.4, 1990, S. 54-55

[2.6] N.N.: Bundesgesetzblatt Teil 1, Neufassung der Straßenverkehrszulassungsordnung, Nr.49, 1988, S. 2016-2017, Bonn

[2.7] N.N.: Bosch, Technische Unterrichtung, Abgastechnik für Ottomotoren, Stuttgart

[2.8] Homann, K. H.: Kohlenwasserstoff-Ruß-Bildungsmechanismus in Flammen, FVV-Kolloquium Ursachen der Kohlenwasserstoffemission von Verbrennungsmotoren, 1977

[2.9] N.N.: California Air Pollution Control Laws, 1989

[2.10] Hardenberg, H.; Albrecht, H.: Grenzen der Rußmassenbestimmung aus optischen Transmissionsmessungen, MTZ 48 (1987) 2

[2.11] Homann, H. S.: Conversion Factors among Smoke Measurements, SAE 850267

[2.12] Förster, H. J.: Entwicklungsreserven des Verbrennungsmotors zur Schonung von Energie und Umwelt-Teil 1, ATZ 93 (1991) 5

[2.13] N.N.: Dritter Bericht der Enquete-Kommission zum Thema Schutz der Erde, Drucksache 11/8030, Bonn, 1988

[2.14] N.N.: VDI-Nachrichten, Juli 1991

[2.15] N.N : BMFT Ozonforschungsprogramm, Dez. 1988

[2.16] Kümmel, R.; Papp, S.: Umweltchemie, DeutscherVerlag für Grundstoffindustrie, Leipzig, 1988

[2.17] Moussiopoulos, N.; Oehler, W.; Zellner, K.: Kraftfahrzeugemissionen und Ozonbildung, Springer, Berlin Heidelberg New York Tokyo, 1989

[2.18] Metz, N.: Ozon-Mittel zum Zweck?, Automobilrevue Schweiz, Nr.29, 1991

[2.19] Pischinger, F.: Vorlesungsmanuskript, TH-Aachen

[2.20] Bach, W.: Gefahr für unser Klima. Wege aus der CO_2-Bedrohung durch sinnvollen Energieeinsatz, C.F. Müller, Karlsruhe, 1982

[2.21] N.N.: UPI-Studie, Greenpeace, 1989
[2.22] N.N.: Enquete-Komission, Vorsorge zum Schutz der Erdatmosphäre, Bonn, 1989
[2.23] Grießhammer, R.; Hey, C.; Hennicke, P.: Ozonloch und Treibhauseffekt, Rowohlt, 1990
[2.24] Heck, H. D.: Keine Angst vor CO_2, Bild der Wissenschaft 6 (1989)
[2.25] Ingersoll, A. P.: Die Atmosphäre, Spektrum der Wissenschaft, Heidelberg, 1983
[2.26] Revell, R.: Weltklima: Wärmer und feuchter durch Kohlendioxid
[2.27] Kuhler, M.; Kraft, I.; Klingenberg, H.; Schürmann, D.: Natürliche und anthropogene Emissionen, Automobil-Industrie, 2(1985)
[2.28] N.N.: Der CO_2-Anstieg in der Atmosphäre - ein weltweites Problem, Umwelt-Bundesamt, Berlin, 1979
[2.29] Zimmermeyer, G.; Esser, F.: CO_2 und Treibhauseffekt, Energiewirtschaftliche Tagesfragen, Heft 9, 1989
[2.30] Kerner, D.; Kerner, I.: Der Klima Report, Kipenheuer & Witsch, Köln, 1990
[2.31] Günther, J.: Bestandsaufnahme in Sachen Ozonloch und Treibhauseffekt, Umweltmagazin, Okt. 89
[2.32] Feister, U.: Ozon - Sonnenbrille der Erde, Teubner Verlag, Leipzig, 1990
[2.33] Schneider, H.: Auto und Umwelt-Perspektiven für das Jahr 2000, ATZ 93 (1991) 1
[2.34] Lavoie, G. A.; Heywood, J. B.; Keck, J. C.: Experimental and Theoretical Study of Nitric Oxide Formation in Internal Combustion Engines, Combustion Science and Technology, Vol. 1, 1970
[2.35] Hoffmannn, R.W.: Aufklärung von Reaktionsmechanismen, Georg Thieme Verlag, Stuttgart, 1976
[2.36] N.N: Gefahrstoffe im Hochschulbereich, Verlag Weinmann, 1992
[2.37] Pischinger, F.: Die Position des Dieselmotors als umweltverträglicher Antrieb, Aachen, 1992
[2.38] Oberdörster, G.; Yu, C. P.: The carcinogetic potential of inhaled Diesel exhaust: A particle effect?, Journal Aerosol Science, Vol. 21, Suppl. 1, 1990
[2.39] N.N.: Auswirkungen von Dieselmotorenabgasen auf die Gesundheit, (Vorabdruck), GSF-Forschungszentrum für Umwelt und Gesundheit, München, 1992
[2.40] Roth, L.; Daunderer, M.: Sicherheitsdaten, MAK-Werte, Ecomed, Landsberg, 1990
[2.41] Bolin, B.; Döös, B.R.; Jäger, J.; Warrick, R.A.: The Greenhous Effekt, Climatic Change and Ecosystems. SCOPE-Report Nr. 29, John Wiley and Sons, Chichester, 1986
[2.42] Schmidt, H.: Reduzierung der Kohlenwasserstoff-Rohemissionen eines Ottomotors beim Kaltstart und bei der instationären Kaltabfahrt, Diss. 1989, TH Braunschweig
[2.43] Pischinger, F.; Schulte, H.; Jansen, J.: Grundlagen und Entwicklungslinien der dieselmotorischen Verbrennung, VDI Berichte, Nr. 714, 1988
[2.44] N.N.: Rußpartikel, FVV-Vorhaben Nr.261, Abschlußbericht, 1980
[2.45] N.N.: Gefährliche Stoffe, Schriftenreihe der Bundesanstalt für Arbeitsschutz, Bonn, 1985

Kapitel 3

[3.1] Bender, K. H.; Ederer, G.; Frerk, J.; Kramer, F.: Der neue BMW Vierzylinder Vierventilmotor, MTZ 50 (1989) 9
[3.2] Miculic, A.; Quissek, F.; Fraidl, G. K.: Sequentielle Einspritzstrategien für verbrauchsoptimierte Ottomotorenkonzepte, MTZ 51 (1990) 7/8
[3.3] N.N.: Bosch Technische Unterrichtungen, Abgastechnik für Ottomotoren, Stuttgart
[3.4] Grohn, M.; Modrich, W.: Nockenwellenversteller von Mercedes-Benz, Automobilrevue Nr. 45/2, Nov. 1989
[3.5] Gruden, D.; Brackert, T. F.; Höchsmann, G.: Motorinterne Maßnahmen zur Minderung der Abgas-Emissionen, VDI-Berichte Nr. 531
[3.6] Basshuysen, R. v.; Stock, D.; Bauder, R.: Audi Turbodieselmotor mit Direkteinspritzung, Teil 3, MTZ 50(1989)12

[3.7] Larrie, A.; Richeson, W. E.; Erickson, F. L: Performance Evaluation of a Camless Engine Using Valve Actuators with Programmable Timing, SAE 910450, 1991
[3.8] Hiemesch, O.; Lonkai, G.; Scheukermayer, G.: Das BMW Abgasreinigungskonzept für Dieselmodelle, MTZ 51 (1990) 2
[3.9] Pischinger, F.; Schulte, H.; Jansen, J.: Grundlagen und Entwicklungslinien der dieselmotorischen Brennverfahren, VDI Berichte Nr. 714, 1988
[3.10] Abthoff, J.; Fortnagel, M.; Krämer, M.: Das direkteinspritzende Brennverfahren in seiner Eignung als Antrieb für Personenkraftwagen, MTZ 49 (1988) 9
[3.11] Henning, H.: Der Mercedes-Benz "Diesel 89"- Eine Alternative zum geregelten Katalysator, ATZ 91 (1989) 4
[3.12] Emmenthal, K.D.; Grabe, H.J.; Oppermann, W.; Schäpertöns, H.: Motor mit Benzin-Direkteinspritzung und Verdampfungskühlung für das VW Forschungsauto IRVW-Futura, MTZ 50 (1989) 9
[3.13] Seifert, U.: Entwicklungsmöglichkeiten des Dieselmotors, Maschinenwelt Elektrotechnik, Jg.44 Heft 6/7, 1989
[3.14] N.N.: Rußminderung bei Wirbelkammer-Dieselmotoren ohne Sekundärmaßnahmen, Adam Opel AG, Rüsselsheim, 1990
[3.15] Ebbinghaus, W.; Müller, E.; Neyer, D.: Der neue 1,9-Liter- Dieselmotor von VW, MTZ 50 (1989) 12
[3.16] Basshuysen, R. v.; Stock, D.; Bauder, R.: Audi Turbodieselmotor mit Direkteinspritzung, Teil 1, MTZ 50 (1989) 10
[3.17] Basshuysen, R. v.; Steinwart, J.; Stähle, H.; Bauder, A.: Audi Turbodieselmotor mit Direkteinspritzung, Teil 2, MTZ 50 (1989) 12
[3.18] Basshuysen, R. v.; Stock, D.; Bauder, R.: Audi Turbodieselmotor mit Direkteinspritzung, Teil 3, MTZ 51 (1990) 1
[3.19] Basshuysen, v. R.; Kuipers, G.; Hollerweger, H.: Akustik des Audi 100 mit direkteinspritzendem Turbo-Dieselmotor, ATZ 92 (1990) 1
[3.20] Demel, H.; Stock, D.; Bauder, R.: Audi Turbodieselmotor mit Direkteinspritzung - schadstoff--arm nach Anlage 23, MTZ 52 (1991) 9
[3.21] Pischinger, F.: Entwicklungsrichtungen in der Motorentechnik für 2001, 12. Internationales Wiener Motorensymposium, Wien, 1991
[3.22] Bürgler, L.; Herzog, P.; Zelenka, P.: Entwicklungsfortschritte bei PKW-Dieselmotoren zur Erfüllung zukünftiger Emissionanforderungen, 12. Internationales Motorensymposium, Wien, 1991
[3.23] Schneider, H.: Auto und Umwelt, Perspektiven für das Jahr 2000, ATZ 93 (1991) Teil 1
[3.24] Stojek, D.; Stiworok, A.: Valve timing with variable overlap, ISATA 1983, Vol., Paper 82071
[3.25] Schäfer, F.; Hanibal, W.: Die Konstruktion einer Nockenwellenverstelleinrichtung an einem Fünfzylinder Fünfventil-Motor, unveröffentlichter Statusbericht Fa. Audi, Neckarsulm, 1989
[3.26] Fersen, v. O.: Sauber- und Sparmotor von Honda, Automobil Revue, Nr. 34/15, 1991
[3.27] Kreuter, P; Gand, B.; Bick, W.: Beeinflußbarkeit des Teillastverhaltens von Ottomotoren durch das Verdichtungsverhältnis bei unterschiedlichen Hub-Bohrungs-Verhältnissen, 2. Aachener Kolloquium Fahrzeug- und Motorentechnik, 1989
[3.28] Gand, B.: Einfluß des Hub-Bohrungs-Verhältnisses auf den Prozeßverlauf des Ottomotors, Diss. RWTH Aachen,1986
[3.29] Klein, H.: Aufwendiges Magermotor-Management, Automobil Revue Nr. 45/3 Nov. 1988
[3.30] N.N.: Automotive fuel economy. How far should we go?, National Academy Press, Washington, D.C., 1992
[3.31] Müller, E.; Mutke, H.; Neyer, D.: Der 1,9-l Dieselmotor mit Oxidationskatalysator für den VW-Passat, MTZ 52 (1991)10
[3.32] Brandstetter, W.; Lawrence, P. C.; Hansen, J.: Die Dieselmotoren-Familie mit 1,8 l von Ford, MTZ 52 (1991) 9
[3.33] Rhode, W.; Gökesme, S.; Liang, J. R.; Schmitt, J. L.: Der neue direkteinspritzende Dieselmotor von Volkswagen, 3. Aachener Kolloquium Fahrzeug- und Motorentechnik, 1991
[3.34] Tippelman, G.: A New Method of Investigation of Swirl Ports, SAE 770404 (1977)

[3.35] Pischinger, F.: Gedanken über den Automobilmotor von morgen, Vortrag VW-AG, Juli 1990
[3.36] Bick, W.: Einflüsse geometrischer Grunddaten auf den Arbeitsprozeß des Ottomotors bei verschiedenen Hub-Bohrungs-Verhältnissen, Diss. RWTH Aachen, 1990
[3.37] Bonse, B.: Einspritzausrüstung für zukünftige PKW-Dieselmotoren, Haus der Technik, Essen, 1991
[3.38] Ohm, I.; Ahn, H.; Lee, W,; Park, S.; Lee, D.: Development of HMC Axially Stratified Lean Combustion Engine, SAE 930879, 1993
[3.39] Schatz, O.: Latentwärmespeicher für Kaltstartverbesserung von Kraftfahrzeugen, BWK Nr.6, 1991
[3.40] Gehringer, B.: Theoretische und praktische Entwicklung einer variablen Ventilsteuerung auf elektronisch-hydraulischer Basis; VDI-Bericht Nr. 95, Reihe 12, 1989
[3.41] Hockel, K. G. L.; Langen, P.; Mallog, J.: Abgas-Emissionsreduzierung - eine Herausforderung für die Automobilindustrie, MTZ 53 (1992) 7/8
[3.42] Fortnagel, M.; Moser, P.: Die Mercedes-Benz Dieselmotorenbaureihe für Personenkraftwagen mit Abgasrückführung und Oxidationskatalysator, MTZ 53 (1992) 1
[3.43] N.N.: Federal Certification Test Results for 1991 Model Year, EPA, Washington, D.C., 1991
[3.44] Pischinger, F.: Die Position des PKW-Dieselmotors als umweltverträglicher Antrieb, Studie, 1992
[3.45] Horie, K; Nishizawa, K.: Development of a Four-Valve Lean Burn Engine with VTEC-Mechanism, 13. Wiener Motorensymposium, 1992
[3.46] Ando, H.: Development of the MVV Engine Employing a Novel Lean Burn Concept, Barrel Stratification, 13. Wiener Motorensymposium, 1992
[3.47] Katoh, K; Iguchi, S.; Okano, H.: Toyota Lean Burn Engine - Recent Development, 13. Wiener Motorensymposium, 1992
[3.48] Abthoff, J.; Hüttebräucker, D.; Zahn, W.; Bockel, H. : Die neuen Vierventil-Ottomotoren für die mittlere Baureihe von Mercedes-Benz - Verbrennungs- und abgasseitige Entwicklung der Vierzylindermotoren, MTZ 53 (1992) 11
[3.49] Moser, W. Lange, J, Schürz, W.: Einfluß der Gemischaufbereitungsqualität von Einspritzventilen auf den stationären und instationären Motorbetrieb, 13. Wiener Motorensymposium, 1992
[3.50] Quang-Hue Vo; Oehling, K. H.: Untersuchungen an hydraulischen variablen Ventilsteuerungen, MTZ 52 (1991) 12
[3.51] Mayr, B., Hofmann, R., Hartig, F., Hockel, K.: Möglichkeiten der Weiterentwicklung am Ottomotor zur Wirkungsgradverbesserung, ATZ 81 (1979) 6
[3.52] Hara, S., Kumagai, K., Matsumoto, Y.: Application of a Valve Lift and Timing Control System to an Automotive Engine, SAE 890681, 1989
[3.53] Urata, J.; Umiyama, H.; Shimizu, K; Fujiyoshi, Y; Sono, H.; Fukuo, K.: A Study of Vehicle Equipped with Non-Throttling S.I. Engine with Early Intake Valve Closing Mechanism, SAE 930820, 1993
[3.54] Hatano, K.; Iida, K.; Higashi, H.; Murata, S.: Development of a New Multi-Mode Variable Valve Timing Engine, SAE 930878, 1993
[3.55] Inoue, T.; Matsushita, S.; Nakanishi, K.; Okano, H.: Toyota Lean Combustion System- The Third Generation System, SAE 930873, 1993
[3.56] Walzer, Adamis, Heinrich, Schumacher: Variable Steuerzeiten und variable Verdichtung beim Ottomotor, MTZ 47 (1986) 1
[3.57] Bozung, A. G.; Fleischer, F.: Sercice experiences with different mothods of emission reduction on MAN B+W 4-stroke Diesel and Dual Fuel engines, CIMAC Conference April 1991, Paper 130(D)
[3.58] Nagar, T; Kawahamd, M: Study into Reduction of NO_x Emission in Medium-Speed Diesel Engines, Technical Papers ISME, Kohi' 90
[3.59] Wünsche, P.; Wojik, K.: AVL-LEADER, Die neue KKW Dieselgeneration konstruiert für niedrige Emissionen, 14. Int. Wiener Motorensymposium 5, 1993
[3.60] Fraidl, G. K; Quissek, F.; Carstensen, H.: Verbrauchsoptimierte Ottomotorenkonzepte für zukünftige Emissionszenarien, 13. Int. Wiener Motorensymposium, VDI-Fortschrittberichte, Reihe 12, Nr. 167, S.35 ff.

[3.61] N.N.: New "Mivec" System. High Efficiency at all Engine Speeds for more Power and better Milage, News from Mitsubishi Motors, Sep. 1992
[3.62] Basshuysen, R. v.: Zylinderabschaltung und Ausblenden einzelner Arbeitszyklen zur Kraftstoffersparnis und Schadstoffminderung, 14. Int. Wiener Motorensymposium 5, 1993
[3.63] Wiedemann, B.; Millmann, M.; Scher, U.: Öko-Polo-Antriebskonzept, VDI Berichte 714, 1988
[3.64] Lenz, H. P.: Gemischbildung bei Ottomotoren. Die Verbrennungskraftmaschine, Band 6, Springer, Wien New York, 1990
[3.65] Anisits, F.; Hiemesch, O.; Dabelstein, W.; Cooke, J.; Mariott, M.: Der Kraftstoffeinfluß auf die Abgasemissionen von PKW-Wirbelkammermotoren, MTZ 52 (1991) 5
[3.66] Endres, H.; Krebs, R.: Stand und Entwicklungstendenzen bei Fahrzeug Ottomotoren, FVV-Motorentechnik
[3.67] Gruden, D.: Die Motorenentwicklung im Spiegel der 10. Internationalen Wiener Motorensymposien, VDI-Fortschritt-Berichte, April 1989
[3.68] Moser, F. X.: Kriterien und Potential der Vier-Ventil-Technik bei Nutzfahrzeug-Dieselmotoren, MTZ 50 (1989) 6
[3.69] Hassel, D.; Weber, N.: Ermittlung des Abgasemissionsverhaltens von PKW in der Bundesrepublik Deutschland im Bezugsjahr 1988 (Zwischenbericht), Umweltbundesamt Texte 21/91, Berlin, 1991
[3.70] Pucher, E.: Überprüfung von im Verkehr befindlichen Katalysatorfahrzeugen auf der Basis einer Luftverhältnisbestimmung aus dem Motorenabgas, VDI Fortschrittsberichte, Reihe 12, Nr. 121, 1989
[3.71] Sander, R.: Hält der Kat? Vierjahresbilanz: 20 Autos im Dauertest, mot, Heft 2, 1991
[3.72] Sauer, H.: Kat matt, Umwelt/Katalysator-Prüfung, Auto Motor Sport, Heft 6, 1990
[3.73] Brosthaus, J.: Emissionen von Kraftfahrzeugen, TÜV Rheinland, Seminar "Verkehrsbedingte Immissionen in den Städten", Haus der Technik, Essen
[3.74] N.N.: Feldüberwachung der Abgasemissionen in der Bundesrepublik Deutschland, F+E Vorhaben, RWTÜV Essen
[3.75] Pischinger, F.: Vorlesungsmanuskript TH Aachen, 1988
[3.76] Cichocki, R.; Schweizer, F.: Entwicklungspotential des schnellaufenden PKW-Dieselmotors mit direkter Einspritzung, AVL-Vortrag Haus der Technik, 1992
[3.77] Anisits, F.; Reibold, G.: Möglichkeiten zur Partikelbegrenzung bei PKW-Dieselmotoren, Automobil-Industrie, 6/89
[3.78] Schäpertöns, H.; Emmenthal, K.D.; Grabe, J.; Oppermann, W.: Das Motorenkonzept des VW-Forschungsmotors, 2. Aachener Kolloquium Fahrzeug- und Motorentechnik, 1989, S. 51
[3.79] Schulte, H.; Dürnholz, M.; Wübbeke, K.: Die Rolle des Einspritzsystems bei der Erfüllung zukünftiger Schadstoffemissionsgrenzwerte, 2. Aachener Kolloquium Fahrzeug- und Motortechnik, 1989, S. 303
[3.80] Menne, J.; Königs, M.: Magerkonzepte - Eine Alternative zum Dreiwegekatalysator, MTZ 49 (1988) 10
[3.81] Fraidl, K.G.; Quissek, F.; Carstensen, H.: Verbrauchsoptimierte Ottomotorkonzepte für zukünftige Emissionsszenarien, MTZ 54 (1993) 4

Kapitel 4

[4.1] Knoll, R.: Kraftstoffeinbringung sowie experimentelle und rechnerische Methoden zur Ladungswechselverbesserung, AVL, 1991
[4.2] N.N.: Ost-West-Forum Verkehr, Der Zweitakt-Motor im Kraftfahrzeug, Kolloquium TU Berlin, 1990
[4.3] Spiegel, L.; Spicher; U.; Bäcker, H. Lingen, A.: Untersuchungen zum Spülverlauf und zur Verbrennung im 2-Takt-Motor, Haus der Technik, Feb. 1993

[4.4] Duret, P.: The key points for the development of an automotive spark ignition two-stroke engine, IMechE, 1992
[4.5] Ando, H.: Assessment of the Feasibility of the Two-Stroke-Cycle-Engine with Poppet Valves, Haus der Technik, Feb. 1993
[4.6] Emmenthal, K.D; Schäpertöns, H; Oppermann, W.: Emissionen des modernen Zweitakt-Motors im Vergleich zum Viertakt-Motor, VDI-Tagung Fahrzeugmotoren im Vergleich, Dresden, 1993
[4.7] Behrens, M.: Schlußfolgerungen aus Entwicklungsarbeiten der TH Zwickau an Zweitakt-Motoren, VDI-Tagung Fahrzeugmotoren im Vergleich, Dresden, 1993
[4.8] Mallog, J.; Theissen, M.; Heck, E.: 2-Takt-Motor - Antriebskonzept der Zukunft?, VDI-Tagung Fahrzeugmotoren im Vergleich, Dresden, 1993
[4.9] Karl, G.; Mikulic, L.; Schommers, J; Frieß, W: Abgas, Verbrauch, Leistung, Komfort - wo liegen die Chancen und Risiken für einen modernen PKW-Zweitakt-Dieselmotor?, VDI-Tagung Fahrzeugmotoren im Vergleich, Dresden, 1993
[4.10] Fraidl, G.K.; Knoll, R.; Hazeu, H.P.: Direkte Gemischeinblasung am 2-Takt-Ottomotor, VDI-Tagung Fahrzeugmotoren im Vergleich, Dresden, 1993
[4.11] Pfeifer, U.; Zarske, S: Der Beitrag des Schmierungssystems zur Schadstoffemission von Zweitaktmotoren, VDI-Tagung Fahrzeugmotoren im Vergleich, Dresden, 1993

Kapitel 5

[5.1] Pischinger, F.: Verbrennungsmotoren, Vorlesungsumdruck, RWTH Aachen
[5.2] Koberstein, E.: Abgaskatalysatoren, Bauarten Funktion Verfügbarkeit
[5.3] N.N: Technische Information Fa. Pierburg, Neuß
[5.4] N.N: Emissionsminderung Automobilabgase - Ottomotoren, VDI-Verlag, 1987
[5.5] Öser, P.; Brandstetter, W.: Grundlagen zur Abgasreinigung von Ottomotoren mit Katalysatortechnik, MTZ 45 (1984) 5
[5.6] Engler, B.; Brand, R.: Katalysatoren für den Umweltschutz, Dokumentation Degussa, Hanau, 1990
[5.7] Obländer, K.; Abthoff, J.; Schuster, H. D.: Der Dreiwege-Katalysator - eine Abgasreinigungstechnologie für Kraftfahrzeuge mit Ottomotor, VDI-Bericht 531
[5.8] Brill, U.; Heuber, U.: Werkstoffe für Metallträger von Automobil-Abgaskatalysatoren, MTZ 49 (1988) 9
[5.9] Nonnenmann, M: Metallträger für Abgaskatalysatoren in Kraftfahrzeugen, MTZ 45 (1984) 12
[5.10] N.N.: Optimierte Katalysatortechnik, MTZ (1991) 10
[5.11] Förster, H. J.: Entwicklungsreserven des Verbrennungsmotors, ATZ 93 (1991) 6
[5.12] N.N.: Presseinformation Daimler Benz, 12-Zylindermotor, 1991
[5.13] Schneider, H.: Auto und Umwelt, Perspektiven für das Jahr 2000 ATZ 93 (1991) 1
[5.14] N.N.: Abgastechnik für Ottomotoren, Technische Unterrichtung Bosch, Stuttgart, 1989
[5.15] Zelenka, P.: Einsatz von Oxidationskatalysatoren an Dieselmotoren für die Erfüllung zukünftiger Abgasemissionsgrenzwerte, Vortrag TU Berlin, 1991
[5.16] Pischinger, F.; Schulte, H.; Jansen, J.: Grundlagen und Entwicklungslinien der dieselmotorischen Brennverfahren, VDI-Berichte 714, 1988
[5.17] Müller, E.: Der VW Kat-Diesel mit leichter Aufladung, 2. Aachener Kolloquium Fahrzeug und Motortechnik, 1989
[5.18] Fellhofer, H.: Möglichkeiten zur Verminderung von Emissionen direkteinspritzender Dieselmotoren, VDI-Berichte,1988
[5.19] N.N.: Zweiter Fortschrittbericht zum Stand der Entwicklung von Partikelfiltern für Dieselmotoren, VDA, 1988
[5.20] Handorf, H.; Grünwald, B.: Thermische Regeneration von Partikelfiltern durch temperatursteigernde motorische Zusatzmaßnahmen, VDI-Berichte 885, 1991

[5.21] Blümel, H.: Rußfilter Großversuch, Schadstoffbelastungen Konzept Zwischenergebnisse, VDI-Berichte 885, 1991

[5.22] Hardenberg, H.: Das keramische Wickelfilter mit katalytischer Regeneration für DB-Nutzfahrzeuge, Verkehr und Technik, Heft 6

[5.23] Huber, G.; Obländer, K.: Recycling am Mercedes, Teil 2, ATZ 93 (1991) 1

[5.24] N.N.: Interatom Blähmatte, Lagerungssystem für katalytische Konverter, 1989

[5.25] Willenbockel, O.; Friedrich, A.; Arnold, G.: Der neue 3 Liter Vierventilmotor von Opel, MTZ 50 (1989) 10

[5.26] Plapp, G.; Glöckler, O.; Schnaibel, E.: Gemischregelung für optimalen Betrieb eines Dreiwege-Katalysators, 3. Aachener Kolloquium Fahrzeug und Motorentechnik, 1991

[5.27] N.N.: Abgas Schnüffler, mot-Technik 113, 1991

[5.28] König, A.: Abgasnachbehandlung beim Dieselmotor, Haus der Technik, Essen, 1991

[5.29] N.N.: Neuer Rußfilter von SHW, MTZ 52 (1991) 11

[5.30] Härkönen, M.; Malvile, P.: Optimisation of Metallic TWC Behaviour and Precious Metal Costs, SAE 920395

[5.31] Ma, T.; Collings, N.; Hands, T.: Exhaust Gas Ignition (EGI) - A New Concept for Rapid Light-Off of Automotive Exhaust Catalytic Converters, SAE 920400

[5.32] Herzog, P; Bürgler, L; Winkelhofer, E; Zelenka, P; Cartellieri, W : NO_X-Reduction Strategies for DI Diesel Engines, SAE 920470

[5.33] Puppe, L.: Zeolites-Properties and Practical Applications, Chemie in unserer Zeit, Vol.20, No.4, pp 117-127, 1986

[5.34] Polach, W; Hägele, K. H.: Erste Ergebnisse mit dem elektrostatischen Rußfilter an einem PKW-Dieselmotor, XX Fisita Congress Wien, Mai 1984

[5.35] N.N.: Katalysator Startheizungssystem, MTZ 54 (1993) 1

[5.36] Buch, D.: Der Abgaskatalysator, Aufbau, Funktion und Wirkung, Schriftenreihe Opel AG, Nr. 42, Rüsselsheim, 1984

[5.37] N.N.: Donaldson Rußabbrennfilter, unveröffentlichte Information, 1993

[5.38] Kaiser, W. F.; Maus, W.; Swars, H.; Brück, R.: Optimisation of an Electrically-Heated Catalytic Converter System - Calculations and Application, SAE 930384, 1993

[5.39] Hellmann, K. H.; Piotrowski, G. K.; Schaefer, R. M.: Start Catalyst Systems Employing Heated Catalyst Technology for Control of Emissions from Methanol-Fueled Vehicles, SAE 930382, 1993

[5.40] Hochmuth, J. K.; Burk, P. L.; Tolentino, C.; Mignano, M. J: Hydrocarbon Traps for Controlling Cold-Start Emissions, SAE 930739, 1993

[5.41] Minami, T.; Nagase, T.: Exhaust Gas Purification Device in Variable Combination of Absorbent and Catalyst According to Gas Temperature, EP 424966, 1990

[5.42] Engler, B.H.; Lindner, D.; Lox, E.S.; Ostgathe,K.; Schäfer-Sindlinger, A. Müller, W.: Reduction of Exhaust Gas Emissions by Using Hydrocarbon Adsorber Systems, SAE 930738, 1993

[5.43] Kojetin, P.; Janezich, F.; Sura, S.; Tuma, D.: Production Experience of a Ceramic Wall Flow Electric Regeneration Diesel Particulate Trap, SAE 930129, 1993

[5.44] Schweizer, W.: Praxis Katalysator Autos, Krafthand Verlag, Darmstadt,1990

[5.45] Richochi, R.: Entwicklungspotential des schnellaufenden PKW-Dieselmotors mit direkter Einspritzung, Haus der Technik, Essen, 1991

[5.46] Schäfer, F.; Vogel, H.; Heinze, T.: Dieselkatalysator für Nutzfahrzeuge unter besonderer Berücksichtigung des Einsatzes im innerstädtischen Bereich, ATZ (1993) 12

[5.47] Müller, E.; Wiedemann, B.: Dieselpartikelfiltersystem mit additivgestützter Regeneration, ATZ (1991)

[5.48] Schmidt, S.; Schäfer, F.: Entwicklung eines Zweirad-Katalysators, VDI-Bericht Nr. 1025, 1993

[5.49] Anisits, F.; Reibold, G.: Möglichkeiten zur Partikelbegrenzung bei PKW-Dieselmotoren, Automobilindustrie 6/89

[5.50] Pelters, S.; Kaiser, W.; Maus, W.: The Development and Application of a Metal Supported Catalyst for Porsche´s 911 Carrera 4, SAE 890488

[5.51] Maus, W.; Bode, H.; Reck, A.: Neuentwicklung metallischer Katalysatorträger für Automobile - Einfluß der Katalysatorträger auf Motor und Abgas, Technische Akademie Wuppertal, 1989
[5.52] Nonnenmann, M.: Neue Metallträger für Abgaskatalysatoren mit erhöhter Aktivität und innerem Strömungsausgleich, ATZ 91 (1989) 4

Kapitel 6

[6.1] Hirao, O.; Pefley, R. K.: Present and Future Automotive Fuels, J. Wiley u. Sons, New York, 1988
[6.2] Dabelstein, W.; Reglitzky, A.; Reders; Lucht: 100 Jahre Kraftstoffe für den Straßenverkehr, Shell AG, Hamburg, 1987
[6.3] Nierhauve, B.: Heutige und zukünftige Kraftstoffe für Ottomotoren, Techn. Akadem. Wuppertal, 1989
[6.4] Gruden, D.; Zeller, D.; Höchsmann, G.: Einfluß der Kraftstoffzusammensetzung auf Betriebsverhalten und Abgasemissionen des Ottomotors, 8. Internationales Motorensymposium, 1987, Wien
[6.5] Höchsmann, G.; Zeller, D.: Entstehung und Minderung der Benzolemission aus Ottomotoren, BMFT-Statusseminar, 1986
[6.6] Anisits, F., Hiemesch, O.; Dabelstein, W.; Cooce, J.; Mariott, M.: Der Kraftstoffeinfluß auf die Abgasemissionen von PKW-Wirbelkammermotoren, MTZ (1991) 5
[6.7] Fortnagel, F.: Der Dieselmotor im PKW unter Emissionsaspekten-Möglichkeiten und Probleme, 2. Aachener Kolloquium, 1989
[6.8] Houben; Lepperhoff: Der Kraftstoffeinfluß auf die Partikelemissionen von Dieselmotoren, Beratungsgesellschaft für Mineralöltechnik, 1990
[6.9] Schoonveld, G. A.; Marshall, W.F.: The Totel Effect of a Reformulated Gasoline on Vehicle Emissions by Technology, SAE-Paper 910380
[6.10] Berg, W.: Die neue Abgasgesetzgebung der USA, VDI Fortschrittberichte Nr.150, Reihe 12, 1991
[6.11] N.N: Auf dem Weg zu neuen Energiesystemen, Teil I,II,III, Programmstudie Bundesministerium für Forschung und Technologie, Berlin, 1975
[6.12] Pischinger, F.; Adams, W.: Abgasemissionen bei Verwendung alternativer Kraftstoffe für Kraftfahrzeug-Ottomotoren, VDI-Bericht 531
[6.13] Harrington, I. A.; Shishu, R. C.: A Single-Cylinder Engine Study of the Effects of Fuel Type, Fuel Stoichiometry and Hydrogen-to-Carbon Ratio on CO, NO and HC Exhaust Emissions, SAE-Paper 730476
[6.14] Menrad, H.; Steinke, D.; Wegener, R.: Abgasemissionen mit alternativen Kraftstoffen, MTZ 47 (1986) 2
[6.15] N.N.: Flüssiggas - ein Alternativkraftstoff, RW-TÜV-Essen, Schriftenreihe, 1982
[6.16] Peschka, W.: Flüssiger Wasserstoff als Energieträger, Springer, Wien - New York, 1984
[6.17] Murray, R. G.; Schoeppel, R. J.; Gray, C. L.: The Hydrogen Engine in Perspective, Intersociety Energy Convention Engineering Conference, 1972
[6.18] Kuhlmann, A.; May, H.; Pischinger, F.: Methanol und Wasserstoff Automobilkraftstoffe der Zukunft, Verlag TÜV Rheinland,1976
[6.19] Binder, K.; Witthalm, G.: Mixture Formation and Combustion in Interaction with the Hydrogen Storage Technology, Proc., 3rd World Hydrogen Energy Conference,Vol 2, Tokyo, 1980
[6.20] Watson, H. C.; Milliken, E. E; Deslandes. J. V.: Efficiency and Emissions of a Hydrogen or Methane Fuelled Spark-Ignition Engine, FISITA, Paris, 1974
[6.21] Finegold, J. G.: The UCLA Hydrogen Car : Design Construction and Performance, SAE 730507, 1973

[6.22] Schäfer, F.: Reaktionskinetische Untersuchungen des Wasserstoff-Benzin Mischbetriebes und deren Auswirkungen auf den Ottomotor, Diss. Universität Kaiserslautern, 1979
[6.23] May, H.; Gwinner, D.: Möglichkeiten der Verbesserung von Abgasemissionen und Energieverbrauch bei Wasserstoff-Benzin Mischbetrieb, FISITA, Hamburg, 1980
[6.24] Kapus, P.; Miculic, L.; Zelenka, P.: Entwicklung eines direkteinspritzenden Methanolmotors für PKW, 11. Intern. Wiener Motorensymposium, 1990.
[6.25] Jordan, W.: Erweiterung des ottomotorischen Betriebsbereichs durch Verwendung extrem magerer Gemische unter Einsatz von Wasserstoff als Zusatzkraftstoff, Diss. Universität Kaiserslautern, 1977
[6.26] Förster, H.: Entwicklungsreserven des Verbrennungsmotors, ATZ 93 (1991) 6
[6.27] N.N.: Mineralöltechnik 5-6, Mai 1989
[6.28] Menrad, H.; Weidman, B.: Rapsölmetylester im Dieselmotor, MTZ 50 (1989) 2
[6.29] Pächter, H.: RME als Dieselkraftstoffersatz, AVL-Tagung Motor und Umwelt, Graz, 1991
[6.30] Fabri, J; Dabelstein, E.A.; Reglitzky, A. : Chancen alternativer Kraftstoffe unter besonderem Aspekt der Umweltverträglichkeit, Shell Studie, Hamburg, 1990
[6.31] Richter, H.: Einsatz von Rapsöl als Alternativkraftstoff für Dieselmotoren, AVL Tagung Motor und Umwelt, Graz, 1991
[6.32] Brand, K. G.: Kraftstoffadditive - ein Beitrag zur sauberen Umwelt, AVL Sommerakademie, 1991
[6.33] Paramius: Exxon chemical International Marketing, B.V., 1991
[6.34] Menrad, H.;Wegener, R.; Loeck, H.: An LPG-optimized Engine-Vehicle-Design, SAE 852071, 1985
[6.35] Nierhauve, B.: Heutige und zukünftige Kraftstoffe für den Ottomotor, Techn. Akademie Wuppertal, Wuppertal, 1989
[6.36] N.N.: Studie über den Einsatz von H_2 beim Wankelmotor, interner Untersuchungsbericht Fa. Audi, Neckarsulm, 1978
[6.37] Bayerl, W. ; Müller, A. ; Schäfer, H.V.: Einfluß der Kraftstoffzusammensetzung auf die Kohlen-wasserstoffemissionen von Ottomotoren, MTZ 53 (1992) 12
[6.38] N.N.: Ansatzpunkte und Potentiale zur Minderung des Treibhauseffektes aus Sicht der fossilen Energieträger, DGMK Forschungsbericht 448, 1991
[6.39] N.N.: Erdöl Informationsdienst Nr. 41, 1991
[6.40] Wagner, U.: Spezifische Emissionen bei elektrisch und konventionellen PKW-Antrieben, VDI-Bericht 985, 1992
[6.41] Bayerl, W; Müller, A; Schäfer, H. V.: Einfluß der Kraftstoffzusammensetzung auf die Kohlenwasserstoffemissionen von Ottomotoren, MTZ 53 (1992) 12
[6.42] Syassen, O.: Chancen und Problematik nachwachsender Kraftstoffe, MTZ 53 (1992), 11 und 12
[6.43] Völz, M.; Klüver, D.; Meins, H. J.; Stempel, G.: Entwicklungsschwerpunkte bei Schmierstoffen für moderne Nutzfahrzeugmotoren, MTZ 53 (1992) 1
[6.44] N.N.: Motorölgeneration für geeignete Ansprüche, Automobil Revue Nr.7/18.2, Bern, 1993
[6.45] Nikanjam, M.: Development of the First CARB Certified California Alternative Diesel Fuel, SAE 930728, 1993
[6.46] Förster, H.J.: Der ideale Kraftstoff aus der Sicht des Fahrzeugingenieurs - Teil 1, ATZ 84 (1992) 4; Teil 2, ATZ 84 (1982) 5
[6.47] Huynh, N.; Krickelberg, T.; Richter, H.; Schulz, H.: Erfahrungen im Hause Porsche mit Methanolkraftstoffen, VDI-Bericht nr. 1020, Düsseldorf, 1992
[6.48] Seiffert, U.; Held, W.: Alternative Kraftstoffe: Chancen und Aufgaben, Chem.-Ing.-Technik 53 (1981) 2
[6.49] Knaak, M.; Reglitzky, A.: Untersuchungen über den Einfluß von Motorölen auf die Wirksamkeit von Abgaskatalysatoren, Shell Technischer Dienst, Hamburg, 1988
[6.50] Pischinger, F.; Hilger, U.; Jain, G.; Bernhardt, W.; Heinrich, K.; Weidmann, K.: Konzept eines 1,9 l-DI-Methanolmotors für den Einsatz im PKW, 11. Internationales Wiener Motorensymposium, Wien, April 1990,

Kapitel 7

[7.1] Seifried, D.: Gute Argumente - Verkehr, Beck-Verlag, München, 1991
[7.2] Dursbeck, F.: Ermittlung der CO_2-Emissionen für PKW mit Otto- und Dieselmotoren, Umweltbundesamt, Berlin, 1989
[7.3] Abthoff, J.; Noller, C.; Schuster, H.: Möglichkeiten zur Reduzierung der Schadstoffe von Ottomotoren, Fachbibliothek Daimler-Benz, 1983
[7.4] Heitland, H.; Hiller, H.; Hoffman, H. J.: Einfluß des zukünftigen PKW-Verkehrs auf die CO_2-Emissionen, MTZ 51 (1990)
[7.5] Fabri, I.; Dabelstein, W.; Reglitzky, A.: Chancen alternativer Kraftstoffe unter dem Aspekt der Umweltverträglichkeit, Shell, Technischer Dienst, Hamburg, 1990
[7.6] Sporkmann, B.: Elektrofahrzeuge als Luftschadstoffbremse, Energiewirtschaftliche Tagesfragen, 1990, Heft 6
[7.7] Höchsmann, G.; Gruden, D.:Alkohole als alternative Kraftstoffe, Automobil-Industrie, 1/1989
[7.8] N.N.: Abgasemissionen, Schriftenreihe der Fa. KHD Deutz, Köln, 1989
[7.9] Förster, H.: Entwicklungsreserven des Verbrennungsmotors, ATZ 93 (1991) 6
[7.10] Anisits,F.; Hiemesch, O.; Dabelstein, W.; Cooke, J.; Mariott, M.: Der Kraftstoffeinfluß auf die Abgasemissionen von PKW-Wirbelkammermotoren, MTZ 52 (1991) 5
[7.11] Schneider, H.: Auto und Umwelt, Perspektiven für des Jahr 2000, ATZ 93(1991)
[7.12] Hassel, D.; Weber, F. J.: Ermittlung des Abgasemissionsverhaltens von PKW in der Bundesrepublik Deutschland im Bezugsjahr 1988, Umweltbundesamt 21/90, Berlin, 1990
[7.13] Pischinger, F.: Studie: Die Position des Dieselmotors als umweltverträglicher Antrieb, 1992
[7.14] N.N.: Ansatzpunkte und Potentiale zur Minderung des Treibhauseffektes aus Sicht der fossilen Energieträger, DGMK Forschungsbericht 488, 1991
[7.15] Demel, H.: Wie lange ist die Verbrennungskraftmaschine beim PKW-Antrieb noch sinnvoll?, 14. Wiener Motorensymposium, Wien, 1993

Kapitel 8

[8.1] N.N.: Fa. Pierburg, Abgasmeßtechnik, technische Information, Neuß, 1993
[8.2] N.N.: Kommission der europäischen Gemeinschaften, Vorschlag für eine Richtlinie des Rates zur Änderung der Richtlinie 70/220/EWG zur Angleichung der Rechtsvorschriften der Mitgliedsstaaten über Maßnahmen gegen die Verunreinigung der Luft durch Kraftfahrzeugemissionen, (Februar 1990); S. 1-10, 60-70, Brüssel
[8.3] N.N.: Umweltbundesamt, KFZ-Abgas-Emissionen, Grenzwerte Vorschriften Messungen, Berlin, 1989
[8.4] N.N.: Fa. Pierburg: Bedienungsanleitung AMA 2000, Neuß, 1993
[8.5] Pischinger, F.: Vorlesungsmanuskript RWTH Aachen, 1988
[8.6] Dutta, R.: Abgasmessungen an Ottomotoren - Probenahme und Analytik, VDI-Berichte 531, 1984
[8.7] N.N.: Neuer Mehrkomponenten-Gasanalysator für Motorenabgase, MTZ 51 (1990) 4
[8.8] Zelenka, P.: Einsatz von Oxidationskatalysatoren an Dieselmotoren für die Erfüllung zukünftiger Abgasgrenzwerte, Vortrag TU Berlin, 1991
[8.9] Schäfer, F.: Gesetzliche Vorschriften zur Schadstoff- und Verbrauchsbegrenzung bei PKW-Verbrennungsmotoren, MTZ 52 (1991) 7/8
[8.10] N.N.: Bundesgesetzblatt Nr. 49, Teil 1, Bonn, 1988
[8.11] N.N.: California Air Recources Board, Initial Statement of Reasons for Proposed Rulemaking, (April 1989); S. 1-4, 7-8, 12, 31

[8.12] Goldammer, W.; Rummel, R.: Auf dem Weg zum abgasarmen Auto, (Dezember 1984); S. III, 1- 6, 42-45, 47-51
[8.13] N.N.: Daimler-Benz, Faltblatt zur Abgasgesetzgebung, Stuttgart, 1991
[8.14] Stern, A.C.: Unversity of North Carolina, History of Air Pollution Legislation in the United States, (1982); S.52-57
[8.15] Berg, W.: Aufwand und Probleme für Gesetzgeber und Automobilindustrie bei der Kontrolle der Schadstoffemissionen von PKW mit Otto- und Dieselmotoren, Diss. TU Braunschweig, 1981
[8.16] N.N.: Umweltbundesamt, Kfz-Abgas-Emissionen, Grenzwerte - Vorschriften - Messungen, (Januar 1989), Berlin
[8.17] N.N.: Faltblatt Emissionsgrenzwerte 1989, VW AG, Wolfsburg
[8.18] N.N.: Enviroment Agency, Japan, Motor Vehicle Pollution Control in Japan (2nd Revision, 1987); S. 1,4,16-24,32-33, Tokyo
[8.19] Seiffert, U.: Status of German/European Exhaust Emission Legislation, SAE 851211
[8.20] Walsh, M. P.: NO_X Emissions from Road Traffic in Europe - Projections beyond the Year 2000, For Presentation at Workshop on Projections of NO_X Emissions - Oslo, Norway, December 1989
[8.21] N.N.: Luftreinhaltung im Verkehrsbereich, Umwelt-Bundesminister, (März 1990); S. 10,16-21,28, Bonn
[8.22] N.N.: U.S. EPA, Clean Air Facts, Nr.3, 5, 9, 10, 15 /1989, Washington, D.C.
[8.23] N.N.: Europäisches Umweltbüro EEB, Higlights of the Bigpartisan Senate Clean Air Act Agreement, (Februar 1990); S.1-2, 6-9
[8.24] N.N.: California Air Resources Board, Low-Emission Vehicles / Clean Fuels and new Gasoline Specifications -Progress report, (Dezember 1989); S. 1-4, 9-10, 13-14, 28, Sacramento
[8.25] N.N.: California Air Resources Board, Technical Support Document (Juni 1989); S. I/50-52, 67-68 , II/18, Sacramento
[8.26] N.N.: Automotive Fuel Economy. How Far Should We Go?, National Research Council, National Academy Press, Washington, DC, 1992
[8.27] N.N.: Ministry of Transport, Japan, MOT NEWS Nr. 37/1989, Nr. 40, 41 /1990
[8.28] N.N.: Japan Motor Industrial Federation, Inc., Future of the Japanese Automotive Industry, (Juli 1989); S. 8, 30 ff.
[8.29] N.N.: EG-Richtlinie vom 3. Dezember 1987 zur Änderung der Richtlinie 70/220/EWG über die Angleichung der Rechtvorschriften der Mitgliedsstaaten über Maßnamen gegen die Verunreinigung der Luft durch Abgase von Kraftfahrzeugmotoren - 88/76/EWG, Brüssel
[8.30] N.N.: EG-Richtlinie vom 18. Juli 1989 zur Änderung der Richtlinie 70/220/EWG zur Angleichung der Rechtsvorschriften der Mitgliedsstaaten über Maßnamen gegen die Verunreinigung der Luft durch Emissionen von Kraftfahrzeugen hinsichtlich der europäischen Emissionsnormen für Kraftfahrzeuge mit einem Hubraum unter 1,4 Litern - 89/458/EWG, Brüssel
[8.31] N.N.: Vierter Immissionsschutzbericht der Bundesregierung, Umwelt- Bundesminister, (Juli 1988); S.75, Bonn
[8.32] N.N.: Pressemitteilung: Die Bundesregierung sorgt für endgültigen Durchbruch beim schadstoffarmen Auto, (Juli 1989)
[8.33] N.N.: Schärfere Grenzwerte geben grünes Licht für den Dreiwegekatalysator, VDI-Nachrichten, Nr.2, 1991
[8.34] N.N.: Bundesgesetzblatt Teil 1, Nr.49, 1988, Bonn
[8.35] Kemper, G.: Initiative der europäischen Gemeinschaft und der Bundesrepublik zur Minderung der Schadstoffemissionen und des Kraftstoffverbrauchs von Verbrennungsmotoren, AVL-Tagung Motor u. Umwelt, Graz 1991
[8.36] Walther-Borjans, N.: Öko-Steuer - Umweltschutz aus Eigennutz ?, Zeitschrift: "fairkehr", 1990
[8.37] N.N.: Institut für Energietechnik und Umweltschutz, TÜV Rheinland, Vorschlag für eine umweltorientierte Kfz-Steuer, (Mai 1990)
[8.38] Plotkin, S.: OTA Perspective, Office of Technology Assessment, U.S. Congress, SAE, 1992
[8.39] N.N: Betriebsanleitung BINOS 100, Leybold AG
[8.40] N.N.: Rußpartikel, FVV Abschlußbericht Nr. 261

[8.41] Klingenberg, H.: Neues Meßsystem zur gleichzeitigen zeitaufgelösten Direktmessung von limitierten und nichtlimitierten Automobilabgaskomponenten, 7. Internationales Wiener Motorensymposium, 1986

Sachverzeichnis

Die Verbrennungskraftmaschine, Neue Folge

Herausgegeben von Hans List und Anton Pischinger

Band 5

R. Pischinger, G. Kraßnig, G. Taučar, T. Sams

Thermodynamik der Verbrennungskraftmaschine

1989. 281 Abbildungen und 14 Tabellen. XX, 524 Seiten.
Gebunden DM 203,–, öS 1420,–. ISBN 3-211-82105-8

Band 4

K. E. Hafner, H. Maass

Torsionsschwingungen in der Verbrennungskraftmaschine

1985. 245 Abbildungen. X, 434 Seiten.
Gebunden DM 189,–, öS 1320,–. ISBN 3-211-81793-X

Band 3

K. E. Hafner, H. Maass

Theorie der Triebwerksschwingungen der Verbrennungskraftmaschine

1984. 142 Abbildungen. IX, 214 Seiten.
Gebunden DM 93,–, öS 650,–. ISBN 3-211-81792-1

Band 2

H. Maass, H. Klier

Kräfte, Momente und deren Ausgleich in der Verbrennungskraftmaschine

1981. 461 Abbildungen. XII, 422 Seiten.
Gebunden DM 183,–, öS 1280,–. ISBN 3-211-81677-1

Band 1

H. Maass

Gestaltung und Hauptabmessungen der Verbrennungskraftmaschine

1979. 545 Abbildungen. XIII, 313 Seiten.
Gebunden DM 118,–, öS 820,–. ISBN 3-211-81562-7

Preisänderungen vorbehalten

Springer-Verlag Wien New York

Sachsenplatz 4–6, P.O.Box 89, A-1201 Wien · 175 Fifth Avenue, New York, NY 10010, USA
Heidelberger Platz 3, D-14197 Berlin · 37-3, Hongo 3-chome, Bunkyo-ku, Tokyo 113, Japan

GPSR Compliance

The European Union's (EU) General Product Safety Regulation (GPSR) is a set of rules that requires consumer products to be safe and our obligations to ensure this.

If you have any concerns about our products, you can contact us on ProductSafety@springernature.com

In case Publisher is established outside the EU, the EU authorized representative is:

Springer Nature Customer Service Center GmbH
Europaplatz 3
69115 Heidelberg, Germany

Batch number: 10578403

Printed by Printforce, the Netherlands